高等学校工程应用型"十二五"系列规划教材

电子技术应用基础
（数字部分）

钮文良　路　铭　罗映霞　编著

科学出版社

北　京

内 容 简 介

为了配合应用型人才培养的需要和不同电类专业对电子技术的掌握的需要，编写了电子技术应用基础(数字部分)。全书共 9 章，重点讨论了数字逻辑系统和数字电路的建模、分析、设计方法，理论部分的分析应用例题来讲解，书中的例题可以用仿真软件验证。全书主要包括逻辑代数的基本原理、逻辑门、时序逻辑电路、半导体存储器、DAC 和 ADC 转换器及仿真实验等内容。书中附有大量的思考题、习题，习题内容全部可以用仿真分析。全书的编写仍然采用传统的编写结构，但是书中内容突出工程实际应用和分析方法。目标是为学习者建立起一定的逻辑思维能力，建立良好的工程实践应用能力。

本书适用于电气、电子、通信、机电一体化、物联网工程等工程应用型本科专业的学生，也可作为应用工程师的参考读物。

图书在版编目(CIP)数据

电子技术应用基础. 数字部分/钮文良，路铭，罗映霞编著. —北京：科学出版社，2016.8

高等学校工程应用型"十二五"系列规划教材

ISBN 978-7-03-049569-3

Ⅰ．①电⋯　Ⅱ．①钮⋯ ②路⋯ ③罗⋯　Ⅲ．①数字电路–电子技术–高等学校–教材　Ⅳ．①TN

中国版本图书馆 CIP 数据核字(2016)第 191764 号

责任编辑：潘斯斯　张丽花/责任校对：桂伟利
责任印制：徐晓晨 / 封面设计：迷底书装

科 学 出 版 社 出版
北京东黄城根北街 16 号
邮政编码：100717
http://www.sciencep.com

北京中石油彩色印刷有限责任公司 印刷
科学出版社发行　各地新华书店经销

*

2016 年 10 月第 一 版　　开本：787×1092　1/16
2017 年 1 月第二次印刷　　印张：23 3/4
字数：563 000

定价：69.80 元
(如有印装质量问题，我社负责调换)

前　　言

数字电路技术是目前电子技术中发展最为迅速的技术之一。特别是对数字电路技术提出了更高的建模和模型分析要求。作为一门工程应用型专业的技术基础课程，数字电路技术课程应当包含数字集成电路应用所需要的全部基本分析概念和技术，包括数字逻辑系统的基本概念、数字逻辑模型的应用分析、基本电路分析，以及基本测试分析技术等。尽管数字电路技术正在突飞猛进的发展，但这些基本概念、基本分析理论和基本设计技术并没有发生本质的变化。因此，数字电路技术的基本分析理论与方法、数字逻辑系统的数字电路实现技术仍然是数字电子技术的基本内容。

全书的编写仍然采用传统的编写结构，但是书中内容突出工程实际应用，目的是为了学习者建立起一定的逻辑思维能力，建立良好的工程实践应用能力。

因学时所限，本书着重讲述电子技术中最基本的、共性的问题，因此学习时应注重基本概念、基本理论和基本技能三个方面。

第一，建立良好的数字逻辑思维能力，掌握数字门电路、时序逻辑电路的应用分析以及使用方法。对于数字集成器件主要掌握其外部特性以及使用方法，而不必过分地追究其内部机理。在处理集成器件与电路的关系上，以电路工作原理的分析和应用为主，讨论器件的实际应用。善于总结对比，将课程中各部分的概念、内容进行归纳、比较、总结，找出共性的东西，以便加深理解和记忆。

第二，学会用基本理论分析问题，用工程的观点解决问题。所谓工程观点就是根据实际情况，对照器件的数学模型和电路的工作条件进行合理的近似，以便用简便的分析方法获得具有实际意义的结果。在进行电路分析计算时，只要能满足技术指标，不必过多地追究精确的数值。

第三，电子技术是一门实践性很强的课程，实践环节在本课程中有着重要的地位和作用，它不仅能巩固所学理论，养成严谨求实的科学作风，而且能培养分析问题和解决问题的能力，因此应高度重视实践环节、坚持理论联系实际，完成每章配有的实验仿真。

全书分为9章，主要包括逻辑代数的基本原理、逻辑门、时序逻辑电路、半导体存储器、DAC和ADC转换器及仿真实验等内容。本书由钮文良、路铭、罗映霞承担编写任务。其中，第1、2章由钮文良执笔，第3、4、5、6章由路铭执笔，第7、8、9章由罗映霞执笔，每章的仿真实验由罗映霞执笔。北京联合大学李哲英教授对本书的编写提出了宝贵意见和热情帮助。本书编写得到了北京联合大学课程建设项目的资助。

　　由于作者水平有限，再加上电子技术的飞速发展，书中还存在着不足和缺陷，作者真诚地希望得到广大同行和学生的批评指正。

钮文良

2016 年 6 月 10 日于北京联合大学

目　　录

第1章 数字电路概论及数制、编码

数字电子技术的应用在我们日常生活中是时刻存在的，它广泛用于电视、通信、电子计算机、自动控制、电子测量仪表、互联网、航天等各个领域，几乎每个电子设备或电子系统中都有它的影子。例如，以数字电子技术为基础设计的数字通信系统，它不仅比模拟通信系统抗干扰能力强、保密性好，而且还能应用电子计算机进行信息处理和控制，形成以计算机为中心的自动交换通信网；以数字电子技术为核心的数字测量仪表，它不仅比模拟测量仪表精度高、测试功能强，而且还易实现测试的自动化和智能化。

随着集成电路技术的发展，尤其是大规模和超大规模集成器件的发展，使得各种电子系统可靠性大大提高，设备的体积大大缩小，各种功能尤其是自动化和智能化程度大大提高。全世界正在经历一场数字化信息革命(即用 0 和 1 数字编码来表述和传输信息的一场革命)。21 世纪是信息数字化的时代，数字化是人类进入信息时代的必要条件。"数字电子技术"是电子技术的一个基础分支，也是电子信息类各专业的主要技术基础课程之一。

数字逻辑中数的表示方法是数制，数制是学习数字逻辑和数字电路的重要基础。数制对数字逻辑系统的影响，主要表现在系统的结构、数字信号处理方法以及系统理论分析上。例如，到目前为止数字逻辑系统所能处理的只能是二进制数(只有 0 和 1 两个数)，因此，在处理不同数据(包括计算和传输)时都以二进制数实现。但因为人类生活中更多的是使用十进制数，这就有必要研究在数字逻辑系统中如何进行十进制数的处理。

本章主要介绍数字电路、数字信号、数字的描述规则——数制、编码。

1.1 数字电路与数字信号

在电子电路中，电子系统分为两大类：模拟电路与数字电路。模拟电路所处理的信号是模拟信号，数字电路所能处理的信号为数字信号。

数字电路是模拟电路相对应的一种特殊电路，是用来实现数字逻辑系统的基本电子电路。

1.1.1 数字电路的分类及特点

数字电路对数字信号可以进行算术运算和逻辑运算。根据数字电路的结构特点及其对输入信号响应规则的不同，数字电路可分为组合逻辑电路和时序逻辑电路。无论为哪种数字电路，它处理的信号都是由"1"和"0"组合而成的数字信号，而这种 0、1 的状态，正好满足电子器件的开和关状态，从而构成电子开关。这些电子开关是组成数字电路的基本器件，这些电子基本器件叫做基本逻辑器件。

1. 数字集成电路的分类

逻辑器件是数字集成电路的主要单元电路，按照晶体管结构和工艺不同可分为双极型和

MOS 型。它构成的数字集成电路分为双极型集成电路(如 TTL、ECL)和单极型集成电路(如 CMOS)两大类。

TTL 数字集成电路内部输入级和输出级都是双极性晶体管结构,属于双极型数字集成电路。典型产品为 74、74LS 系列等。

CMOS 数字集成电路是利用单极性晶体管 NMOS 管和 PMOS 管组合成的电路,属于一种微功耗的数字集成电路。典型产品为 4000B/4500B、74HC 系列等。

随着半导体技术的飞速发展,数字电路几乎都是数字集成电路。所谓集成电路,就是在一块半导体基片上,把众多的数字电路基本单元制作在一起。根据集成度(每块集成电路所包含的最大元件数)的不同,可分如下几种。

(1) 小规模集成电路(SSI——Small Scale Integration);

(2) 中规模集成电路(MSI——Middle Scale Integration);

(3) 大规模集成电路(LSI——Large Scale Integration);

(4) 超大规模集成电路(VLSI——Very Large Scale Integration)。

数字集成逻辑器件通常可分为三大类。

(1)基本逻辑和触发器构成的中、小规模集成逻辑器件;

(2)由软件组成的大规模和超大规模集成逻辑器件;

(3)专用集成电路 ASIC,又分为标准单元、门阵列和可编程逻辑器件 PLD。可编程逻辑器件是近几年迅速发展的新型逻辑器件,相应的数字逻辑电路的设计方法也在不断地演变和发展,即硬件逻辑设计、软件逻辑设计和兼有二者优点的专用集成电路 ASIC 和可编程逻辑器件设计。

2. 数字集成电路的特点

数字电路的发展不仅在集成度方面,而且在半导体器件的材料、结构和生产工艺上均有所体现。数字电路与模拟电路相比,数字电路有以下优点。

1) 稳定性高

对于一个给定的输入信号,数字电路的输出总是相同的。电路有很好的可靠性和稳定性。

2) 易于设计

数字电路能够可靠地区分 0 和 1 两种状态,可以正常工作,电路的精度要求不高。因此,数字电路的分析与设计相对较容易。

3) 批量生产,成本低廉

由于数字电路结构简单、体积小、通用性强、容易制造、便于集成化生产,因而成本低。

4) 可编程性

设计者根据需要用硬件描述语言在计算机上完成电路设计和仿真,并写入芯片,这给用户研制开发产品带来了极大的方便和灵活性。现代数字系统的设计,大多采用可编程逻辑器件。

5) 高速度,低功耗

集成电路中单管的开关速度可以做到小于 10^{-11}s。整体器件中,信号从输入到输出的传输时间小于 2×10^{-9}s。百万门以上超大规模集成芯片的功耗可以到毫瓦级,体现了现代数字器件的工作速度越来越高,功耗越来越低。

3. 数字电路的分析、设计、测试

1）数字电路的分析方法

数字电路所能处理的信号为数字信号。由于数字电路中半导体器件工作在开关状态，所以数字电路的分析方法不能采用模拟电路的分析方法。

数字电路主要研究对象是电路的输出与输入之间的逻辑关系，所以数字电路采用的分析工具是逻辑代数、真值表、功能表、逻辑表达式、波形图以及计算机仿真分析等。

2）数字电路的设计方法

数字电路的设计过程一般有三个过程：方案的提出、验证、修改。现代的工程人员的设计方式大多采用 EDA 软件的设计方式。

当方案提出后，设计人员通过 EDA 软件进行原理图设计；利用 EDA 仿真平台，验证电路的功能和时序；若有问题，可以通过 EDA 软件进行修改，直到达到设计要求。

利用 EDA 软件设计数字电路，可以提高设计质量，缩短设计周期，节省设计费用。

3）数字电路的测试技术

数字电路在正确设计和安装后，必须经过严格的测试方可使用。测试时必须具备的基本仪器：数字电压表，测试电路中各点的电压，观察电路中各点的电压与设计要求是否一致；示波器，观察电路中各点波形是否正确；逻辑分析仪，分析数字系统逻辑关系是否正确。

1.1.2 模拟信号与数字信号

1. 模拟信号

在自然界中存在着许多物理量，如时间、温度、压力、速度等。为了便于分析和处理，常常将物理量通过传感器转换成电学量，这种转换后的电学量称为模拟量，也称为模拟信号。处理模拟信号的电子电路称模拟电路。模拟信号常用图形来表示，例如，电压模拟信号或电流模拟信号的图形，如图 1.1.1 所示。从图 1.1.1 看出，电压信号在时间和幅值上都是连续变化模拟信号。

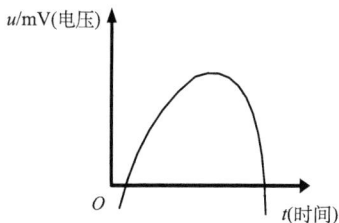

图 1.1.1 模拟信号

2. 数字信号

在工程中，有些物理事件(物理量)之间的关系不需要考虑数量的大小，而只需要考虑各事件的"有"或 "无"以及逻辑因果关系，如三极管的导通与截止、开关的闭合与打开、电灯的亮与不亮等。这种相反的状态可以用数字"1"和"0"来描述。用"1"和"0"数字描述的状态称数字信息。把表示数字信息的信号叫做数字信号。

在工程中还存在一种物理量，例如，进出地铁乘客人数流量统计，乘客人数统计只能是逐个增减统计，这种物理量叫做数字量，把表示数字量的信号也叫做数字信号。

1）数字信号的描述

在数字电路中，高低电平可以用"1"和"0"表示，"1"表示高电平，"0"表示低电平。脉冲信号的有和无也可以用"1"和"0"来表示。数字信号的特点是指在时间上连续、在数值上不连续的信号,如图 1.1.2 所示。图(a)表示数字 11001110;图(b)表示的是数字信号的高电平"1"和低电平"0"的数字信号波形;图(c)表示的是脉冲信号的有"1"和无 "0"的数字信号波形。

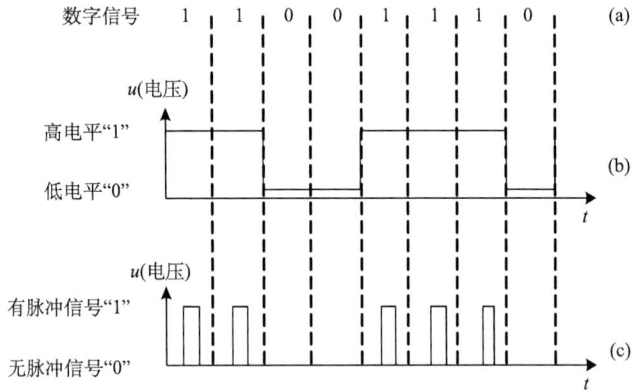

图 1.1.2　数字信号

2) 数字波形

(1) 数字信号的传输波形。

① 归零信号。

在一个时间间隔 T 内,有脉冲信号 "1" 和无脉冲信号 "0" 的存在,这种信号称归零信号。归零信号在时间间隔 T 内会归零。如图 1.1.3(b)所示。

归零信号一般作为时序控制信号使用的时钟脉冲信号。

② 非归零信号。

在一个时间间隔 T 内,只有信号 "1" 或只有信号 "0" 的存在,这种信号称非归零信号。非归零信号在时间间隔 T 内不会归零。如图 1.1.3(a)所示。大多数数字信号使用的是非归零信号。

归零信号与非归零信号的区别是,归零信号在时间间隔 T 内会归零。非归零信号在时间间隔 T 内不会归零。

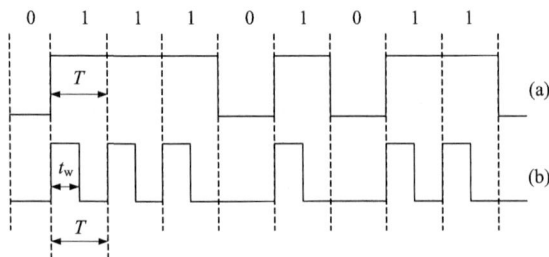

图 1.1.3　数字信号的传输波形

(2) 周期和非周期数字信号。数字信号有周期和非周期数字信号之分。如图 1.1.4 所示。周期性信号是一种经过一定时间重复本身的,而非周期性信号则不会重复。模拟和数字信号既可以是周期性的也可以是非周期性的。例如,一个人的语音声音信号是非周期性的模拟信号，数字时钟信号是一种周期性的数字信号。图 1.1.4(a) 是非周期数字信号波形；图 1.1.4(b) 是周期数字信号波形，周期性数字信号波形，常用周期 T、频率 f 和脉冲宽度 t_w 来描述。在数字电路中常把图 1.1.4(b) 作为时钟脉冲使用。

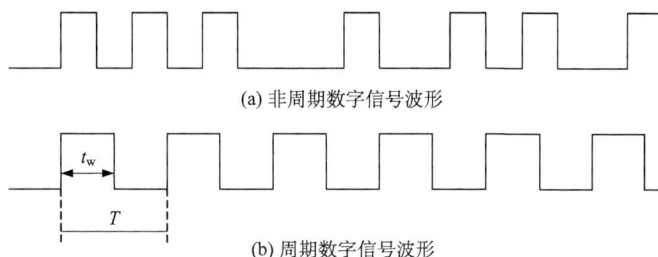

(a) 非周期数字信号波形

(b) 周期数字信号波形

图 1.1.4　数字波形

(3) 数字信号的度量。

① 比特率 bps (Bit Per Second)。

比特率常用于表示数字信号传输数据速度。数字信号的最小度量单位叫做"位"，也叫"比特"(bit)。在时间间隔 T 内，如果有 1 位信号，那么就叫做 1 比特 (1bit) 信号，如图 1.1.3(a) 所示；如果有 2 位信号，那么就叫做 2 比特 (1bit) 信号，如图 1.1.3(b) 所示。比特率是指数字信号在单位时间内传输的比特数，常表示为

$$比特率（bps）=\frac{传输的比特数（bit）}{传输比特数所用的时间（s）} \tag{1.1.1}$$

比特率单位为 bit/s，比特率越高，传送数据速度越快。

（注意：比特率的单位有，每秒比特数 (bit/s)、每秒千比特数 (kbit/s) 和每秒兆比特数 (Mbit/s) 等。其中 kbit/s 和 Mbit/s 中的 k、M 分别为 1000 和 1000000，而不是涉及计算机存储器容量时的 1024 和 1048576。我们把比特想成"1"或"0"，除了"比特"，还经常会遇到几个数字信息度量单位，字节 (Byte)，字节是一种比"比特"更抽象或是更高级的度量单位，一般来说，一个字节有 8 位，即 8 个比特，即 1B(Byte)＝8 b(bit)。

比特 (位) 通常用于数据在网络上传输的情况下，例如，一般都说这条电话线一秒钟可以传送 9600 比特的二进制流，而不是说 1200 字节，字节通常用在数据的存储系统中，例如，这个文件的大小是 2M，这里指的是字节而不是比特，又比如是 1.44M 软盘、20G 硬盘指的也是字节。

1KB ＝ 2^{10}B ＝1024B，千（KB，KiloByte）；1 MB ＝ 2^{20}B＝1024 kB，兆（MB，MegaByte）；1 GB ＝2^{30} B ＝1024 MB，吉（GB，GigaByte）；所以 1MB＝1024×1024B＝1048576×8b＝1048576 字节＝8388608 bit。

例 1.1.1　通信系统 2 秒传输 5000000 位数据，求该通信系统数据传输的比特率；每位数据的传输时间；每秒钟传输的字节。

解　通信系统传输的比特数为 5000000bit。

该通信系统数据传输的比特率为

$$比特率（bps）=\frac{传输的比特数（bit）}{传输比特数所用的时间（s）}$$

$$=\frac{5000000\,bit}{2\,s}=2.5\times10^6\,bit/s$$

每位数据的传输时间为

$$\frac{1}{比特率}=\frac{1}{2.5\times10^6}=400\times10^{-9}（s）=400（ns）$$

每秒钟传输的字节为

$$\frac{2.5\times10^6}{8}=312500（Byte/s）$$

② 占空比(Duty Cycle)。

如图 1.1.4(b)所示，占空比是脉冲宽度 t_w 占整个周期 T 的百分数，常表示为

$$q(\%)=\frac{t_w}{T}\times100\% \tag{1.1.2}$$

例 1.1.2 脉冲宽度 1μs，信号周期 4μs。求脉冲序列占空比为多少？

解 脉冲序列占空比为

$$q(\%)=\frac{t_w}{T}\times100\%=\frac{1\mu s}{4\mu s}\times100\%=25\%$$

例 1.1.3 周期性数字信号的高电平持续时间 3ms，低电平持续时间 9ms，求占空比 q。

解 数字信号的脉冲宽度 t_w=3ms，周期 T=3ms+9ms=12ms。

$$q(\%)=\frac{t_w}{T}\times100\%=\frac{3\,ms}{12\,ms}\times100\%=25\%$$

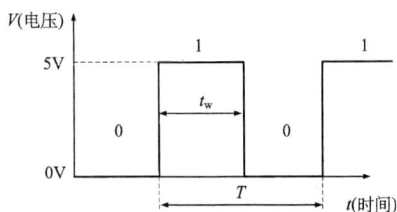

图 1.1.5　理想数字信号

高电平在一个周期之内所占的时间比率为 25%。当占空比为 50% 时，称脉冲波为方波，即 0 和 1 交替变换并各自占有相同的时间。

3) 逻辑电平

在数字电路中，用高、低电平表示逻辑的 0 和 1 两种状态，这些表示数字电压的高、低电平通常称为逻辑电平，逻辑 1 表示的电平为 5V，逻辑 0 表示的电平为 0V，如图 1.1.5 表示的是理想数字信号逻辑电平。

表 1.1.1　逻辑电平的电压范围

电压	逻辑值	电平
3.5～5V	1	高电平(H)
0～1.5V	0	低电平(L)

在许多数字电路中，逻辑 0 和逻辑 1 表示一定的电压范围。逻辑 0 表示电压范围为 0～1.5V，逻辑 1 表示 3.5～5V。当电压范围在 1.5～3.5V 时，逻辑电平不确定(可以是逻辑 0 或逻辑 1)。表 1.1.1 所示为电压范围与逻辑电平之间的关系。应当注意，逻辑电平不是物理量，

而是物理量的相对表示。

在实际的数字电路中，数字信号并没有那么理想。电平从高电平跳到低电平时，或者从低电平跳到高电平时，需要经历一个过渡过程，这个过渡过程分别用下降时间 t_f 和上升时间 t_r 描述，如图 1.1.6 所示。将脉冲幅值的 90%到 10%所经历的时间称为下降时间 t_f。上升时间则相反，从脉冲幅值的 10%上升到 90%所经历的时间称为上升时间 t_r。将脉冲幅值的 50%的两个时间点所跨越的时间称为脉冲宽度 t_w，对于不同类型的器件和电路，

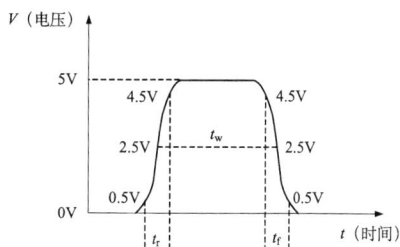

图 1.1.6　非理想数字信号

其下降和上升时间各不相同。一般数字信号上升和下降时间的典型值约为几纳秒。

有了逻辑电平的概念后，就可以用电平的高低来表示数字逻辑值"1"或"0"。究竟用高电平代表逻辑"1"还是用低电平代表逻辑"1"？这就是所谓的正负逻辑概念。

正负逻辑的概念反映了逻辑电平高低所代表的意义。根据规定：

正逻辑关系：高电平 V_H 表示逻辑值"1"，低电平 V_L 表示逻辑值"0"，如图 1.1.7(a)所示。

负逻辑关系：高电平 V_H 表示逻辑值"0"，低电平 V_L 表示逻辑值"1"，如图 1.1.7(b)所示。

因此，在分析数字电路时，必须首先确定正负逻辑关系，本书中一律使用正逻辑关系。

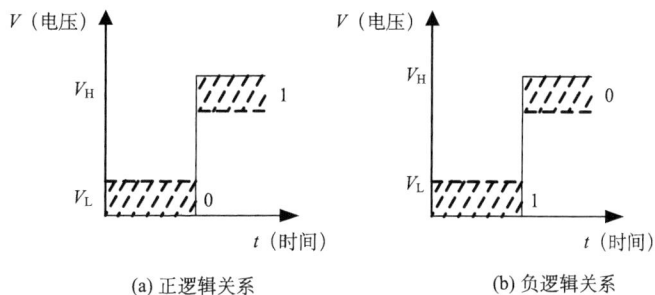

(a) 正逻辑关系　　　(b) 负逻辑关系

图 1.1.7　正负逻辑电平

4）模拟信号数字化

模拟信号数字化要经历三个过程，采样—量化—编码。图 1.1.8(a)所示为模拟电压信号。抽样是指在时间上将模拟信号离散，用每隔一定时间的信号样值序列来代替原来在时间上连续的信号，如图图 1.1.8(b)所示。量化是指用有限个幅度值与原来连续变化的幅度值相似，把模拟信号的连续幅度变为有一定限量的、间隔的离散值。编码就是按一定的规律，把量化后的值用二进制数字来表示，再转变为信号流。模拟信号数字化过程如下。

第一步：对模拟信号进行采样。图 1.1.8(b)所示为模拟信号通过取样后，变成时间离散、幅值连续的采样信号。图中横坐标时间轴上的 t_n 为采样时间点，纵轴幅值仍然是连续信号，而且与原模拟信号的幅值对应。经采样后的信号仍是模拟量，这就是"时间离散、幅值连续"的含义。

采样时间点为：t_0、t_1、t_2、t_3、t_4、t_5。

采样时间点与原模拟信号对应的幅值为：1V、2V、3V、3.8V、4.4V、5V。

第二步：对采样信号进行量化。通过选取一个量化单位，将每一个 t_n 采样的幅值除以量化单位后"舍尾取整"或"四舍五入取整"，从而得到时间离散、幅值也离散的数字量。四舍五入法量化误差值比舍尾取整法量化误差值小。

例 1.1.4 图 1.1.8(b) 中采样时间点 t_0、t_1、t_2、t_3、t_4、t_5，对应的模拟信号幅值为 1V、2V、3V、3.8V、4.4V、5V。采用四舍五入取整，求量化后的数字量。

解 取量化单位为 1V，用四舍五入取整得量化数为 1V、2V、3V、4V、4V、5V。

第三步：对量化数进行编码。

例 1.1.5 图 1.1.8(c) 量化数为 1V、2V、3V、4V、4V、5V。对量化数进行编码。

解 用 8 位二进制数对量化数进行编码，编码表示为

00000001、00000010、00000011、00000100、00000100、00000101

如图图 1.1.8(c) 所示。

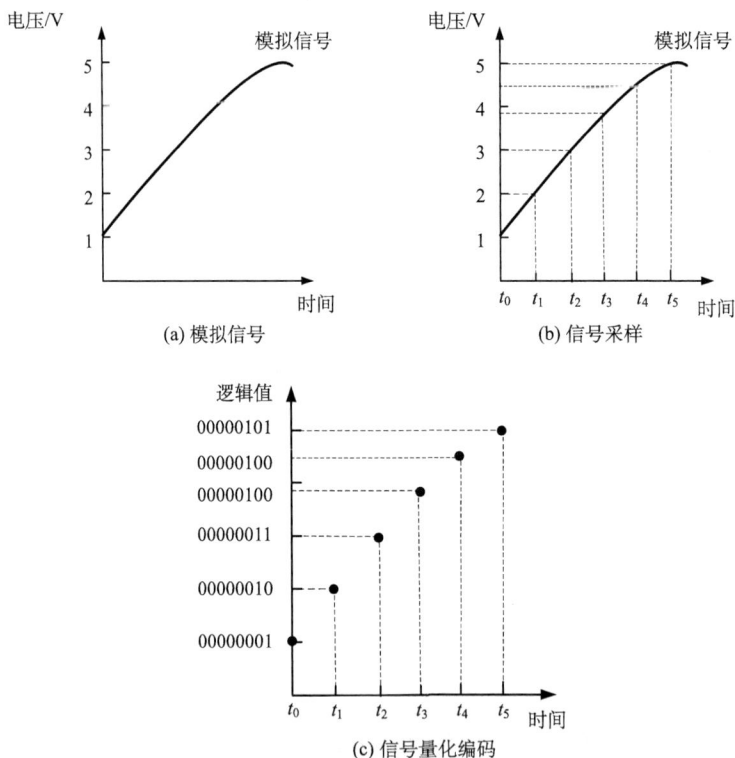

图 1.1.8　模拟信号数字化

1.2　数字的描述规则——数制

1.2.1　数制类型

数字逻辑中数的表示方法是数制，数制是学习数字逻辑和数字电路的重要基础。数制对数字逻辑系统的影响，主要表现在系统的结构、数字信号处理方法以及系统理论分析上。例如，到目前为止数字逻辑系统所能处理的只能是二进制数(只有 0 和 1 两个数)，因此，在处

理不同数据(包括计算和传输)时都以二进制数实现。但因为人类生活中更多的是使用十进制数，这就有必要研究在数字逻辑系统中如何进行十进制数的处理。

数制是计数进位制的简称。日常生活中最常用的是十进制数。在工程中数制表达方式还有二进制数、八进制数和十六进制数等。数制的两个基本要素就是基数与位权，下面分别讨论数制的基本表示方法。

1. 十进制数 Decimal

十进制数是日常生活和工作中最常用的计数体制。在十进制数中，十进制数包含 0、1、2、3、4、5、6、7、8、9 十个数字符号，所以计数制的基数是 10，且低位和相邻高位的进位关系是"逢十进一"，故称十进制。任意一个十进制数可以表示为

$$(N)_{10} = K_{n-1}10^{n-1} + K_{n-2}10^{n-2} + \cdots + K_0 10^0 + K_{-1}10^{-1} + \cdots + K_{-m}10^{-m}$$
$$= \sum_{i=-m}^{n-1} K_i 10^i \tag{1.2.1}$$

式中，10 为计数制的基数；K_i 为第 i 位的系数，可以是 0~9 十个数字符号中任意一个；i 为第 i 位的权。n, m 为正整数，n 表示整数部分位数，m 表示小数部分位数。

例 1.2.1　将 $(2034.54)_{10}$ 用权数表示。

解

$$(2034.54)_{10} = 2 \times 10^3 + 0 \times 10^2 + 3 \times 10^1 + 4 \times 10^0 + 5 \times 10^{-1} + 4 \times 10^{-2}$$

式中，下脚标 10 表示括号里的数是十进制数，基数为 10；整数部分最高位的位权为 3，位权值为 $10^3 = 1000$，次高位的位权为 2，位权值为 $10^2 = 100$，最低位的位权为 0，位权值为 $10^0 = 1$；小数部分第一位的位权为 -1，位权值为 $10^{-1} = 1/10$，第二位的位权为 -2，位权值为 $10^{-2} = 1/100$。

若以 R 取代式(1.2.1)中的 10，即可得到 R 进制数的普遍形式

$$(N)_R = \sum_{i=-m}^{n-1} K_i R^i \tag{1.2.2}$$

式中，R 为基数，表示有 R 个不同的数字符号且逢 R 进位。

2. 二进制数 Binary

目前在数字系统中广泛采用二进制数。在二进制数中，二进制数包含 0、1 二个数字符号，所以计数制的基数是 2，且低位和相邻高位的进位关系是"逢二进一"，故称二进制。任意一个二进制数可以转换成十进制数，可以表示为

$$(N)_2 = K_{n-1}2^{n-1} + K_{n-2}2^{n-2} + \cdots + K_0 2^0 + K_{-1}2^{-1} + \cdots + K_{-m}2^{-m}$$
$$= \sum_{i=-m}^{n-1} K_i 2^i \tag{1.2.3}$$

式中，2 为计数制的基数；K_i 为第 i 位的系数，可以是 0、1 二个数字符号中任意一个；i 为第 i 位的权；n, m 为正整数，n 表示整数部分位数，m 表示小数部分位数。

式(1.2.3)说明，各位数值进行求和，得到的结果就为十进制数值大小。

例 1.2.2　将二进制数 $(1011.101)_2$ 转换成十进制数。

解

$$(1011.101)_2 = 1 \times 2^3 + 0 \times 2^2 + 1 \times 2^1 + 1 \times 2^0 + 1 \times 2^{-1} + 0 \times 2^{-2} + 1 \times 2^{-3}$$
$$= (11.625)_{10}$$

式中，下脚标 2 表示括号里的数是二进制数，把各位数值求和，得到的结果为十进制数值大小。

为了计算方便二进制的权数如表 1.2.1 所示。

表 1.2.1　各位二进制数的权

n	0	1	2	3	4	5	6	7	8	9	10	11	12	13	14	15
2^n	1	2	4	8	16	32	64	128	256	512	1024	2048	4096	8192	16384	32768

用二进制来表示数，虽然实现起来简单可靠，并且存储和传送都很方便，但如果要表示较大的数，就需要使用很多位二进制数，看起来很不直观，不仅容易出错，也不便于记忆。为了书写和表示的方便，又引入了八进制和十六进制。

3. 八进制数 Octal

八进制数的基数为 8，共有 0、1、2、3、4、5、6、7 八个数字符号，八进制数进位规则是"逢八进一"。任意一个八进制数可以转换成十进制数，可以表示为

$$(N)_8 = K_{n-1}8^{n-1} + K_{n-2}8^{n-2} + \cdots + K_0 8^0 + K_{-1}8^{-1} + \cdots + K_{-m}8^{-m}$$

$$= \sum_{i=-m}^{n-1} K_i 8^i \tag{1.2.4}$$

式中，8 为计数制的基数；K_i 为第 i 位的系数，可以是 0～7 八个数字符号中任意一个；i 为第 i 位的权；n,m 为正整数，n 表示整数部分位数，m 表示小数部分位数。

式(1.2.4)说明，各位数值进行求和，得到的结果就为十进制数值大小。

例 1.2.3　将八进制数 $(701.107)_8$ 转换成十进制数。

解

$$(701.107)_8 = 7 \times 8^2 + 0 \times 8^1 + 1 \times 8^0 + 1 \times 8^{-1} + 0 \times 8^{-2} + 7 \times 8^{-3}$$
$$= 448 + 0 + 1 + 0.125 + 0 + 0.01367 = (449.13867)_{10}$$

式中，下脚标 8 表示括号里的数是八进制数，把各位数值求和，得到的结果为十进制数值大小。

4. 十六进制数 Hexadecimal

十六进制数的基数为 16，共有 0、1、2、3、4、5、6、7、8、9、A、B、C、D、E、F 十六个数字符号，其中 A、B、C、D、E、F 依次相当于十进制数中的 10、11、12、13、14、15。十六进制数进位规则是"逢十六进一"，任意一个十六进制数可以转换成十进制数，可以表示为

$$(N)_{16} = K_{n-1}16^{n-1} + K_{n-2}16^{n-2} + \cdots + K_0 16^0 + K_{-1}16^{-1} + \cdots + K_{-m}16^{-m}$$

$$= \sum_{i=-m}^{n-1} K_i 16^i \tag{1.2.5}$$

式中，16 为计数制的基数；K_i 为第 i 位的系数，可以是 0～9、A～F 八个数字符号中任意一

个；i 为第 i 位的权；n,m 为正整数，n 表示整数部分位数，m 表示小数部分位数。

式(1.2.5)说明，各位数值进行求和，得到的结果就为十进制数值大小。

例 1.2.4　将十六进制数$(3AC.6)_{16}$转换成十进制数。

解

$$(3AC.6)_{16} = 3\times16^2 + 10\times16^1 + 12\times16^0 + 6\times16^{-1} = (940.375)_{10}$$

以上讨论了十进制、二进制、八进制和十六进制基本功能。其中十进制是人们熟悉和习惯的数制，但不利于数字逻辑系统使用。因此，在数字逻辑与数字电路系统中通常需要对十进制数进行转换处理才能使用。表 1.2.2 概括了每种数制的基本功能，并列出了部分正整数在不同数制下的不同表示。表中所有数都用位置计数法表示。

表 1.2.2　十进制、二进制、八进制和十六进制数值对应表

十进制	二进制	八进制	十六进制
0	0	0	0
1	1	1	1
2	10	2	2
3	11	3	3
4	100	4	4
5	101	5	5
6	110	6	6
7	111	7	7
8	1000	10	8
9	1001	11	9
10	1010	12	A
11	1011	13	B
12	1100	14	C
13	1101	15	D
14	1110	16	E
15	1111	17	F
16	10000	20	10

1.2.2　数制的相互转换

1. 十进制数转换成二进制、八进制和十六进制

例 1.2.5　将十进制数$(53.375)_{10}$分别转换成二进制、八进制和十六进制。

解　先把十进制数分为整数部分和小数部分。

十进制数$(53.375)_{10}$：整数部分$(53)_{10}$，小数部分$(.375)_{10}$

1) 整数部分转换

操作过程：整数部分除基数取余数部分，先低后高，直到商为零。

（1）十进制数转换成二进制数。整数部分$(53)_{10}$除 2 取余数部分：

$$
\begin{array}{r|l}
 & \quad\quad\quad 商\quad 余\\
2 & 53 \\
2 & 26 \leftarrow \cdots 1 \\
2 & 13 \quad\cdots 0 \\
2 & 6 \quad\cdots 1 \\
2 & 3 \quad\cdots 0 \\
2 & 1 \quad\cdots 1 \\
 & 0 \quad\cdots 1
\end{array}
$$

得

$$(53)_{10}=(110101)_2$$

（2）十进制数转换成八进制数。整数部分$(53)_{10}$除 8 取余数部分：

$$
\begin{array}{r|l}
 & \quad\quad 商\quad 余\\
8 & 53 \\
8 & 6 \leftarrow \cdots 5 \\
 & 0 \quad\cdots 6
\end{array}
$$

得

$$(53)_{10}=(65)_8$$

（3）十进制数转换成十六进制数。整数部分$(53)_{10}$除 16 取余数部分：

$$
\begin{array}{r|l}
 & \quad\quad 商\quad 余\\
16 & 53 \\
16 & 3 \leftarrow \cdots 5 \\
 & 0 \quad\cdots 3
\end{array}
$$

得

$$(53)_{10}=(35)_{16}$$

解得

$$(53)_{10}=(110101)_2=(65)_8=(35)_{16}$$

2）小数部分转换

操作过程：小数部分乘基数取整数部分，先高后低，直到积的小数部分为 0 或所要求的精度。

（1）十进制小数部分数转换成二进制数。小数部分$(.375)_{10}$乘 2 取整数部分：

$$
\begin{array}{r}
0.375 \\
\times \quad 2 \\
\hline
0.75 \quad \cdots \quad 0 \quad 整\\
\times \quad 2 \\
\hline
0.5 \quad \cdots \quad 1 \\
\times \quad 2 \\
\hline
0 \quad \cdots \quad 1
\end{array}
$$

得

$$(.375)_{10} = (.011)_2$$

(2) 十进制小数部分数转换成八进制数。小数部分 $(.375)_{10}$ 乘 8 取整数部分：

$$
\begin{array}{r}
0.375 \\
\times \qquad 8 \qquad 整 \\
\hline
0 \cdots\cdots 3
\end{array}
$$

得

$$(.375)_{10} = (.3)_8$$

(3) 十进制小数部分数转换成十六进制数。小数部分 $(.375)_{10}$ 乘 16 取整数部分：

$$
\begin{array}{r}
0.375 \\
\times \qquad 16 \qquad 整 \\
\hline
0 \cdots\cdots 6
\end{array}
$$

得

$$(.375)_{10} = (.6)_{16}$$

解得

$$(.375)_{10} = (.011)_2 = (.3)_8 = (.6)_{16}$$

3) 整数部分和小数部分合并

$$(53.375)_{10} = (110101.011)_2 = (65.3)_8 = (35.6)_{16}$$

例 1.2.6　将十进制数 $(13.39)_{10}$ 分别转换成二进制、八进制和十六进制，精度在 2%。

解　先把十进制数分为整数部分和小数部分。

$(13.39)_{10}$：整数部分 $(13)_{10}$，小数部分 $(.39)_{10}$

1) 整数部分转换

解得

$$(13)_{10} = (1101)_2 = (15)_8 = (D)_{16}$$

2) 小数部分转换

由于题目要求精度在 2%，所以 $(0.39)_{10}$ 转换为二进制就需要 7 位、转换为八进制需要 3 位，转换为十六进制就需要 2 位。（十进制小数部分怎样确定转换的二进制数的精度？当十进制小数部分转换成二进制时出现无限循环，不能完全转换成要求精度误差小于 $x\%$ 时，在转换到某一位时，将转换的数倒转回十进制看误差多少，大于误差值再继续算下一位小数，小于误差值就可以停了。）

（1）十进制小数部分转换成二进制数。小数部分 $(0.39)_{10}$ 乘 2 取整数部分：

$$
\begin{array}{r}
0.39 \\
\times \quad 2 \\
\hline
0.78 \cdots\cdots \quad 0 \\
\times \quad 2 \\
\hline
0.56 \cdots\cdots \quad 1 \\
\times \quad 2 \\
\hline
0.12 \cdots\cdots \quad 1 \\
\times \quad 2 \\
\hline
0.24 \cdots\cdots \quad 0 \\
\times \quad 2 \\
\hline
0.48 \cdots\cdots \quad 0 \\
\times \quad 2 \\
\hline
0.96 \cdots\cdots \quad 0 \\
\times \quad 2 \\
\hline
0.92 \cdots\cdots \quad 1 \\
\end{array}
$$

解得

$$(0.39)_{10}=(0.0110001)_2$$

验证精度：首先将转换成二进制的数，倒转回十进制去，得

$$(0.0110001)_2=0\times2^{-1}+1\times2^{-2}+1\times2^{-3}+0\times2^{-4}+0\times2^{-5}+0\times2^{-6}+1\times2^{-7}$$
$$=0+0.25+0.125+0+0+0+0.0078125$$
$$=0.3828125$$

计算误差：

$$精度=\frac{准备转换值-转换值}{准备转换值}\times\frac{100}{100}$$
$$=\frac{0.39-0.3828125}{0.39}\times\frac{100}{100}\approx1.84\%$$

解得 $(0.39)_{10}=(0.0110001)_2$ 精度误差小于 2%，满足精度要求。

（2）十进制小数部分转换成八进制数。小数部分 $(0.39)_{10}$ 乘 8 取整数部分：

$$
\begin{array}{r}
0.39 \\
\times \quad 8 \\
\hline
0.12 \cdots\cdots \quad 3 \\
\times \quad 8 \\
\hline
0.96 \cdots\cdots \quad 0 \\
\times \quad 8 \\
\hline
0.68 \cdots\cdots \quad 7 \\
\end{array}
$$

解得

$$(0.39)_{10}=(0.307)_8$$

验证精度：首先将转换成八进制的数，倒转回十进制去，得

$$(0.307)_2=3\times8^{-1}+0\times8^{-2}+7\times8^{-3}=0.375+0+0.013671875$$
$$=0.388671875$$

计算误差：

$$精度 = \frac{准备转换值 - 转换值}{准备转换值} \times \frac{100}{100}$$

$$= \frac{0.39 - 0.388671875}{0.39} \times \frac{100}{100} \approx 0.34\%$$

解得 $(0.39)_{10} = (0.307)_8$ 精度误差小于 2%，满足精度要求。

（3）十进制小数部分转换成十六进制数。小数部分 $(0.39)_{10}$ 乘 16 取整数部分：

$$
\begin{array}{r}
0.39 \\
\times \quad 16 \\
\hline
0.24 \cdots\cdots \ 6 \\
\times \quad 16 \\
\hline
0.84 \cdots\cdots \ 3
\end{array}
\quad 整
$$

解得

$$(0.39)_{10} = (0.63)_{16}$$

验证精度：首先将转换成 16 进制的数，倒转回十进制去，得

$$(0.63)_{16} = 6 \times 16^{-1} + 3 \times 16^{-2} = 0.375 + 0.01171875$$

$$= 0.38671875$$

计算误差：

$$精度 = \frac{准备转换值 - 转换值}{准备转换值} \times \frac{100}{100}$$

$$= \frac{0.39 - 0.38671875}{0.39} \times \frac{100}{100} \approx 0.84\%$$

解得 $(0.39)_{10} = (0.63)_{16}$ 精度误差小于 2%，满足精度要求。

解得

$$(0.39)_{10} = (0.0110001)_2 = (0.307)_8 = (0.63)_{16}$$

3）整数部分和小数部分合并

$$(13.39)_{10} = (1101.0110001)_2 = (15.307)_8 = (D.63)_{16}$$

2. 二进制、八进制、十六进制互相转换

通过观察表 1.2.1，可以看出，1 位八进制数恰好由 3 位二进制数组成表达，而 1 位十六进制数恰好由 4 位二进制数组成表达。根据这个规律，可以随意把一个二进制数变成八进制或十六进制类型，而且，二进制还可以作为中转，从而实现八进制和十六进制之间的互相转换。

1）二进制转换为八进制或十六进制步骤

（1）先把二进制数分成整数部分和小数部分。

（2）查看整数部分的位数是否为 3 的整数倍(转换为八进制)或 4 的整数倍(转换为十六进制)。如果为整数倍，则直接按照表 1.2.1 所对应的数值开始转换；如果不为整数倍，则需

要在二进制数值的前面加入数值为 0 的位数,以便凑成整数倍。小数部分则相反,在二进制数值的后面加入数值为 0 的位数。

(3) 把整数部分和小数部分合并。

例 1.2.7 把二进制数 $(11001.10101)_2$ 转换八进制和十六进制。

解 整数部分:

$$(11001)_2 = (\underline{0}11\ \ 001)_2 = (\underline{0001}\ \ 1001)_2$$
$$(3\quad 1)_8 \qquad (1\quad 9)_{16}$$

得

$$(11001)_2 = (31)_8 = (19)_{16}$$

小数部分:

$$(0.10101)_2 = (0.101\ \ 01\underline{0})_2 = (0.1010\ \ \underline{1000})_2$$
$$(0.5\quad 2)_8 \qquad (0.A\quad 8)_{16}$$

得

$$(0.10101)_2 = (0.52)_8 = (0.A8)_{16}$$

合并得

$$(11001.10101)_2 = (31.52)_8 = (19.A8)_{16}$$

2) 八进制或十六进制转换为二进制步骤

(1) 按照表 1.2.1,逐位把 1 位八进制转换为 3 位二进制,或把 1 位十六进制转换为 4 位二进制。

(2) 把整数最前面连续为 0 的位数舍弃,再把小数最后面连续为 0 的位数舍弃。

例 1.2.8 把十六进制 $(3A.7C)_{16}$ 和八进制 $(33.46)_8$ 转换为二进制。

解

$$(3A.7C)_{16} = (\underline{0011\ 1010.0111\ 1100})_2 = (11010.011111)_2$$
$$(33.46)_8 = (\underline{011011.100110})_2 = (11011.10011)_2$$

1.2.3　二进制的基本算术运算

在日常生活中,已经习惯十进制数的加减乘除运算,而且十进制数还可以分为正数和负数。但是在数字电路处理数据时,任何数都必须采用二进制来表示,而八进制和十六进制只是为了减少用二进制表达的位数。那么二进制数如何进行算数运算,以及如何对二进制数进行编码有助于算数运算,就是本节内容所介绍的。

在十进制中,已经习惯了"逢十进一"及"借一当十"这个关系。而在二进制算数运算中，运算法则与十进制一样，唯一区别就是相邻两位之间是"逢二进一"及"借一当二"的关系。例如，对 14 分别进行加 2、减 2、乘 2 和除 2，在十进制下分别等于 16、12、28 和 7，那么二进制如何算出来的呢？本节将介绍二进制算术运算的基本方法。

1. 加法

加法是数字逻辑中实现数值运算最基本的运算，其他运算可以由它完成。根据二进制数逢二进一的特点，可以得到二进制数加法运算法则如下：

0+0=0

0+1=1

1+0=1

1+1=10(有进位)

例 1.2.9 计算 $(14)_{10}+(13)_{10}=(1110)_2+(1101)_2$。

解

$$
\begin{array}{r}
1\ 1\ 1\ 0 \\
+)\ 1\ 1\ 0\ 1 \\
\hline
1\ 1\ 0\ 1\ 1
\end{array}
$$

本例两个二进制数的最高位相加时，由于低位对它有进位，相当于 3 个 1 相加。

2. 减法

二进制数减法运算法则如下：

1−0=1

1−1=0

0−0=0

0−1=1(有借位)体现了二进制"借一当二"的原则

例 1.2.10 计算 $(14)_{10}-(13)_{10}=(1110)_2-(1101)_2$。

$$
\begin{array}{r}
d\ c\ b\ a \\
1\ 1\ 1\ 0 \\
-)\ 1\ 1\ 0\ 1 \\
\hline
0\ 0\ 0\ 1
\end{array}
$$

所以

$$(1110)_2-(1101)_2=(1)_2$$

本例中 a 列不够减，向 b 列借 1，由于借 1 当成 2，2−1=1，则 a 列为 1。b 列由于已借走 1，剩下 0，0−0=0。

3. 乘法和除法

二进制乘/除法与十进制乘/除法相似，并且更简单些。

二进制数乘法运算法则如下：

$0\times0=0$

$0\times1=0$

$1\times0=0$

$1\times1=1$

例 1.2.11　计算$(1010)_2\times(1101)_2$。

解

$$
\begin{array}{r}
1\ 0\ 1\ 0\\
\times)\ 1\ 1\ 0\ 1\\
\hline
1\ 0\ 1\ 0\\
1\ 0\ 1\ 0\\
1\ 0\ 1\ 0\\
\hline
1\ 0\ 0\ 0\ 0\ 0\ 1\ 0
\end{array}
$$

所以　$(1010)_2\times(1101)_2=(10000010)_2$。

二进制数乘法运算可以看作多个被加数移位相加。相加的个数为乘数中 1 的个数。

例 1.2.12　计算$101110111000\div1010$。

解　方法与十进制数除法类似：

$$
\begin{array}{r}
100101100\\
1010\ \overline{)101110111000}\\
1010\\
\hline
1101\\
1010\\
\hline
1111\\
1010\\
\hline
1010\\
1010\\
\hline
0
\end{array}
$$

所以

$$(101110111000)_2\div(1010)_2=(100101100)_2$$

数字逻辑系统中，除法运算可以看作多次被除数与除数移位相减。

1.3　编　　码

数包括正数和负数、整数和小数。如何用二进制的 0、1 来表示正数、负数、整数和小数，是数字逻辑系统必须解决的问题。数字逻辑系统中采用编码技术来解决数的表示问题，即用 0、1 的组合来表示有符号数(正数、负数)、有小数点的数。

在数字逻辑系统中，对文字、符号表示的信息，也需要用编码技术来解决，以便计算机能识别和处理。

1.3.1　有符号数的编码

对于无符号数，原码是一种用数值本身表示的二进制编码。

对于有符号数，原码是一种以符号和数值表示的二进制编码。有符号数的原码编码原则是：用最高位表示符号，0 表示正数，1 表示负数；其他位表示该数的绝对值。有符号数的二进制编码结构如图 1.3.1 所示。有符号数在计算过程中，符号位也参与运算。但要注意加减运算和乘除运算的区别。

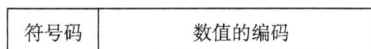

符号码	数值的编码

图 1.3.1　有符号数的二进制编码结构

例如：

$$(+13)_{10} = (\boxed{0}1101)_2$$
$$(-13)_{10} = (\boxed{1}1101)_2$$

有符号数的编码分为三种方式，分别是原码、反码和补码。

1. 原码

对于无符号数，原码是一种用数值本身表示的二进制编码。

对于有符号数，原码是一种以符号和数值表示的二进制编码。有符号数的原码编码原则是：用最高位表示符号，正数用 0 表示，负数用 1 表示。其他位表示该数的绝对值。

例 1.3.1　(1) 求二进制整数 -101、+101、-000、+000 的原码。(2) 求二进制小数 -0.101、+0.101、-0.000、+0.000 的原码。

解

(1) 求二进制整数 -101、+101、-000、+000 的原码。

$(-101)_原 = 1101$　　　　　　　　$(+101)_原 = 0101$

$(-000)_原 = 1000$　　　　　　　　$(+000)_原 = 0000$

(2) 求二进制小数 -0.101、+0.101、-0.000、+0.000 的原码。

$(-0.101)_原 = 1.101$　　　　　　　$(+0.101)_原 = 0.101$

$(-0.000)_原 = 1.000$　　　　　　　$(+0.000)_原 = 0.000$

从例题可以看出，有符号整数原码和有符号小数原码没有本质的区别，只是小数点的位置不同而已。

由于符号位也要参与运算，所以原码不便于运算。例如，将两个数相加，首先要比较它们的符号位，如果符号相同，可以将其数值相加，结果的符号位不变。如果符号不同，还要比较两个数的数值大小，用数值大的数减去数值小的数，得到结果的数值部分，而结果的符号则与数值大的数的符号相同。这就是说，在进行正常的加或减的运算时，还要完成符号位的判断工作，并且零的表示不是唯一的，增加了处理的难度。

为了简化数字逻辑系统的运算和处理过程，使数值的运算和符号的判断合二为一，又引入了反码和补码两种有符号数的二进制编码方法，是数字系统处理有符号数的数学运算时常用的一种方法。

2. 反码

对于无符号数，反码是一种用对数值按位取反表示的二进制编码。

对于有符号数，反码是一种用符号位和对数值按位取反表示的二进制编码。有符号数的反码编码原则是：用最高位表示符号，正数用 0 表示，负数用 1 表示。正数的反码是其原码本身，负数反码的数值部分是原码的数值部分按位取反。

例 1.3.2 (1)求二进制数整数–101、+101、–000、+000 的反码。(2)求二进制小数–0.101、+0.101、–0.000、+0.000 的反码。

解

(1) 求二进制数–101、+101、–000、+000 的反码。

$(-101)_反 = \boxed{1}010$ $(+101)_反 = \boxed{0}101$

$(-000)_反 = \boxed{1}111$ $(+000)_反 = \boxed{0}000$

(2) 求二进制数–0.101、+0.101、–0.000、+0.000 的反码。

$(-0.101)_反 = \boxed{1}.010$ $(+0.101)_反 = \boxed{0}.101$

$(-0.000)_反 = \boxed{1}.111$ $(+0.000)_反 = \boxed{0}.000$

从例题可以看出，整数反码和小数反码也没有本质的区别，只是小数点的位置不同而已，并且，反码表示法仍然没有解决零的表示不唯一的问题。

例 1.3.3 (1)用反码表示法求二进制数–1001、+1110 的和。(2)用反码表示法求二进制数+1001、–1110 的和。

解 按照十进制的理解，这道题实际上就是–9+14=5，9–14=–5。

(1) 求二进制数–1001、+1110 的和。按照二进制反码运算得

$$(-1001)_反 = 10110 \quad (+1110)_反 = 01110$$

$$
\begin{array}{r}
10110 \\
+\ 01110 \\
\hline
\end{array}
$$

进位：1   00100

$$
\begin{array}{r}
+\qquad\longrightarrow\ 1 \\
\hline
00101
\end{array}
$$

所以

$$(-1001)+(+1110)=(+0101)$$

从例 1.3.3 可以看出用反码表示有符号数的优点是，符号位直接参与运算。缺点是如果在运算时符号位有进位，需要将该进位加到结果的最低位上去，也就是说要做两次加法运算才能得到正确结果，增加了运算时间。

(2) 求二进制数+1001、–1110 的和。

$(+1001)_反 = 01001$ $(-1110)_反 = 10001$

$$
\begin{array}{r}
01001 \\
+\ 10001 \\
\hline
11010
\end{array}
$$

$(+1001)_反 + (-1110)_反 = 11010$

注意：计算结果的最高位是 1 表示负数，将计算的结果 11010 数值部分再按位取反后得正确结果 10101。

所以

$$(+1001)+(-1110)=(-0101)$$

3. 补码

在数字电路系统中，为了简化电路，常将负数用补码表示，以便将减法运算变为加法运算。在计算机中数值一般以补码形式表示。下面介绍补码的概念。

1）无符号数的补码

无符号数的补码可以利用下式计算：

$$N_补 = R^n - N \tag{1.3.1}$$

式中，R 为基数；N 为原码；n 为原码的位数。

例 1.3.4　(1)求十进制数 2、48 的补码。(2)利用补码计算十进制数 7–2 和 82–48。

解　(1)求十进制数 2、48 的补码。根据式(1.3.1)可知

$$(2)_补 = (10^1)_{10} - 2 = 8$$

$$(48)_补 = (10^2)_{10} - 48 = 52$$

(2) 利用补码计算十进制数 7–2 和 82–48。根据式(1.3.1)可得

$$-N = N_补 - R^n$$

求得

$$7 - 2 = 7 + (-2) = 7 + (2)_补 - (10^1)_{10} = 7 + 8 - 10 = 5$$

$$82 - 48 = 82 + (-48) = 82 + (48)_补 - (10^2)_{10} = 82 + 52 - 100 = 34$$

上面计算是无符号十进制数的补码。对于无符号二进制数的补码，同样可以利用式(1.3.1)进行计算。

例 1.3.5　(1)求二进制数 0010、0100 的补码。(2)利用二进制补码计算 0111–0010 和 0010–0100。

解　(1)求二进制数 0010、0100 的补码。根据式(1.3.1)可知

$$(0010)_补 = (2^4)_2 - 0010 = 10000 - 0010 = 1110$$

$$(0100)_补 = (2^4)_2 - 0010 = 10000 - 0100 = 1100$$

(2) 利用二进制补码计算 0111–0010 和 0010–0100。根据式(1.3.1)可知

$$-N = N_补 - R^n$$

得

$$0111-0010 = 0111 + (-0010) = 0111 + (0010)_补 - 10000 = 0111 + 1110 - 10000 = 0101$$

$$0010-0100 = 0010 + (-0100) = 0010 + (0100)_补 - 10000 = 0010 + 1100 - 10000 = -0010$$

2）有符号数的补码

有符号数二进制补码，是一种用符号和对数值按位取反并在最低位加 1 表示的二进制编码。其有符号数的补码编码原则是：正数的补码是其原码本身，负数的补码是原码的数值部分按位取反并在最低位加 1。用最高位表示符号，0 表示正数，1 表示负数。

补码计算为

$$N_补 = N_反 + 1 \tag{1.3.2}$$

式中，$N_反$ 是二进制原码的反。

由式(1.3.1)得

$$R^n = N + N_{补}$$

将式(1.3.2)代入上式得

得

$$R^n = N + N_{反} + 1 \ (计算 R^n 时 N_{反}、N 采用绝对值)$$

(1) 整数、小数。

例 1.3.6 (1)求 4 位二进制整数–101、+101、–000、+000 的补码。(2)求二进制数小数 –0.101、+0.101、+0.000、–0.000 的补码。(3)计算 101、111 的 R^n。

解 (1) 求 4 位二进制整数–101、+101、–000、+000 的补码。

$(-101)_{补} = (-101)_{反} + 1 = 1010 + 1 = 1011$ $(+101)_{补} = 0101$

$(-000)_{补} = (-000)_{反} + 1 = 1111 + 1 = 0000$ $(+000)_{补} = 0000$

(2) 求二进制数小数–0.101、+0.101、+0.000、–0.000 的补码。

$(-0.101)_{补} = 1.010 + 1 = 1.011$ $(+0.101)_{补} = 0.101$

$(-0.000)_{补} = 1.111 + 1 = 0.000$ $(+0.000)_{补} = 0.000$

从例题可以看出,整数补码和小数补码也没有本质的区别,只是小数点的位置不同而已。但是补码表示法对零的表示是唯一的,有利于简化系统。

(3) 计算 101、111 的 R^n 和 n。

数值 101、–111 都采用绝对值,即 101、111。

取

$$N=101、N_{反}=010 ; \quad N=111、N_{反}=000$$

得

$$R^n = N + N_{反} + 1 = 101 + 010 + 1 = 1000$$

$$R^n = N + N_{反} + 1 = 111 + 000 + 1 = 1000$$

以上数值可以看出 $R=2$、$n=3$。

(2) 减法运算。二进制补码的减法运算,可以方便地进行带符号的减法运算。减法运算的原理是减去一个正数相当于加上一个负数,即 A–B=A+(–B)。对(–B)求补码,然后进行加法运算。二进制减法运算是将减法运算变成加法运算进行的。

例 1.3.7 (1)试用 4 位二进制补码计算 6–2=4。(2)用补码表示法求二进制数(–1001)+(+1110);以及(–1110)+(+1001)。

解 (1)试用 4 位二进制补码计算 6–2=4。

$(6)_{补} = (0110)_{补} = 0110$ $(-2)_{补} = (-010)_{补} = 1110$

$(6-2)_{补} = (6)_{补} + (-2)_{补} = 0110 + 1110 = 0100$

$$\begin{array}{r} 0110 \\ + \quad 1110 \\ \hline [1]0100 \end{array}$$

舍去 ↵

所以

$$6-2=4$$

二进制补码相加时，方框中的 1 是进位，在计算中会自动舍去，因为运算是以 3 位二进制补码表示的，计算结果仍然保留 4 位。

(2) 用补码表示法求二进制数 (−1001)+(+1110)；以及 (−1110)+(+1001)。

$(−1001)_{补}+(+1110)_{补}=10111+01110=00101$

$(−1110)_{补}+(+1001)_{补}=10010+01001=11011$

$$
\begin{array}{r}
10111 \\
+ \quad 01110 \\
\hline
进位：1 \; 00101
\end{array}
\qquad
\begin{array}{r}
10010 \\
+ \quad 01001 \\
\hline
11011
\end{array}
$$

↳ 舍去

得

(−1001)+(+1110)=00101（注意：最高位是 0 表示数值是正数，数值部分是正确结果）。

(−1110)+(+1001)= −0101（注意：最高位是 1 表示负数，数值部分按位取反后在最低位加 1 得正确结果）。

从例题中可以看出，用补码来表示有符号数的优点是，符号位直接参与运算，符号位也存在进位现象，对于这种现象，可以直接舍弃该进位值。

计算结果是补码，要变换成原码，方法是将补码结果再求补码得原码。当最高位表示的符号为 0(表示正数)，计算原码的结果为补码本身；当最高位表示的符号为 1(表示负数)，计算原码的结果为数值部分按位取反，并在最低位加 1。

例 1.3.8　试用 4 位二进制补码计算 5+7。

解　因为 $(5+7)_{补}=(5)_{补}+(7)_{补}=0101+0111=1100$

$$
\begin{array}{r}
0101 \\
+ \quad 0111 \\
\hline
1100
\end{array}
$$

计算结果 1100 表示−4，而实际正确的结果该为 12。错误产生的原因在于 4 位二进制补码中，有 3 位是数值位，它所表示的范围为−8～+7，而本题的结果需要 4 位数值位表示，因而产生了溢出。解决溢出的办法是进行位扩展，即用 5 位以上的二进制补码表示，就不会产生溢出了。又例如：一个 8 位的系统数字电路系统，如果要进行有符号数的运算，则运算结果的数值部分不能超过 7 位(−128 至+127)。由此可以得知，对于 n 位带符号的二进制数的原码、反码和补码的数值范围分别为

原码　　　　　　　$−(2^{n-1}-1)\sim+(2^{n-1}-1)$

反码　　　　　　　$−(2^{n-1}-1)\sim+(2^{n-1}-1)$

补码　　　　　　　$−2^{n-1}\sim+(2^{n-1}-1)$

1.3.2　有小数点的数的编码

1.3.1 节了解了原码、反码、补码，解决了有符号数的问题，但没有解决小数点的表示问题。在数字逻辑与数字电路系统中，一般通过定点或浮点方式来解决小数点的表示问题。

1. 定点表示法

定点表示法是指数字逻辑与数字电路系统中小数点的位置是固定不变的。例如，8 位数中，最高位表示符号，则小数点的位置可以在其他 7 个位置前或后。

例 1.3.9　二进制数−111.11 可以用原码和定点表示法在 8 位的数字逻辑与数字电路系统中表示为

7	6	5	4	3	2	1	0
1	0	0	1	1	1	1	1

本例采用 8 位来表示数，而−111.11 的原码只有 7 位，因此必须在数值部分的最高位或小数部分的最低位补 0，使原码满足数字的 8 位的要求。

本例中的小数点并不在编码中表示出来，而是在一个约定的固定位置，本例约定小数点在第 1 和 2 位之间。

如果约定小数点在第 2 和 3 位之间，则得到不同的编码为

7	6	5	4	3	2	1	0
1	0	1	1	1	1	1	0

定点表示法的缺点是，所能表示的数的范围不大。例如，一个 8 位的数字逻辑与数字电路系统，用 1 位表示符号位，约定小数点在第 0 位后，则此时只能表示整数，上、下限为±1111111，即十进制数±127。如果约定小数点在第 6 位前，则此时只能表示纯小数，上、下限为±0.1111111，即十进制数±$(1-2^{-8})$。如果要表示超出此范围的数，只能靠系统设计人员人为约定将数放大或缩小若干倍。

2. 浮点表示法

浮点表示法是指数字逻辑与数字电路系统中小数点的位置不是固定不变的，可以根据数的大小改变。浮点表示法是用阶码+尾数方法来表示数。

一般情况下，任意一个数可以表示为如下的浮点形式

$$N_R = R^E \times M$$

式中，R 为基数；E 为阶码；M 为尾数。一般 E 是整数，M 是小数。

对于二进制数，有

$$N_2 = 2^E \times M$$

浮点表示法的结构如下：

S_E	E	S_M	M
阶符	阶码	尾符	尾数

在数字逻辑与数字电路系统中，如果用浮点法来表示数，阶码和尾数在总位数的比例是事先约定的。

例 1.3.10　在 10 位的数字逻辑与数字电路系统中用原码和浮点表示法表示二进制数−101.11。

解

$$-101.11 = -(2^2 + 2^0 + 2^{-1} + 2^{-2}) = 2^3 \times [-(2^{-1} + 2^{-3} + 2^{-4} + 2^{-5})]$$

可知 $E = +11$，$M = -10111$。

确定阶码部分占 3 位，尾数部分占 7 位，则可以表示为

9	8	7	6	5	4	3	2	1	0
0	1	1	1	1	0	1	1	1	0

浮点表示法的优点是所能表示的数的范围比定点表示法大。缺点是运算较复杂，当两数相加时，需要使两数的阶码部分相等，尾数部分相加，当两数相乘时，则需要对阶码作加法运算，对尾数作乘法运算。因此，具有浮点运算能力的数字逻辑与数字电路系统都较为复杂。

1.3.3　常用编码

本节将简单介绍目前常见的一些字符编码规则以及其他编码方式。

1. BCD 码

BCD 为 Binary Coded Decimal 的缩写。即用二进制编码的形式表示的十进制数。十进制数有 10 个数字符号，需用 4 位二进制数码表示。4 位二进制数码有 16 种组合，而表示一位十进制数只需要 10 种组合，因此用 4 位二进制数码表示十进制数有多种选取方式。表 1.3.1 列出了几种常用的 BCD 码，它们的编码规则各不相同。

表 1.3.1　常用 BCD 码

十进制数	8421BCD 码	5421BCD 码	2421BCD 码
0	0000	0000	0000
1	0001	0001	0001
2	0010	0010	0010
3	0011	0011	0011
4	0100	0100	0100
5	0101	1000	1011
6	0110	1001	1100
7	0111	1010	1101
8	1000	1011	1110
9	1001	1100	1111
10	1010	1101	
11	1011	1110	
12	1100	1111	
13	1101		
14	1110		
15	1111		

从表中可以看出，BCD 码正好是十进制数转换成二进制数的结果。如十进制数 9 的 8421BCD 码为 1001：

$$8 \quad 4 \quad 2 \quad 1 \quad \text{BCD 码}$$
$$\downarrow \quad \downarrow \quad \downarrow \quad \downarrow$$
$$\underline{1 \quad 0 \quad 0 \quad 1} \quad \text{二进制数}$$
$$8 + 0 + 0 + 1 = 9$$

即

$$1 \times 8 + 0 \times 4 + 0 \times 2 + 1 \times 1 = 9$$

例 1.3.11 用 8421BCD 码表示十进制数 $(9570)_{10}$。

解 根据 BCD 码的编码表，将 $(9570)_{10}$ 中的每一位数分别用 8421BCD 码表示，如下：

$$9 \qquad 5 \qquad 7 \qquad 0$$
$$\downarrow \qquad \downarrow \qquad \downarrow \qquad \downarrow$$
$$1001 \quad\; 0101 \quad\; 0111 \quad\; 0000$$

得 $(9570)_{10}$ 的 8421BCD 码 N 为

$$N = (1001\,0101 \quad 0111\,0000)_{8421BCD}$$

例 1.3.12 8421BCD 码 $(1000\,0100\,0111.0101\,0110)_{8421BCD}$ 表示的十进制数是多少？

解 根据 8421BCD 码的编码表，将 $(1000\,0100\,0111.0101\,0110)_{8421BCD}$ 中的每 4 位数对应为一个十进制数字，如下：

$$1000 \qquad 0100 \qquad 0111. \qquad 0101 \qquad 0110$$
$$\downarrow \qquad\;\; \downarrow \qquad\;\; \downarrow \qquad\;\;\; \downarrow \qquad\;\; \downarrow$$
$$8 \qquad\;\;\; 4 \qquad\;\;\; 7. \qquad\;\;\; 5 \qquad\;\;\; 6$$

得 $(1000\,0100\,0111.0101\,0110)_{BCD}$ 对应的十进制数 N 是为

$$N = (847.56)_{10}$$

例 1.3.13 5421BCD 码 $(1000\,0100\,0111.0101\,0110)_{5421BCD}$ 表示的十进制数是多少？

解 根据 5421BCD 码的编码表，将 $(1000\,0100\,0111.0101\,0110)_{5421BCD}$ 中的每 4 位数对应为一个十进制数字，如下：

$$1000 \qquad 0100 \qquad 0111. \qquad 0101 \qquad 0110$$
$$\downarrow \qquad\;\; \downarrow \qquad\;\; \downarrow \qquad\;\;\; \downarrow \qquad\;\; \downarrow$$
$$5 \qquad\;\;\; 4 \qquad\;\;\; 7. \qquad\;\;\; 5 \qquad\;\;\; 6$$

得 $(1000\,0100\,0111.0101\,0110)_{5421BCD}$ 对应的十进制数 N 是为

$$N = (547.56)_{10}$$

2. 格雷码(Gray)

格雷码中任意两组相邻代码之间只有一位不同。译码时不会发生竞争冒险现象，因而常用于模拟量的转换中，当模拟量发生微小变化而可能引起数字量发生变化时，格雷码仅改变一位，这样与其他代码同时改变两位或多位的情况相比更为可靠，即可减少出错的可能性。

格雷码是一种易于校正的编码，它具有一种抗干扰能力，在形成或传输时不容易出错，如果出现错误，也容易发现和纠正。其特点是每相邻的两个数只有一位发生变化。下面以对 0~15 十六个十进制数进行格雷码编码为例来说明格雷码的编码原则。

格雷码是一种无权码，很难从编码识别它所代表的数，但是格雷码与二进制数之间有一转换关系。二进制码转为格雷码的算法较简单，将所需转换的数的二进制码右移一位后与原数相异或（$\oplus$）（异或是指，两数相同为 0，两数不同为 1）即可。设二进制数为

$$B = B_n B_{n-1} \cdots B_1 B_0$$

其对应的格雷码为

$$G = G_n G_{n-1} \cdots G_1 G_0$$

则有

$$G_n = B_n, \qquad G_i = B_{i+1} \oplus B_i, \qquad i = 0, 1, 2, \cdots, n-1$$

例 1.3.14 把二进制数 0101、1101 转换成格雷码。

解 （1）把二进制数 0101 转换成格雷码

$$
\begin{array}{cccccl}
B & = & 0 \quad 1 \quad 0 \quad 1 & \text{二进制数} \\
  &   & \downarrow \quad \downarrow \quad \downarrow \quad \downarrow & \\
  & \oplus & 0 \quad 0 \quad 1 \quad 0 & \text{二进制数右移 1 位后的结果} \\
\hline
G & = & 0 \quad 1 \quad 1 \quad 1 & \text{与原数相异或得格雷码}
\end{array}
$$

得二进制数 0101 的格雷码为 $G = 0111$。

（2）把二进制数 1101 转换成格雷码

$$
\begin{array}{cccccl}
B & = & 1 \quad 1 \quad 0 \quad 1 & \text{二进制数} \\
  &   & \downarrow \quad \downarrow \quad \downarrow \quad \downarrow & \\
  & \oplus & 0 \quad 1 \quad 1 \quad 0 & \text{二进制数右移 1 位后的结果} \\
\hline
G & = & 1 \quad 0 \quad 1 \quad 1 & \text{与原数相异或得格雷码}
\end{array}
$$

得二进制数 1101 的格雷码为 $G = 1011$。

例 1.3.15 把格雷码 0111 和 1011 转换成二进制数。

解 （1）格雷码 0111 转换成二进制数。

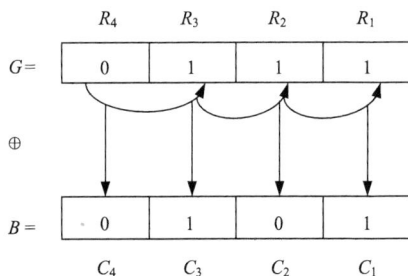

已知格雷码，可以用以下步骤转换成二进制数。

第 1 步：将格雷码最高位数作为二进制数最高位数；

第 2 步：将二进制数最高位数与格雷码次最高位数相异或（$\oplus$）（两个数相同为 0，两个数

不同为 1)即可得二进制次最高位数;

第 3 步:将二进制次最高位数与格雷码次次最高位数相异或($\oplus$)(两个数相同为 0,两个数不同为 1)即可得二进制数次次最高位数;

第 4 步:按以上步骤操作下去,直到二进制数的最低位。

本例题的求解公式如下:

$C_4 = R_4 = 0$

$C_3 = R_4 \oplus R_3 = 0 \oplus 1 = 1$

$C_2 = R_4 \oplus R_3 \oplus R_2 = C_3 \oplus R_2 = 1 \oplus 1 = 0$

$C1 = R_4 \oplus R_3 \oplus R_2 \oplus R_1 = C_2 \oplus R_1 = 0 \oplus 1 = 1$

(2) 格雷码 1011 转换成二进制数。

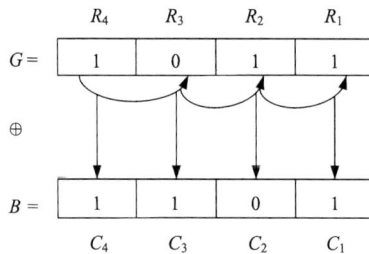

$C_4 = R_4 = 1$

$C_3 = R_4 \oplus R_3 = 1 \oplus 0 = 1$

$C_2 = R_4 \oplus R_3 \oplus R_2 = C_3 \oplus R_2 = 1 \oplus 1 = 0$

$C_1 = R_4 \oplus R_3 \oplus R_2 \oplus R_1 = C_2 \oplus R_1 = 0 \oplus 1 = 1$

表 1.3.2 列出了十进制数 0~15 的格雷码。

表 1.3.2　十进制数 0~15 的格雷码

十进制数	二进制数	格雷码	十进制数	二进制数	格雷码
0	0000	0000	8	1000	1100
1	0001	0001	9	1001	1101
2	0010	0011	10	1010	1111
3	0011	0010	11	1011	1110
4	0100	0110	12	1100	1010
5	0101	0111	13	1101	1011
6	0110	0101	14	1110	1001
7	0111	0100	15	1111	1000

3. ASCII 码(American Standard Code for Information Interchanges)

ASCII 码是计算机应用程序中广泛使用的一种字符编码。ASCII 码是 7 位二进制编码,第 8 位用于误差校验。其 ASCII 码如表 1.3.3 所示。

表 1.3.3　ASCII 码表

$A_3A_2A_1A_0$	$A_6A_5A_4$							
	000	001	010	011	100	101	110	111
0000	NUL	DLE	SP	0	@	P	`	p
0001	SOH	DC1	!	1	A	Q	a	q
0010	STX	DC2	"	2	B	R	b	r
0011	ETX	DC3	#	3	C	S	c	s
0100	EOT	DC4	$	4	D	T	d	t
0101	ENQ	NAK	%	5	E	U	e	u
0110	ACK	SYN	&	6	F	V	f	v
0111	BEL	ETB	'	7	G	W	g	w
1000	BS	CAN	(	8	H	X	h	x
1001	HT	EM	)	9	I	Y	i	y
1010	LF	SUB	*	:	J	Z	j	z
1011	VT	ESC	+	;	K	[	k	{
1100	FF	FS	,	<	L	\	l	|
1101	CR	GS	-	=	M	]	m	}
1110	s0	RS	.	>	N	^	n	~
1111	s1	US	/	?	O	–	o	DEL

本 章 小 结

（1）本章讲解了模拟电路所处理的信号是模拟信号，数字电路所能处理的信号为数字信号，并讲解了数字信号的定义，讨论了数字信号的一些特性，模拟信号数字化的过程。

（2）本章比较详细地讨论了数制与编码。数制与编码理论与技术是数字逻辑和数字电路系统的重要基础。

有关数制的基本内容包括数的表示方法，二进制数、八进制数、十六进制数的基本表示方法和算术运算，以及不同进制数之间的转换方法。编码是数字逻辑和数字电路系统的基本工作方式之一，所有的数据和逻辑变量在数字逻辑与数字电路系统中都是以编码方式出现并被处理的。本章介绍了 8421 码、BCD 码、格雷码等不同的编码的基本概念。

思考题与习题

思考题

1.1　模拟信号与数字信号有什么区别？

1.2　什么叫做逻辑系统？逻辑系统与数字逻辑系统有什么区别？

1.3　数字逻辑系统中的数(0 和 1)是否具有一般数学中数的意义？为什么？

1.4　什么叫做逻辑变量？数字电路中如何表示逻辑变量？

1.5　逻辑信号有哪些基本特点？与模拟信号相比较，数字信号有什么不同？

1.6 基数和位权分别表示了数制的什么内容?

1.7 同一个数用不同进制表示后有什么不同?

1.8 什么叫做编码?数字逻辑与数字电路系统中为什么要使用编码技术?

1.9 什么叫做 BCD 编码?

1.10 格雷码与 8421 编码有什么不同?具有什么优点?

1.11 16 位二进制数能表示的最大十进制数是多少?如果采用 BCD 编码,能表示的最大十进制数又是多少?

1.12 数制转换对精度有什么要求?

1.13 逻辑代数可以用来描述物理事件的什么特性?

1.14 在数字逻辑系统中有哪些基本运算?这些逻辑运算的含义是什么?

1.15 数字电路系统中使用什么样的电压信号?

习题

1.16 把下列各数转换为十进制数。

(1) $(10011)_2$,$(10100)_2$,$(101.101)_2$,$(110.011)_2$

(2) $(1234)_8$,$(2134)_8$,$(544.127)_8$,$(1111.111)_8$

(3) $(A4)_{16}$,$(2A)_{16}$,$(B5.AA)_{16}$,$(CE.55)_{16}$

1.17 把下列十进制数分别转换为二进制数、八进制数和十六进制数,要求进度 1%。

$(1234)_{10}$,$(2134)_{10}$,$(544.256)_{10}$,$(1111.16)_{10}$,$(3476.25)_{10}$

1.18 把下列各数转换为二进制数。

(1) $(735)_8$,$(567)_8$,$(31.11)_8$,$(42.567)_8$

(2) $(567)_{16}$,$(ABC)_{16}$,$(55.AA)_{16}$,$(FD.11)_{16}$

1.19 把下列各数转换为八进制数。

(1) $(101)_2$,$(11011)_2$,$(11.11)_2$,$(1001.101)_2$

(2) $(3F)_{16}$,$(56)_{16}$,$(A.B)_{16}$,$(7A.1F)_{16}$

1.20 把下列各数转换为十六进制数。

(1) $(101)_2$,$(11011)_2$,$(11.11)_2$,$(1001.101)_2$

(2) $(777)_8$,$(333)_8$,$(34.11)_8$,$(55.567)_8$

1.21 已知无符号二进制数 A 和 B 如下,分别计算 A+B、A–B、A×B 和 A÷B。

(1) A=10101,B=1011   (2) A=1101011,B=1010

(3) A=1011010,B=101111   (4) A=1010101,B=101010

(5) A=101,B=1011   (6) A=10000,B=1001

(7) A=10110110,B=01011011   (8) A=1011.0101,B=110.11

1.22 写出以下十进制数据的原码、反码和补码。

(1) –125   (2) –126

(3) –127   (4) –128

(5) –65   (6) –45

1.23 分别用反码和补码完成以下运算,并转换为十进制数加以验证。式中数据为无符号二进制数。

(1) $(+110111)_2 + (+101011)_2$ (2) $(110101)_2 - (100100)_2$

(3) $(+0.1101101)_2 - (+0.1110011)_2$ (4) $(+101111)_2 - (+10001)$

1.24　把以下各十进制数转换为格雷码。

(1) 4　　　　　(2) 18

(3) 21　　　　(4) 34

(5) 80　　　　(6) 60

(7) 45　　　　(8) 55

1.25　把以下 8421BCD 码转换成二进制数。

(1) 01101001　　　　　　　　(2) 010110010110

(3) 00100101　　　　　　　　(4) 011100101001

1.26　已知 X=11011000110，分别写出下列情况下所表示的十进制数。

(1)无符号二进制数　　　　(2)有符号二进制数的原码

(3)有符号二进制数的反码　　(4)有符号二进制数的补码

1.27　将十进制数$(13.37)_{10}$分别转换成二进制、八进制和十六进制，精度在 2%。

1.28　将格雷码 0111 和 1011 转换成二进制数。

1.29　十六进制数有 0、1、2、…、9、A、B、…、E、F 十六个数码，可以看作二进制的简便计数制，每 4 位二进制数可以用 1 位十六进制数表示。试分析十六进制数与二进制数之间的相互转换规律？

1.30　试根据十进制的计数规律，说明二进制数的计数规律？分析它们之间的相互转换规律？

第2章 逻辑代数基本原理

1849 年英国数学家乔治·布尔(George Boole)首先提出了描述客观事物逻辑关系的数学方法——布尔代数。1938 年克劳德·香农(Claude E. Shannon)将布尔代数应用到继电器开关电路的设计,因此又称为开关代数。随着数字技术的发展,布尔代数成为数字电路分析和设计的基础,又称为逻辑代数。

某事件:如果接通电源,电灯就会亮,否则就灭。电源接通与否是因,电灯亮与不亮是果。这种因果关系,称为逻辑关系。处理这种逻辑关系的数学工具,就是逻辑代数。逻辑代数是用来建立物理事件逻辑关系的数学模型的基本工具。逻辑代数所描述的物理事件,必须具有逻辑状态特点。在电子电路中,反映逻辑关系的主要是数字电路,因此,逻辑代数也是建立逻辑电路基本数学模型的基本工具。在逻辑代数中(二值逻辑)1 和 0 并不表示数值的大小,而代表的是事件两种不同的逻辑状态。所以可以用 1 或 0 来代表某一个事件的逻辑状态,这样就可以利用数学方法来描述事件逻辑状态和各不同事件之间的逻辑关系。这种用 1 和 0 表示的逻辑关系叫做数字逻辑。描述逻辑关系的系统叫做数字逻辑系统。

本章主要介绍逻辑代数的基本原理以及逻辑系统数学描述方法,重点不在于逻辑代数定理的证明,而是结合数字逻辑和数字电路系统的基本物理特征,着重介绍如何使用逻辑代数的方法来描述一个逻辑系统。

2.1 逻辑关系的表达方式

2.1.1 逻辑关系

逻辑代数所要处理的是逻辑变量之间的逻辑关系。最基本的逻辑关系包括:与逻辑、或逻辑、非逻辑三种。三种最基本的逻辑关系可以组合成复合逻辑关系,复合逻辑关系包括与非、或非、异或和同或等逻辑关系。这些基本运算和复合运算对应的逻辑门电路分别称为与门、或门、非门、与非门、或非门、同或门和异或门。下面将分别介绍。

1. 基本逻辑关系

1)"与"逻辑

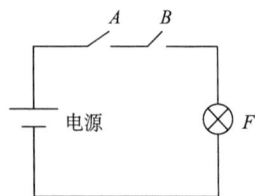

图 2.1.1 "与"逻辑示例

例 2.1.1 图 2.1.1 所示电路是说明"与"逻辑关系的例子。图中有两个串联的开关 A 和 B,它们同时控制一盏灯 F。当开关 A 与 B 同时闭合时,灯才能亮。开关 A、B 作为逻辑变量(逻辑输入),用逻辑 1 表示开关闭合,用逻辑 0 表示开关断开;灯 F 作为逻辑输出,用逻辑 1 表示灯亮,用逻辑 0 表示灯灭。试说明图 2.1.1 所示电路,是"与"逻辑关系。

解　根据题意描述。从图 2.1.1 看出，只有当开关 A "与" B 同时闭合时，灯才亮。这种因果关系可以得到表 2.1.1 所示的 "与" 逻辑关系，该表称为真值表，从表可以看出只有逻辑变量 A "与" B 同时为 1 时，输出逻辑 F 才为 1。

结论：只有当决定事件结果的全部条件同时具备时，结果才发生。这种因果关系就是 "与" 逻辑关系。

表 2.1.1　"与" 逻辑真值表

A	B	F
0	0	0
0	1	0
1	0	0
1	1	1

"与" 逻辑可以用逻辑符号表示如图 2.1.2(a)、(b) 所示，图 2.1.2(a) 表示国标 "与" 逻辑符号，图 2.1.2(b) 表示国际常用的 "与" 逻辑符号。图中符号 "&" 表示 "与" 逻辑。

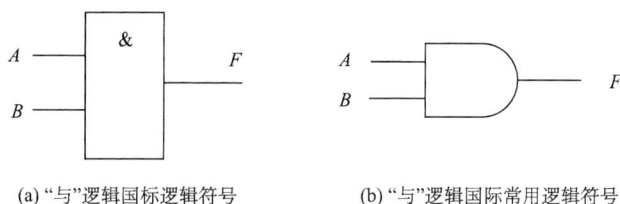

(a) "与"逻辑国标逻辑符号　　　　　　(b) "与"逻辑国际常用逻辑符号

图 2.1.2　"与" 逻辑符号

根据 "与" 逻辑真值表可得 "与" 逻辑的逻辑代数式如式 (2.1.1) 所示，"与" 逻辑也称为逻辑乘运算，用 "·" 表示，逻辑乘运算也称 "与" 运算：

$$F = A \cdot B \qquad\qquad (2.1.1)$$

在数字电路中，实现与运算的逻辑电路称为与门。根据与门输入端数的不同，与门可分为二输入与门、三输入与门、四输入与门等。图 2.1.2 是二输入与门逻辑符号。与门可以有多个输入变量，逻辑表达式为

$$F = A \cdot B \cdot C \cdot D \cdots$$

2) "或" 逻辑

例 2.1.2　图 2.1.3 所示的电路是说明 "或" 逻辑关系的例子。图中有两个并联的开关 A 和 B，它们控制一盏灯 F。当开关 A "或" B 任一个开关闭合时，灯亮。开关 A、B 作为逻辑变量 (逻辑输入)，用逻辑 1 表示开关闭合，用逻辑 0 表示开关断开；灯 F 作为逻辑输出，用逻辑 1 表示灯亮，用逻辑 0 表示灯灭。试说明图 2.1.3 所示电路，是 "或" 逻辑关系。

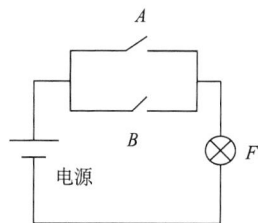

图 2.1.3　"或" 逻辑示例

解　根据题意描述。从图 2.1.3 看出，当开关 A "或" B 闭合时，灯亮。这种因果关系可以得到表 2.1.2 所示的 "或" 逻辑关系，该表称为真值表，从表可以

看出只有逻辑变量 A "或" B 任一个为 1 时,输出逻辑 F 才为 1。

结论:当决定事件结果的所有条件中,只要有一个满足,结果就会发生。这种因果关系就是"或"逻辑关系。

表 2.1.2　"或"逻辑真值表

A	B	F
0	0	0
0	1	1
1	0	1
1	1	1

"或"逻辑可以用逻辑符号表示如图 2.1.4(a)、(b)所示,图 2.1.4(a)表示国标"或"逻辑符号,图 2.1.4(b)表示国际常用的"或"逻辑符号。图中"≥1"表示"或"逻辑。

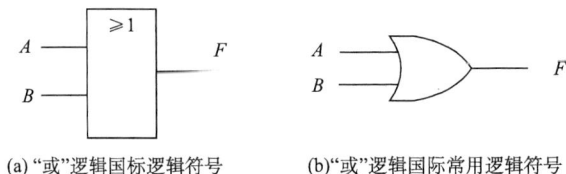

(a)"或"逻辑国标逻辑符号　　　　(b)"或"逻辑国际常用逻辑符号

图 2.1.4　"或"逻辑符号

根据"或"逻辑真值表可得"或"逻辑的逻辑代数式如式(2.1.2)所示,"或"逻辑也称为逻辑加运算,用"+"表示,逻辑加运算也称"或"运算:

$$F=A+B \tag{2.1.2}$$

在数字电路中,实现或运算的逻辑电路称为或门。根据或门输入端数的不同,或门可分为二输入或门、三输入或门、四输入或门等。图 2.1.4 为二输入或门逻辑符号。或门可以有多个输入变量,逻辑表达式为

$$F=A+B+C+D+\cdots$$

3)"非"逻辑

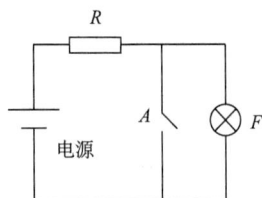

图 2.1.5　非逻辑示例

例 2.1.3　图 2.1.5 所示的电路是说明"非"逻辑关系的例子。图中开关 A 控制一盏灯 F。当开关闭合时,灯灭。开关 A 作为逻辑变量(逻辑输入),用逻辑 1 表示开关闭合,用逻辑 0 表示开关断开;灯 F 作为逻辑输出,用逻辑 1 表示灯亮,用逻辑 0 表示灯灭。试说明图 2.1.5 所示电路,是"非"逻辑关系。

解　根据题意描述。从图 2.1.5 看出,当开关 A 闭合时,灯灭;当开关 A 断开时,灯亮。这种因果关系可以得到表 2.1.3 所示的"非"逻辑关系,该表称为真值表,从表可以看出当逻辑变量 A 为 0 时,输出逻辑 F 才为 1;当逻辑变量 A 为 1 时,输出逻辑 F 才为 2。

结论:当条件不具备时,结果会发生;当条件具备时,结果不会发生。这种因果关系就

是“非”逻辑关系。

表 2.1.3 “非”逻辑真值表

A	*F*
0	1
1	0

“非”逻辑可以用逻辑符号表示如图 2.1.6(a)、(b)所示，图 2.1.6(a)表示国标“非”逻辑符号，图 2.1.6(b)表示国际常用的“非”逻辑符号，图中圆圈表示非的概念。在数字电路中，实现非运算的逻辑电路称为非门。

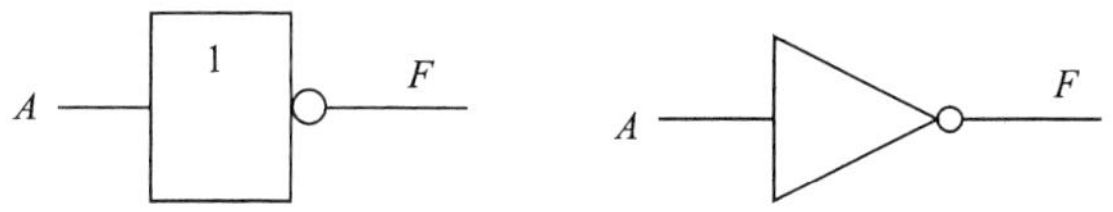

(a) “非”逻辑国标逻辑符号　　(b) “非”逻辑国际常用逻辑符号

图 2.1.6 “非”逻辑符号

根据“非”逻辑真值表可得“非”逻辑的逻辑代数式如式(2.1.3)所示：

$$F = \overline{A} \tag{2.1.3}$$

2. 复合逻辑关系

利用最基本的三种逻辑关系可以组合成复合逻辑关系，它包括与非、或非、异或和同或等逻辑关系。

复合逻辑关系，是通过不同的逻辑门，分层组合的方法来实现逻辑关系，在这种方式下，最重要的是要把逻辑关系写成与、或、非运算的形式。在工程实际中，往往不一定总能采用直接实现的方法实现一个逻辑函数。因此，工程中的主要采用组合方式实现逻辑函数。

1)“与非”逻辑

“与非”逻辑是与运算和非运算的组合，逻辑门采用了二层结构，如图 2.1.7 所示。图中输入变量 A、B 首先进行与运算，然后再进行非运算，即先与后非。在工程中常用“与非”逻辑符号如图 2.1.8 所示，图中圆圈表示非的概念。

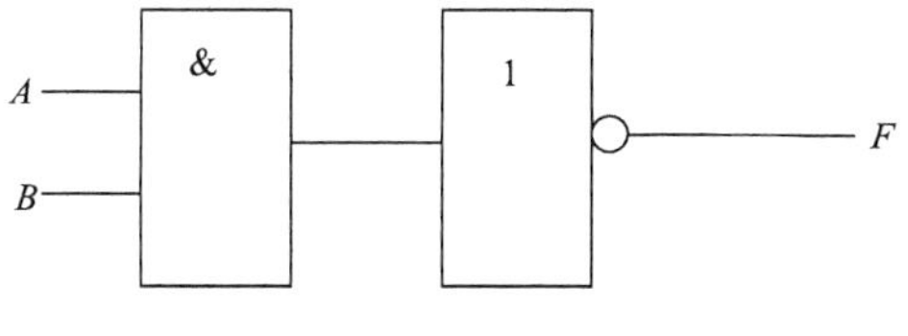

图 2.1.7 与逻辑和非逻辑的组合

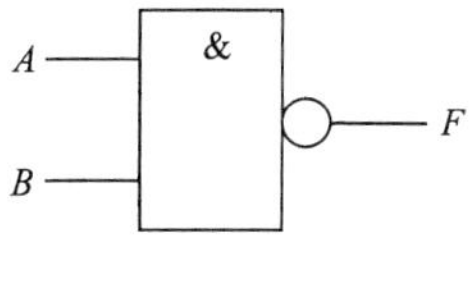

图 2.1.8 “与非”逻辑符号

根据对“与非”的逻辑描述，其逻辑代数式如式(2.1.4)所示：

$$F = \overline{A \cdot B} \tag{2.1.4}$$

与非逻辑运算的逻辑关系如表 2.1.4 所示。

表 2.1.4　与非逻辑关系

A	B	F
0	0	1
0	1	1
1	0	1
1	1	0

2)"或非"逻辑

"或非"逻辑是或运算和非运算的组合,逻辑门采用了二层结构,如图 2.1.9 所示。图中输入变量 A、B 首先进行或运算,然后再进行非运算,即先或后非。在工程中常用"或非"逻辑符号如图 2.1.10 所示。

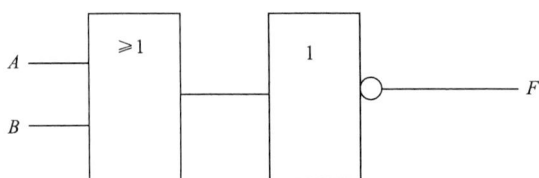

图 2.1.9　或逻辑和非逻辑的组合　　　　图 2.1.10　"或非"逻辑符号

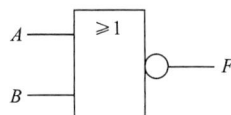

根据对"或非"的逻辑描述,其逻辑代数式如式(2.1.5)所示

$$F = \overline{A+B} \tag{2.1.5}$$

或非逻辑运算的逻辑关系如表 2.1.5 所示。

表 2.1.5　或非逻辑关系

A	B	F
0	0	1
0	1	1
1	0	1
1	1	0

3)"同或"逻辑

"同或"逻辑是与、或、非三种基本逻辑门的组合,逻辑意义是:只有当两个输入变量 A、B 的取值同时相等时,输出逻辑函数值 F 才为 1,其逻辑关系如表 2.1.6 表示。

表 2.1.6　同或逻辑关系

A	B	F
0	0	1
0	1	0
1	0	0
1	1	1

根据对"同或"的逻辑描述，其逻辑代数式如式(2.1.6)所示，或中"⊙"表示同或逻辑运算符号：

$$F = \overline{A}\,\overline{B} + AB = A \odot B \tag{2.1.6}$$

"同或"逻辑门采用了三层逻辑门结构如图 2.1.11 所示。在工程中常用的"同或"逻辑符号如图 2.1.12 所示。

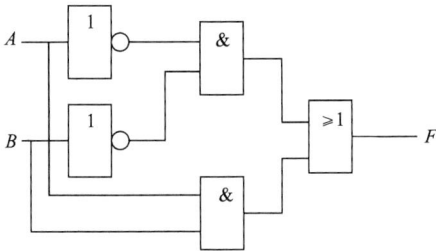

图 2.1.11　"同或"的组合逻辑符号　　　　图 2.1.12　"同或"逻辑符号

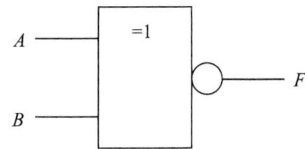

4)"异或"逻辑

"异或"逻辑是与、或、非三种基本逻辑门的组合，逻辑意义是：只有当两个输入变量 A、B 的取值的不相等时，输出函数值 F 才为 1，其逻辑关系如表 2.1.7 表示。

表 2.1.7　异或逻辑关系

A	B	F
0	0	0
0	1	1
1	0	1
1	1	0

根据对"异或"的逻辑描述，其逻辑代数式如式(2.1.7)所示，或中"⊕"表示异或逻辑运算符号

$$F = \overline{A}B + A\overline{B} = A \oplus B \tag{2.1.7}$$

"同或"逻辑门采用了三层逻辑门结构如图 2.1.13 所示。在工程中常用的"异或"逻辑符号如图 2.1.14 所示。

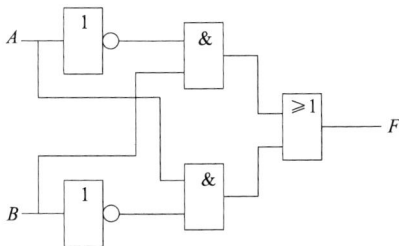

图 2.1.13　"异或"的组合逻辑符号　　　　图 2.1.14　"异或"逻辑符号

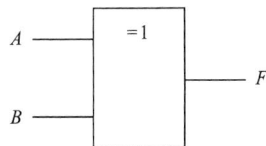

2.1.2　逻辑函数

逻辑表达式是逻辑变量按一定运算规律组成的数学表达式，例如 $A+B+C$，其中"+"称为"或"运算算子。

逻辑函数是逻辑系统各逻辑变量之间函数关系的数学表达式，例如 $F=A+B+C$，对于逻辑系统来说，F 为输出变量，A、B、C 为输入变量。

逻辑代数是一种描述物理事件之间逻辑关系的数学方法，它通过逻辑函数对逻辑系统输出变量和输入变量之间的逻辑关系进行数学描述，也是对逻辑系统行为特性的描述。如果以逻辑变量作为输入，以运算结果作为输出，则当输入变量确定之后，输出的取值便随之而定。因此，输出与输入之间是一种逻辑函数关系，写作 $F=f(A,B\cdots)$。由于输入变量和输出函数的取值只有"0"和"1"两种截然相反的状态，所以我们称为二值逻辑。与普通函数类似，逻辑函数也有不同的表示方式，例如，逻辑函数可以用逻辑表达式(代数方式)来表示，还可以用真值表(表格方式)、波形(时序图)或逻辑符号图来描述。

对逻辑函数可以作如下定义。

设 X_1、X_2、$\cdots$、X_n 为 n 个逻辑变量，每个逻辑变量可取值为 0 或 1。设 $F(X_1,X_2,\cdots,X_n)$ 为 X_1、X_2、$\cdots$、X_n 的逻辑函数。函数 F 的值是 0 还是 1 取决于 X_1、X_2、$\cdots$、X_n 的值。由于有 n 个变量，每个变量有 2 种可能的取值，因此 X_1、X_2、$\cdots$、X_n 的值有 2^n 种可能。并且，函数 $f(X_1,X_2,\cdots,X_n)$ 有 2 种可能的值，因此 n 变量可以得到 2^{2^n} 个不同的逻辑函数。

如果 $n=0$，则有 2 个逻辑函数：
$$f_0=0, \quad f_1=1$$
如果 $n=1$，则有 4 个逻辑函数：
$$f_0=0, \quad f_1=A$$
$$f_1=\overline{A}, \quad f_3=1$$
如果 $n=2$，则有 16 个逻辑函数：
$$f_i(A,B)=i_3AB+i_2A\overline{B}+i_1\overline{A}B+i_0\overline{A}\overline{B}$$
$i_3i_2i_1i_0$ 的取值有 16 种情况：0000、0001、$\cdots$、1111，则可以得到如下 16 个逻辑函数：
$$f_i(A,B)=0$$
$$f_i(A,B)=\overline{A}\overline{B}$$
$$f_i(A,B)=\overline{A}B$$
$$f_i(A,B)=\overline{A}B+\overline{A}\overline{B}$$
$$f_i(A,B)=A\overline{B}$$
$$f_i(A,B)=A\overline{B}+\overline{A}\overline{B}$$
$$f_i(A,B)=A\overline{B}+\overline{A}B$$
$$f_i(A,B)=A\overline{B}+\overline{A}B+\overline{A}\overline{B}$$
$$f_i(A,B)=AB$$
$$f_i(A,B)=AB+\overline{A}\overline{B}$$
$$f_i(A,B)=AB+\overline{A}B$$
$$f_i(A,B)=AB+\overline{A}B+\overline{A}\overline{B}$$

$$f_i(A,B) = AB + \overline{A}B$$
$$f_i(A,B) = AB + A\overline{B} + \overline{A}\,\overline{B}$$
$$f_i(A,B) = AB + A\overline{B} + \overline{A}B$$
$$f_i(A,B) = AB + A\overline{B} + \overline{A}B + \overline{A}\,\overline{B}$$

将 A、B 的值代入到每个逻辑函数中，可以得到各逻辑函数的值。

2.1.3　逻辑关系的描述方法

逻辑函数可以用逻辑表达式(代数方式)来表示，还可以用真值表(表格方式)、波形(时序图)或逻辑符号图来描述。本节主要讨论逻辑函数常用的描述方法。

1. 逻辑表达式

逻辑表达式是将逻辑函数中输出变量与输入变量之间的逻辑关系用与、或、非等逻辑运算符号连接起来的数学表达式，又称函数式或逻辑式，例如，式(2.1.8)，也可简写为式(2.1.9)。

$$Y(A,B,C) = \overline{A}B + B\overline{C} + CA \tag{2.1.8}$$

$$Y = \overline{A}B + B\overline{C} + CA \tag{2.1.9}$$

这种表达方式的特点如下。
(1) 书写简洁方便；
(2) 易用公式和定理直接进行运算和变换；
(3) 当逻辑函数较复杂时，难以直接从变量取值看出函数的值。

2. 真值表

逻辑函数可以用逻辑表达式来描述。如果将所有可能的输入组合和函数值都列在表格中，就可以得到函数的另一个描述，这个表格称为真值表。真值表是数字电路中经常用到的一种表达逻辑关系的方法，下面通过一个例子来说明如何把逻辑关系表示出来。

例 2.1.4　用单刀双掷开关控制两层楼之间的照明灯，如图 2.1.15 所示。楼上、楼下之间共用一盏灯来照明，A 为楼上开关，B 为楼下开关。这个照明灯的逻辑关系要满足楼上和楼下的开关都可以把灯点亮和熄灭，从而有利于住户在夜间上下楼时很容易对照明灯控制。试用真值表描述图 2.1.15 所示电路的逻辑关系。

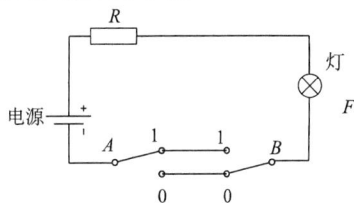

图 2.1.15　楼道灯简易连接图

解　设开关向上打开为逻辑"1"，向下打开为逻辑"0"，根据电路的连接关系，A 和 B 两个开关只有同时在上或者同时在下面的时候，灯才能亮，从而可以得出电路的功能表 2.1.8。如果定义向上为逻辑"1"，向下为逻辑"0"，灯的亮为逻辑"1"，灯的灭为逻辑"0"。根据功能可以将功能表转换成真值表，如表 2.1.9 所示。

从上面的例题可以看出这个电路的逻辑关系为同或，真值表就是功能表的逻辑描述，但是前提一定要假设逻辑"0"和逻辑"1"代表的两种相对的状态，从而就可以把功能表转换为真值表。

表 2.1.8 功能表			表 2.1.9 真值表		
A	B	灯	A	B	F
下	下	亮	0	0	1
下	上	灭	0	1	0
上	下	灭	1	0	0
上	上	亮	1	1	1

在真值表的左边部分列出所有输入信号的全部组合。如果有 n 个输入变量,由于每个输入变量只有两种可能的取值,因此一共有 2^n 个组合。右边部分列出每种输入组合下的相应输出。真值表这种表达形式的优点是直观明了,便于将实际逻辑问题抽象成数学表达式。它的缺点是难以用公式和定理进行运算和变换,尤其是当输入变量较多时,列函数真值表较烦琐。

例 2.1.5 某组合逻辑系统的逻辑表达式为 $F = AC + AB$,列写此逻辑系统的真值表。

解 根据题意,确定系统的输入逻辑变量为 A、B 和 C,输出逻辑变量为 F,绘制表格如图 2.1.16(a)所示;将 A、B 和 C 的有逻辑值组合情况列写在表格中,如图 2.1.16(b)所示;将 A、B 和 C 输入逻辑组合代入表达式 $F = AC + AB$ 中,求得每个输入组合情况下的输出逻辑变量值,并填写在表格中,如图 2.1.16(c)所示。

A	B	C	F		A	B	C	F		A	B	C	F
					0	0	0			0	0	0	0
					0	0	1			0	0	1	0
					0	1	0			0	1	0	0
					0	1	1			0	1	1	0
					1	0	0			1	0	0	0
					1	0	1			1	0	1	0
					1	1	0			1	1	0	1
					1	1	1			1	1	1	1
(a)					(b)					(c)			

图 2.1.16 真值表列写过程

由于真值表包含了逻辑变量之间所有可能的逻辑关系,所以,一个给定的逻辑函数可以由多个相互等效的表达式描述,但是真值表只有一个。因此常用真值表来检验某个逻辑表达式的正确与否。另外,真值表可以用来进行逻辑代数的运算,是分析数字逻辑和数字电路系统特性的一个十分方便的工具。

3. 逻辑图

逻辑图是将逻辑函数中输出变量与输入变量之间的逻辑关系用与、或、非等逻辑门符号表示出来的图形。它的优点是最接近实际电路,缺点是不能进行运算和变换,所表示的逻辑关系不直观。下面将数字电路中基本逻辑门符号和复合逻辑门符号汇总在表 2.1.10 中。

表 2.1.10　门符号

功能	输入要求	输出要求	国际符号	国际符号
$F = AB$	能有多个输入	只能一个输出 F		
$F = A + B$	能有多个输入	只能一个输出 F		
$F = \overline{A}$	只能一个输入 A	只能一个输出 F		
$F = \overline{AB}$	能有多个输入	只能一个输出 F		
$F = \overline{A + B}$	能有多个输入	只能一个输出 F		
$F = A \oplus B$	只能两个输入 A 和 B	只能一个输出 F		
$F = A \odot B$	只能两个输入 A 和 B	只能一个输出 F		

从表 2.1.10 看出，在逻辑门符号上带有"&"标记的，代表"与"逻辑；带有"≥1"标记的代表"或"逻辑；带有"=1"标记的，代表"异或"逻辑；输出端带有"○"标记的，代表"非"逻辑。有了这些特殊标记后，在逻辑图中还有一种组合式的逻辑门符号，如图 2.1.17 所示与"或非门"逻辑，$F = \overline{AB + CD}$。

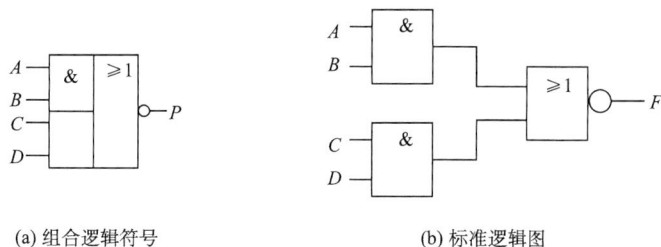

(a) 组合逻辑符号　　　　　　　　　　(b) 标准逻辑图

图 2.1.17　"与或非"门逻辑符号

4. 波形图

波形图是输入变量和对应的输出变量随时间变化的波形。它的优点是形象直观地表示了变量取值与逻辑函数值在时间上的对应关系，缺点是难以用公式和定理进行运算和变换，当变量个数增多时,画图非常麻烦,所以在数字电路设计阶段,很少使用,一般在数字电路系统整个功能设计完成后,在说明书中加入,从而更直观描述系统逻辑。

　　例 2.1.6　三人表决电路。三个表决人 A、B、C 作为输入变量,当有两个或两个以上人同意,决策通过,决策作为输出变量为 F。表决人同意取值为 1 时,决策通过 F 为 1;否则,输出 F 为 0。根据题目所描述的逻辑关系,用四种方式来描述输入与输出的逻辑关系。

　　解

　　(1) 真值表。根据题意写出真值表见表 2.1.11。

表 2.1.11　例 2.1.6 真值表

A	B	C	F
0	0	0	0
0	0	1	0
0	1	0	0
0	1	1	1
1	0	0	0
1	0	1	1
1	1	0	1
1	1	1	1

　　(2) 逻辑表达式。根据真值表中 F 为 1 的自变量 A、B、C 相乘后相加(注意自变量中为零的相,先取非后在相乘。即 0 取反变量,1 取原变量)。三人表决逻辑函数表达式为

$$F(A,B,C) = \overline{A}BC + A\overline{B}C + AB\overline{C} + ABC \tag{2.1.10}$$

　　(3) 逻辑图。根据逻辑表达式(2.1.10),画出逻辑图如图 2.1.18 所示。

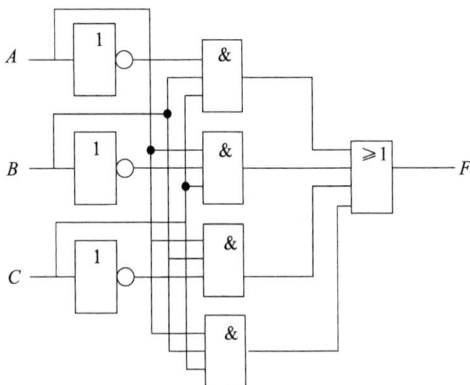

图 2.1.18　三人表逻辑图　　　　　图 2.1.19　例 2.1.6 波形图

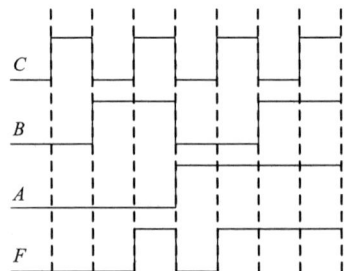

　　(4) 波形图。根据 A、B、C 给定的波形,画出 F 波形。如图 2.1.19 所示。

　　通过例题可以看出,表达输入输出之间的逻辑关系,可以通过四种方式来表达,每一种

方式都有自己的功能和特点，并且他们之间可以相互转化。

2.1.4　三种表达的转换

通过上面的学习，知道在数字电路中，描述输入与输出的逻辑关系有四种表达形式，其中三种(逻辑表达式、真值表、逻辑图)是最常用的，它们之间可以互相转换。

1. 逻辑表达式转换为真值表

按照逻辑表达式，对逻辑变量的各种取值进行计算，求出相应的函数值，再把变量取值和函数值一一对应列成表格。假设有 n 个输入变量，那么真值表就有行，其转换步骤要求如下。

(1) 先把输入变量取值按照递增的方式填入真值表右边；

(2) 如果表达式内有"同或"或"异或"运算符，则需要把它先展开成与或形式；

(3) 从真值表右边，取出一行输入变量的取值代入逻辑表达式；

(4) 计算规则按"先取反、再算与、后算或，如有括号最先算括号内"；

(5) 计算完成后把逻辑函数值填入对应真值表所取的行，依次计算，直至把真值表填满。

例 2.1.7　逻辑表达式转换为真值表，逻辑表达式如下式所示：

$$F = AB + \overline{A}B + A\overline{B}$$

解　把输入变量取值按照递增的方式填入真值表右边，如表 2.1.12 所示。

把第一行输入变量($A=0$、$B=0$)取值代入 $F = AB + \overline{A}B + A\overline{B}$ 中，得

$$F_1 = AB + \overline{A}B + A\overline{B} = 0 \cdot 0 + \overline{0} \cdot 0 + 0 \cdot \overline{0} = 0$$

把第二行输入变量($A=0$、$B=1$)取值代入 $F = AB + \overline{A}B + A\overline{B}$ 中，得

$$F_2 = AB + \overline{A}B + A\overline{B} = 0 \cdot 1 + \overline{0} \cdot 1 + 0 \cdot \overline{1} = 1$$

把第三行输入变量($A=1$、$B=0$)取值代入 $F = AB + \overline{A}B + A\overline{B}$ 中，得

$$F_3 = AB + \overline{A}B + A\overline{B} = 1 \cdot 0 + \overline{1} \cdot 0 + 1 \cdot \overline{0} = 1$$

把第四行输入变量($A=1$、$B=1$)取值代入 $F = AB + \overline{A}B + A\overline{B}$ 中，得

$$F_4 = AB + \overline{A}B + A\overline{B} = 1 \cdot 1 + \overline{1} \cdot 1 + 1 \cdot \overline{1} = 1$$

将计算的逻辑函数值 F_1、F_2、F_3、F_4 填入表格中，得真值表 2.1.12。

表 2.1.12　例 2.1.7 真值表

A	B	F
0	0	$F_1 = 0$
0	1	$F_2 = 1$
1	0	$F_3 = 1$
1	1	$F_4 = 1$

2. 真值表转换为逻辑表达式

转换步骤要求如下。

(1) 把真值表中逻辑函数值为 1 的变量组合挑出来;

(2) 若输入变量为 1, 则写成原变量, 若输入变量为 0, 则写成反变量;

(3) 把每个组合中各个变量相乘, 得到一个乘积项;

(4) 将各乘积项相加, 就得到相应的逻辑表达式。

例 2.1.8　已知真值表 2.1.13, 将真值表转换为逻辑表达式。

表 2.1.13

A	B	C	F
0	0	0	0
0	0	1	0
0	1	0	0
0	1	1	$F_1=1$
1	0	0	0
1	0	1	$F_2=1$
1	1	0	$F_3=1$
1	1	1	$F_4=1$

解　从真值表中可以看出, 第 4、6、7、8 行逻辑函数值为 1。对于输入, 按照 0 取反变量, 1 取原变量, 可得

$$F_1 = \overline{A}BC$$
$$F_2 = A\overline{B}C$$
$$F_3 = AB\overline{C}$$
$$F_4 = ABC$$

再把四个表达式相加就可得到真值表的逻辑函数表达式:

$$F = F_1 + F_2 + F_3 + F_4 = \overline{A}BC + A\overline{B}C + AB\overline{C} + ABC$$

3. 逻辑表达式转换为逻辑图

逻辑表达式转换为逻辑图, 实际上是利用逻辑门电路实现逻辑函数。转换步骤要求如下。

(1) 画出所有的输入逻辑变量;

(2) 第一级, 在逻辑函数表达式中查看有哪些"非"变量, 然后让这些"非"变量通过一个"非门", 没有"非"变量的直接导线通过第一级;

(3) 以第一级输出为输入, 用"与门"实现有关变量的乘积项;

(4) 以第二级输出为输入, 用"或门"实现有关的相加项。

例 2.1.9　已知逻辑函数表达式

$$F = \overline{A}BC + A\overline{B}C + AB\overline{C} + ABC$$

画出对应的逻辑图。

解　(1) 画出输入变量 A、B、C；

(2) 对于逻辑函数 F 的表达式来说，输入 A、B、C 都有"非"变量，所以第一级输入 A、B、C 都要经过反相器；

(3) 对于逻辑函数 F 的表达式来说，有四个乘积项，而且每个乘积项都是三个变量，所以需要采用四个三输入"与门"，一个乘积项对应一个三输入"与门"，然后把第一级输出的原变量(导线直连)和反变量(反相器输出端)按照乘积项连接到相应的三输入"与门"输入端；

(4) 根据表达式，最后再把四个三输入"与门"的输出端连接到"或门"输入端，由于有四个"与门"，所以采用四输入"或门"。得逻辑图，如图 2.1.20 所示。

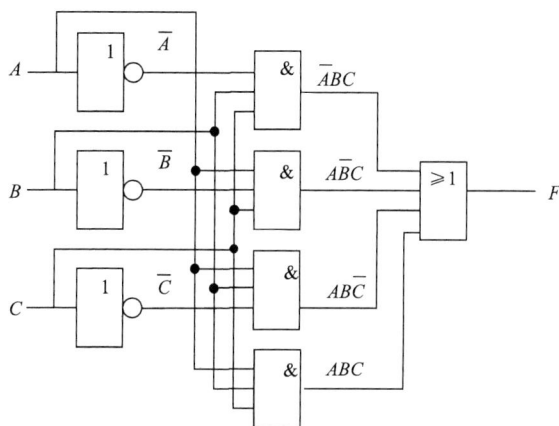

图 2.1.20　例 2.1.9 逻辑图

4. 逻辑图转换为逻辑表达式

先把逻辑图分级，由输入到输出逐级推导，每一级的输出对应下一级的输入，并按照每个门的符号写出每个门的逻辑函数，直到最后得到整个逻辑电路的表达式。

例 2.1.10　根据逻辑图计算出所对应的逻辑函数表达式。

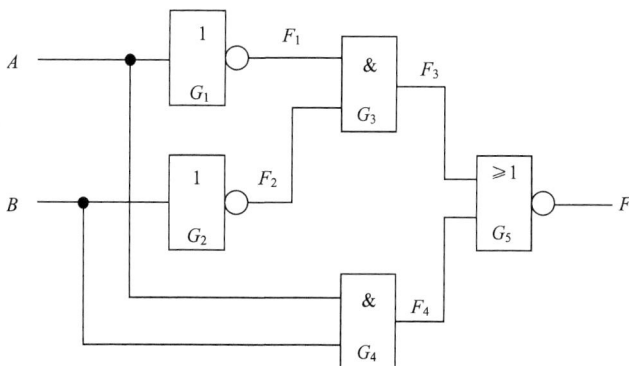

图 2.1.21　例 2.1.10 逻辑图

解 从图中可以看出 G_1、G_2 为反相器，G_3、G_4 为与门，G_5 为或门。

第一级门电路的输出：

$$F_1 = \overline{A}$$
$$F_2 = \overline{B}$$

第二级门电路的输出：

$$F_3 = F_1 F_2 = \overline{A}\,\overline{B}$$
$$F_4 = AB$$

第三极门电路的输出：

$$F = \overline{F_3 + F_4} = \overline{\overline{A}\,\overline{B} + AB}$$

最后得例 2.1.10 逻辑电路的表达式。

从上面介绍逻辑表达方式的相互转换中可以看出，对于一个数字逻辑系统来说，它的逻辑表达式和逻辑图在表达形式上可能有多种组合，但是真值表的表达方式是唯一的。

2.1.5 逻辑函数相等

假设，$F(A_1, A_2, \cdots, A_n)$ 为变量 A_1，$A_2, \cdots, A_n$ 的逻辑函数，$G(A_1, A_2, \cdots, A_n)$ 为变量 A_1，$A_2, \cdots, A_n$ 的另一逻辑函数，如果对应于 A_1，$A_2, \cdots, A_n$ 的任一组状态组合，F 和 G 的值都相同，则称 F 和 G 是等值的，或者说 F 和 G 相等记作 $F=G$。

也就是说，如果 $F=G$，那么它们就应该有相同的真值表。反过来，如果 F 和 G 的真值表相同，则 $F=G$。因此，要证明两个逻辑函数相等，只要把它们的真值表列出，如果完全一样，则两个函数相等，这也印证了上面所说的真值表在表达逻辑函数的唯一性。

例 2.1.11 证明 $F(A,B,C)=A(B+C)$ 与 $G(A,B,C)=AB+AC$ 相等。

解 为了证明 $F=G$，先根据 F 和 G 的逻辑表达式，列出它们的真值表，它是根据逻辑表达式，对输入变量的各种取值组合进行逻辑运算，从而求出相应的函数值而得到的。例如，对应于 A,B,C 的一组输入组合 $A=1,B=0,C=1$，则

$F(A,B,C)=A(B+C)=1 \cdot (0+1)=1$

$G(A,B,C)=AB+AC=1 \cdot 0+1 \cdot 1=1$

A	B	C	$F=A(B+C)$	$G=AB+AC$
0	0	0	0	0
0	0	1	0	0
0	1	0	0	0
0	1	1	0	0
1	0	0	0	0
1	0	1	1	1
1	1	0	1	1
1	1	1	1	1

由真值表可见，对应于 A、B、C 的任何一组取值组合，F 和 G 的值均完全相同，所以 $F=G$。在相等的意义下，可以说函数表达式 $F=A(B+C)$ 和 $G=AB+AC$ 是同一逻辑的两种不同的表达式。实现 $F=A(B+C)$ 和 $G=AB+AC$ 的相应的逻辑电路如图 2.1.22 所示。它们的结构形式和组成不同，但它们所具有的逻辑功能是完全相同的。

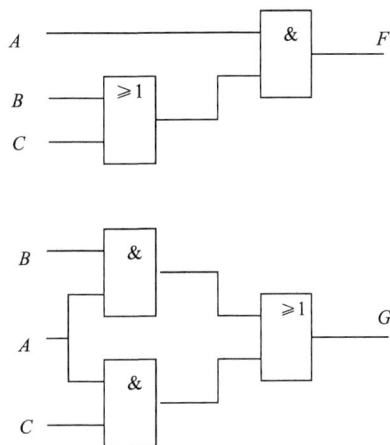

图 2.1.22　实现 $F=A(B+C)$ 和 $G=AB+AC$ 的逻辑电路

2.2　常用逻辑运算公式

通过前面的学习，已经了解了逻辑关系的表达方式。下面给出逻辑代数中最基本的几组等式，这些等式也称公式。这些公式反映了逻辑代数运算的基本规律，其正确性都可以用真值表加以验证。

2.2.1　基本逻辑运算公式

在用数学方法分析和研究物理事件的逻辑关系时，由于物理事件之间的逻辑关系不具有连续性，所以不能使用连续函数的方法，而必须采用逻辑代数方法来描述物理事件之间的逻辑关系。逻辑表达式是由逻辑变量按一定的运算规律组成的数学表达式，其中的运算中包括与运算、或运算、非运算以及复合运算。

1. 与逻辑运算

与运算也称为逻辑乘运算，其逻辑函数表示如下：

$$F = A \cdot B \text{ 或 } F = AB$$

运算规则如下（常量规则）：

$$0 \cdot 0 = 0$$
$$0 \cdot 1 = 0$$
$$1 \cdot 0 = 0$$
$$1 \cdot 1 = 1$$

根据以上运算规则，可以得到如下的基本运算公式(变量和常量规则)：

$$A \cdot 0 = 0$$
$$A \cdot 1 = A$$
$$A \cdot A = A$$

2. 或逻辑运算

或运算也称为逻辑加运算，逻辑函数可以表示如下：

$$F = A + B$$

运算规则如下(常量规则)：

$$0 + 0 = 0$$
$$0 + 1 = 1$$
$$1 + 0 = 1$$
$$1 + 1 = 1$$

注意，这里的运算规则是逻辑运算规则，与二进制加法运算规则具有本质的不同。因为逻辑运算中的逻辑值 0、1 仅代表两种逻辑状态，没有数值的含义。

根据以上运算规则，可以得到如下基本运算公式(变量和常量规则)：

$$A + 0 = A$$
$$A + 1 = 1$$
$$A + A = A$$

3. 非逻辑运算

非运算的逻辑函数表示如下：

$$F = \overline{A}$$

运算规则如下(常量规则)：

$$\overline{0} = 1$$
$$\overline{1} = 0$$

根据以上运算规则，可以得到如下的基本运算公式(变量和常量规则)：

$$\overline{\overline{A}} = A$$
$$A + \overline{A} = 1$$
$$A \cdot \overline{A} = 0$$

4. 复合运算符

1) 与非运算

与非运算逻辑函数可以表示为

$$F = \overline{AB}$$

运算规则如下(常量规则)：

$$\overline{0 \cdot 0} = 1$$
$$\overline{0 \cdot 1} = 1$$

$$\overline{1 \cdot 0} = 1$$
$$\overline{1 \cdot 1} = 0$$

根据以上运算规则，可以得到如下的基本运算公式(变量和常量规则)：

$$\overline{A \cdot 0} = 1$$
$$\overline{0 \cdot A} = 1$$
$$\overline{1 \cdot A} = \overline{A}$$
$$\overline{A \cdot A} = \overline{A}$$

2) 或非运算

或非运算逻辑函数可以表示为

$$F = \overline{A + B}$$

运算规则如下(常量规则)：

$$\overline{0 + 0} = 1$$
$$\overline{0 + 1} = 0$$
$$\overline{1 + 0} = 0$$
$$\overline{1 + 1} = 0$$

根据以上运算规则，可以得到如下的基本运算公式(变量和常量规则)：

$$\overline{A + 0} = \overline{A}$$
$$\overline{0 + A} = \overline{A}$$
$$\overline{1 + A} = 0$$
$$\overline{A + A} = \overline{A}$$

3) 同或逻辑运算

同或逻辑是与、或、非运算的组合，同或运算逻辑函数表示为

$$F(A, B) = \overline{A}\overline{B} + AB = A \odot B$$

运算规则如下(常量规则)：

$$0 \odot 0 = 1$$
$$0 \odot 1 = 0$$
$$1 \odot 0 = 0$$
$$1 \odot 1 = 1$$

根据以上运算规则，可以得到如下基本运算公式(变量和常量规则)：

$$A \odot A = 1$$
$$0 \odot A = \overline{A}$$
$$1 \odot A = A$$
$$A \odot \overline{A} = 0$$

4) 异或逻辑运算

异或运算是与、或、非运算的组合，异或运算逻辑函数表示为

$$F(A, B) = \overline{A}B + A\overline{B} = A \oplus B$$

运算规则如下(常量规则)：

$$0 \oplus 0 = 0$$
$$0 \oplus 1 = 1$$
$$1 \oplus 0 = 1$$
$$1 \oplus 1 = 0$$

根据以上运算规则，可以得到如下基本运算公式(变量和常量规则)：

$$A \oplus A = 0$$
$$0 \oplus A = A$$
$$1 \oplus A = \overline{A}$$
$$A \oplus \overline{A} = 1$$

逻辑代数的运算不再具有一般代数运算的规律，而是以基本逻辑值为所有运算的出发点，具有自己的一些基本运算规则，包括基本公式、规则和附加公式。

2.2.2 逻辑运算的变换律

1. 交换律

$$A + B = B + A$$
$$A \cdot B = B \cdot A$$
$$A \odot B = B \odot A$$
$$A \oplus B = B \oplus A$$

2. 结合律

$$A + B + C = (A + B) + C = A + (B + C)$$
$$A \cdot B \cdot C = (A \cdot B) \cdot C = A \cdot (B \cdot C)$$
$$A \odot B \odot C = (A \odot B) \odot C = A \odot (B \odot C)$$
$$A \oplus B \oplus C = (A \oplus B) \oplus C = A \oplus (B \oplus C)$$

3. 分配率

$$A(B + C) = AB + AC$$
$$A + BC = (A + B)(A + C)$$
$$A(B \oplus C) = (AB) \oplus (AC)$$
$$A + (B \odot C) = (A + B) \odot (A + C)$$

4. 重叠律

$$A + A = A$$
$$A \cdot A = A$$
$$A \oplus A = 0$$
$$A \odot A = 1$$

5. 反演律

$$\overline{A+B} = \overline{A} \cdot \overline{B} \ (\text{德·摩根定理})$$
$$\overline{A \cdot B} = \overline{A} + \overline{B} \ (\text{德·摩根定理})$$
$$\overline{A \odot B} = A \oplus B \ (\text{同或的反是异或})$$
$$\overline{A \oplus B} = A \odot B \ (\text{异或的反是同或})$$

6. 调换律

1）同或调换律

若 $A \odot B = C$ ，则有 $A \odot C = B$ ， $B \odot C = A$ 。

证明　把 $A \odot B = C$ 两边同时同或 B 可得

$$A \odot B \odot B = C \odot B$$
$$A \odot 1 = C \odot B$$
$$A = C \odot B$$

把 $A \odot B = C$ 两边同时同或 A 可得

$$A \odot A \odot B = C \odot A$$
$$1 \odot B = C \odot A$$
$$B = C \odot A$$

2）异或调换律

若 $A \oplus B = C$ ，则有 $A \oplus C = B$ ， $B \oplus C = A$ 。

证明　把 $A \oplus B = C$ 两边同时异或 B 可得

$$A \oplus B \oplus B = C \oplus B$$
$$A \oplus 0 = C \oplus B$$
$$A = C \oplus B$$

把 $A \oplus B = C$ 两边同时异或 A 可得

$$A \oplus A \oplus B = C \oplus A$$
$$0 \oplus B = C \oplus A$$
$$B = C \oplus A$$

7. 吸收律

$$A + AB = A(1+B) = A$$
$$A + \overline{A}B = A(1+B) + \overline{A}B = A + AB + \overline{A}B = A + (A+\overline{A})B = A + B$$
$$AB + \overline{A}C + BC = AB + \overline{A}C + (A+\overline{A})BC = AB + ABC + \overline{A}C + \overline{A}BC = AB + \overline{A}C$$
$$AB + \overline{A}C + BCD = AB + \overline{A}C + (A+\overline{A})BCD = AB + ABCD + \overline{A}C + \overline{A}BCD = AB + \overline{A}C$$

例 2.2.1　证明 $AB + A\overline{B} = A$ 。

证明

$$AB + A\overline{B} = A(B+\overline{B}) \ (\text{根据分配律})$$
$$= A \cdot 1 \ (\text{根据互补律})$$
$$= A$$

$$\therefore \quad AB + A\bar{B} = A$$

例 2.2.2　证明 $(A+B)(A+\bar{B}) = A$。

证明

$$
\begin{aligned}
(A+B)(A+\bar{B}) &= AA + AB + A\bar{B} + B\bar{B} \text{ (根据分配律)} \\
&= A + AB + A\bar{B} \text{ (根据重叠律)} \\
&= A(1 + B + \bar{B}) \text{ (根据分配律)} \\
&= A
\end{aligned}
$$

$$\therefore \quad (A+B)(A+\bar{B}) = A$$

例 2.2.3　证明 $A\bar{C} + A\bar{B}C + ABC + AB\bar{D} = A$。

证明

$$
\begin{aligned}
A\bar{C} + A\bar{B}C + ABC + AB\bar{D} &= A(\bar{C} + \bar{B}C + BC + B\bar{D}) = A(\bar{C} + (\bar{B}+B)C + B\bar{D}) \\
&= A(\bar{C} + C + B\bar{D}) = A(1 + B\bar{D}) = A \cdot 1 \\
&= A
\end{aligned}
$$

$$\therefore \quad A\bar{C} + A\bar{B}C + ABC + AB\bar{D} = A$$

2.3　三个逻辑运算规则

2.3.1　代入规则

任何一个含有变量 A 的等式,如果将等式中所有出现变量 A 的地方,都用同一逻辑函数 F 代替,则等式仍然成立。

例 2.3.1　已知等式 $A(B+E) = AB + AE$。试证明将所有出现 E 的地方用 $E = (C+D)$ 代替,其等式仍成立。

解

左边代入：$A(B+E) = A[B+(C+D)] = AB + A(C+D) = AB + AC + AD$

右边代入：$AB + AE = AB + A(C+D) = AB + AC + AD$

所以等式 $A[B+(C+D)] = AB + A(C+D)$ 成立。

必须注意的是,在使用代入规则时,一定要把所有出现被代替变量的地方都替换成同一函数,否则不正确。

2.3.2　反演规则

反演规则是将原函数 F 变换成反函数 $\bar{F}$。在工程实际中,有时实现反函数 $\bar{F}$ 比实现原函数 F 更简单一些,因此找出原函数 F 的反函数 $\bar{F}$ 是工程实际中经常使用的方法。求逻辑函数的反函数有一定的规则,称为反演规则。其基本原理如下。

设 F 是一个逻辑函数表达式:

(1) 将 F 中所有的"·"换为"+",所有的"+"换为"·";

(2) 将 F 中所有的常量 0 换为常量 1,所有的常量 1 换为常量 0;

(3) 将 F 中所有的原变量换为反变量,所有的反变量换为原变量。

这样所得到新的函数式就是 $\bar{F}$。$\bar{F}$ 称为原函数 F 的反函数,或称为补函数。

例 2.3.2　已知 $F = \overline{A}\overline{B} + CD$，求反函数 $\overline{F}$。

解　由反演规则推出以下过程。

第一步："·" 换为 "+" 和 "+" 换为 "·"。

$$\left(\overline{A} + \overline{B}\right)\left(C + D\right)$$

第二步：由于例题中没有常量，所以省略。

第三步：原变量换为反变量和反变量换为原变量，即最后的结果为

$$\overline{F} = \left(A + B\right)\left(\overline{C} + \overline{D}\right)$$

必须指出，在运用反演规则时，第一步要特别注意运算符号的优先顺序。先进行两个与运算变换，再进行或运算变换。

例 2.3.3　已知 (1) $F = \overline{A}B + A\overline{B}$，(2) $F = AB + \overline{A}\overline{B}$ 求反函数 $\overline{F}$。

解　(1) 求 $F = \overline{A}B + A\overline{B}$ 的反函数 $\overline{F}$。由反演规则，可得

$$\overline{F} = \overline{\overline{A}B + A\overline{B}} = \overline{\overline{A}B} \cdot \overline{A\overline{B}} = (\overline{\overline{A}} + \overline{B}) \cdot (\overline{A} + \overline{\overline{B}})$$

$$= (A + \overline{B}) \cdot (\overline{A} + B) = AB + \overline{A}\overline{B}$$

(2) 求 $F = AB + \overline{A}\overline{B}$ 的反函数 $\overline{F}$。由反演规则，可得

$$\overline{F} = \overline{AB + \overline{A}\overline{B}} = \overline{AB} \cdot \overline{\overline{A}\overline{B}} = (\overline{A} + \overline{B}) \cdot (\overline{\overline{A}} + \overline{\overline{B}})$$

$$= (\overline{A} + \overline{B}) \cdot (A + B) = \overline{A}B + A\overline{B}$$

异或的非是同或，同或的非是异或。

例 2.3.4　求 $F = A + B + C + D + E$ 的反函数。

解　根据反演规则，得

$$\overline{F} = \overline{A} \cdot \overline{B} \cdot \overline{C} \cdot \overline{D} \cdot \overline{E}$$

从本例可以看出，反演规则实际是摩根定理的推广。

下面，用摩根定理验证。

$$\overline{F} = \overline{A + B + C + D + E}$$

$$= \overline{A + (B + C + D + E)}$$

$$= \overline{A} \cdot \overline{B + C + D + E}$$

$$= \overline{A} \cdot \overline{(B + C) + (D + E)}$$

$$= \overline{A} \cdot \overline{(B + C)} \cdot \overline{(D + E)}$$

$$= \overline{A} \cdot (\overline{B} \cdot \overline{C}) \cdot (\overline{D} \cdot \overline{E})$$

$$= \overline{A} \cdot \overline{B} \cdot \overline{C} \cdot \overline{D} \cdot \overline{E}$$

则

$$\overline{A + B + C + D + E} = \overline{A} \cdot \overline{B} \cdot \overline{C} \cdot \overline{D} \cdot \overline{E}$$

可以看出，使用反演规则比使用摩根定理更简便些。

注意：在使用反演规则时，必须保持原函数运算的先后顺序(先"与"后"或")，否则会出现错误结果。要保持原运算的顺序，可以在反演前先把原有的与项用括号括起来，然后再进行反演计算。

2.3.3　对偶规则

与反演规则一样，对偶规则也常常用于简化逻辑函数，也可以作为电路设计的基本转换方法，以便使用不同的器件。对偶规则在工程实际中是一种常用变换方法，其基本原理如下。

设 F 是一个逻辑函数表达式：

(1) 将 F 中所有的"·"换为"+"，所有的；"+"换为"·"；

(2) 将 F 中所有的常量 0 换为常量 1，所有的常量 1 换为常量 0。

这样所得到新的函数式 F^* 就是 F 的对偶式函数。必须注意，F 的对偶式 F^* 和 F 的反函数是不同的，在求 F^* 时不需要将原变量和反变量互换，但也要注意运算符号顺序。

例 2.3.5　写出下列函数 F 的对偶式。

$$F = A(B + \overline{C}), \qquad F^* = A + B\overline{C}$$
$$F = A + B\overline{C}, \qquad F^* = A(B + \overline{C})$$
$$F = A\overline{B} + A(C + 0), \quad F^* = (A + \overline{B})(A + C \cdot 1)$$

注意：在使用对偶规则时，也必须保持原函数运算的先后顺序(先"与"后"或")，否则会出现错误结果。要保持原运算的顺序，可以在对偶前先把原有的与项用括号括起来，然后再进行反演计算。

对偶函数有如下性质。

(1) 若函数 F 和函数 G 相等，即 $F = G$，则其对偶函数也相等，即 $F^* = G^*$；

(2) 对偶函数的对偶式就是函数本身，即 $F^{**} = F$。

2.4　逻辑函数式的化简

从前面的介绍中可以清楚地看出，同一逻辑函数可以有繁简不同的表达式，实现它的电路也不相同。如果表达式比较简单，那么电路使用的元器件就少，设备就简单。本节主要介绍如何将一个函数表达式化简成最简表达式的方法。所谓最简式，就是指表达式中乘积项的个数最少，每一个乘积项中包含的函数变量数最少。

下面介绍最常用的两种化简的方法：公式法和图解法(卡诺图化简法)。

2.4.1　公式化简法

公式化简法就是运用逻辑代数的基本公式化简逻辑函数。使用公式化简函数，要求熟练地掌握代数的基本公式。公式化简法，就是在与或表达式的基础上，利用公式和定理，消去表达式中多余的函数变量，求出函数的最简与或式，常用的方法可以归纳如下。

1. 合并法

利用公式 $AB + A\overline{B} = A$ 将两个函数变量，消去一个变量，合并为一项。

证明　由公式 $AB + A\overline{B} = A$，得

$$AB + A\overline{B} = A(B + \overline{B}) = A$$

例 2.4.1　化简函数 $F = ABC + AB\overline{C} + A\overline{B}$，写出它的最简与或式。

解

$$F = ABC + AB\overline{C} + A\overline{B}$$
$$= AB(C + \overline{C}) + A\overline{B}$$
$$= AB + A\overline{B} = A(B + \overline{B})$$
$$= A$$

例 2.4.2　化简函数 $F = A\left(BC + \overline{BC}\right) + A\left(\overline{BC} + B\overline{C}\right)$，写出它的最简与或式。

解

$$F = A\left(BC + \overline{BC}\right) + A\left(\overline{BC} + B\overline{C}\right)$$
$$= \underline{ABC} + A\overline{B}\,\overline{C} + \underline{A\overline{B}C} + AB\overline{C}$$
$$= AC(B + \overline{B}) + A\overline{C}(\overline{B} + B)$$
$$= AC + A\overline{C} = A$$

2. 吸收法

利用公式 $A + AB = A$，吸收多余的乘积项。

证明　由公式 $A + AB = A$，得

$$A + AB = A(1 + B) = A$$

例 2.4.3　化简函数 $F = \overline{AB} + \overline{A}C + \overline{B}D$。

解　先根据摩根定理将式中 $\overline{AB}$ 展开 $\overline{AB} = \overline{A} + \overline{B}$，

$$F = \overline{AB} + \overline{A}C + \overline{B}D$$
$$= \overline{A} + \overline{B} + \overline{A}C + \overline{B}D$$
$$= \overline{A}(1 + C) + \overline{B}(1 + D)$$
$$= \overline{A} + \overline{B}$$

例 2.4.4　化简函数 $F = \overline{ABC} + \overline{A}C + \overline{B}CD + AB\overline{C}$。

解　先根据摩根定理将式中 $\overline{ABC}$ 展开 $\overline{ABC} = \overline{A} + \overline{B} + \overline{C}$。

$$F = \overline{ABC} + \overline{A}C + \overline{B}CD + AB\overline{C}$$
$$= \overline{A} + \overline{B} + \overline{C} + \overline{A}C + \overline{B}CD + AB\overline{C}$$
$$= \overline{A}(1 + C) + \overline{B}(1 + CD) + \overline{C}(1 + AB)$$
$$= \overline{A} + \overline{B} + \overline{C}$$

例 2.4.5　化简函数 $F = AB + \overline{A}C + BC$。

解

$$F = AB + \overline{A}C + BC = AB + \overline{A}C + BC(A + \overline{A})$$
$$= \underline{AB} + \overline{A}C + \underline{ABC} + \overline{A}BC = AB(1 + C) + \overline{A}C(1 + B)$$
$$= AB + \overline{A}C$$

3. 消去法

利用公式 $A + \overline{A}B = A + B$ ，消去多余因子。

证明　由公式 $A + \overline{A}B = A + B$ ，得

$$A + \overline{A}B = (A + AB) + \overline{A}B$$
$$= A + B(A + \overline{A}) = A + B$$

例 2.4.6　化简函数 $F = AB + \overline{AB}C$ 。

解

$$F = AB + \overline{AB}C$$
$$= AB(1 + C) + \overline{AB}C$$
$$= AB + ABC + \overline{AB}C$$
$$= AB + (AB + \overline{AB})C$$
$$= AB + C$$

例 2.4.7　化简函数 $F = AB + \overline{A}C + \overline{B}C$ 。

解

$$F = AB + \overline{A}C + \overline{B}C$$
$$= AB + (\overline{A} + \overline{B})C = AB + \overline{AB}C$$
$$= AB(1 + C) + \overline{AB}C$$
$$= AB + (AB + \overline{AB})C$$
$$= AB + C$$

本例函数化简过程中，采用了摩根定理将式中 $\overline{A} + \overline{B}$ 变换成 $\overline{A} + \overline{B} = \overline{AB}$ 。

4. 配项法

为了求得最简结果，有时可以将某一乘积项乘 $(A + \overline{A}) = 1$ 或 $(1 + A) = 1$ 展开为两项，或者 $A + A = A$ 增加一项，再与其他乘积项进行合并化简，以达到求得最简结果的目的。

例 2.4.8　化简函数 $F = A\overline{C} + \overline{B}\overline{C} + \overline{A}C + B\overline{C}$ 。

解　利用 $(A + \overline{A})$ 性质展开为两项，利用 $A + A = A$ 性质增加一项：

$$F = A\overline{C} + \overline{B}\overline{C} + \overline{A}C + B\overline{C}$$
$$= A\overline{C}(B + \overline{B}) + \overline{B}\overline{C}(A + \overline{A}) + \overline{A}C(B + \overline{B}) + B\overline{C}(A + \overline{A})$$
$$= \underline{AB\overline{C}} + A\overline{B}\overline{C} + A\overline{B}\overline{C} + \overline{A}\overline{B}\overline{C} + \overline{A}BC + \overline{A}\overline{B}C + \underline{AB\overline{C}} + \overline{A}B\overline{C}$$
$$= \underline{AB\overline{C}} + A\overline{B}\overline{C} + \overline{A}\overline{B}\overline{C} + \overline{A}BC + \overline{A}\overline{B}C + AB\overline{C} + \overline{A}\overline{B}\overline{C} + \overline{A}B\overline{C}$$
$$= B\overline{C}(A + \overline{A}) + \overline{B}\overline{C}(A + \overline{A}) + \overline{A}C(B + \overline{B}) + \overline{A}C(B + \overline{B})$$
$$= B\overline{C} + \overline{B}\overline{C} + \overline{A}C + \overline{A}C = \overline{C} + \overline{A}$$

例 2.4.9　化简 $A\overline{B} + B\overline{C} + \overline{B}C + \overline{A}B$ 。

解　可以利用 $(A + \overline{A})$ 展开为两项：

$$F = A\overline{B} + B\overline{C} + \overline{B}C + \overline{A}B$$
$$= A\overline{B} + B\overline{C} + \overline{B}C(A + \overline{A}) + \overline{A}B(C + \overline{C})$$
$$= \underline{\underline{A\overline{B}}} + \underline{B\overline{C}} + \underline{\underline{A\overline{B}C}} + \overline{A}\overline{B}C + \overline{A}BC + \underline{\overline{A}B\overline{C}}$$
$$= A\overline{B}(1 + C) + (1 + \overline{A})B\overline{C} + \overline{A}C(\overline{B} + B)$$
$$= A\overline{B} + B\overline{C} + \overline{A}C$$

以上看出，公式化简法没有统一的模式，要求对逻辑代数公式、定理和运算技巧比较熟悉，并具有一定的化简技巧，才能得到函数的最简与或式。一般来说，化简时要注意以下几点。

（1）尽可能先使用并项法、吸收法、消去法等简单方法进行化简，在这些方法不能奏效的情况下，再考虑使用配项法；

（2）如果原始函数不是与或式，需要先将其转换成与或式，然后再化简；

（3）化简后得到的表达式不一定是唯一的，但它们中的与项个数及与项中的变量数都应该是最少的。

例 2.4.10　逻辑函数 $F = (\overline{A} + B + C)(A + \overline{B} + \overline{C})$。

解

$$F = (\overline{A} + B + C)(A + \overline{B} + \overline{C})$$
$$= \overline{A}\overline{B} + \overline{A}\overline{C} + AB + B\overline{C} + AC + \overline{B}C$$
$$= \overline{A}\overline{B}C + \overline{A}\overline{B}\overline{C} + \overline{A}B\overline{C} + \overline{A}\overline{B}\overline{C}$$
$$\quad + ABC + AB\overline{C} + AB\overline{C} + \overline{A}B\overline{C}$$
$$\quad + ABC + A\overline{B}C + A\overline{B}C + \overline{A}\overline{B}C$$
$$= \overline{A}\overline{B}C + \overline{A}\overline{B}\overline{C} + \overline{A}B\overline{C} + ABC + AB\overline{C} + A\overline{B}C$$

第一结果：

$$F = (\overline{A} + B + C)(A + \overline{B} + \overline{C})$$
$$= \overline{A}\overline{B}C + \overline{A}\overline{B}\overline{C} + \overline{A}B\overline{C} + ABC + AB\overline{C} + A\overline{B}C$$
$$= \overline{A}\overline{B} + B\overline{C} + AC$$

化简后结果，是由 $\overline{A}\overline{B}C$、$\overline{A}\overline{B}\overline{C}$ 得 $\overline{A}\overline{B}$ 项，由 $\overline{A}B\overline{C}$、$AB\overline{C}$ 得 $B\overline{C}$ 项，由 ABC、$A\overline{B}C$ 得 AC 项。

第二结果：

$$F = (\overline{A} + B + C)(A + \overline{B} + \overline{C})$$
$$= \overline{A}\overline{B}C + \overline{A}\overline{B}\overline{C} + \overline{A}B\overline{C} + ABC + AB\overline{C} + A\overline{B}C$$
$$= \overline{B}C + \overline{A}\overline{C} + AB$$

化简后结果，是由 $\overline{A}\overline{B}C$、$A\overline{B}C$ 得 $\overline{B}C$ 项，由 $\overline{A}\overline{B}\overline{C}$、$\overline{A}B\overline{C}$ 得 $\overline{A}\overline{C}$ 项，由 ABC、$AB\overline{C}$ 得 AB 项。

以上两种结果都是正确的最简表达式，不同之处只是化简方式不同，化简后所得到的表达式不一定是唯一的。

2.4.2　最简与或表达式转换为其他形式的表达式

同一逻辑函数可以有多种不同形式的表达式。一种形式的表达式对应于一种逻辑电路，尽管它们形式不同，但其逻辑功能是相同的。逻辑函数最简表达式，常按照式中变量之间运算关系不同，可分成最简与或式、最简与非－与非式、最简或与式、最简或非－或非式、最简与或非等。例如：

$$F(A,B,C) = A\bar{B}C + AB\bar{C} + ABC \qquad \text{(与或式)}$$
$$= AB + AC \qquad \text{(与或式)}$$
$$= A(B+C) \qquad \text{(或与式)}$$
$$= \overline{\overline{AB} \cdot \overline{AC}} \qquad \text{(与非—与非式)}$$
$$= \overline{\overline{A} + \overline{B} + \overline{C}} \qquad \text{(或非—或非式)}$$
$$= \overline{\overline{A} + \overline{B}\,\overline{C}} \qquad \text{(与或非式)}$$

它们之间可以相互转换。

1. 与或式转换为与非—与非式

在最简与或表达式的基础上，两次求反，再用摩根定律去掉下面的反号，便可得到函数的最简与非—与非表达式。

$$F = A\bar{B} + BC = \overline{\overline{A\bar{B} + BC}} = \overline{\overline{A\bar{B}} \cdot \overline{BC}}$$

2. 与或式转换成或与式

先对函数的与或式取两次反，再将反函数化简为最简与或表达式，用摩根定律去掉反号，便可得到函数的最简或与表达式。

$$F = A\bar{B} + BC$$
$$= \overline{\overline{A\bar{B} + BC}}$$
$$= \overline{\overline{A\bar{B}} \cdot \overline{BC}}$$
$$= \overline{(\bar{A} + B) \cdot (\bar{B} + \bar{C})}$$
$$= \overline{\bar{A}\bar{B} + B\bar{C} + \bar{A}\bar{C}}$$
$$= \overline{\bar{A}\bar{B} + B\bar{C}}$$
$$= \overline{\overline{\bar{A}\bar{B}} \cdot \overline{B\bar{C}}}$$
$$= (A+B) \cdot (\bar{B} + C)$$

3. 或与式转换为或非—或非式

在最简或与表达式的基础上，对或与表达式两次求反，再用摩根定律去掉下面的反号，即可得到函数的或非—或非表达式。

$$F = A\bar{B} + BC$$
$$= \overline{\overline{(A+B) \cdot (\bar{B}+C)}}$$
$$= \overline{\overline{A+B} + \overline{\bar{B}+C}}$$

4. 与或式转换为与或非式

在最简反函数的与或表达式基础上求反，即可得到函数的与或非表达式。

$$F = A\bar{B} + BC$$
$$= \overline{\overline{A\bar{B} + BC}}$$
$$= \overline{\overline{A\bar{B}} + \overline{B\bar{C}}}$$

从上面各种最简表达式的介绍中，不难发现，只要得到了函数的最简与或表达式，再用摩根定律进行适当变换，就可以获得其他几种类型的最简表达式。

2.4.3　卡诺图化简法

用公式法化简逻辑函数，需要依赖经验和技巧，有些复杂函数还不易求得最简形式。下面要介绍的卡诺图化简法是一种更加简单系统并有统一规则可循的逻辑函数化简法。

1. 标准与或表达式

根据工程实际要求给出的逻辑表达式不是基本逻辑式，一般可以先对其进行标准化处理，使其成为基本表达式，然后再进行逻辑函数简化。

标准与或表达式，是指表达式中，每一个乘积项都具有标准形式。

例 2.4.11　　$F(A,B,C) = ABC + AB\bar{C} + \bar{A}BC + \bar{A}\bar{B}C$

例 2.4.11 给出的就是逻辑函数 F 的标准与或表达式。逻辑函数 F 有三个变量 A、B、C，表达式中，每一个乘积项都有三个变量。人们常把具有这种特点的表达式称标准与或表达式，也叫做最小项之和。

1) 最小项的概念

若逻辑函数 F 是由三个逻辑变量 A、B、C 构成，这三个逻辑变量可以构成 8 个标准形式的乘积项：

$$\bar{A}\bar{B}\bar{C}、\bar{A}\bar{B}C、\bar{A}B\bar{C}、\bar{A}BC、A\bar{B}\bar{C}、A\bar{B}C、AB\bar{C}、ABC$$

这 8 个乘积项的特点如下。

（1）每个乘积项都有三个函数变量；

（2）每一个变量都以原变量或者反变量的形式表示，作为一个变量在一个乘积项中仅出现一次。这样的乘积项就叫做最小项。

逻辑函数变量的个数不同，最小项的个数就不同。一般说，对于 n 个变量的逻辑函数来说，n 个变量共有 2^n 个不同取值组合的最小项，所以有 2^n 个最小项，且任意两个不同的最小项相乘等于 0。

一个变量的逻辑函数式（变量为 A），有 $2^1 = 2$ 个最小项：即 $\bar{A}$、A；

两个变量的逻辑函数式（变量为 A、B），有 $2^2 = 4$ 个最小项：即 $\bar{A}\bar{B}$、$\bar{A}B$、$A\bar{B}$、AB；

三个变量的逻辑函数式（变量为 A、B、C），有 $2^3 = 8$ 个最小项：即 $\bar{A}\bar{B}\bar{C}$、…、ABC；

四个变量的逻辑函数式（变量为 A、B、C、D），有 $2^4 = 16$ 个最小项：$\bar{A}\bar{B}\bar{C}\bar{D}$、…、$ABCD$

下面用真值表来说明最小项的性质。表 2.4.1 列出了 3 变量 A、B、C 的所有最小项的真值表。表中左边第一栏为 3 变量的所有项。3 变量共有 $2^3 = 8$ 种变量取值组合，对应有 8 个最

小项，即

$$\overline{A}\overline{B}\overline{C}、\overline{A}\overline{B}C、\overline{A}B\overline{C}、\overline{A}BC、A\overline{B}\overline{C}、A\overline{B}C、AB\overline{C}、ABC$$

表 2.4.1　变量 A、B、C 的所有最小项的真值表

A B C	$\overline{A}\overline{B}\overline{C}$	$\overline{A}\overline{B}C$	$\overline{A}B\overline{C}$	$\overline{A}BC$	$A\overline{B}\overline{C}$	$A\overline{B}C$	$AB\overline{C}$	ABC
0　0　0	1	0	0	0	0	0	0	0
0　0　1	0	1	0	0	0	0	0	0
0　1　0	0	0	1	0	0	0	0	0
0　1　1	0	0	0	1	0	0	0	0
1　0　0	0	0	0	0	1	0	0	0
1　0　1	0	0	0	0	0	1	0	0
1　1　0	0	0	0	0	0	0	1	0
1　1　1	0	0	0	0	0	0	0	1

变量取为 $A=0,B=0,C=0$ 的值，代入最小项 $\overline{A}\overline{B}\overline{C}$ 得值为 1，代入其他最小项得值为 0；变量取为 $A=0,B=0,C=1$ 的值，代入最小项 $\overline{A}\overline{B}C$ 得值为 1，代入其他最小项得值为 0；变量取为 $A=1,B=1,C=1$ 的值，代入最小项 ABC 得值为 1，代入其他最小项得值为 0。

从表可以看出，最小项有下列性质。

（1）对于任意一个最小项，输入变量只有一组取值使得它的值为 1，而在变量取其他各组值时，最小项的值都为 0；

（2）不同的最小项，使最小项为 1 的对应变量取值也不同；

（3）任意两个不同的最小项相乘等于 0；

（4）全部最小项之和其值恒为 1。

2)逻辑函数的最小项表达式

任意逻辑函数，都可以表示成最小项之和的形式——标准与或表达式。

例 2.4.12　写出逻辑函数 $F(A,B,C)=AB+\overline{A}C$ 的最小项表达式(标准化与或表达式)。

解　利用 $A+\overline{A}=1$ 的关系，将逻辑函数化成最小项表达式：

$$F(A,B,C)$$
$$=AB+\overline{A}C$$
$$=AB(C+\overline{C})+\overline{A}C(B+\overline{B})$$
$$=ABC+AB\overline{C}+\overline{A}BC+\overline{A}\overline{B}C$$

例 2.4.13　写出逻辑函数 $F(A,B,C)=\overline{(A+B)(\overline{A}+C)}$ 的最小项表达式(标准化与或表达式)。

解　利用摩根定律，$A+\overline{A}=1$ 的关系，将逻辑函数化成最小项表达式。

$$F(A,B,C)$$
$$=\overline{(A+B)(\overline{A}+C)}$$

$$= \overline{A} + B + \overline{A} + C = \overline{A}\overline{B} + A\overline{C}$$
$$= \overline{A}\overline{B}(C + \overline{C}) + A\overline{C}(B + \overline{B})$$
$$= \overline{A}\overline{B}C + \overline{A}\overline{B}\overline{C} + AB\overline{C} + A\overline{B}\overline{C}$$

逻辑函数最小项之和的形式，可以利用逻辑代数中的公式和定理，展开最小项表达式。一个逻辑函数只有一个最小项之和的表达式，所以说逻辑函数的最小项表达式是唯一的。

逻辑函数的最小项表达式，也可以从真值表得到。只要在真值表中，挑选出函数值为 1 的变量取值，变量为 1 的写成原变量，变量为 0 的写成反变量，这样对应于使函数值为 1 的每一种取值，都可以写出一个乘积项，只要把这些乘积项加起来，所得到的就是函数的标准与或表达式。

例 2.4.14　表 2.4.2 所示真值表中有两个逻辑函数 F_1 和 F_2。写出最小项表达式。

表 2.4.2　三个变量的逻辑函数真值表

$A\ B\ C$	F_1	F_2
0　0　0	0	0
0　0　1	0	1
0　1　0	0	0
0　1　1	1	1
1　0　0	0	1
1　0　1	0	1
1　1　0	1	0
1　1　1	1	1

解　(1)写出逻辑函数 F_1 的最小项表达式。

①从表 2.4.2 真值表中可以看出，逻辑函数 F_1 值为 1 的对应三个变量取值分别为 011、110、111。

②变量取值为 0 的将变量写成反变量，变量取值为 1 的将变量写成原变量，即

变量取值为 011 对应的最小项为 $\overline{A}BC$；

变量取值为 110 对应的最小项为 $AB\overline{C}$；

变量取值为 111 对应的最小项为 ABC。

③将乘积项加起来，所得到的就是逻辑函数的最小项表达式：

$$F_1 = \overline{A}BC + AB\overline{C} + ABC$$

(2)写出逻辑函数 F_2 的最小项表达式。

①从表 2.4.2 真值表中可以看出，逻辑函数 F_2 值为 1 的对应三个变量取值为 001、011、100、101、111。

②变量取值为 0 的将变量写成反变量，变量取值为 1 的将变量写成原变量。

从表 2.4.2 真值表中可以看出，变量为 001、011、100、101、111 对应的最小项为

$$\overline{A}\overline{B}C、\overline{A}BC、A\overline{B}\overline{C}、A\overline{B}C、ABC$$

③将乘积项加起来，所得到的就是逻辑函数的最小项表达式：

$$F_2 = \overline{A}\,\overline{B}C + \overline{A}BC + A\overline{B}\,\overline{C} + A\overline{B}C + ABC$$

3）最小项的编号

逻辑函数的最小项常用 m_i 表示，下标 i 为最小项编号，用十进制数表示。将最小项中的原变量用 1 表示，反变量用 0 表示，可得最小项的编号。

例 2.4.15 最小项 $\overline{A}\,\overline{B}C$ 和 $\overline{A}BC$ 写出最小项编号。

解 最小项 $\overline{A}\,\overline{B}C$ 与 001 相对应，所以称 $\overline{A}\,\overline{B}C$ 是变量取值为 001 的对应最小项，而 001 相当于十进制数是 1，所以 $\overline{A}\,\overline{B}C$ 记作 m_1；

最小项 $\overline{A}BC$ 与 011 相对应，所以称 $\overline{A}BC$ 是变量取值为 011 的对应最小项，而 011 相当于十进制数是 3，所以 $\overline{A}BC$ 记作 m_3。

例 2.4.16 将标准与或表达式：

$$F(A, B, C,) = \overline{A}\,\overline{B}C + \overline{A}BC + A\overline{B}\,\overline{C} + A\overline{B}C + ABC$$

用最小项的编号表达式。

解

三个变量最小项为	$\overline{A}\,\overline{B}\,\overline{C}$	$\overline{A}\,\overline{B}C$	$\overline{A}B\overline{C}$	$\overline{A}BC$	$A\overline{B}\,\overline{C}$	$A\overline{B}C$	$AB\overline{C}$	ABC
	↓	↓	↓	↓	↓	↓	↓	↓
对应变量取值为	000	001	010	011	100	101	110	111
	↓	↓	↓	↓	↓	↓	↓	↓
对应十进制数编号	0	1	2	3	4	5	6	7
	↓	↓	↓	↓	↓	↓	↓	↓
最小项编号 m_i	m_0	m_1	m_2	m_3	m_4	m_5	m_6	m_7

根据题意，得标准与或表达式：

$$F(A, B, C,) = \overline{A}\,\overline{B}C + \overline{A}BC + A\overline{B}\,\overline{C} + A\overline{B}C + ABC$$

的最小项的编号表达式为

$$F(A, B, C,) = \overline{A}\,\overline{B}C + \overline{A}BC + A\overline{B}\,\overline{C} + A\overline{B}C + ABC$$

$$= m_1 + m_3 + m_4 + m_5 + m_7$$

将本例题小结归纳到表 2.4.3 中。

表 2.4.3 例 2.4.16 小结归纳表

序号	最小项	A B C 变量取值	最小项编号	F	F 最小项的编号
0	$\overline{A}\,\overline{B}\,\overline{C}$	0 0 0	m_0	0	0
1	$\overline{A}\,\overline{B}C$	0 0 1	m_1	1	m_1
2	$\overline{A}B\overline{C}$	0 1 0	m_2	0	0
3	$\overline{A}BC$	0 1 1	m_3	1	m_3
4	$A\overline{B}\,\overline{C}$	1 0 0	m_4	1	m_4
5	$A\overline{B}C$	1 0 1	m_5	1	m_5
6	$AB\overline{C}$	1 1 0	m_6	0	0
7	ABC	1 1 1	m_7	1	m_7

例 2.4.17　将 $F(A、B、C) = \overline{A}B + AC$ 展开成最小项表达式。

解　利用 $A + \overline{A} = 1$ 的关系，将 $F(A、B、C) = \overline{A}B + AC$ 展开成最小项表达式：

$$F(A、B、C) = \overline{A}B + AC = \overline{A}B(C + \overline{C}) + AC(B + \overline{B})$$
$$= \overline{A}B\overline{C} + \overline{A}BC + A\overline{B}C + ABC$$

此式是由 4 个最小项之和构成的最小项表达式。

上式中各最小项编号分别为 m_2、m_3、m_5、m_7，得最小项的编号表达式：

$$F(A、B、C) = \overline{A}BC + \overline{A}B\overline{C} + ABC + A\overline{B}C$$
$$= m_3 + m_2 + m_7 + m_5 = \sum m(2,3,5,7)$$
$$= \sum{}_m(2,3,5,7) = \sum(2,3,5,7)$$

2. 卡诺图的基本概念

对于任意一个 n 变量的逻辑函数，其最小项的个数最多为 2^n。如果将 n 个变量分为两组，分别用横、纵轴来表示每组变量的所有组合，则横、纵轴的交点就是一个最小项。

逻辑函数的卡诺图包括以下两种。

(1) 二变量逻辑函数的卡诺图。图 2.4.1 是二变量 A、B 的卡诺图。卡诺图是将 2 个变量分为两组，A 组和 B 组，以 A 为横轴，B 为纵轴，用 1 表示原变量，0 表示反变量，两轴的交点就恰好表示了一个最小。二变量有 4 个最小项，用 4 个小方块表示，如图 2.4.1(a) 所示；图 2.4.1(b) 是用最小项编号表示的卡诺图；图 2.4.1(c) 中，只表示最小项编号；卡诺图实际上是最小项方块图。

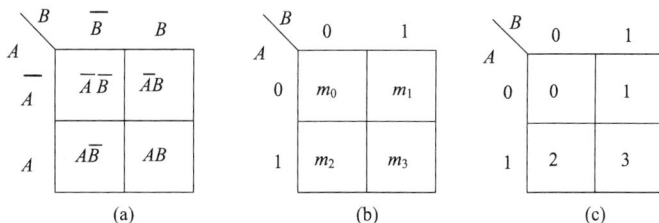

图 2.4.1　二变量逻辑函数的卡诺图

例 2.4.18　已知逻辑函数 $F(A、B) = \overline{A}\overline{B} + AB = m_0 + m_3$ 画出卡诺图。

解　逻辑函数 $F(A、B) = \overline{A}\overline{B} + AB = m_0 + m_3$ 有 2 个变量 A、B，有 2 个最小项 m_0、m_3，根据图 2.4.1(b) 所示二变量的卡诺图，对逻辑函数表达式中的各个最小项，在卡诺图相应小项方块内填入 1，其余填入 0，即可得图 2.4.2 所示的逻辑函数的卡诺图。

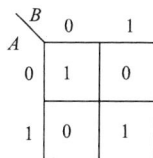

图 2.4.2　例 2.4.18 的卡诺图

(2) 三变量逻辑函数的卡诺图。图 2.4.3 是三变量 A、B、C 逻辑函数的卡诺图。卡诺图是将 3 个变量分为两组，A 组和 BC 组，以 A 为横轴，BC 为纵轴，用 1 表示原变量，0 表示反变量，两轴的交点就恰好表示了一个最小项。三变量有 8 个最小项，用 8 个小方块表示，如图 2.4.3(a) 所示；图 2.4.3(b) 是用最小项编号表示的卡诺图。

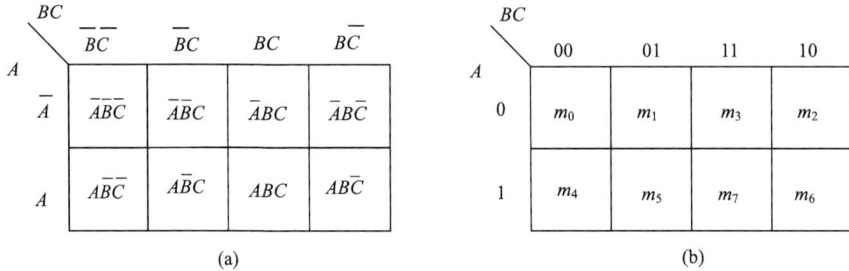

图 2.4.3　三变量逻辑函数的卡诺图

例 2.4.19　已知逻辑函数 $F(A, B, C)$，画出卡诺图。

$$F(A, B, C,) = \overline{A}\,\overline{B}C + \overline{A}BC + A\overline{B}\,\overline{C} + A\overline{B}C + ABC$$

$$= m_1 + m_3 + m_4 + m_5 + m_7$$

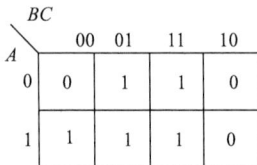

图 2.4.4　例 2.4.19 逻辑函数的卡诺图

解　逻辑函数 $F(A, B, C,)$ 有 3 个变量 A、B、C，有 5 个最小项 m_1、m_3、m_4、m_5、m_7，根据图 2.4.3 所示三变量的卡诺图，对逻辑函数表达式中的各个最小项，在卡诺图相应小项方块内填入 1，其余填入 0，即可得图 2.4.4 所示的逻辑函数 $F(A, B, C,)$ 的卡诺图。

（3）四变量、五变量逻辑函数的卡诺图。从图 2.4.3 和图 2.4.5 可以看出，当用卡诺图表示两个以上变量的逻辑函数时，横、纵轴上输入变量的组合不是按照通常所习惯的 00、01、10、11 顺序排列，而是调换了 10 和 11 的位置。这样做的目的，是便于形成卡诺图中相邻两项只有一个变量发生变化的规律。这一点将在下面介绍卡诺图化简原理时看到。

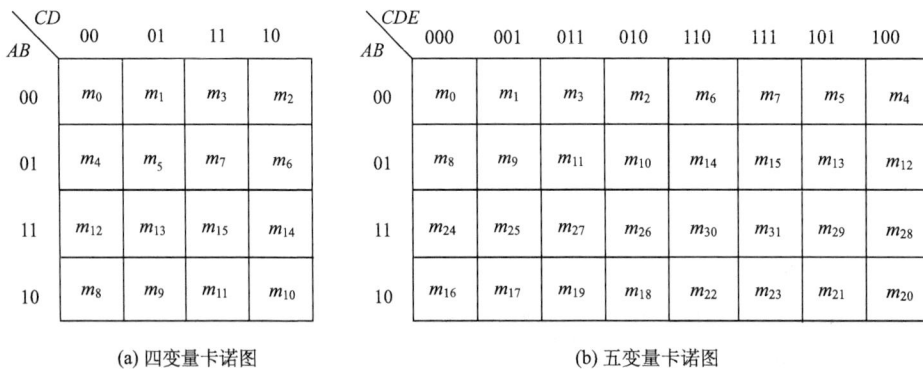

(a) 四变量卡诺图　　　　　　　　　　(b) 五变量卡诺图

图 2.4.5　四变量、五变量逻辑函数的卡诺图

当逻辑函数变量超过六个以上，卡诺图就没有实用价值。

3. 卡诺图的绘制方法

绘制卡诺图，实际上就是用卡诺图表示逻辑函数标准式，基本步骤如下。

（1）写出逻辑函数的最小项表达式。绘制卡诺图的根据是逻辑函数标准表达式，如果所给定的不是标准式，就必须进行最小项处理，得到该逻辑系统的标准式。

（2）绘制卡诺图。根据得到的逻辑函数标准式，把 n 个逻辑变量分解为按字母顺序的适当的两组，按相邻项只有一位的数值发生变化为原则，列出两坐标的数值。

（3）填写 1 和 0。根据逻辑函数标准式中出现的最小项，在卡诺图对应这些最小项的格子中填 1，其余格填 0。

例 2.4.20　绘制逻辑函数 $F(A,B) = \overline{A}$ 的卡诺图。

解　首先，写出该逻辑函数的最小项表达式：

$$F(A,B) = \overline{A} = \overline{A}(B + \overline{B})$$
$$= \overline{A}\overline{B} + \overline{A}B = m_0 + m_1$$

根据该逻辑函数输入变量的可能取值（1 或 0），画出卡诺图。本题有两个变量 A 和 B，设变量 A 在横轴，变量 B 在纵轴，得到如图 2.4.6(a) 所示的图。

根据最小项的性质，当 $A=0$，$B=0$ 或 $A=0$，$B=1$ 时，$F=1$（即 $m_0=1$ 或 $m_1=1$），A、B 为其他情况时 $F=0$。根据 A 和 B 取值分别确定横、纵坐标，然后把当前 F 的值填入图 2.4.6(a)，则得到图 2.4.6(b) 所示的卡诺图。

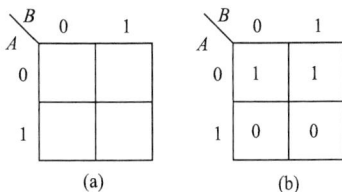

图 2.4.6　逻辑函数 $F(A,B) = \overline{A}$ 的卡诺图

例 2.4.21　绘制逻辑函数 $F = AB + B\overline{C}$ 的卡诺图。

解　首先，写出该逻辑函数的最小项表达式：

$$F = AB + B\overline{C}$$
$$= AB\left(C + \overline{C}\right) + \left(A + \overline{A}\right)B\overline{C}$$
$$= ABC + AB\overline{C} + \overline{A}B\overline{C} = m_2 + m_6 + m_7$$

本题有三个变量 A、B、C，设变量 A 在横轴，变量 BC 在纵轴，从而得到卡诺图，如图 2.4.7(a) 所示的。根据最小项的编号规则，当 $A=0$、$B=1$、$C=0$，或 $A=B=1$、$C=0$，或 $A=B=C=1$ 时，$F=1$（即：$m_2=1$ 或 $m_6=1$ 或 $m_7=1$），其他情况时 $F=0$，填入图 2.4.7(a)，则得到图 2.4.7(b) 所示的卡诺图。

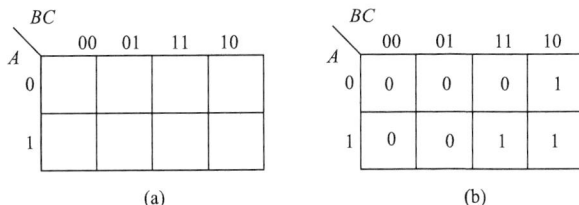

图 2.4.7　逻辑函数 $F = AB + B\overline{C}$ 的卡诺图

AB\CD	00	01	11	10
00	1	0	1	0
01	0	1	0	0
11	0	0	1	0
10	0	0	0	1

图 2.4.8　例 2.4.22 的卡诺图

例 2.4.22　绘制四变量逻辑函数 $F(A,B,C,D) = \sum m\,(0,3,5,$ $10,15)$ 的卡诺图。

解　由所给函数可得

$$F(A,\ B,C,D) = \sum m(0,3,5,10,15)$$
$$= \overline{A}\,\overline{B}\,\overline{C}\,\overline{D} + \overline{A}\,\overline{B}CD + \overline{A}B\overline{C}D + A\overline{B}C\overline{D} + ABCD$$

把逻辑变量分解为 AB 和 CD 两组,可得到卡诺图如图 2.4.8 所示。

例 2.4.23　绘制 $F(A,B,C,D) = (\overline{A} + \overline{B} + \overline{C} + \overline{D})(\overline{A} + \overline{B} + C + D)(A + \overline{B} + \overline{C} + D)(A + B + \overline{C} + D)$ 的卡诺图。

解　根据反演规则可得反函数:

$$\overline{F}(A,B,C,D) = \overline{A}\,\overline{B}\,\overline{C}\,\overline{D} + \overline{A}B\overline{C}D + AB\overline{C}\overline{D} + ABCD = \sum m(2,6,12,15)$$

把变量分为 AB 和 CD 两组,绘制坐标后,可绘制出 $\overline{F}$ 卡诺图,如图 2.4.9(a) 所示。要得到 F 的卡诺图,可直接将图 2.4.9(a) 中填 1 的格改为填 0,填 0 的格改为填 1,如图 2.4.9(b) 所示。

另外,也可以利用公式先写出 F 的最小项表达式,如下:

$$F(A,B,C,D) = \overline{\sum m(2,6,12,15)}$$
$$= \sum m(0,1,3,4,5,7,8,9,10,11,13,14)$$

AB\CD	00	01	11	10
00	0	0	0	1
01	0	0	0	1
11	1	0	1	0
10	0	0	0	0

AB\CD	00	01	11	10
00	1	1	1	0
01	1	1	1	0
11	0	1	0	1
10	1	1	1	1

　　　(a) $\overline{F}$ 的卡诺图　　　　　　(b) F 的卡诺图

图 2.4.9　例 2.4.23 的卡诺图

4. 逻辑函数的卡诺图化简

例 2.4.24　逻辑函数 $F = \overline{A}\,\overline{B} + \overline{A}B$ 的卡诺图如图 2.4.10 所示。用卡诺图化简逻辑函数。

解　观察卡诺图图 2.4.10 中 $F=1$ 的逻辑项。

从图 2.4.10 可以看到,对 $A=0$ 的行,无论 B 为何值,都有 $F=1$,这说明 F 与 B 无关,所以 $F = \overline{A}$。这相当于用公式 $B + \overline{B} = 1$ 将变量 B 消去,如下:

$$F = \overline{A}\,\overline{B} + \overline{A}B = \overline{A}(B + \overline{B}) = \overline{A}$$

A\B	0	1
0	1	1
1	0	0

图 2.4.10　例 2.4.24 卡诺图化

如果用卡诺图化简,就是将图中 $A=0$ 行的两个"1"圈起来,如图 2.4.10 所示。这两个"1"的特点是,当 $A=0$ 时,无论 B 取何值(B 取"0""1"),有 F 为 $F=1$。卡诺图化简就是将圈中变化的变量 B、$\overline{B}$ 去掉,保留圈中相同的变量 $\overline{A}$,则 $F = \overline{A}$。而对于 $A=1$ 的行可以不考虑。

例 2.4.25　逻辑函数 $F = \overline{A}\,\overline{B}C + \overline{A}BC + ABC$ 的卡诺图如图 2.4.11 所示。用卡诺图化简逻辑函数。

解　观察卡诺图图 2.4.11 中 $F=1$ 的逻辑项。

从卡诺图图 2.4.11 可以看到,对 $A=0$ 的行,如果 $C=1$,无论 B 为何值,都有 $F=1$。这说明当 $A=0$ 且 $C=1$ 时,F 与 B 无关,所以此时 $F = \overline{A}C$,这相当于用公式 $B + \overline{B} = 1$ 将变量 B 消去。

A\BC	00	01	11	10
0	0	1	1	0
1	0	0	1	0

①　②

图 2.4.11　例 2.4.25 卡诺图化

从卡诺图图 2.4.11 可以看到，对 $B=C=1$ 的列，无论 A 为何值，都有 $F=1$。这说明当 $B=C=1$ 时，F 与 A 无关，所以此时 $F = BC$，这相当于用公式 $A+\bar{A}=1$ 将变量 A 消去。

例如：

$$F = \bar{A}\bar{B}C + \bar{A}BC + ABC = \bar{A}\bar{B}C + \bar{A}BC + \bar{A}BC + ABC$$
$$= \bar{A}C(B+\bar{B}) + BC(A+\bar{A})$$
$$= \bar{A}C + BC$$

$B+\bar{B}=1$ 和 $A+\bar{A}=1$ 相当于用两个圈将图 2.4.11 中的 "1" 圈起来。去掉每个圈中变化的变量(圈中 0 和 1 都出现过的变量)，保留每个圈中相同的变量。圈①中去掉圈中变化的变量 B、$\bar{B}$，保留 $\bar{A}C$ 项；圈②中去掉圈中变化的变量 A、$\bar{A}$，保留 BC 项。在将两个圈的合并结果用逻辑或运算连接起来，则

$$F = \bar{A}C + BC$$

以上例子可以看出，只要卡诺图中相邻位变量按只有一位发生变化的方法排列依次逻辑值，就可以根据所圈的 "1" 项来决定所必需的逻辑变量。如果圈跨越了某个变量的所有可能值，则这个变量就可以省去，这就是卡诺图化简的基本思想。实际上，卡诺图就是利用逻辑代数中 $A+\bar{A}=1$ 的互补律进行化简。

例 2.4.26 写出如图 2.4.12 所示卡诺图中各圈所表示的乘积项，并写出对应的逻辑函数。

解

圈①：圈①中包含 4 个 "1"，在 $A=0$、$B=0$ 的行，表示此时无论 C、D 取何值都有 $F=1$，CD 取值跨越了所有可能值，所以去掉 C、D 项，保留该圈表示的乘积项为 $\bar{A}\bar{B}$。

圈②：圈②中包含 2 个 "1"，在 $C=0$、$D=1$ 的列，且 $A=1$，此时无论 B 取何值都使 $F=1$，即该圈表示的乘积项为 $A\bar{C}D$。

圈③：圈③中仅包含 1 个 1，不能构成互补合并关系，则该圈表示的乘积项就是相应的最小项，为 $\bar{A}B\bar{C}D$。如图 2.4.12 所示。这 3 个圈所表示的逻辑函数为

$$F(A,B,C,D) = \bar{A}\bar{B} + A\bar{C}D + \bar{A}B\bar{C}D$$

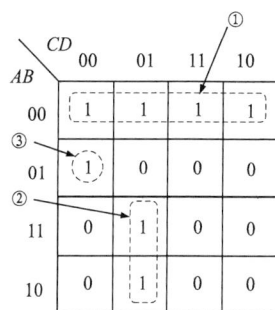

以上例子可知卡诺图画圈原则是：对卡诺图中相邻的 "1" 进行画圈，圈的数量就是化简后乘积项的数量，每个乘积项中变量的数量与圈的大小有关，圈画得越大，消去的变量越多，剩下的变量数越少。但要注意，圈住 "1" 的数量一定是 2^n 个，而每个圈消除的变量数则为 n 个。

卡诺图相邻的概念包括相接相邻、相对相邻和对称相邻。只要有一个变量不同，就可以形成互补合并关系，这些情况都认为是相邻的。因此，卡诺图化简中的相邻实际上指两个为 1 的最小项相接、相对或对称。图 2.4.13 给出了相邻的概念。图 2.4.14 给出了几种特殊的相邻圈。

卡诺图化简逻辑函数的基本步骤如下。

(1) 对逻辑函数进行最小项处理，并绘制卡诺图。

(2) 圈出化简项。根据相邻的原则，把所有的 "1" 项按 2^n 个数的组合方式圈定。圈要尽量大，圈内的 "1" 的数目尽可能多 (化简时消去的变量就多)；圈的数目要尽可能少，(化

简后的"与"项项数就少);所有的"1"至少要被圈定一次,孤立的1要单独圈定,以免漏掉不能合并的项。此外,在圈定"1"时,一个逻辑"1"项可以同时属于几个不同的圈(因为在逻辑代数中,$A+A=A$),但每个圈必须有自己独有的"1",以避免得到的两个乘积项完全相同。

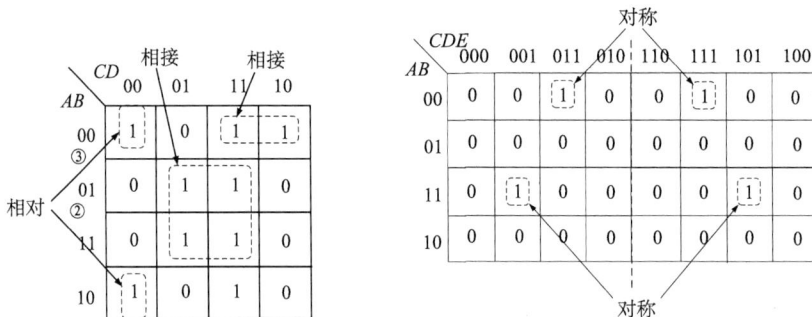

图 2.4.13　相邻包括相接、相对和对称

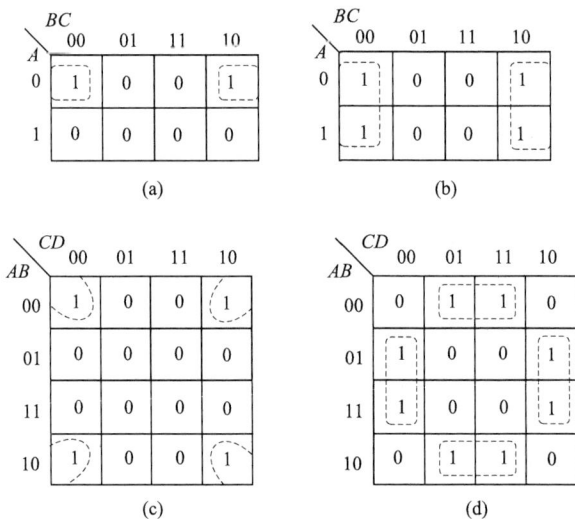

图 2.4.14　几种特殊的相邻圈法

(3) 化简。去掉每个圈中 0 和 1 都出现过的变量,写出每个圈所代表的新乘积项。

(4) 列写逻辑函数。

例 2.4.27　逻辑函数 $F = \overline{A}\,\overline{B}C + BC$ 用卡诺图化简逻辑函数。

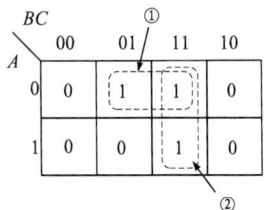

图 2.4.15　例 2.4.27 题卡诺图

解　(1) 对逻辑函数进行最小项处理:

$$F = \overline{A}\,\overline{B}C + BC = \overline{A}\,\overline{B}C + (A + \overline{A})BC$$
$$= \overline{A}\,\overline{B}C + ABC + \overline{A}BC$$

绘制卡诺图,将最小项填入卡诺图,如图 2.4.15 所示。

(2) 圈出化简项,如图 2.4.15 所示,图中有两个圈。

(3) 化简。去掉每个圈中 0 和 1 都出现过的变量。圈①表示乘积项 $\overline{A}C$,圈②表示乘积项 BC。

（4）2 个圈最后得到的逻辑函数为： $F = \overline{A}C + BC$ 。

例 2.4.28 用卡诺图法化简逻辑函数 $F = A\overline{B} + A\overline{C} + \overline{A}C + \overline{A}B + \overline{B}C$ 。

解 该函数卡诺图如图 2.4.16 所示，画卡诺图包围圈。

（1）逻辑函数最小项处理：

$$F = A\overline{B} + A\overline{C} + \overline{A}C + \overline{A}B + \overline{B}C$$

$$= A\overline{B}(C + \overline{C}) + A\overline{C}(B + \overline{B}) + \overline{A}C(B + \overline{B}) + \overline{A}B(C + \overline{C}) + \overline{B}C(A + \overline{A})$$

$$= A\overline{B}\overline{C} + A\overline{B}C + \overline{A}\overline{B}C + \overline{A}BC + \overline{A}B\overline{C} + AB\overline{C}$$

绘制卡诺图，将逻辑函数最小项填入卡诺图中，如图 2.4.16 所示。

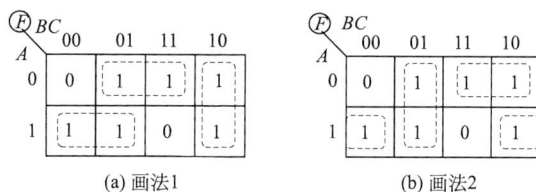

图 2.4.16 例 2.4.28 题卡诺图包围圈的两种画法

（2）圈出化简项，圈的方法有 2 种，画法 1 和画法 2，如图 2.4.16 所示，图中有 3 个圈。

（3）化简。去掉每个圈中 0 和 1 都出现过的变量。

由图 2.4.16（a）画法 1 得

$$F = A\overline{B} + \overline{A}C + B\overline{C}$$

由图 2.4.16（b）画法 2 得

$$F = A\overline{C} + \overline{A}B + \overline{B}C$$

两个结果都符合最简与或式的标准。此例说明，有时一个逻辑函数的化简结果虽不是唯一的，但其简化程度相同。

例 2.4.29 用卡诺图化简逻辑函数 $F = \sum m(0,2,4,6,8,10)$ 。

解 本例用圈"1"和圈"0"的方法化简逻辑函数。

（1）圈"1" 的方法。函数的卡诺图如图 2.4.17（a）所示，由卡诺圈得逻辑函数的化简式为

$$F = \overline{A}\overline{D} + \overline{B}\overline{D}$$

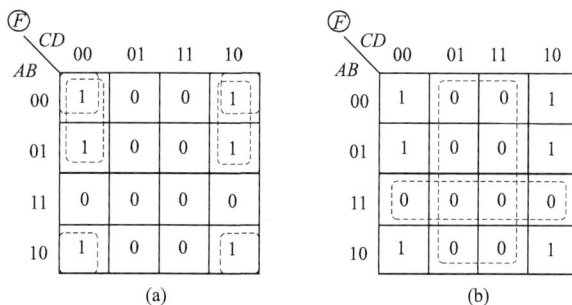

图 2.4.17 例 2.4.29 卡诺图的圈 1、圈 0 示意图

(2) 圈"0"的方法。圈 0 时，得到的是反函数 $\overline{F}$，再对 $\overline{F}$ 求反，即得原函数 F。该函数的圈"0"卡诺图如图 2.4.17(b)所示，由卡诺图圈得到逻辑函数为

$$\overline{F} = AB + D$$

再对 $\overline{F}$ 求反，得 $\overline{\overline{F}} = F = \overline{AB + D} = \overline{(A+B)}\overline{D} = \overline{A} \cdot \overline{D} + \overline{B} \cdot \overline{D}$。

以上两种方法，化简结果一致。有时，利用逻辑函数的反函数 $\overline{F}$，在卡诺图的小方格处填入相应的 0，其余填 1，可以方便地得到逻辑函数的卡诺图。圈 0 与圈 1 化简的结果相同。

2.4.4 具有无关项逻辑函数的化简

实际工程问题中，经常会遇到这样的问题：在真值表中对应于变量的某些取值组合，函数值可以是任意的，或者这些取值组合根本不会出现，称这些变量取值组合所对应的最小项为无关项或任意项，记作 "×"或"ϕ"。在化简逻辑函数时，无关项的值可以取 0 或 1，具体取什么值，根据使函数尽量简化而定。若以 d_i 表示无关项、d 表示无关项所对应的函数值，则 $d = \sum d_i = 0$。这说明包含无关项的逻辑函数，其中的无关项出不出现在表达式中，对函数的逻辑功能无影响。但是，适当地利用无关项，可以使逻辑函数的表达式得到进一步的简化。

例 2.4.30 设计一个全年有 31 天的月份指示逻辑函数。

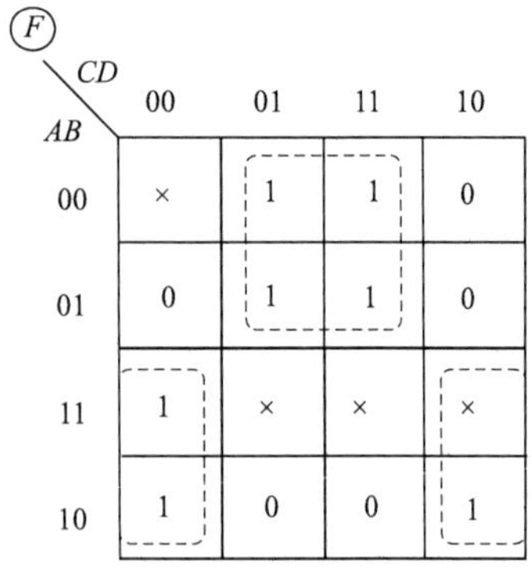

图 2.4.18 例 2.4.30 卡诺图

解 该逻辑函数的逻辑变量为月份，全年 12 个月，有 31 天的月份为 1，3，5，7，8，10，12，用四位二进制数 $ABCD$ 表示月份(1~12 月份)，由于 0，13，14，15 月是不存在的月份，即为无关项。根据题意，有 31 天时的月份，输出函数 $F = 1$；反之 $F = 0$，可写出逻辑表达式为

$$F(ABCD) = \sum m(1,3,5,7,8,10,12) + \Sigma d\,(0,13,14,15)$$

该函数卡诺图如图 2.4.18 所示。为使函数尽量简化，取卡诺图内的无关项 $ABC\overline{D}$ (14 月份)取值为 1；其他卡诺图内的无关项取值为 0，如 $\overline{ABCD}$、$AB\overline{C}D$、$ABCD$ (0，13，15 月份)。根据卡诺圈化简结果为

$$F = \overline{A}D + A\overline{D}$$

例 2.4.31 化简真值表，并得到逻辑表达式(注：用×表示任意，既可以为 0，也可以为 1)。

表 2.4.4 例 2.4.31 真值表

序号	A	B	C	F
0	0	0	0	×
1	0	0	1	0
2	0	1	0	0
3	0	1	1	1

续表

序号	A	B	C	F
4	1	0	0	0
5	1	0	1	1
6	1	1	0	1
7	1	1	1	$\times$

解　根据真值表可以得到逻辑函数表达式:

$$F(A,B,C) = \sum m(3,5,6) + \sum d(0,7)$$

根据逻辑函数表达式得卡诺图(图 2.4.19)。

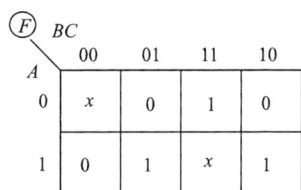

图 2.4.19　逻辑函数表达式卡诺图

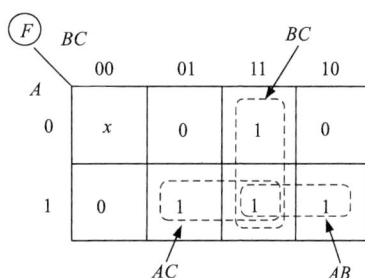

图 2.4.20　具有无关项逻辑函数的卡诺图

由于 x 为任意项,可以等于 1,也可以等于 0。为了便于化简取 $\overline{A}\,\overline{B}\,\overline{C} = 000$ 的函数值为 $x=0$,取 $ABC = 111$ 的函数值为 $x=1$。得卡诺图如图 2.4.20 所示。

根据卡诺圈化简,最后得到化简后的逻辑表达式:$F(A,B,C) = AC + AB + BC$。

本 章 小 结

本章着重介绍了数字逻辑代数的基本原理,包括逻辑关系的数学描述方法、逻辑函数以及相关的逻辑运算关系。同时,还介绍了有关逻辑代数的物理概念和数学概念。

在逻辑关系的数学描述中,基本逻辑运算关系包括与、或和非三种基本逻辑运算。所有其他复杂的逻辑运算都是建立在这单个基本逻辑运算基础之上的数学运算,所以必须掌握基本逻辑运算。

数字逻辑系统中各逻辑变量之间逻辑关系的描述有几种不同的方法,分别是逻辑表达式、真值表、逻辑图和波形图。这四种描述方法都是对逻辑变量之间逻辑关系的描述,四种逻辑描述方法之间可以实现相互转换。所以,本章对不同描述方法之间的转换技术进行了讨论,例如,如何根据逻辑表达式列写真值表或绘制逻辑图,如何根据波形图列写逻辑表达式,如何根据逻辑表达式绘制逻辑图或波形图,如何根据逻辑图列写逻辑表达式等。这种转换方法,是数字逻辑系统和数字电路分析的基本技术之一。

本章还介绍了数字逻辑的基本公式和定理,这些公式和定理是复杂逻辑系统分析的重要基本技术,主要用于逻辑关系分析和逻辑函数化简中。特别是需要对不完全逻辑函数进行分析时，这些公式和定理将起到十分重要的作用。所以说，逻辑代数的公式和定理是数字逻辑系统和数字电路系统分析和设计的基本工具。

本章介绍了逻辑函数的化简，介绍了最常用的两种化简的方法：公式法和图解法(卡诺图化简法)。逻辑函数式的化简，是为了在设计逻辑电路时使所用的元器件最少，设备最简单。所以说，逻辑函数式的化简方法是设计逻辑电路的基本方法。希望读者能通过本书的学习，掌握相应的技术。

思考题与习题

思考题

2.1　逻辑代数所描述的是什么数学量之间的关系？

2.2　数字逻辑变量能取哪些数值？这些数值表示的是数量关系吗？

2.3　在数字逻辑系统中有哪些基本运算？这些逻辑运算的含义是什么？

2.4　什么叫做逻辑函数？

2.5　使用数字电路实现数字逻辑系统时，需要绘制逻辑图，逻辑图是否反映了数字逻辑电路系统的全部特性？

2.6　逻辑函数中的 0 律和 1 律说明了逻辑变量的什么关系？

2.7　逻辑代数可以用来描述物理事件的什么特性？

2.8　逻辑函数中的反函数和对偶函数有什么区别？

2.9　逻辑代数的或运算实际上就是二进制中的一位加法运算，对吗？

2.10　为什么要进行逻辑函数的化简？

2.11　为什么卡诺图表示两个以上变量的逻辑函数时，横、纵轴上输入变量的组合不是按照通常所习惯的 00、01、10、11 顺序排列，而是调换了 10 和 01 的位置。

2.12　如果对某个工程问题只关心其中各物理量之间的有和无关系，能否使用逻辑函数描述这些关系？

2.13　什么叫无关项逻辑函数？

2.14　最小项是如何定义的？

2.15　卡诺图化简逻辑函数的基本步骤是什么？

习题

2.16　下列函数中的逻辑变量 A、B、C 取哪些值时能使 F 值为 1。

(1) $F = AB + \overline{A}C + \overline{B}C$ 　　　　　　　(2) $F = A\overline{B} + \overline{A}$

(3) $F = \overline{\overline{A}\,\overline{B}} + AB + A\overline{B}$ 　　　　　　(4) $F = ABC + AB\overline{C} + A\overline{B}C + \overline{A}BC$

(5) $F = (A + \overline{B} + \overline{A}B)(A + \overline{B})\overline{A}B$

(6) $F = (A + B + C)(A + B + \overline{C})(A + \overline{B} + C)(A + \overline{B} + \overline{C})$

(7) $F = (A + \overline{B}\overline{C})\overline{D} + \overline{(A + \overline{BCD})}$

(8) $F = (A \oplus B)C + \overline{A}(B \oplus C)$

2.17　用真值表验证下列等式。

(1) $\overline{A + B} = \overline{A}\,\overline{B}$ 　　　　　　　　　(2) $A\overline{B} + \overline{A}B = (\overline{A} + \overline{B})(A + B)$

(3) $A \oplus B = \overline{\overline{A}B + A\overline{B}}$ 　　　　　　　(4) $AB + A\overline{B} + \overline{A}B + \overline{A}\,\overline{B} = 1$

(5) $A \oplus B \oplus C = \overline{\overline{A} \odot B \odot \overline{C}}$ 　　　　　(6) $(A \oplus B) \oplus C = A \oplus (B \oplus C)$

2.18　利用逻辑门符号绘制如下逻辑函数的逻辑图。

(1) $F = AB\bar{C} + A\bar{B}C + AB\bar{D} + \bar{A}D$

(2) $F = A\bar{C} + \bar{A}\bar{B}C + B\bar{D} + \bar{A}D$

(3) $F = \overline{AC} + \overline{ABD}C + \overline{CD} + \bar{B}D$

(4) $F = \overline{ABCD} + \bar{A}CD + \bar{C}D$

2.19 利用真值表证明下列等式相等。

(1) $(A \oplus B) \oplus C = A \oplus (B \oplus C)$

(2) $A(B \oplus C) = AB \oplus AC$

(3) $A \oplus \bar{B} = \overline{A \oplus B} = A \oplus B \oplus 1$

2.20 写出下列各逻辑函数的反函数和对偶函数。

(1) $F = \left[(AB + C)D + E \right]B$

(2) $F = \left[\overline{AB}(C + D) \right] \left[B\overline{CD} + B(\bar{C} + D) \right]$

(3) $F = \overline{\overline{C + \overline{AB}}\, \overline{AB} + \bar{C}}$

2.21 将下列逻辑函数化为最小项之和的形式。

(1) $F(A,B,C) = \bar{A}BC + AC + \bar{B}C$ (2) $F(A,B,C,D) = A\bar{B}\bar{C}D + BCD + \bar{A}D$

(3) $F(A,B,C,D) = A + B + CD$ (4) $F(A,B,C,D) = AB + \overline{\overline{BC}(\bar{C} + \bar{D})}$

2.22 利用公式化简各式。

(1) $AC\bar{D} + \bar{D}$ (2) $A\bar{B}(A + B)$

(3) $A\bar{B} + AC + BC$ (4) $AB(A + \bar{B}C)$

(5) $\bar{A}BC + (A + \bar{B})C$ (6) $AC + B\bar{C} + \bar{A}B$

2.23 利用卡诺图对下列逻辑函数进行化简。

(1) $F(A,B,C) = \sum m(3, 5, 6, 7)$

(2) $F(A,B,C,D) = \sum m(0,1, 4, 6, 9, 13, 14, 15)$

(3) $F(A,B,C,D) = \sum m(0,1, 2, 8, 9, 10, 11, 12, 13, 14, 15)$

(4) $F(A,B,C) = \sum m(1, 2, 5, 7) + d(1, 2, 4)$

(5) $F(A,B,C,D) = \sum m(1, 3, 6, 7) + d(4, 9, 11)$

(6) $F(A,B,C,D) = \sum m(2, 9, 10, 12, 13) + d(1, 5, 14)$

2.24 利用卡诺图对下列逻辑函数进行化简。

(1) $F = \overline{AB} + \overline{BC} + \overline{AC}$

(2) $F = \overline{BC}D + \bar{A}B\bar{C} + AB\bar{D}$

(3) $F = \overline{BC} + \overline{AC} + \bar{A}B\bar{D} + BD$

(4) $F = A\bar{B}C + \bar{A}CD + \bar{A}BD + \bar{B}CD$

2.25 写出图题 2.25 逻辑图的逻辑函数，并列出真值表，画出 F 波形图。

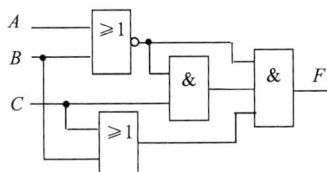

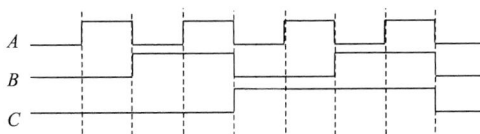

图题 2.25

2.26　图题 2.26 A_0 和 A_1 是输入逻辑变量，试根据此逻辑图列写出该图所表示的逻辑表达式，并列出真值表。

2.27　图题 2.27 的 A 和 B 是输入逻辑变量，试根据此逻辑图列写出该图所表示的逻辑表达式，并列出真值表。

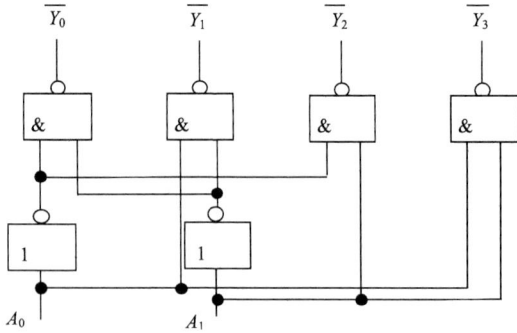

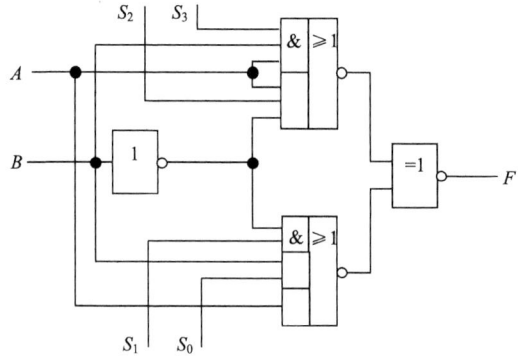

图题 2.26　　　　　　　　　　　　　　　　　　图题 2.27

2.28　已知逻辑函数为 $F = A\overline{B} + \overline{B}C + \overline{A}C$，各输入逻辑变量的波形如图题 2.28 所示，试绘制 F 的波形。

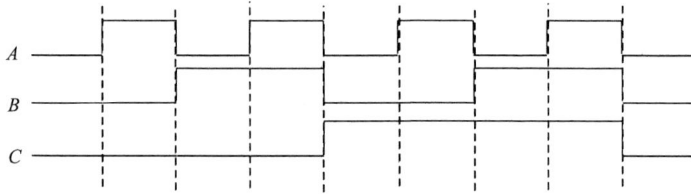

图题 2.28

2.29　图题 2.29 中的 A 和 B 是输入逻辑变量，试根据此逻辑图列写出该图所表示的逻辑表达式。利用 Multisim 观察输入变量与输出量之间的关系，观察真值表。

2.30　列出图题 2.30 开关系统逻辑函数 F 的表达式，其中 A、B、C、D 和 E、P 分别表示开关的状态。

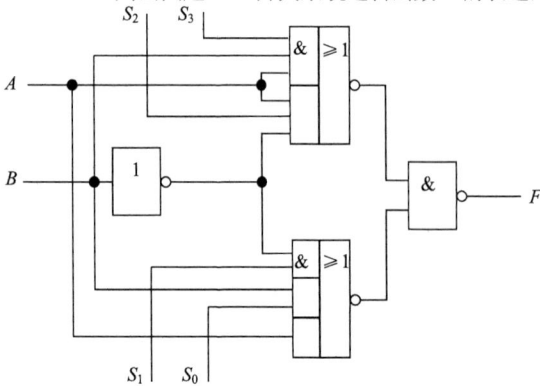

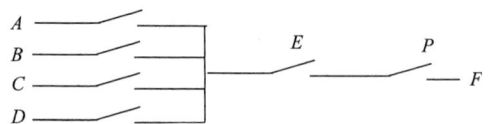

图题 2.29　　　　　　　　　　　　　　　　　　图题 2.30

2.31　设计一个全年有第 30 天的月份指示逻辑函数。

2.32　试根据图题 2.32，写出该图所表示的逻辑表达式、真值表。利用 Multisim 观察输入变量与输出量之间的关系，观察真值表。

2.33　列出图题 2.33 开关系统逻辑函数 F 的表达式，其中 A、B、C、D 和 E、P 分别表示开关的状态。

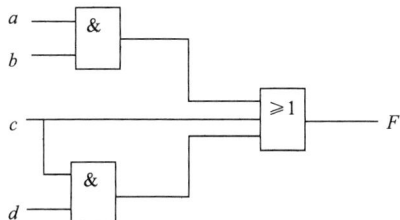
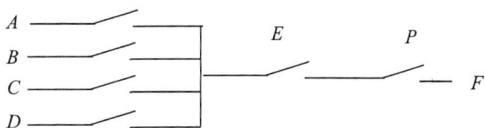

图题 2.32　　　　　　　　　　　　　　　　图题 2.33

2.34　试分析图题 2.34 所示的逻辑电路：(1)写出输出逻辑表达式(用最简式表示)；(2)列出真值表；(3)用 Multisim 观察输入变量 A、B、C 与输出量之间的关系。

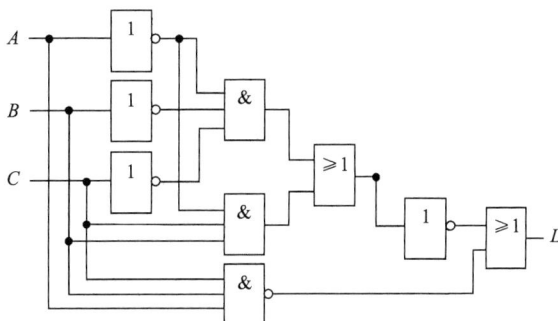

图题 2.34

2.35　根据电路图写成每个电路开关与灯的逻辑关系表。

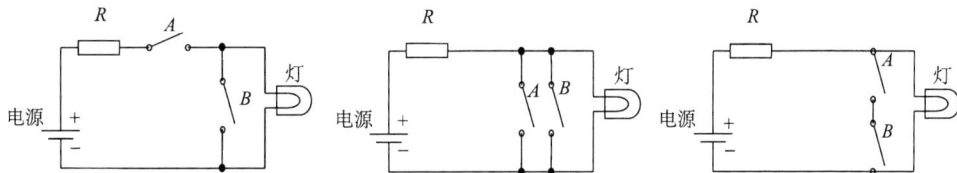

图题 2.35

2.36　三态门组成的电路如图题 2.36 所示。三态门组成的电路出函数 F 的逻辑表达式。利用 Multisim 观察输入变量与输出量之间的关系，注意观察使能端 EN 的作用。

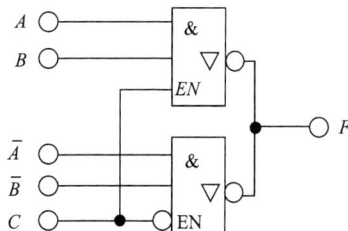

图题 2.36

第3章 逻辑门电路

能够实现基本逻辑运算与复合逻辑运算的电子电路称为逻辑门电路。基本逻辑门电路是指与、或、非这三种逻辑门电路,数字逻辑电路中的所有其他电路都可以用这三种电路组合而成。常用的逻辑电路在逻辑功能上有与门、或门、非门、与非门、或非门、与或非门、异或门、同或门等。

本章主要介绍由二极管、三极管及场效应管(MOS 管)组成的逻辑门电路。讨论逻辑门电路的电路结构、电路的基本参数及其电路形成的特点,主要讨论逻辑门电路的功能和外特性。通过这些讨论可以对正确使用数字电路具有十分重要的意义。

3.1 半导体器件的开关特性

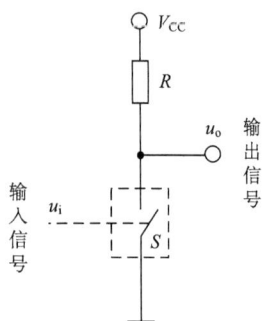

图 3.1.1 开关电路示意图

通过前面的介绍可知,在数字电路中用高、低电平分别表示二值逻辑的 1 和 0 两种逻辑状态。获得高、低输出电平的基本原理可以用的开关特性来说明。

由图 3.1.1 可知,当开关 S 断开时,输出电压为高电平,即 u_o=1;而当 S 接通时,输出便为低电平,即 u_o=0。开关 S 是用半导体二极管或三极管及场效应管(MOS 管)组成的。只要通过输入信号 u_i 控制二极管、三极管及场效应管(MOS 管),使二极管、三极管及场效应管(MOS 管)工作在截止和导通两个状态,它们可以起到半导体器件的开关作用。

3.2 二极管门电路

3.2.1 二极管的开关特性

在模拟电子技术课程中曾介绍,半导体二极管具有单向导电性。在理想情况下,外加正向电压时,二极管导通,导通电阻为 0;外加反向电压时,二极管截止,反向电阻无穷大。所以二极管相当于一个受外加电压极性控制的开关。用二极管取代图 3.1.1 中的开关 S,如图 3.2.1(a)所示。

例 3.2.1 二极管开关电路如图 3.2.1 所示。输入低电压 $u_i = -3V$,输入高电压 $u_i = 3V$,试分析电路在输入电压作用下的开关特性。

解 当输入低电压 $u_i = -3V$ 时,二极管截止,如同一个断开了的开关,二极管开关等效电路如图 3.2.1(b)所示,显然输出端得到相应的电压为低电平,即 $u_o = 0V$。

当输入高电平 $u_i = 3V$ 时,二极管导通,如同一个闭合了的开关,二极管开关等效电路如图 3.2.1(c)所示,显然输出端得到相应的低电平,即 $u_o = u_i - u_D = 3-0.7 = 2.3V$。

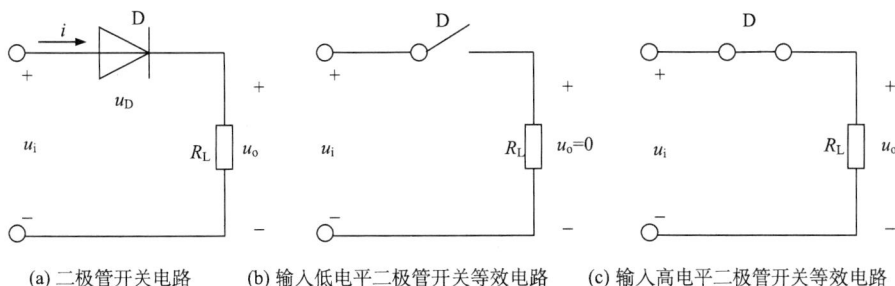

(a) 二极管开关电路　　　(b) 输入低电平二极管开关等效电路　　(c) 输入高电平二极管开关等效电路

图 3.2.1　二极管开关电路及开关等效电路

因此，可以用输入电压 u_i 的高、低电平控制二极管的开关状态，并在输出端得到相应的高、低电平 u_o 输出信号，如图 3.2.2 所示。

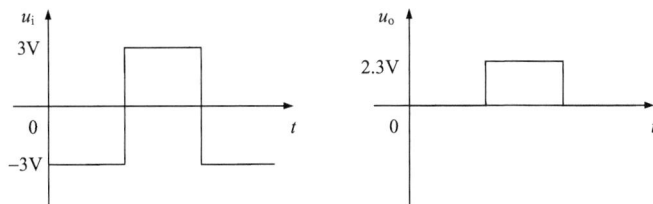

图 3.2.2　输入输出波形图

根据半导体物理理论可知，二极管的伏安特性可以近似为

$$i = I_S(e^{u_D/U_T} - 1)$$

式中，i 为流过二极管的电流；u_D 为加在二极管两端的电压；I_S 为反向饱和电流；$U_T=kT/q$，k 为玻尔兹曼常量，T 为热力学温度，q 为电荷。常温下，$V_T \approx 26\text{mV}$。

实际上，二极管的伏安特性是非线性关系，二极管反向电阻不是无穷大，正向电阻也不是零。由于二极管实际就是一个 PN 结。PN 结电流的形成靠其内部电荷的扩散与漂移运动，因此流过二极管的电流不仅受外加电压方向的控制，还要受到 PN 结内部电荷运动的影响。

在动态情况下，当加到二极管两端的电压突然反向，电压由正向转为反向时，电流的变化过程如图 3.2.3 所示。由于外加电压由反向突然变为正向时，要等到 PN 结内部建立起足够的电荷梯度后才开始有扩散电流形成，因而正向导通电流的建立要稍微滞后一点，如图 3.2.3 的①所示时间 t_1 称为正向导通时间。

当外加电压突然由正向变为反向时，理想情况下，二极管将立即转为截止，但是因为 PN 结内尚有一定数量的存储电荷，所以有较大的瞬态反向电流流过. 如图 3.2.3 的②所示。随着存储电荷的消散，反向电流迅速衰减并趋近于稳定。反向电流的大小和持续时间的长短取决于外加电压和负载电阻的阻值，而且与二极管本身的特性有关。如图 3.2.3 的②所示时间 t_2 称为反向恢复时间。

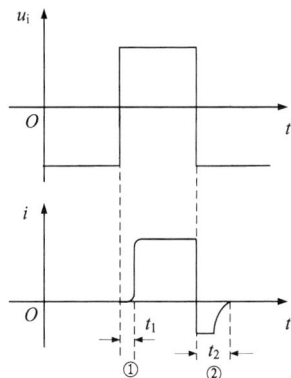

图 3.2.3　二极管动态电流波形

反向电流持续的时间用反向恢复时间来定量描述。它是指反向电流从它的峰值衰减到峰值的十分之一所经过的时间。因为该数值很小，在几纳秒以内，所以用普通的示波器不容易看到反向电流的瞬态波形。由于动态特性的存在，二极管的开关速度受到限制。

3.2.2　二极管与门电路

图 3.2.4 所示电路是二极管和电阻构成的与门电路。图中所示为两输入的二极管与门电路。A、B 为与门输入端，F 为输出端。

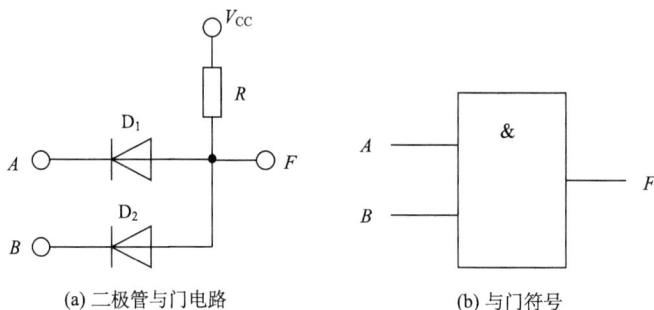

(a) 二极管与门电路　　　　　　　　(b) 与门符号

图 3.2.4　与门电路

工作原理:已知门电路输入端输入高电平为 5 V 、输入端输入低电平为 0V、V_{CC}=5V。

当输入端 A、B 均为高电平时，二极管 D_1 和 D_2 均不导通，流过电阻 R 的电流为 0，输出为高电平，即 $F = V_{CC}$=5 V。

当输入端 A、B 中有一个为低电平时，二极管 D_1 或 D_2 导通，输出为低电平，F 被箝在 0V，即 $F \approx 0V$。

当输入端 A、B 均为低电平时，二极管 D_1 和 D_2 均导通，输出为低电平，F 被箝在 0V，即 $F \approx 0V$。

根据以上分析得图 3.2.4 电路的功能表、真值表，如表 3.2.1、表 3.2.2 所示。

<table>
<tr><td colspan="3">表 3.2.1　图 3.2.4 电路的功能表</td><td colspan="3">表 3.2.2　图 3.2.4 对应的真值表</td></tr>
<tr><td>A</td><td>B</td><td>F</td><td>A</td><td>B</td><td>F</td></tr>
<tr><td>0V</td><td>0V</td><td>0V</td><td>0</td><td>0</td><td>0</td></tr>
<tr><td>0V</td><td>5V</td><td>0V</td><td>0</td><td>1</td><td>0</td></tr>
<tr><td>5V</td><td>0V</td><td>0V</td><td>1</td><td>0</td><td>0</td></tr>
<tr><td>5V</td><td>5V</td><td>5V</td><td>1</td><td>1</td><td>1</td></tr>
</table>

可以看出，只有当 A、B 均为高电平时，F 才为高电平，这种关系正好是与逻辑关系。

$$F = A \cdot B$$

3.2.3　二极管或门电路

如图 3.2.5 所示电路是二极管和电阻构成的或门电路。图中所示为两输入的二极管或门电路。A、B 为或门输入端，F 为输出端。

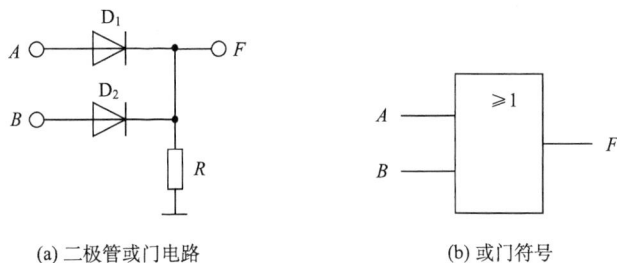

(a) 二极管或门电路　　　　(b) 或门符号

图 3.2.5　或门电路

工作原理:已知门电路输入端输入高电平为 5 V 、输入端输入低电平为 0V,二极管的导通电压为 0V。

当输入端 A、B 均为低电平时,二极管 D_1 和 D_2 均不导通,流过电阻 R 的电流为 0,输出为低电平,即 $F = 0$ V。

当输入端 A、B 中有一个为高电平时,二极管 D_1 或 D_2 导通,输出为高电平,F 被箝在 5V,即 $F \approx 5$V。

当输入端 A、B 均为高电平时,二极管 D_1 和 D_2 均导通,输出为高电平,F 被箝在 5V,即 $F \approx 5$V。

根据以上分析得图 3.2.5 电路的功能表、真值表,如表 3.2.3、表 3.2.4 所示。

表 3.2.3　图 3.2.5 电路的功能表

A	B	F
0V	0V	0V
0V	5V	5V
5V	0V	5V
5V	5V	5V

表 3.2.4　图 3.2.5 对应的真值表

A	B	F
0	0	0
0	1	1
1	0	1
1	1	1

可以看出,只要 A、B 中至少有一个为高电平,F 才为高电平,这种关系正好是或逻辑关系。

$$F = A + B$$

由二极管门电路构成或门电路非常简单,但是由于二极管的压降实际并不是 0V,使得输出电压与理想的高、低电平有差异,可能会影响后级电路。另外,二极管门电路有一定的输出阻抗,负载电阻的变化会影响输出电压。

3.3　TTL 门电路

由三极管构成的数字集成电路,叫 TTL 门电路。

3.3.1　三极管的开关特性

晶体三极管具有放大、饱和与截止三种工作状态。在模拟电路中,三极管主要工作在放大状态。在数字电路中,三极管作为开关元件,主要工作于饱和与截止这两种稳定状态,而放大状态只是两种稳定状态的中间过渡状态。用 NPN 型三极管取代图 3.1.1 中的开关 S，就得到了图 3.3.1(a)所示的三极管开关电路。

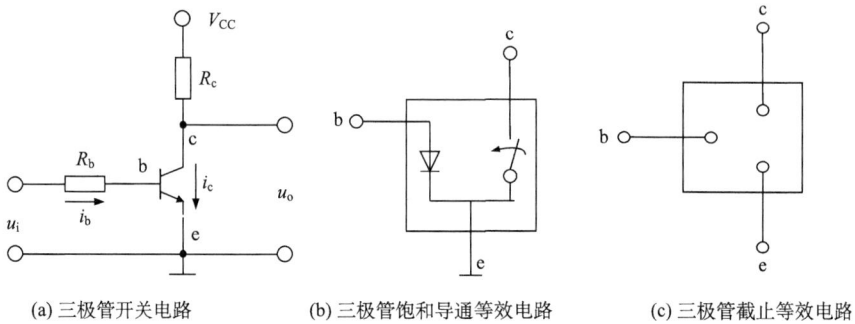

(a) 三极管开关电路　　　　　(b) 三极管饱和导通等效电路　　　　　(c) 三极管截止等效电路

图 3.3.1　三极管开关电路及开关等效电路

三极管饱和导通时，饱和压降 $u_{CES} \approx 0$，相当于开关闭合，见三极管饱和导通等效电路，如图 3.3.1(b)所示，此时电路输出为低电平；三极管截止时 $i_c \approx 0$，相当于开关断开，见三极管截止等效电路，如图 3.3.1(c)所示，此时电路输出为高电平；在分析三极管电路时经常使用图 3.3.1 给出的三极管开关等效电路。

三极管是基极电流控制集电极电流，具有电流放大功能(小电流控制大电流)的电子器件。以共发射极电路为例，三极管电路的输出特性曲线如图 3.3.2(a)所示。从特性曲线上可以看出，三极管的输出特性曲线可以分为 4 个区域：饱和区、截止区、放大区和击穿区。

在饱和区内，电流 i_c 与 u_{ce} 的比值很大，较大的电流 i_c 只能对应较小的 u_{ce} 变化。在截止区内，管子基本没有输出电流，三极管处于关断状态。在放大区内，电流 i_c 的变化随 i_b 成正比例变化，几乎与 u_{ce} 无关。击穿区则是由于 u_{ce} 过大引起 c、e 两极之间击穿，电流 i_c 迅速增加，这表示三极管已经损坏。

三极管的开关特性正是利用了三极管的截止与饱和特性。当三极管 c、e 间不导通时，i_c 接近 0，三极管截止，失去电流放大作用，相当于开关断开。当 u_{ce} 接近 0V 时，三极管进入饱和状态，此时尽管电流 i_c 的变化可以很大，但 u_{ce} 的变化却很小。当进入深度饱和时，无论 i_c 如何变化，u_{ce} 几乎没有变化，三极管相当于被接通的开关。

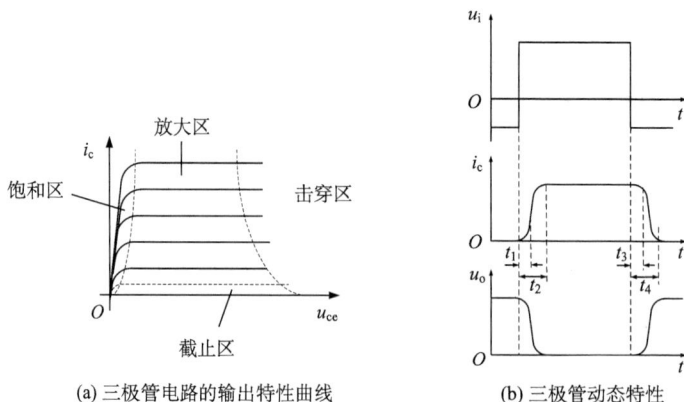

(a) 三极管电路的输出特性曲线　　　　　(b) 三极管动态特性

图 3.3.2　三极管电路的输出特性曲线和动态特性

在动态情况下，亦即三极管在截止与饱和导通两种状态间迅速转换，三极管内部电荷的建立和消散都需要一定的时间，因而集电极电流 i_c 的变化将滞后于输入电压 u_i 的变化。在接成三极管开关电路以后，开关电路的输出电压 u_o 的变化也必然滞后于输入电压 u_i 的变化，如图 3.3.2(b) 所示。这种滞后现象也可以用三极管的 b-e 间、c-e 间都存在结电容效应来理解。图 3.3.2(b) 中，t_1 为三极管由截止转向导通的延迟时间，t_2 为三极管由截止转向导通的电流建立时间，称为上升时间，t_3 为三极管由导通转向截止的存储时间，t_4 为三极管由截止转向导通的电流消失时间，称为下降时间。因此，三极管的打开时间为延迟时间与建立时间之和，即 $t_{ON}= t_1+t_2$。三极管的关断时间为存储时间与下降时间之和，即 $t_{OFF}= t_3+t_4$。

3.3.2　TTL 门电路

TTL 门电路是以三极管非门电路为基础的，其他逻辑门电路的基本电路结构与非门电路结构基本相同，因此其电气特性也类似。本节将重点讨论 TTL 非门电路、TTL 或非门电路和 TTL 与非门电路。

1.　TTL 非门电路

1) 电路的结构

TTL 非门电路由三个部分组成：输入级、中间级和输出级，如图 3.3.3 所示。

输入级：由 T_1 管、电阻 R_1 和保护二极管 D_1 组成。保护二极管 D_1 的作用是防止输入端电压过低。

中间级：由 T_2 管、电阻 R_2、R_3 组成。T_2 管的集电极输出驱动 T_4，发射级输出驱动 T_3。

输出级：由 T_3、T_4 管和电阻 R_4、二极管 D 组成。

设电源电压 $V_{CC}=+5V$，输入信号的高、低电平分别为 $u_i=3.6V$，低 $u_i=0V$，三极管 PN 结的结电压为 0.7V，二极管的导通电压为 0.7V。

根据三极管的工作原理，当三极管 b-e 之间的压降 u_{be} 大于 PN 结的结压降时，三极管导

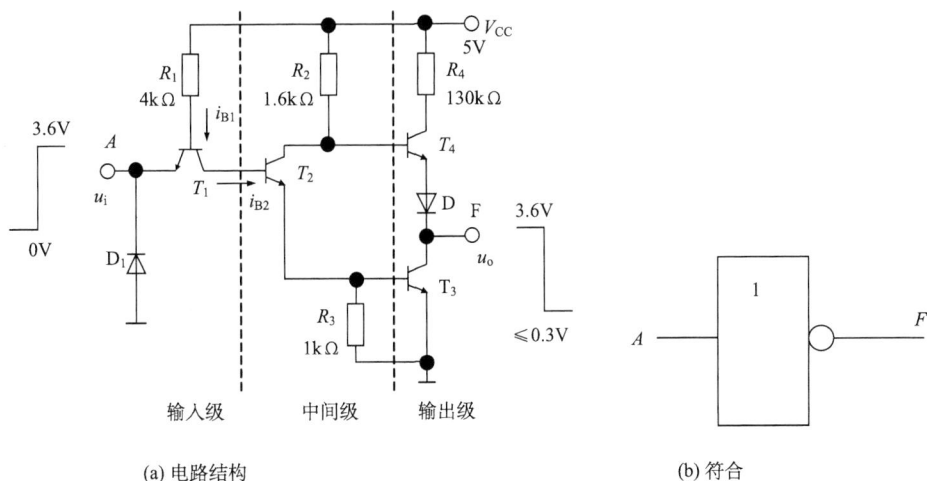

(a) 电路结构　　　　　　　　　　　　　　　　　(b) 符合

图 3.3.3　　TTL 非门电路结构与符合

通，在集电极形成较大的电流 i_c。如果三极管 b-e 之间的压降 u_{be} 小于 PN 结的结压降时，三极管截止，集电极 c 的电流 $i_c \approx 0$。

2) 工作原理

（1）当输入信号 $u_i=0$ 时，输入端 A 施加一个低电平，T_1 管 b、e 之间的压降 u_{BE1} 大于 PN 结的结压降，则 T_1 管导通，T_1 管基极电位 u_{B1} 将被钳制在

$$u_{B1}= u_{BE1}+u_i=0.7+0=0.7V$$

由于 T_1 管 b、c 之间也是一个 PN 结，$u_{BC1}=0.7V$，要使 T_2 管导通：$u_{B1}-u_{BC1}-u_{BE2}-u_{BE3}>0V$

实际上：$u_{B1}- u_{BC1}- u_{BE2}- u_{BE3}=0.7-0.7-0.7-07= -1.4V$

故 T_2 管截止。同理，T_3 管也截止。

由于 T_2 管截止，T_3 管也截止。电源 V_{CC} 通过 R_2 向 T_4 提供基极电流，致使 T_4、D 都导通（注意：要使 T_4、D 导通，$u_{B4}=0.7+0.7>1.4V$）。由于 T_3 截止，则输出端 F 电压为

$$u_o = V_{CC}-u_{BE4}-u_D=5V-0.7V-0.7V=3.6V$$

即电路实现了输入为低电平时，输出为高电平的功能(其中忽略了 T_4 基极电流在 R_2 上的压降)。

（2）当输入信号 $u_i=3.6V$ 时，输入端 A 施加一个高电平，T_1 管的发射级电位 $u_{E1}=3.6$ V，基极电位 $u_{B1}=u_{BC1}+u_{BE2}+u_{BE3}=0.7+0.7+0.7 \approx 2.1V$，集电极电位 $u_{C1}= u_{BE2}+ u_{BE3}=0.7+0.7 \approx 1.4V$，$T_1$ 管发射结反向偏置、集电结正向偏置，T_1 管处在倒置状态，发射极与集电极颠倒。这时 T_1 管的基极电流 $i_{B1}=(V_{CC}-u_{B1})/R_1=(5-2.1)/4 \approx 0.725mA$ 通过发射极输入 T_2 管基级。由于 T_2 管的基极 $u_{B2}=u_{BE2}+ u_{BE3}=0.7+0.7 \approx 1.4V$，集电极电位 $u_{C2}=u_{CE2}+ u_{BE3}=0.3+0.7 \approx 1V$，使 T_2 管饱和导通，同时 T_3 也饱和导通，T_2 和 T_3 同时导通。由于 $u_{B4}=u_{C2} \approx 1V$，致使 T_4、D 都截止，则输出端 F 电压为

$$u_o=u_{CE3} \leqslant 0.3V$$

即电路实现了输入为高电平时，输出为低电平。因此，F 和 A 之间为非关系，即

$$F = \overline{A}$$

TTL 非门电路输出端二极管 D 的作用是确保 T_3 管导通时 T_4 管一定截止。

3) 电压传输特性

如果把图 3.3.3 TTL 非门电路输出电压随输入电压的变化用曲线描绘出来，就得到了如图 3.3.4 所示的电压传输特性。

在 AB 段，因为 $u_i < 0.6V$，所以 $u_{B1} < 1.3V$，T_2 和 T_3 截止而 T_4 导通，故输出为高电平，把这一段称为特性曲线的截止区，$u_o = V_{CC}-u_{BE1}-u_D=5-0.7-0.7=3.6V$。

在 BC 段，由于 $u_i > 0.7V$ 但低于 1.3V，所以 T_2 导通而 T_3 依旧截止，这时 T_2 工作在放大区；随着 u_i 的升高，u_{C2} 和 u_o 线性地下降，这一段称为特性曲线的线性区。

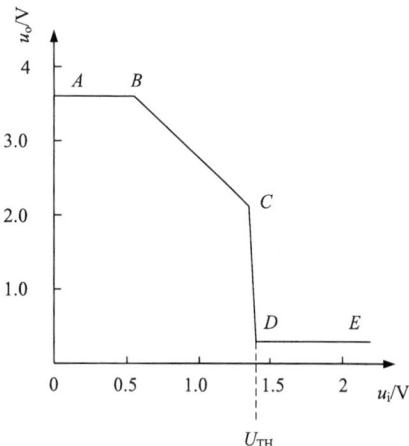

图 3.3.4　TTL 非门电压传输特性

在 CD 段，当输入电压上升到 1.4V 左右时，u_{B1} 约为 2.1V，这时 T_2 和 T_3 将同时导通，

T_4 截止，输出电位急剧地下降为低电平，这一段称为转折区。转折区中点对应的输入电压称为阈值电压或门槛电压，用 U_{TH} 表示，图中 $U_{TH}=1.4V$。

在 *DE* 段，此后 u_i 继续升高时 u_o 不再变化，进入特性曲线的 *DE* 段，*DE* 段称为特性曲线的饱和区，$u_o=0.3V$ 保持不变。

从电压传输特性上可以看到，当输入信号偏离正常的低电平(0.3V)而升高时，输出的高电平并不立刻改变。同样，当输入信号偏离正常的高电平(3.6V)而降低时，输出的低电平也不会马上改变。因此，允许输入的高、低电平信号各有一个波动范围。在保证输出高、低电平基本不变(或者说变化的大小不超过允许限度)的条件下，输入电平的允许波动范围称为输入端噪声容限电压。

为便于实现各种不同的逻辑函数，在门电路的定型产品中除了非门以外，还有与门、或门、与非门、或非门、与或非门和异或门几种常见的类型。尽管它们逻辑功能各异，但输入端、端出端的电路结构形式与反相器基本相同，因此前面所讲的非门的特性对这些门电路同样适用，在这里不再赘述。

2. TTL 与非门

1）电路的组成

TTL 与非门电路是以三极管非门电路为基础的，TTL 与非门电路的输入级 T_1 管采用多发射级晶体管，其他部分门电路结构与非门电路结构基本相同，因此其电气特性也类似。如图 3.3.5 所示。

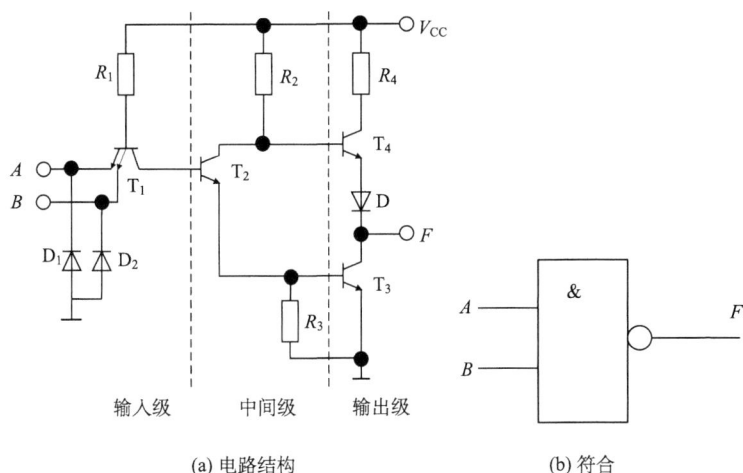

图 3.3.5　TTL 与非门电路结构与符合

TTL 与非门电路由三个部分组成：输入级、中间级和输出级，如图 3.3.5 所示。

输入级：由 T_1 管、电阻 R_1 和保护二极管 D_1、D_2 组成。T_1 管是多发射级晶体管。

中间级：由 T_2 管、电阻 R_2、R_3 组成。T_2 管的集电极输出驱动 T_4，发射级输出驱动 T_3。

输出级：由 T_3、T_4 管和电阻 R_4、二极管 *D* 组成。

设电源电压 $V_{CC}=+5V$，输入信号的高、低电平分别为 高 $u_i=3.6V$，低 $u_i=0V$，三极管 PN 结的结电压为 0.7V，二极管的导通电压为 0.7V。

根据三极管的工作原理,当三极管 b、e 之间的压降 u_{BE} 大于 PN 结的结压降时,三极管导通,在集电极形成较大的电流 i_c。如果三极管 b、e 之间的压降 u_{BE} 小于 PN 结的结压降时,三极管截止,集电极 c 的电流 $i_c \approx 0$。

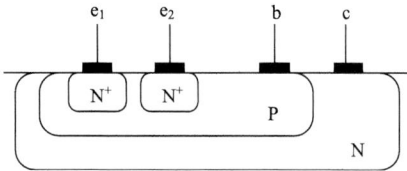

图 3.3.6   NPN 型多发射极三极管结构示意图

极,如图 3.3.6 所示。

多发射极晶体管:多发射极三极管的结构与普通三极管相同,以 NPN 管为例,只是在 P 型基区制作了多个高掺杂的 N 型区,形成了多个发射极,如图 3.3.6 所示。

2) 工作原理

(1) 在图 3.3.5 所示电路的输入级部分,当 A、B 两个输入端同时为低电平或同时为高电平时,其输入级的工作原理与非门电路输入级相同。

(2) 当 A、B 两个输入端中只有一个为低电平时,必有一个发射结处于导通状态,T_1 管 b、e 之间的压降 u_{BE1} 大于 PN 结的结压降,则 T_1 管导通,T_1 管基极电位 u_{B1} 将被钳制在 $u_{B1}=u_{BE1}+u_i=0.7+0=0.7V$,故 T_2 管截止,同理,T_3 管也截止。由于 T_2、T_3 管截止,电源 V_{CC} 通过 R_2 向 T_4 提供基极电流,致使 T_4、D 都导通(注意:要使 T_4、D 导通,$u_{B4}=0.7+0.7>1.4V$)。由于 T_3 截止,则输出端 F 电压为

$$u_o = V_{CC} - u_{BE4} - u_D = 5 - 0.7 - 0.7 = 3.6V$$

其效果与两个输入端同时输入低电平的效果相同。即电路实现了输入端只要有一个为低电平时,输出为高电平的功能(其中忽略了 T_4 基极电流在 R_2 上的压降)。

(3) 当 A、B 两个输入端同时为高电平时,T_1 管的基极电位 $u_{B1}=u_{BC1}+u_{BE2}+u_{BE3}=0.7+0.7+0.7 \approx 2.1V$,集电极电位 $u_{C1}=u_{BE2}+u_{BE3}=0.7+0.7 \approx 1.4V$,$T_1$ 管发射结反向偏置、集电结正向偏置,T_1 管处在倒置状态,发射极与集电极颠倒。这时 T_1 管的基极电流通过发射级输入 T_2 管基极。由于 T_2 管的基极 $u_{B2}=u_{BE2}+u_{BE3}=0.7+0.7 \approx 1.4V$,集电极电位 $u_{C2}=u_{CE2}+u_{BE3}=0.3+0.7 \approx 1V$,使 T_2 管饱和导通,同时 T_3 也饱和导通,T_2 和 T_3 同时导通。由于 $u_{B4}=u_{C2} \approx 1V$,致使 T_4、D 都截止,则输出端 F 电压为低电平:

$$u_o = u_{CE3} \leqslant 0.3V$$

即电路实现了两个输入端同时为高电平时,输出为低电平的功能。

整理结果可得如表 3.3.1 所示真值表。

表 3.3.1   TTL 与非门真值表

A	B	F
0	0	1
0	1	1
1	0	1
1	1	0

由真值表表 3.3.1 可得

$$F = \overline{A \cdot B}$$

3.　TTL 或非门

1）电路的组成

TTL 或非门电路由三个部分组成：输入级、中间级和输出级，如图 3.3.7 所示。

输入级：由 T_1、T'_1 管、电阻 R_1、R'_1 和保护二极管 D_1、D'_1 组成。

中间级：由 T_2、T'_2 管、电阻 R_2、R_3 组成。T_2、T'_2 管的集电极输出驱动 T_4，T_4 发射极输出驱动 T_3。

输出级：由 T_3、T_4 管和电阻 R_4、二极管 D 组成输出级。

设电源电压 V_{CC}=+5V，输入信号的高、低电平分别为 u_i=3.6V，低 u_i=0V，三极管 PN 结的结电压为 0.7V，二极管的导通电压为 0.7V。

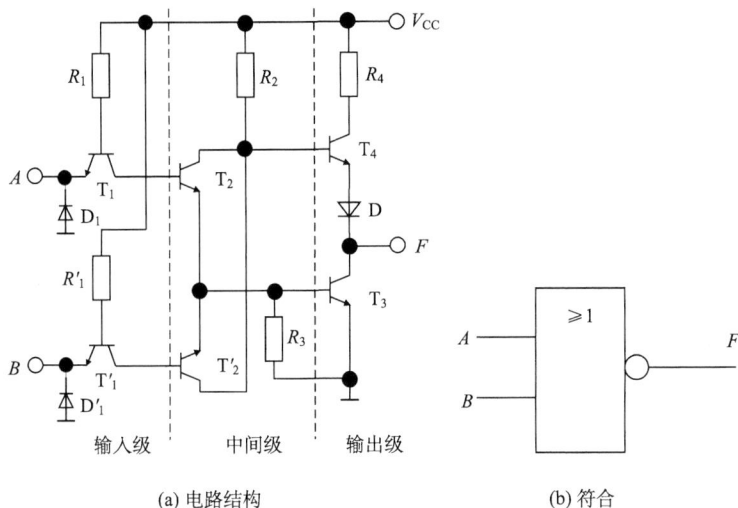

(a) 电路结构　　　　　　　　　　(b) 符合

图 3.3.7　TTL 或非门电路结构与符合

2）工作原理

当输入 A、B 中只要有一个为高电平，如 A=1，B=0，那么 T_1 处在倒置状态，T'_1 管处在导通状态，得 T'_2 管截止，T_2、T_3 管饱和导通，T_4、D 截止，输出为低电平，即 F=0。

当输入 A 和 B 都为低电平，T_2、T'_2 管均截止，T_3 也截止，T_4、D 导通，输出为高电平，即 F=1。

整理结果可得如表 3.3.2 所示真值表

表 3.3.2　TTL 或非门真值表

A	B	F
0	0	1
0	1	0
1	0	0
1	1	0

由真值表表 3.3.2 可得

$$F = \overline{\overline{A} + B}$$

4. TTL 与门、或门及与或非

在 TTL 与非门的中间级，再加一个反相电路，便可得到与门；在 TTL 或非门的中间级，再加一个反相电路，便可得到或门；在 TTL 或非门的电路中，将 T_1、T_1' 管换成多发射极三极管，便可得到与或非门。

5. TTL 门电路结构特点

1) 输入级结构特点

(1) 输入端短路电流。对图 3.3.8 TTL 非门电路的分析可知，当在输入端 A 施加低电平时，可使 T_1 管导通，T_1 管输入端的发射极有电流流出，如图 3.3.8 所示，该电流称为输入短路电流，表示为 I_{IL}。其值较大，为

$$I_{IL} = -\frac{V_{CC} - u_{BE1} - u_{iIL}}{R_1}$$

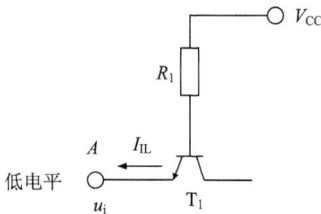

图 3.3.8 输入短路电流

(2) 输入端漏电流。当在输入端 A 施加高电平时，可使 T_1 管截止，T_1 管输入端的 e、c 之间有反向饱和电流，电流是流入输入端的，电流的方向如图 3.3.9 所示。该电流称为高电平输入电流，又称为漏电流，表示为 I_{IH}，其值很小。

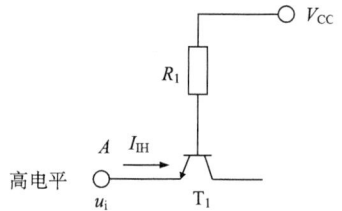

图 3.3.9 高电平输入电流

2) 输出级结构特点

在输出端，TTL 门电路的输出级中 T_3、T_4 管构成了推拉式的电路结构，如图 3.3.10 所示。图中的两个三极管的导通和截止来实现低电平和高电平的输出。当 T_3 管截止、T_4 管导通时，输出高电平；当 T_3 管导通、T_4 管截止时，输出低电平。门电路的输出端电流方向随输出电平的高低而变化。

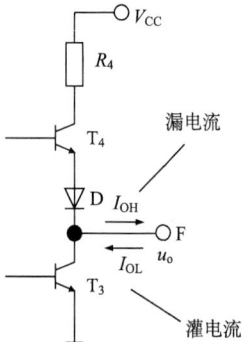

图 3.3.10 TTL 非门电路的输出级

(1) 输出端漏电流：当输出高电平时，形成流出输出端的电流，称为输出漏电流，表示为 I_{OH}。它反映了 TTL 门电路驱动负载的能力。

(2) 输出端灌电流：当输出低电平时，形成流入输出端的电流，称为输出灌电流，表示为 I_{OL}。它反映了门电路输出端承受电流的能力。

(3) 推拉式输出结构由于 T_3、T_4 管总有一个截止，因此可以降低静态功耗，输出电阻很低的优点。二极管 D 的作用是确保 T_3 管导通时 T_4 管一定截止。

(4) 推拉式输出结构的缺点是，两个门电路的输出端不能并联在一起。如图 3.3.11 所示，当两个门电路的输出端接在一起时，如果一个门电路输出高电平，而另一个门电路输出低电

平，必然形成很大的负载电流流过两个门电路的输出端，可能烧坏电路。

从前面的分析可以看到，由于电源电压、电阻和三极管、二极管的参数是固定的，输出端的电平和驱动能力是固定的，不便于不同电平标准的集成电路之间的连接，电路的驱动能力也受到限制。当多个 TTL 门电路进行连接时，一定要注意前一级电路的输出端是否能承受后一级输入端的输入短路电流，因为在低电平时，后一级将向前一级灌入较高的 I_{IL} 电流。为了解决数字集成电路并联连接以及驱动能力等问题，可以使用集电极开路或三态输出的门电路。

3.3.3　TTL 门电路的开路输出结构 OC 门

推拉式输出电路结构在使用时有一定的局限性，两个门电路的输出端不能并联在一起。其次，在采用推拉式输出级的门电路中，只要电源确定(通常规定工作在+5V)，输出的高电平也就固定了，因而无法满足对不同输出高低电平的需要。此外，推拉式电路结构也不能满足驱动较大电流、较高电压的负载的要求。

为了克服上述局限性，在数字逻辑电路中特别设计了一种用三极管集电极作为输出端的数字电路，称集电极开路的门电路(Open Collector Gate，OC)，如图 3.3.12 所示。三极管的集电极只是一个输出端，没有通过任何元件与器件所使

图 3.3.11　两个门电路输出端并联

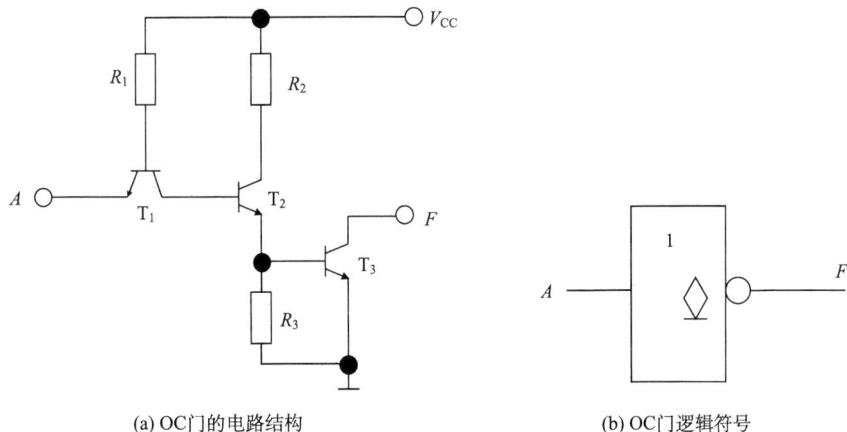

用的电源相连接。这种门电路在使用时 T_3 管的集电极需要外接电阻 R_P 和电源 V_{DD}，如图 3.3.13 所示。这样在使用时，输出端的三极管集电极可以连接到其他的电源上，从而达到不同电源电压匹配的目的。通过对负载电阻的设计，可以满足输出电平和驱动电流的要求。并且，集电极开路的门电路可以实现并联，如图 3.3.14(a)(b)所示。只要电阻的阻值和电源电压的数值选择得当，就能够保证输出的高、低电平符合要求，输出端三极管的负载电流又不过大。

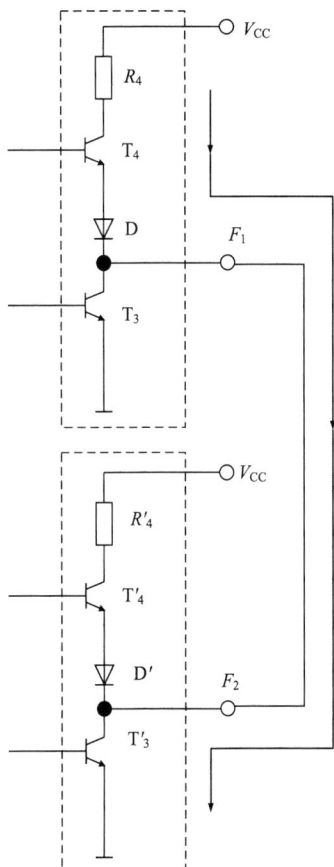

(a) OC门的电路结构　　　　　　　　　　　(b) OC门逻辑符号

图 3.3.12　OC 门的电路结构及逻辑符号

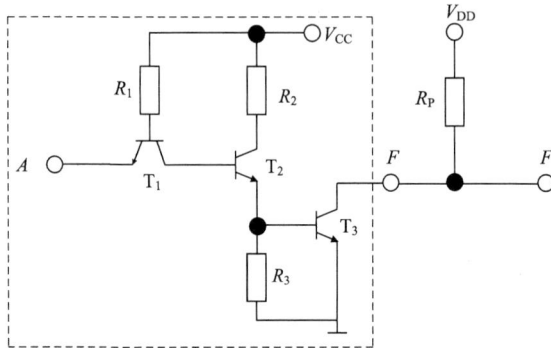

图 3.3.13　外接电阻 R_P 和电源 V_{CC}

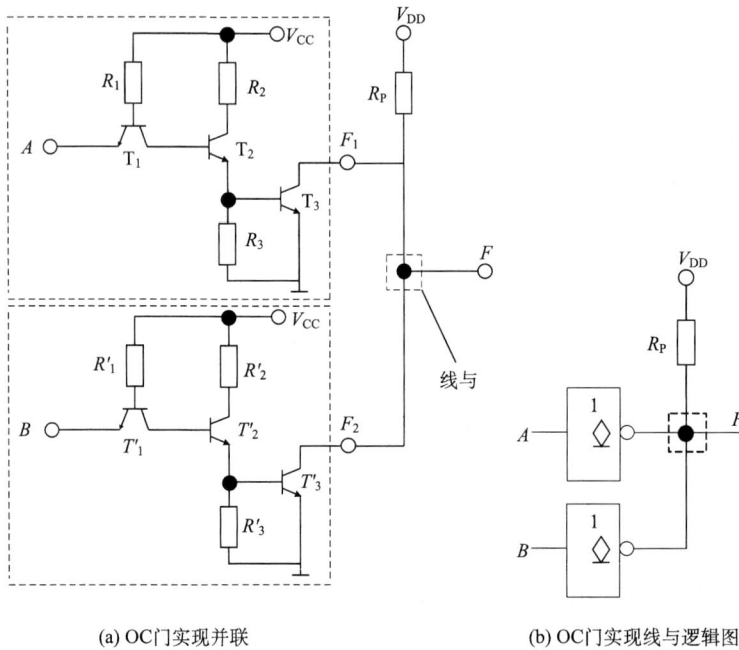

(a) OC门实现并联　　　　　　　　　　　(b) OC门实现线与逻辑图

图 3.3.14　OC 门实现并联逻辑

从图 3.3.14 可看出：

当 A、B 同时为低电平，T_3、T'_3 管均截止，则 F_1、F_2 输出由于 T_3、T'_3 管 c、e 之间不通而与地之间形成高阻，使得 F 输出由电源确定为高电平；

当 A 为低电平、B 为高电平时，T'_3 管导通，T_3 管截止，则 F_2 输出为低电平，而 F_1 由于 T_3 管 c、e 之间不通而与地之间形成高阻，使得 F 输出由 F_2 确定为低电平；

当 A 为高电平、B 为低电平时，T_3 管导通，T'_3 管截止，则 F_1 输出为低电平，而 F_2 由于 T'_3 管 c、e 之间不通而与地之间形成高阻，使得 F 输出由 F_1 确定为低电平；

当 A、B 同时为高电平时，T_3 和 T'_3 均导通，F_1 和 F_2 输出为低电平，则 F 输出也为低电平。以上分析结果如表 3.3.3 所示。

表 3.3.3 集电极开路非门电路并联的电平表

A	B	F_1	F_2	F
低	低	高阻	高阻	高
低	高	高阻	低	低
高	低	低	高阻	低
高	高	低	低	低

由此可见，F_1、F_2 与 F 的关系正好是与逻辑关系。这说明，集电极开路的门电路可以直接并联，且参与并联的门电路之间存在与逻辑关系。这种并联方式称为"线与"。

$$F = \overline{A} \cdot \overline{B}$$

如果要改变输出电平的标准，可以通过外接不同的电源来实现。只要选择相应的 V_{DD} 就可以得到不同的输出高电平，将 $0{-}V_{CC}$ 的输入信号转换成了 $V_{DD}{-}0$ 的输出信号。另外，要改变电路的输出驱动电流，可以适当地设计 R_P 的值。下面简要地介绍一下 OC 门外接负载电阻 R_P 的计算方法。

当所有 OC 门同时截止时，输出为高电平。为保证高电平不低于规定的 U_{OH} 值，显然 R_P 不能选得过大。据此便可列出计算 R_P 最大值的公式：

$$R_{P(\max)} = \frac{V_{DD} - U_{OH}}{n I_{OH} + m I_{IH}} \tag{3.3.1}$$

式中，V_{DD} 是外接电源电压，I_{OH} 是每个 OC 门输出三极管截止时的漏电流，I_{IH} 是负载门每个输入端的高电平输入电流。图 3.3.15(a) 中标出了此时各个电流的实际流向。在电路中，假定有 n 个 OC 门的输出端并联使用，负载是 m 个 TTL 与非门的输入端。

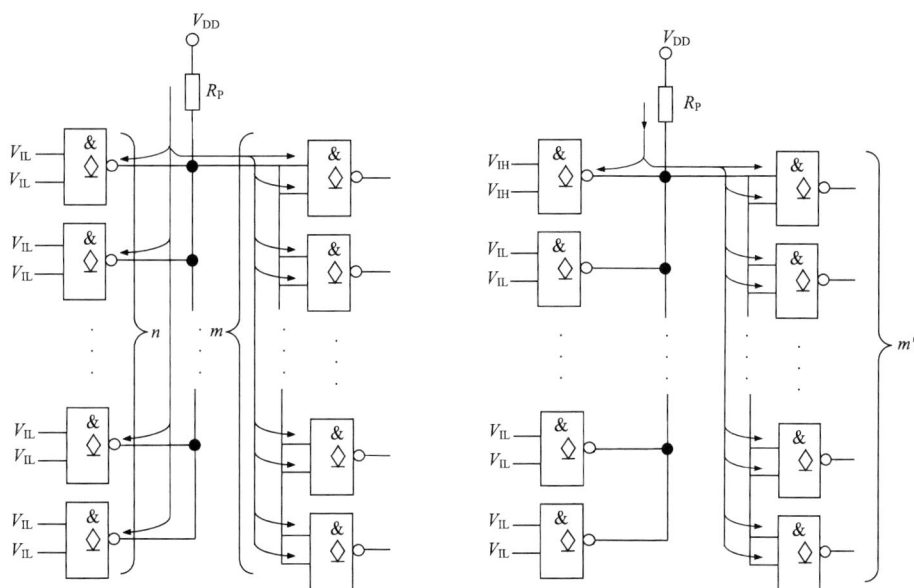

(a) 计算 R_P 最大值的工作状态   (b) 计算 R_P 最小值的工作状态

图 3.3.15 计算 OC 门负载电阻 R_P 电路

当 OC 门中只有一个导通时，电流的实际流向如图 3.3.15 所示。因为这时负载电流全部都流入导通的那个 OC 门，所以 R_P 值不可太小，以确保流入导通 OC 门的电流不至超过最大允许的负载电流 I_{LM}。由此得到计算 R_P 最小值的公式为

$$R_{P(min)} = \frac{V_{DD} - U_{OL}}{I_{LM} - m'I_{IL}} \tag{3.3.2}$$

式中，U_{OL} 是规定的输出低电平，m' 是负载门的数目，I_{IL} 是每个负载门的低电平输入电流的绝对值(如果负载门为或非门，则 m' 应为输入端数)。

最后选定的 R_P 值应介于式(3.3.1)和式(3.3.2)所规定的最大值与最小值之间。除了与非门和反相器以外，与门、或门、或非门等都可以做成集电极开路的输出结构，而且外接负载电阻的计算方法也相同。

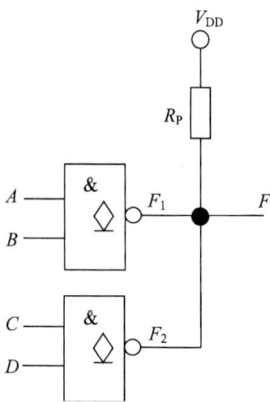
图 3.3.16　OC 门电路

例 3.3.1　逻辑电路如图 3.3.16 所示。写出该电路的逻辑表达式。

解　图 3.3.16 是将两个 OC 结构与非门输出并联。由图可知，两个与非门的输出分别为 $F_1 = \overline{AB}$、$F_2 = \overline{CD}$。现将 F_1、F_2 两条输出线直接接在一起，因而只要 F_1、F_2 有一个是低电平，F 就是低电平。只要 F_1、F_2 同时为高电平时，F 才是高电平，即 $F = F_1 \cdot F_2$。F 和 F_1、F_2 之间的连接方式是"线与"。

得逻辑表达式

$$F = F_1 \cdot F_2 = \overline{AB} \cdot \overline{CD} = \overline{AB + CD}$$

3.3.4　TTL 门电路的三态输出门电路

三态输出门电路(Three-State Output Gate，TS 门)是在普通门电路的基础上附加控制电路而构成的。这样电路的输出端就有三种可能出现的状态：高阻、高电平、低电平，故将这种门电路叫做三态输出门。前面所介绍的门电路的输出状态只有两种：高电平状态和低电平状态。但在有些情况下，需要第三种状态，即不连接状态，在控制信号的作用下，使门电路输出端与外界信号的连接断开。这种不连接状态在电路上可利用三极管截止时 c、e 之间呈高电阻状态来实现。由于数字逻辑系统中只有 0 和 1 两种状态，所以把这种处于高阻状态(既不是 0 也不是 1 的状态)叫做"三态"。

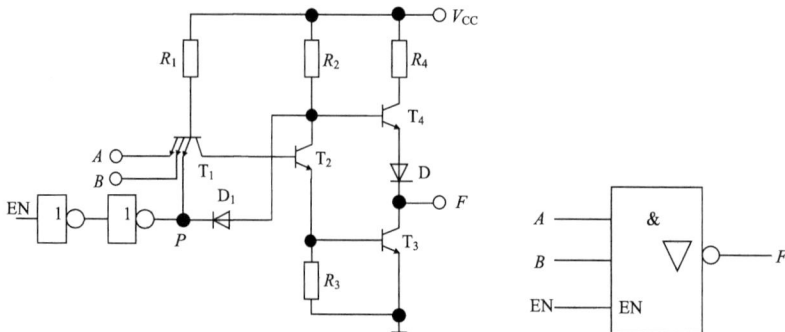

(a) 三态与非门电路结构　　　　　　(b) 三态与非门逻辑符号

图 3.3.17　控制高电平有效三态门及逻辑符号

图 3.3.17 给出了控制端采用高电平的三态门电路及逻辑符号。图中，电路的控制端 EN 为高电平（EN=1）时，P 点为高电平，二极管 D 截止，电路的工作状态和普通的与非门没有区别，即 $F = \overline{AB}$，F 可能是高电平也可能是低电平，视 A、B 的状态而定。而当控制端 EN 为低电平时（EN＝0），P 点为低电平，T_3 截止。同时，二极管 D 导通，T_4 的基极电位被钳在 0.7V，使 T_4 截止。由于 T_4、T_3 同时截止，所以输出端呈高阻状态。这样图 3.3.17 输出端就有三种可能出现的状态：高阻、高电平、低电平，故将这种门电路叫做三态输出门。因为图 3.3.17 电路在 EN＝1 时为正常的与非工作状态，所以称电路控制端高电平有效。

而在图 3.3.18 电路中，$\overline{EN}=0$ 时，$F = \overline{AB}$；$\overline{EN}=1$ 时，输出端呈高阻状态。故称这个电路为控制端低电平有效。

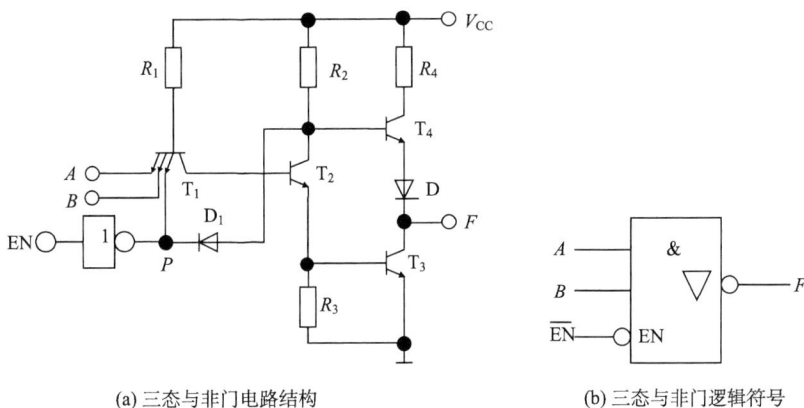

(a) 三态与非门电路结构　　　　　　　　　　(b) 三态与非门逻辑符号

图 3.3.18　控制低电平有效三态门及逻辑符号

三态门逻辑符号中，控制端有个小圆圈，表示低电平时三态门处于工作状态；控制端没有小圆圈，表示高电平时三态门处于工作状态，使用时应加以注意。

在一些复杂的数字系统(如微型计算机)中，为了减少各个单元电路之间连线的数目，希望能在同一条导线上分时传递若干个路的输出信号。这时可采用图 3.3.19 所示的连接方式。图中各个门电路均为三态与非门。只要在工作时控制各个门的 $\overline{EN}$ 端轮流等于低电平 0，而且任何时候仅有一个等于 0，就可以把各个门的输出信号轮流送到公共的传输线——总线上而互不干扰。这种连接方式称为总线结构。

另外，三态输出的电路也可以用于数据的输入输出（双向数据线），如图 3.3.20 所示。当 EN 为低电平时，数据 $\overline{AB}$ 输出到数据总线上。当 EN 为高电平时，数据总线上的数据取反后得到 D_1。

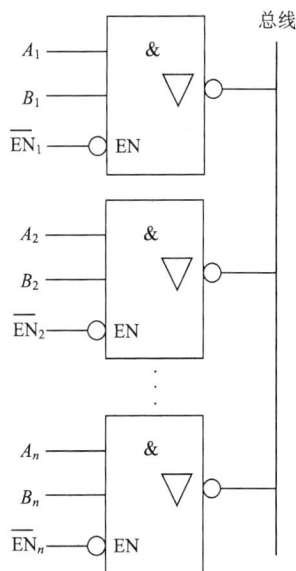

图 3.3.19　三态非门电路用于总线连接

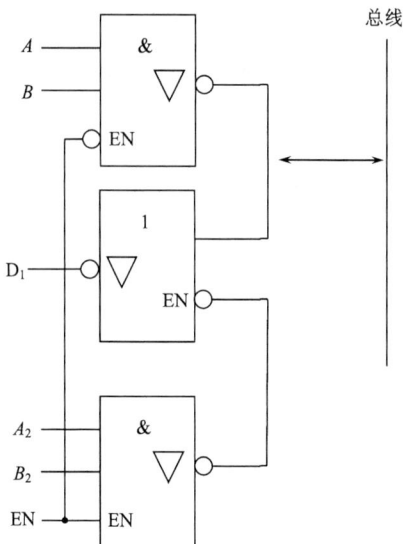

图 3.3.20   三态非门电路用于双向数据传递

例 3.3.2   二态门组成的电路如图 3.3.21 所示。(1)写出电路输出端 F 的逻辑函数表达式；(2)对应输入变量 A、B、C 的波形画出 F 的波形。

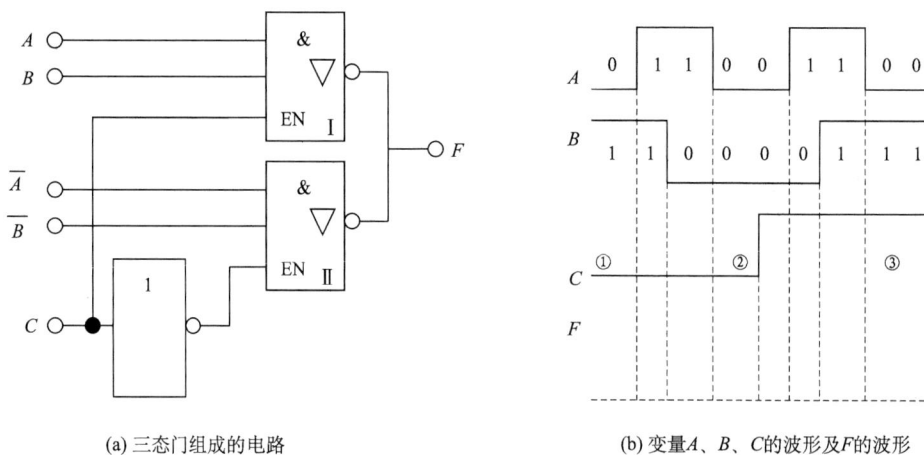

(a) 三态门组成的电路   (b) 变量 A、B、C 的波形及 F 的波形

图 3.3.21   例 3.3.2 图

解   三态与非门 I、II 的控制端 EN 都是高电平有效工作。

(1) 当 C=0 时，三态与非门 II 工作，三态与非门 I 高阻。输出逻辑函数为

$$F = \overline{\overline{\overline{AB}}} = A + B$$

当 C=1 时，三态与非门 I 工作，三态与非门 II 高阻。输出逻辑函数为

$$F = \overline{AB} = \overline{A} + \overline{B}$$

(2) 画出 F 的波形。三态与非门控制端的信号波形有 2 段。

第 1 个段①到②，这时的控制端的信号波形 $C=0$，输出逻辑函数为 $F=\overline{\overline{AB}}=A+B$，$F$ 的波形是 A 波形与 B 波形相"或"逻辑关系的波形，如图 3.3.22 所示。

第 2 个段②到③，这时的控制端的信号波形 $C=1$，输出逻辑函数为 $F=\overline{AB}=\bar{A}+\bar{B}$，$F$ 的波形是 $\bar{A}+\bar{B}$ 逻辑关系波形，如图 3.3.22 所示。

3.3.5 TTL 门电路的改进

随着电子技术的发展，为了满足人们对提高 TTL 门电路工作速度和降低功耗的要求，对基本的 TTL 门电路结构作了进一步改进，例如，在电路输出级采用达林顿结构，使用抗饱和三极管

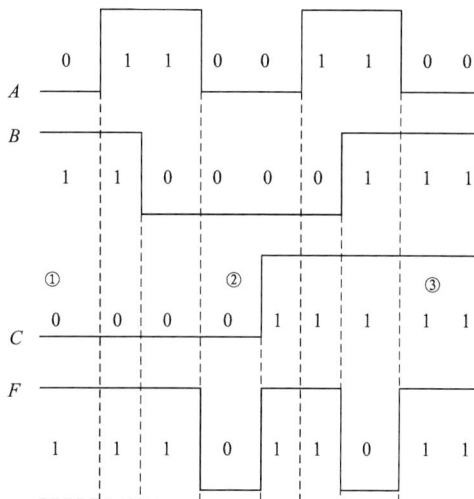

图 3.3.22 F 的波形

(肖特基三极管)、输入级使用二极管等，以便于减少信号的传输延迟、降低功耗。

1. 采用达林顿结构

用达林顿结构的电路代替普通 TTL 门电路中的 T_4 管，如图 3.3.23 所示，可以减小门电路输出高电平时的输出电阻，提高对负载电容的充电时间，从而提高电路的开关速度，减小传输延迟时间。

2. 采用抗饱和三极管

抗饱和三极管也称为肖特基三极管，由普通的三极管和肖特基势垒二极管组成，如图 3.3.24 所示。

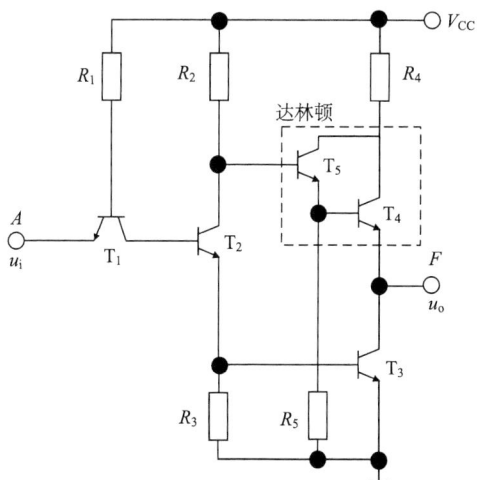

图 3.3.23 达林顿结构及其在 TTL 非门电路中的应用

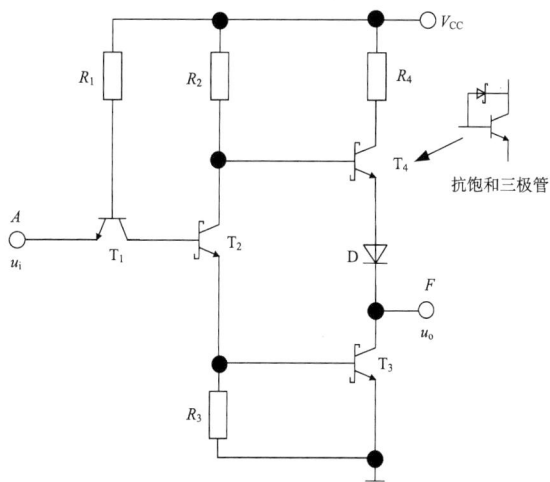

图 3.3.24 抗饱和三极管结构及其在 TTL 非门电路中的应用

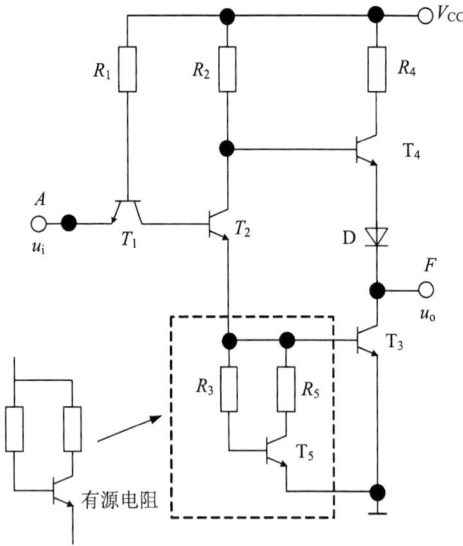

图 3.3.25　有源电阻及其在 TTL
非门电路中的应用

肖特基势垒二极管(Sckottky Barrier Diode，SBD)由金属和半导体材料接触而制成，与普通的 PN 结不同。由于肖特基势垒二极管的导通电压较低(0.3V 左右)，如果三极管 b、c 之间有正向偏置电压，肖特基势垒二极管首先导通，将 b、c 之间电压箝在 0.3V 左右，可以分流一部分流向基极的电流，从而有效防止三极管进入深度饱和状态，提高电路的开关转换速度。

3. 采用有源电阻

有源电阻是指用三极管电路作为电阻使用，如图 3.3.25 所示。用有源电阻代替普通 TTL 门电路中的 R_3，为 T_3 管提供了一个有源泄放回路，如图 3.3.25 所示。

当 T_2 管由截止转为导通的时刻，T_3 管抢先于 T_5 管而先导通，使 T_2 管的发射极电流全部流入 T_3 管的基极，加速 T_3 管的导通。当稳定下来后，由于 T_5 管的导通，将 T_2 管发射极电流分流一部分，减少了 T_3 管的基极电流，减轻了 T_3 管的深饱和程度，有利于 T_3 管由导通状态快速转换到截止状态。当 T_2 管由导通转为截止的时刻，T_3、T_5 管仍在导通状态，为 T_3 管提供了一个内部泄放回路，加速 T_3 管的截止。

4. 用抗饱和二极管代替多发射极三极管

由于抗饱和二极管没有电荷存储效应，用抗饱和二极管代替输入级的多发射极三极管后，可以提高工作速度，如图 3.3.26 所示。

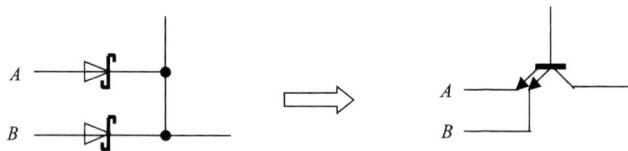

图 3.3.26　用抗饱和二极管代替 TTL 与非门电路中的多发射极三极管

3.3.6　TTL 门电路的主要电气指标

制造 TTL 门电路的厂家，通常都要为用户提供各种逻辑器件的数据手册，现将主要电气指标做如下介绍。

1. 电压参数及抗干扰能力

$U_{OH(min)}$：输出高电平下限。输出电平 $u_o \geqslant U_{OH(min)}$，才认为输出为高电平
$U_{OL(max)}$：输出低电平上限。输出电平 $u_o \leqslant U_{OL(max)}$，才认为输出为低电平。

$U_{\text{IH(min)}}$：输入高电平下限。输入电平 $u_i \geqslant U_{\text{IH(min)}}$，才认为输入为高电平。

$U_{\text{IL(max)}}$：输入低电平上限。输入电平 $u_i \leqslant U_{\text{IL(max)}}$，才认为输入为低电平。

用这四个参数分别区分输入 0 和 1 和输出端 0 和 1 四个不同的状态，如图 3.3.27 所示。

二值(0、1)数字逻辑电路的优点在于它的输入信号允许一定的容差。将数字电路连接成系统时，前级的输出就是后级的输入，在不影响输出逻辑状态的情况下，输入电平允许的变化范围称为噪声容限(噪声容限：在前一极输出为最坏的情况下，为保证后一极正常工作，所允许前一极输出的最大噪声幅度)，如图 3.3.27 所示。

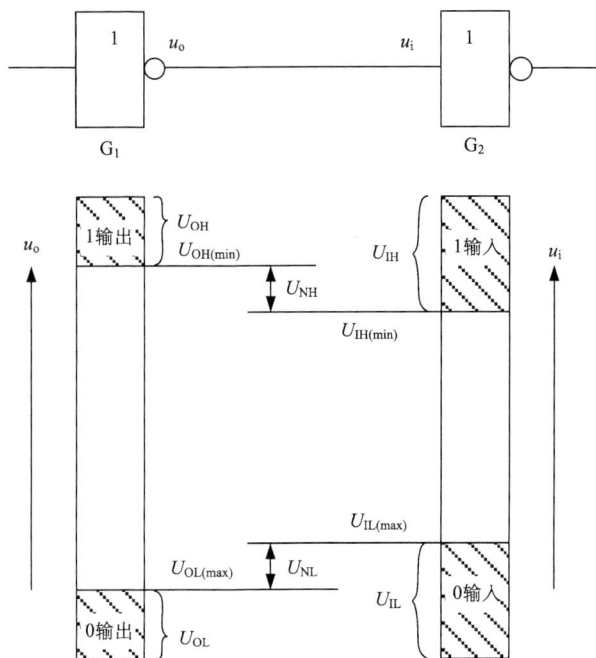

图 3.3.27　输入端噪声容限图解

图 3.3.27 所示，是噪声容限定义示意图。

高电平噪声容限：

$$U_{\text{NH}} = U_{\text{OH(min)}} - U_{\text{IH(min)}} = 2.4 - 2 = 0.4\,\text{V} \tag{3.3.3}$$

G_1 的输出电压 u_o 是 G_2 的输入电压 u_i。G_2 输入高电平信号的最小值，就是 G_1 输出高电平信号的最小值，高电平噪声容限为式(3.3.3)。

低电平噪声容限：

$$U_{\text{NL}} = U_{\text{IL(max)}} - U_{\text{OL(max)}} = 0.8 - 0.4 = 0.4\,\text{V} \tag{3.3.4}$$

G_2 输入低电平信号的最大值，就是 G_1 输出低电平信号的最大值，低电平噪声容限为式(3.3.4)。

噪声容限：

$$U_{\text{N}} = \min\{U_{\text{NH}}, U_{\text{NL}}\} \tag{3.3.5}$$

噪声容限反映了电路的抗干扰能力。表 3.3.4 给出了各种系列门电路的参数。表 3.3.4 中，

74 系列门电路的标准参数为 $U_{OH(min)}=2.4V$，$U_{OL(max)}=0.4V$，$U_{IH(min)}=2.0V$，$U_{IL(max)}=0.8V$，故可求出高电平噪声容限 $U_{NH}=2.4-2=0.4V$，低电平噪声容限 $U_{NL}=0.8-0.4=0.4V$。

表 3.3.4　各种系列门电路的性能比较

系　列　　参　数	TTL				CMOS		ECL	
	74	74LS	74AS	74ALS	74HC	74HCT	10K	100K
V_{CC} / V	5	5	5	5	5	5	−5.2	−4.5
$U_{IH(min)}$ / V	2.0	2.0	2.0	2.0	3.5	2.0	−1.2	−1.2
$U_{IL(max)}$ / V	0.8	0.8	0.8	0.8	1.0	0.8	−1.4	−1.4
$U_{OH(min)}$ / V	2.4	2.7	2.7	2.7	4.9	4.9	−0.9	−0.9
$U_{OL(max)}$ / V	0.4	0.5	0.5	0.5	0.1	0.1	−1.7	−1.7
$I_{1H(max)}$ / μA	40	20	200	20	0.1	0.1	500	500
$I_{IL(max)}$ / mA	−1.0	−0.4	−2.0	−0.2	$−0.1 \times 10^{-3}$	$−0.1 \times 10^{-3}$	−0.5	−0.5
$I_{OH(max)}$ / mA	0.4	0.4	2	0.4	4	4	−50	−50
$I_{OL(max)}$ / mA	−16	−8	−20	−8	−4	−4	50	50
t_{pd} / ns	10	8	1.5	2.5	10	13	2	0.75
P(功耗/门)/mW	10	4	20	2	5×10^{-3}	1×10^{-3}	25	40

2. 电流参数及扇入扇出系数

$I_{OH(max)}$：输出高电平时可能输出的最大电流。方向由输出端流出。

$I_{OL(max)}$：输出低电平时可能注入的最大电流。方向由输出端流入。

$I_{IH(max)}$：输入高电平时可能流入输入端的最大电流。

$I_{IL(max)}$：输入低电平时可能流出输入端的最大电流。

电流方向如图 3.3.28、图 3.3.29 所示。

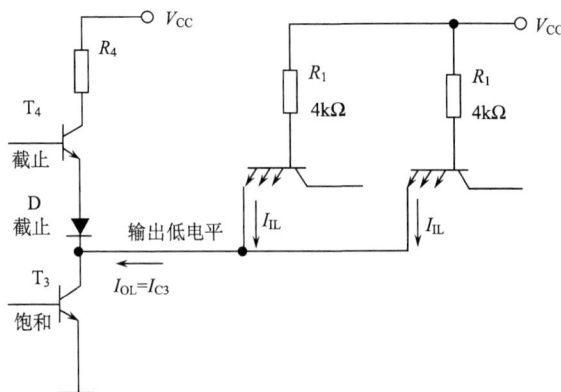

图 3.3.28　带灌电流的负载

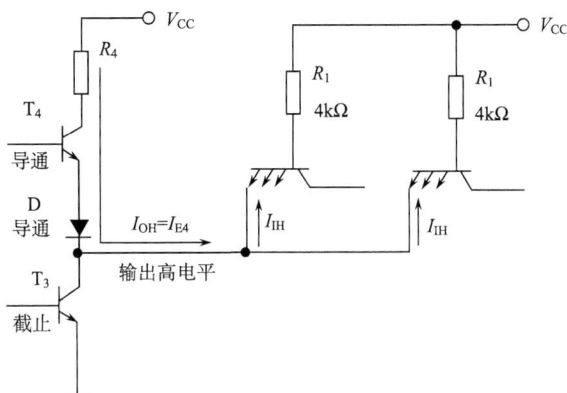

图 3.3.29 带拉电流的负载

1）扇入系数

TTL 门电路的扇入系数 N_i 取决于它的输入端的个数，例如，一个 3 输入端的与非门，其扇入系数 $N_i = 3$。

2）扇出系数

扇出系数则稍复杂。在将数字电路构成系统时，后级是前级的负载，称前级可驱动同类后级输入端的个数为扇出系数。扇出系数反映了电路的驱动能力。现以 TTL 门电路带同类门作为负载时来讨论。这时有两种情况，如下所示。

一种是前级驱动门的输出为低电平，后级负载电流流入驱动门，称为灌电流负载，如图 3.3.28 所示，此时所能驱动同类门的个数为低电平扇出系数：

$$N_{OL} = \frac{I_{OL((max)}}{I_{IL(max)}} \tag{3.3.6}$$

另一种是前级驱动门的输出为高电平，负载电流从驱动门流出，称为拉电流负载，如图 3.3.29 所示，此时所能驱动同类门的个数为高电平扇出系数：

$$N_{OH} = \frac{I_{OH(max)}}{I_{IH(max)}} \tag{3.3.7}$$

通常，输出低电平电流大于输出高电平电流，因此，在实际的工程设计中，扇出系数常取二者中的最小值 $N_O = \min\{N_{OL}, N_{OH}\}$。

TTL 门电路使用中还要注意，输入端悬空等效为输入高电平。为避免干扰，不使用的输入端应根据逻辑功能的要求接低电平或高电平。

3. 平均传输延迟时间

如图 3.3.30 所示，当输入非门的波形为 u_i 时，其输出波形 u_o 不仅比输入波形滞后，而且上升沿、下降沿变缓。若输入电压的幅值用 U_{IM} 表示，输出电压的幅值用 U_{OM} 表示，由图中看出，t_{PHL} 为输入电压升至 $0.5U_{IM}$ 到输出电压

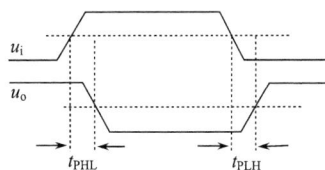

图 3.3.30 TTL 门电路的传输时间

下降到 $0.5U_{OM}$ 所需的时间，称为输出由高电平到低电平的传输延迟时间；t_{PLH} 为输出由低电平到高电平的传输延迟时间，平均延迟时间：

$$t_{pd} = \frac{t_{PHL} + t_{PLH}}{2} \tag{3.3.8}$$

它的大小决定了电路的工作速度。在逻辑设计过程中,通常要对电路可能具有的最大传输延迟时间进行估算,以选择满足运算速度要求的电路结构和器件。

3.4　CMOS 门电路

3.4.1　场效应管的开关特性

1. MOS 管的开关特性

场效应管(MOS 管)与三极管功能相似,也是一种具有电流放大功能的器件,但与三极管不同的是,场效应管是一种电压控制电路的器件,栅源之间的电压控制了漏源之间的电流。图 3.4.1 是共源极场效应管电路及输出特性曲线。

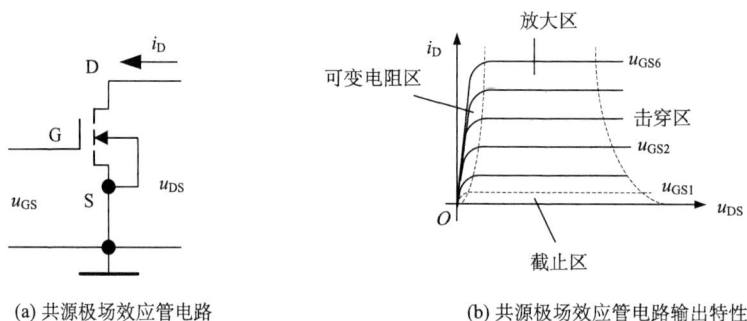

(a) 共源极场效应管电路　　　　　　　(b) 共源极场效应管电路输出特性

图 3.4.1　共源极场效应管电路及其输出特性

从图 3.4.1 可以看出,场效应的输出特性曲线可以分为 4 个区域:可变电阻区、截止区、放大区和击穿区。

在可变电阻区内,当 u_{GS} 一定时,i_D 和 u_{DS} 的比值近似为一个常数。在 u_{GS} 很高时,当 u_{DS} 接近 0V 时,场效应管进入可变电阻状态,此时尽管电流 i_D 的变化可以很大,但 u_{DS} 的变化却很小。场效应管相当于被接通的开关,这时的导通内阻很低,在 1kΩ 以下。

在放大区内,电流 i_D 的大小基本由 u_{GS} 决定。

在截止区内,由于 u_{GS} 很小,低于管子的基本开启电压 $u_{GS(th)}$,因而没有输出电流,i_D 接近 0,失去电流放大作用,场效应管截止,场效应管处于关断状态,相当于开关断开,这时的截止内阻很高,可达 $10^8 \sim 10^9 \Omega$。

击穿区则是由于 u_{DS} 过大引起 d、s 两极之间击穿,电流 i_D 迅速增加,这表示场效应管已经损坏。

场效应管的开关特性正是利用了场效应管的截止与可变电阻特性。

从场效应管的输出特性曲线可以看出,场效应管从导通状态进入截止状态、从截止状态进入导通状态都要经过放大区,场效应管的开关也有一定的过渡时间,如图 3.4.2 所示。t_1 为场效应管由截止转向导通的延迟时间,t_2 为场效应管由导通转向截止的延迟时间。

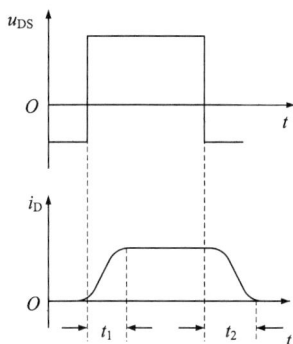

图 3.4.2　场效应管的开关特性

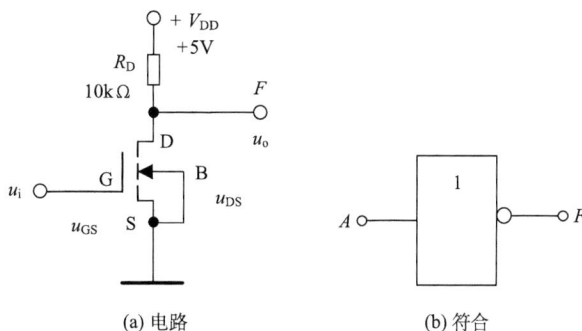

图 3.4.3　MOS 管非门电路组成和符合

2. MOS 三极管非门

1）MOS 管非门电路组成和符合

图 3.4.3 是 N 沟道增强型 MOS 管非门电路和符合。u_i 是输入电压，高电平为 5V，低电平为 0V；V_{DD} 是电源电压，u_o 是输出电压。

2）工作原理

当输入信号电压 $u_i=0V$ 时，由于 $u_{GS}=0V$ 小于 MOS 管开启电压 $u_{GS(th)}$，所以 MOS 管是截止的，输出信号电压为

$$u_o=V_{DD}=5V$$

当输入信号电压 $u_i=5V$ 时，由于 $u_{GS}=5V$ 大于 MOS 管开启电压 $u_{GS(th)}$，所以 MOS 管是导通，工作在可变电阻区，导通电阻很小，只有几百欧，输出信号电压为

$$u_O = \frac{V_{DD}}{R_{DS} + R_D} \cdot R_{DS} \approx 0\,V$$

总结以上分析，可得 MOS 管非门电路功能表 3.4.1 和真值表 3.4.2。

表 3.4.1　MOS 管非门电路功能表

u_i/V	u_o/V
0	5
5	0

表 3.4.2　MOS 管非门电路真值表

A	F
0	1
1	0

3.4.2　CMOS 门电路

CMOS 门电路是继 TTL 门电路之后发展起来的数字集成电路，随着 CMOS 制造工艺的改进，其功耗低、抗干扰型强、制作成本低等优点逐渐显露出来，目前已成为主流的数字集成电路器件，大多数的 PLD、存储器等器件都采用 CMOS 制造。

下面首先讨论 CMOS 反相器、CMOS 与非门和 CMOS 或非门电路，然后介绍其他 CMOS 逻辑门电路。

1. CMOS 反相器

1) 电路结构及工作原理

CMOS 电路结构是用 P 沟道增强型 MOS 管 T_P 和 N 沟道增强型 MOS 管 T_N，按照互补对称形式连接起来的。如图 3.4.4 所示。栅极 G_1、G_2 连接起来作为信号输入端，漏极 D_1、D_2 连接起来作为信号输出端，T_N 管的源极 S_1 接地，T_P 管的源极 S_2 接电源 V_{DD}。假定 T_P 管的开启电压 $u_{GS(th)P}=-2V$，T_N 管的开启电压 $u_{GS(th)N}=2V$。T_P、T_N 特性对称，$u_{GS(th)N}=\mid u_{GS(th)P}\mid$，一般要求电源 V_{DD} 大于 T_P 管的开启电压加 T_N 管的开启电压，即 $V_{DD}>u_{GS(th)N}+\mid u_{GS(th)P}\mid$。$u_i$ 是输入信号电压，u_o 是输出信号电压，A 是输入逻辑(逻辑 0、1)，F 是输出逻辑(逻辑 0、1)。

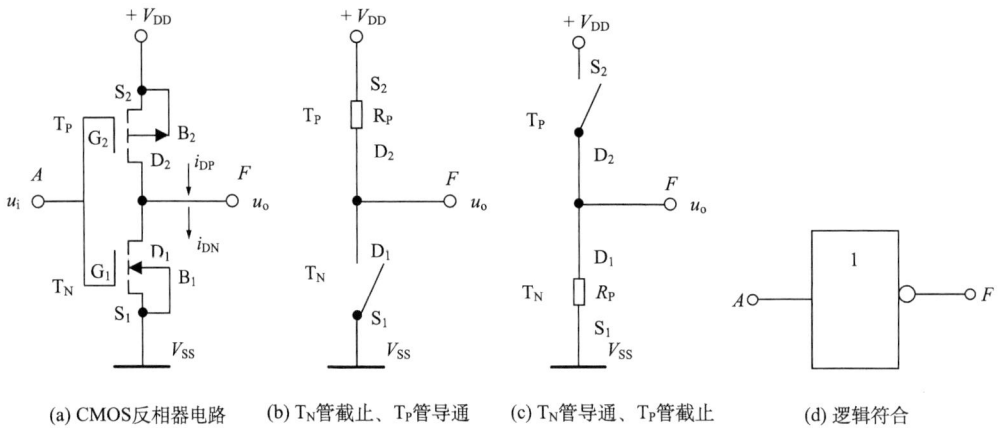

(a) CMOS反相器电路   (b) T_N管截止、T_P管导通   (c) T_N管导通、T_P管截止   (d) 逻辑符合

图 3.4.4   CMOS 反相器

CMOS 电路工作原理如下所示。

(1) 当 $u_i=0V$ 时，输入逻辑 $A=0$。T_N 管的 u_{GSN} 小于开启电压 $u_{GS(th)N}$，即 $u_{GSN}<u_{GS(th)N}$，T_N 管截止；T_P 管的 u_{GSP} 大于开启电压 $u_{GS(th)P}$，即 $u_{GSP}>u_{GS(th)P}$，T_P 管导通。等效逻辑电路如图 3.4.4(b) 所示，得输出电压 $u_o=V_{DD}$，输出逻辑 $F=1$。

(2) 当 $u_i=V_{DD}$ 时，输入逻辑 $A=1$。T_N 管的 u_{GSN} 大于开启电压 $u_{GS(th)N}$，即 $u_{GSN}>u_{GS(th)N}$，T_N 管导通；T_P 管的 u_{GSP} 小于开启电压 $u_{GS(th)P}$，即 $u_{GSP}<u_{GS(th)P}$，T_P 管截止。等效逻辑电路如图 3.4.4(c) 所示。得输出电压 $u_o=0V$，输出逻辑 $F=0$。

总结以上分析，可得 CMOS 管电路功能表 3.4.3 和真值表 3.4.4。

表 3.4.3 CMOS 管电路功能表	
u_i/V	u_o/V
0	V_{DD}
5	0

表 3.4.4 CMOS 管电路真值表	
A	F
0	1
1	0

以上分析得图 3.4.4 CMOS 电路是反相器，可得逻辑关系为

$$F=\overline{A}$$

2) 电压传输特性

典型的 CMOS 反相器电压传输特性曲线 $u_o = f(u_i)$ 如图 3.4.5 所示，图中 $V_{DD} = 10V$，两管的开启电压 $U_{TN} = |U_{TP}| = U_T = 2V$，由于 $V_{DD} > U_{TN} + |U_{TP}|$，因此，当 $V_{DD} - |U_{TP}| > u_i > U_{TN}$ 时，T_N 和 T_P 两管同时导通。考虑到电路是互补对称的，一器件可将另一器件视为它的漏极负载。还应注意到，器件在放大区（饱和区）呈现恒流特性，两器件之一可当做高阻值的负载。因此，在过渡区域，传输特性变化比较陡。图中曲线分为五段：

AB 段：$0 < u_i < U_{TN}$，T_N 截止，T_P 导通，$u_o = V_{DD}$；

BC 段：$U_{TN} < u_i < U_{TH} (= 0.5 V_{DD})$，$T_N$ 导通，但导通电阻较大，故 u_o 略有下降；

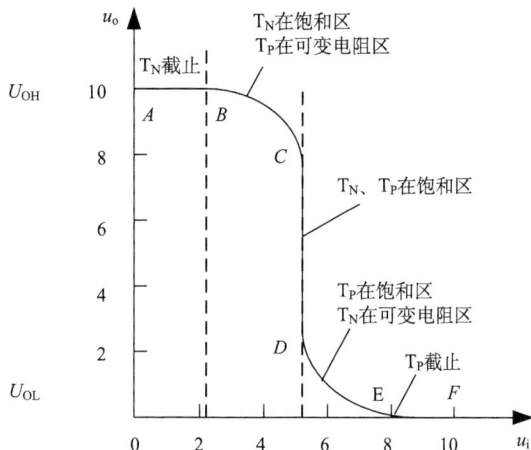

图 3.4.5　CMOS 反相器的电压传输特性

CD 段：u_i 在 $0.5 V_{DD}$ 附近 T_N、T_P 均导通，且导通电阻都较小，u_o 随 u_i 的微小增加而急剧下降。相应地，把输入电压 $u_i = 0.5 V_{DD}$ 叫做反相器的转折电压或阈值电压，用 U_{TH} 来表示；

DE、*EF* 段与 *AB*、*BC* 段是对应的，只不过 T_N、T_P 的工作状态，*DE* 与 *BC* 段、*EF* 与 *AB* 段时的情况正好相反。

由以上分析可见，CMOS 反相器电压传输特性曲线在阈值电压 U_{TH} 附近几乎是垂直的，因此其高、低电平噪声容限都较大，特别适合于在抗干扰能力要求高的场合使用。

噪声容限反映了电路的抗干扰能力。表 3.4.5 给出了各种系列门电路的参数。表 3.4.5 中，CMOS74HC 系列门电路的标准参数为 $U_{OH(min)} = 4.9V$，$U_{IH(min)} = 3.5V$，$U_{OL(max)} = 0.1V$，$U_{IL(max)} = 1.0V$，根据 3.3.6 节对噪声容限的计算方法得到如下结果。

高电平噪声容限：$U_{NH} = U_{OH(min)} - U_{IH(min)} = 4.9 - 3.5 = 1.4V$

低电平噪声容限：$U_{NL} = U_{IL(max)} - U_{OL(max)} = 1.0 - 0.1 = 0.9V$

由表 3.4.5 看出，$U_N(\text{CMOS}) > U_N(\text{TTL})$，CMOS 门电路的抗干扰能力强。

表 3.4.5　各种系列门电路的性能比较

参数 \ 系列	TTL				CMOS		ECL	
	74	74LS	74AS	74ALS	74HC	74HCT	10K	100K
V_{CC} / V	5	5	5	5	5	5	−5.2	−4.5
$U_{IH(min)} / V$	2.0	2.0	2.0	2.0	3.5	2.0	−1.2	−1.2
$U_{IL(max)} / V$	0.8	0.8	0.8	0.8	1.0	0.8	−1.4	−1.4
$U_{OH(min)} / V$	2.4	2.7	2.7	2.7	4.9	4.9	−0.9	−0.9
$U_{OL(max)} / V$	0.4	0.5	0.5	0.5	0.1	0.1	−1.7	−1.7
$I_{IH(max)} / \mu A$	40	20	200	20	0.1	0.1	500	500
$I_{IL(max)} / mA$	−1.0	−0.4	−2.0	−0.2	-0.1×10^{-3}	-0.1×10^{-3}	−0.5	−0.5

系列 参数	TTL				CMOS		ECL	
	74	74LS	74AS	74ALS	74HC	74HCT	10K	100K
$I_{OH(max)}$ / mA	0.4	0.4	2	0.4	4	4	−50	−50
$I_{OL(max)}$ / mA	−16	−8	−20	−8	−4	−4	50	50
t_{pd} / ns	10	8	1.5	2.5	10	13	2	0.75
P(功耗/门)/mW	10	4	20	2	5×10^{-3}	1×10^{-3}	25	40

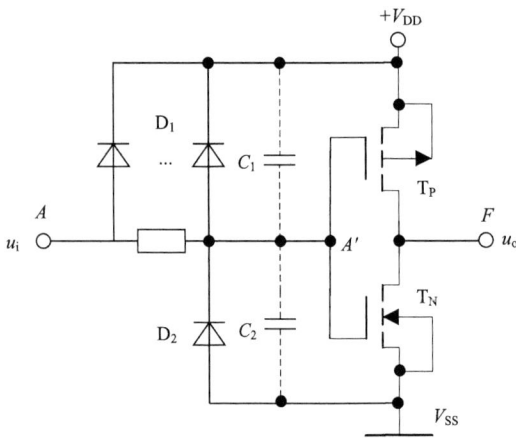

图 3.4.6   有输入保护电路的 CMOS 非门电路

3) 输入端保护电路

由于 MOS 管输入电容只有几个 pF、输入电阻很高，有 $10^{10}\,\Omega$ 以上，而 MOS 管的栅极与源极和漏极之间有 SiO_2，并且这层 SiO_2 很薄，在 $10^{-2}\,\mu m$ 左右，耐压大约在 $80 \sim 100V$，在感应电荷源作用下，电荷迅速累积，形成高压，容易产生击穿。因此，产品化的 CMOS 电路一般要对输入电路进行保护，如图 3.4.6 所示为常见的保护形式。

图 3.4.6 中，C_1 和 C_2 分别为 T_P 和 T_N 管的栅极等效电容，二极管 D_1、D_2 和电阻 R_S 构成了保护电路，其中 D_1 为分布式的二极管，图中用虚线和两个二极管表示，这种二极管可以通过更大的电流。当输入信号在正常范围 $0<A<V_{DD}$ 时，保护电路不起作用。当输入信号大于 V_{DD} 和二极管的导通电压 V_{DON} 时，D_1 导通，将 A' 电位箝在 $V_{DD}+V_{DON}$，使电容 C_2 两端的电压保持在 $V_{DD}+V_{DON}$。当输入信号小于 $-V_{DON}$ 时，D_2 导通，将 A' 电位箝在 $-V_{DON}$，使电容 C_1 两端的电压也保持在 $V_{DD}+V_{DON}$。这样保证了加在电容 C_1 和 C_2 两端的电压都不超过容许的范围。这种保护是有限的，要求输入信号过冲电压的反向击穿电流不能过大、持续时间不能过长，以便 D_1、D_2 能恢复正常，否则会引起二极管永久性的损坏，失去保护作用。

2. CMOS 与非门

CMOS 与非门电路由两个并联的 P 沟道增强型 MOS 管 T_{P1}、T_{P2} 和两个串联的 N 沟道增强型 MOS 管 T_{N1}、T_{N2} 组成。如图 3.4.7 所示。对于图 3.4.7 所示的电路工作原理如下：

当 $A=0$、$B=0$ 时，T_{P1}、T_{P2} 管导通，T_{N1}、T_{N2} 管截止，输出高电平，则输出 $F=1$；

当 $A=0$、$B=1$ 时，T_{P2}、T_{N1} 管导通，T_{N2}、T_{P1} 管截止，输出高电平，则输出 $F=1$；

当 $A=1$、$B=0$ 时，T_{N2}、T_{P1} 管导通，T_{P2}、T_{N1} 管截止，输出高电平，则输出 $F=1$；

当 $A=1$、$B=1$ 时，T_{N1}、T_{N2} 管导通，T_{P1}、T_{P2} 管截止，输出低电平，则输出 $F=0$。

由此可见，得图 3.4.7 电路的功能表 3.4.6 和真值表 3.4.7。

以上分析得图 3.4.7 CMOS 电路是与非门电路，可得逻辑关系为

$$F = \overline{A \cdot B}$$

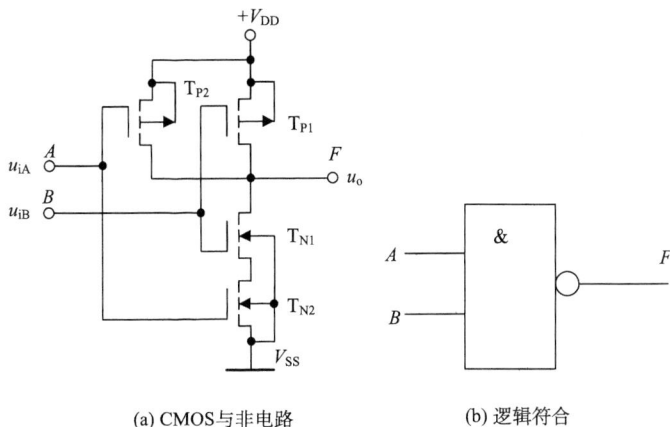

(a) CMOS与非电路　　　　　　　　　　(b) 逻辑符合

图 3.4.7　CMOS 与非门

表 3.4.6　CMOS 与非门电路功能表

u_{iA}	u_{iB}	u_o
低电平	低电平	高电平
低电平	高电平	高电平
高电平	低电平	高电平
高电平	高电平	低电平

表 3.4.7　CMOS 与非门电路真值表

A	B	输出逻辑
0	0	1
0	1	1
1	0	1
1	1	0

3. CMOS 或非门

CMOS 或非门电路由两个串联的 P 沟道增强型 MOS 管 T_{P1}、T_{P2} 和两个并联的 N 沟道增强型 MOS 管 T_{N1}、T_{N2} 组成。如图 3.4.8 所示。对于图 3.4.8 所示的电路工作原理如下：

当 $A=0$、$B=0$ 时，T_{P1}、T_{P2} 管导通，T_{N1}、T_{N2} 管截止，输出高电平，则输出 $F=1$。

当 $A=0$、$B=1$ 时，T_{P1}、T_{N2} 管导通，T_{P2}、T_{N1} 管截止，输出低电平，则输出 $F=0$。

当 $A=1$、$B=0$ 时，T_{P2}、T_{N1} 管导通，T_{P1}、T_{N2} 管截止，输出低电平，则输出 $F=0$。

当 $A=1$、$B=1$ 时，T_{N1}、T_{N2} 管导通，T_{P1}、T_{P2} 管截止，输出低电平，则输出 $F=0$。

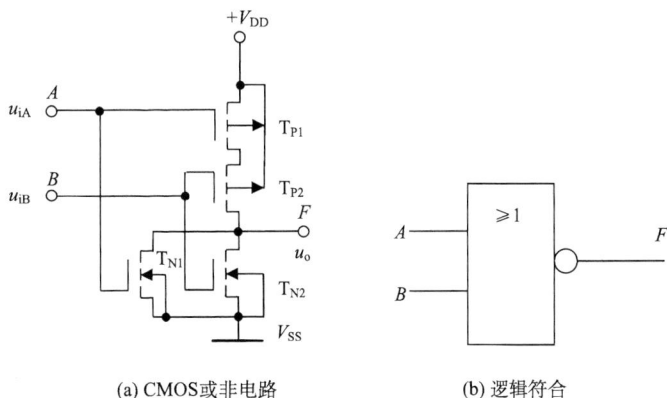

(a) CMOS或非电路　　　　　　　　　　(b) 逻辑符合

图 3.4.8　CMOS 或非门

由此可见，得图 3.4.8 电路的功能表 3.4.8 和真值表 3.4.9。

表 3.4.8　CMOS 或非门电路功能表

u_{iA}	u_{iB}	u_o
低电平	低电平	高电平
低电平	高电平	低电平
高电平	低电平	低电平
高电平	高电平	低电平

表 3.4.9　CMOS 或非门电路真值表

A	B	输出逻辑
0	0	1
0	1	0
1	0	0
1	1	0

以上分析得图 3.4.8 CMOS 电路是或非门电路，可得逻辑关系为

$$F = \overline{A + B}$$

4.　CMOS 与门和或门

1）CMOS 与门

在 CMOS 与非门电路的输出端，再接一个 CMOS 非门，便构成 CMOS 与门，如图 3.4.9 所示。逻辑关系为

$$F = \overline{\overline{A \cdot B}} = A \cdot B$$

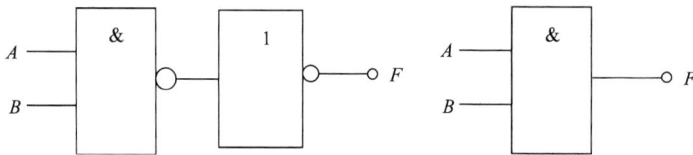

图 3.4.9　CMOS 与门

2）CMOS 或门

在 CMOS 与或门电路的输出端，再接一个 CMOS 非门，便构成 CMOS 或门，如图 3.4.10 所示。逻辑关系为

$$F = \overline{\overline{A + B}} = A + B$$

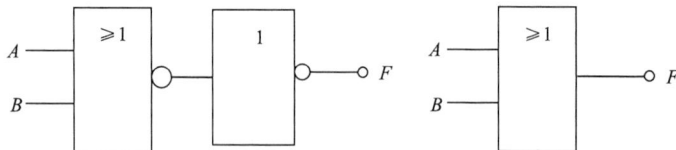

图 3.4.10　CMOS 或门

5.　CMOS 与或非门和异或门

1）CMOS 与或非门

CMOS 与或非门电路是由三个与非门基本电路和一个非门电路构成，如图 3.4.11 所示。逻辑电路符号如图 3.4.11 所示。

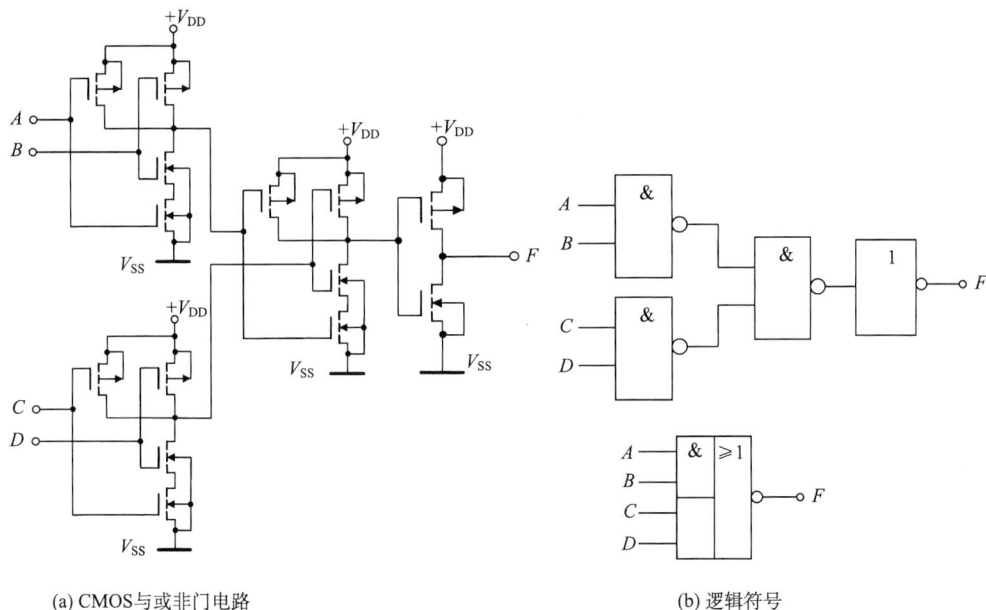

(a) CMOS 与或非门电路　　　　　　　　　　　　　　(b) 逻辑符号

图 3.4.11　CMOS 与或非门电路及逻辑符号

根据图 3.4.11 所示可以得到 CMOS 与或非门逻辑表达式：

$$F = \overline{\overline{AB} \cdot \overline{CD}} = \overline{\overline{AB}} \cdot \overline{\overline{CD}} = \overline{AB + CD}$$

CMOS 与或非门也可以用与门和或非门组合构成。

2）CMOS 异或门

CMOS 异或门电路可以由 4 个与非门基本电路构成，如图 3.4.12 所示。逻辑电路符号如图 3.4.13 所示。

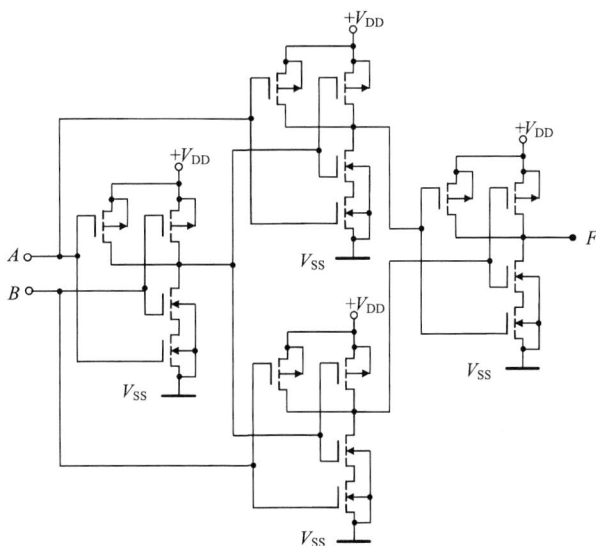

图 3.4.12　CMOS 异或门电路

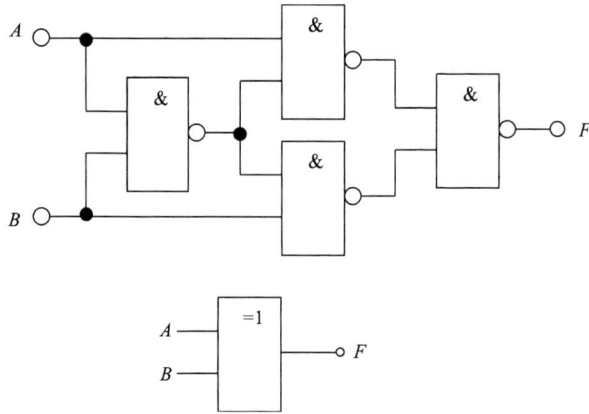

图 3.4.13　CMOS 异或门逻辑符号

根据图 3.4.13 所示可以得到 CMOS 异或门逻辑表达式：

$$F = \overline{\overline{\overline{AB}A} \cdot \overline{\overline{AB}B}} = A\bar{B} + \bar{A}B = A \oplus B$$

6. 带输入、输出缓冲的 CMOS 与非门和或非门

从 CMOS 与非门和或非门的输出端看，其电路结构是不对称的，这种不对称将带来的问题是：①电路的输出特性不对称；②电路的电压传输特性发生偏离，阈值电压不再是 $0.5V_{DD}$，导致噪声容量下降。

随着电路的输入端数目的增加，电路结构程度会很大，有效解决办法就是加缓冲电路。在输入、输出级分别加缓冲电路。这里的缓冲电路实际就是非门电路，加上缓冲的与非门电路就变成了或非门，电路如图 3.4.14 所示；加上缓冲的或非门电路就变成了与非门电路如图 3.4.15 所示。逻辑关系如下。

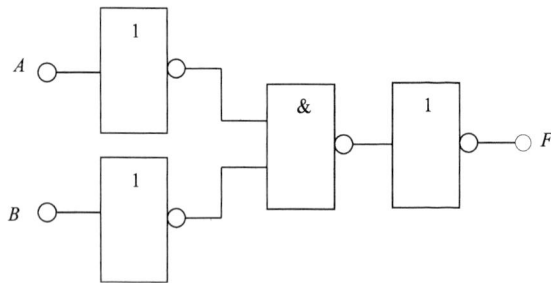

图 3.4.14　带输入、输出缓冲的 CMOS 或非门

带输入、输出缓冲的 CMOS 或非门：

$$F = \overline{\overline{\overline{A} \cdot \overline{B}}} = \overline{A} \cdot \overline{B} = \overline{A + B}$$

带输入、输出缓冲的 CMOS 与非门：

$$F = \overline{\overline{\overline{A} + \overline{B}}} = \overline{A} + \overline{B} = \overline{A \cdot B}$$

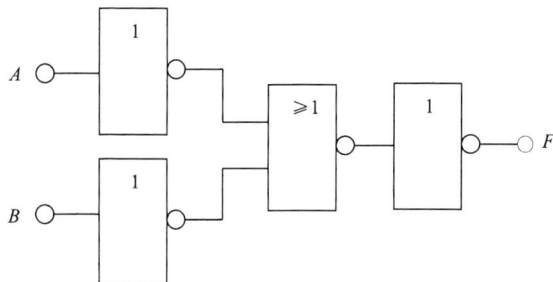

图 3.4.15　带输入、输出缓冲的 CMOS 与非门

3.4.3　CMOS 三态门、漏极开路门和传输门

1. CMOS 三态门

CMOS 门电路的三态输出结构比 TTL 门电路的三态输出结构更简单。以 CMOS 非门电路为例，如图 3.4.16 所示。

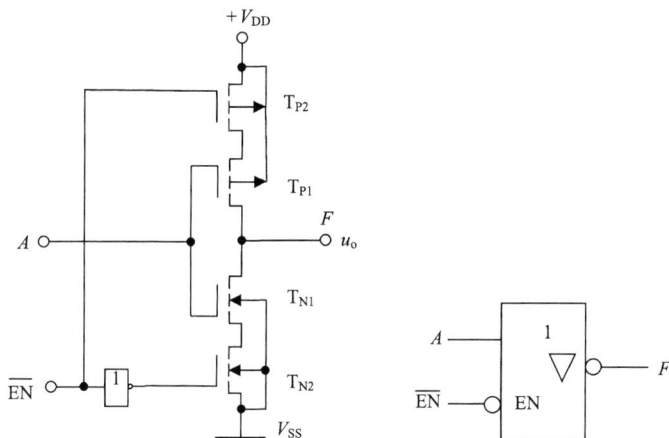

图 3.4.16　CMOS 三态门

工作原理如下所示。

当 $\overline{EN}=1$ 时，T_{P2}、T_{N2} 截止，F 与地和电源都断开，输出端为高阻。

当 $\overline{EN}=0$ 时，T_{P2}、T_{N2} 导通，T_{P1}、T_{N1} 构成反相器。在 $A=0$ 时，$F=1$ 时，输出为高电平；在 $A=1$ 时 $F=0$，输出为低电平。

2. CMOS 漏极开路门（OD 门）

与 TTL 电路中的 OC 门电路一样，CMOS 门电路的输出端也可以采用漏极开路输出的结构（OD 门），如图 3.4.17 所示。

电路的特点是：漏极开路的门电路就是在普通 CMOS 门电路的输出端多加一个 MOS 管，这个 MOS 管的漏极没有直接与其他 MOS 管的电源相连。通过对电源 V_{DD} 的控制可以将输入电平 0-V_{DD}，转换为 0-V_{DD}。并且，通过设计 R 的阻值，可以调节电路的驱动能力。工作时电路必须外接电源和电阻 R。OD 门可以实现线与，如图 3.4.18 所示。

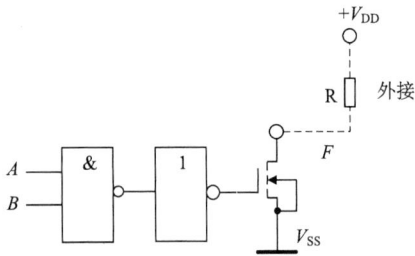

图 3.4.17　CMOS 漏极开路门　　　　　　　图 3.4.18　OD 门实现线与

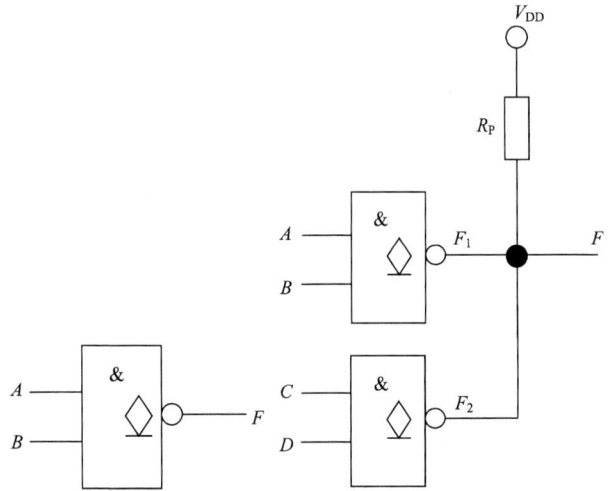

3. CMOS 传输门

CMOS 传输门是由 P 沟道增强型的 MOS 管 T_P 和 N 沟道增强型 MOS 管 T_N,并联互补组成 CMOS 传输门。如图 3.4.19 所示为 CMOS 传输门的基本形式和逻辑符号。P 沟道管的源极与 N 沟道管的漏极相连,作为输入/输出端,P 沟道管的漏极与 N 沟道管的源极相连,作为输出/输入端。两个栅极受一对控制信号 C 和 $\overline{C}$ 控制。由于 MOS 器件的源和漏两个扩散区是对称的,所以信号可以双向传输。

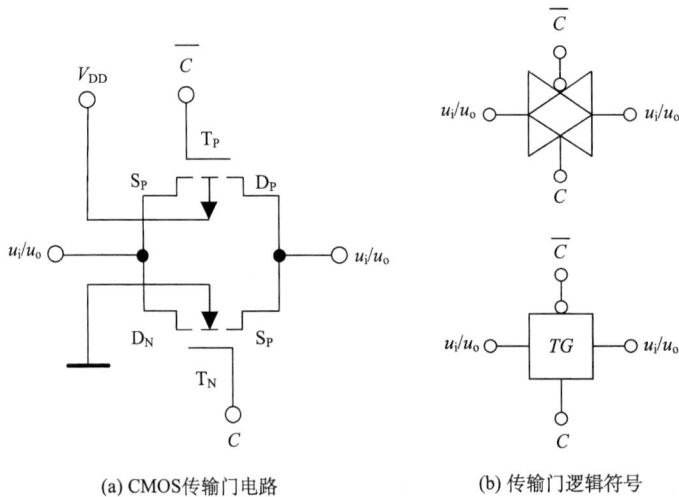

(a) CMOS传输门电路　　　　　　　(b) 传输门逻辑符号

图 3.4.19　CMOS 传输门电路及逻辑符号

当 CMOS 传输门用于模拟电路时,T_N 的衬底接 $V_{SS} = -5V$,T_P 的衬底接 $V_{DD} = +5V$,输入信号的变化范围为 $-5 \sim +5V$。当 CMOS 传输门用于数字电路传输数字信号时,为了防止电流从漏极直接流入衬底,T_N 的衬底接到地 $V_{SS} = 0V$,使衬底与漏极之间形成的 PN 结反向偏置。

同理，T_P 的衬底接 V_{DD}=+5V。输入的数字信号的变化范围为 0～+5V。

当 C=0 ，$\overline{C}$=1时，C 端为低电平 0V、$\overline{C}$ 端为高电平 V_{DD} 时，输入信号在 u_i 的取值在 0～V_{DD} 范围内，T_N 和 T_P 两个 MOS 管同时截止。输出和输入之间呈现高阻抗，一般大于 $10^9\,\Omega$，所以传输门截止。

当 C=1，$\overline{C}$=0时，C 端为高电平 V_{DD}、$\overline{C}$ 端为低电平 0V 时。如果输入信号 u_i 的取值在 $0 \leqslant u_i \leqslant V_{DD} - u_{GS(th)N}$ 范围内，T_N 管导通；如果输入信号 u_i 的取值在 $|u_{GS(th)P}| < u_i \leqslant V_{DD}$ 范围内，T_P 管导通。因此，当 u_i 在 0 到 V_{DD} 之间变化时，总有一个 MOS 管导通，使输出与输入之间呈低阻抗($<10^3\,\Omega$)，传输导通。

传输门传输高电平信号的过程如图 3.4.20(a)所示。输入端(左端)为高电平，输出端(右端)为低电平。控制端无控制信号时，传输门不导通，当控制端得到控制信号时，$C = V_{DD}, \overline{C} = 0\text{V}$，则 T_N 和 T_P 同时产生沟道，传输门导通，便有电流从输入端经沟道流向输出端，向负载电容 C_L 充电，输出电平 u_o 不断增高，直至输出电平与输入电平相同，充电结束，完成高电平的传输。

如果传输低电平，如图 3.4.20(b)所示。输出端为高电平，输入端为低电平。当无控制信号时，传输门不导通，0 电平信号不能通过。而当控制端加上控制信号时，传输门导通，便有电流从输出端流向输入端，负载电容 C_L 经传输门向输入端放电，输出端从高电平降为与输入端相同的低电平，完成低电平传输。

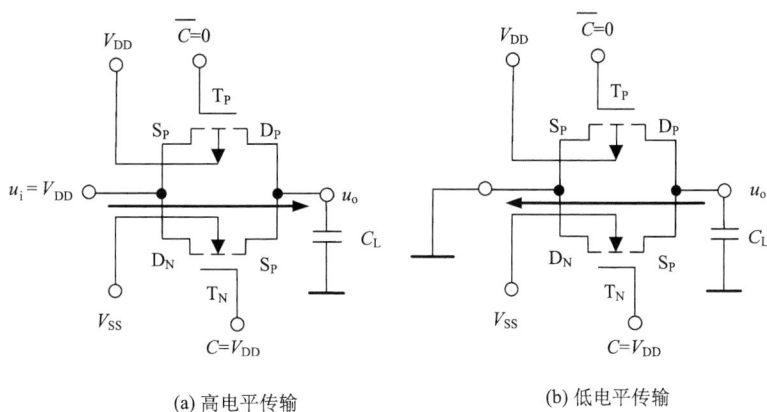

(a) 高电平传输　　　　　　　　　　　　(b) 低电平传输

图 3.4.20　传输门高、低电平传输情况

3.5　门电路在使用时的实际问题

在具体应用 CMOS 和 TTL 电路时，要根据使用要求选择器件，考虑传输延迟时间、功耗、噪声内限、带负载能力等问题，还需要考虑器件的电压和电流参数问题，以及器件带负载能力等问题。在两种逻辑系统的器件混合使用时，需要考虑不同逻辑门电路之间的接口问题，以及考虑门电路与负载之间的匹配问题。下面对几个实际问题进行讨论。

3.5.1 多种逻辑器件混合使用时连接问题

不同逻辑系统的器件混合使用时需要考虑以下因素。

(1) 逻辑门器件对负载器件要有足够的灌电流和拉电流,即扇出问题:

灌电流要满足 $I_{OL(max)} \geqslant I_{IL(max)}$;

拉电流要满足 $I_{OH(max)} \geqslant I_{IH(max)}$。

(2) 驱动器件的输出电压必须满足负载需要的高、低电平,即电平兼容问题;输出驱动低电平要满足后级负载的输入低电平的要求:

$$U_{OL(max)} \leqslant U_{IL(max)} \tag{3.5.1}$$

输出驱动高电平要满足后级负载的输入高电平的要求:

$$U_{OH(min)} \geqslant U_{IH(min)} \tag{3.5.2}$$

(3)噪声内限问题。

1. TTL 门驱动 CMOS 门

例 3.5.1 用一个 74LS 系列 TTL 电路驱动 74HC 系列 CMOS 电路。TTL 电路 74LS 系列电平参数见表 3.3.4,由此可知,$U_{OH(min)}$=2.7V,$U_{OL(max)}$=0.5V;CMOS 电路 74HC 系列电平参数见表 3.3.4,由此可知,$U_{IH(min)}$=3.5V,$U_{IL(max)}$=1.0 V。问:电路接口是否满足接口要求,若不满足如何解决?

解 74LS 系列输出低电平为 $U_{OL(max)}$=0.5V;74HC 系列输入低电平为 $U_{IL(max)}$=1.0 V,根据接口逻辑低电平参数要求 $U_{OL(max)} \leqslant U_{IL(max)}$ 可知,低电平参数兼容。

74LS 系列输出高电平为 $U_{OH(min)}$=2.7V;74HC 系列输入高电平为 $U_{IH(min)}$=3.5V,根据接口逻辑高电平参数要求 $U_{OH(min)} \geqslant U_{IH(min)}$,可知,高电平参数不兼容,为了解决这一矛盾,需要另加接口电路,采用如图 3.5.1 所示的电路。

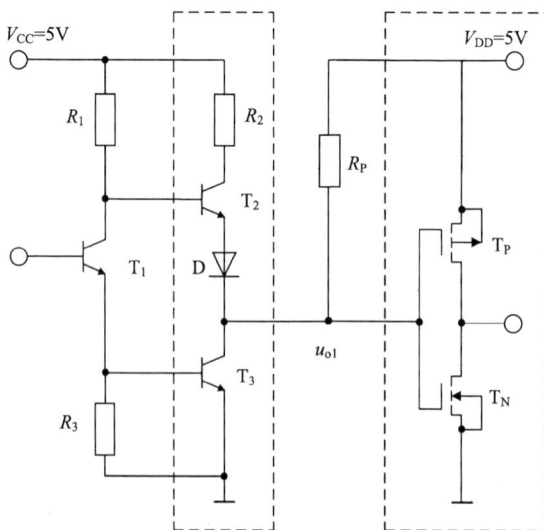

图 3.5.1 TTL 门驱动 CMOS 门

在 TTL 的输出端与+5V 的电源之间接一个上拉电阻 R_P，上拉电阻 R_P 的取值决定负载的数目以及 TTL 和 CMOS 的电流，R_P 的计算可以采用 OC 门的外接电阻计算方法，如式 3.3.1 $R_{P(max)} = \dfrac{V_{DD} - U_{OH}}{nI_{OH} + mI_{IH}}$，式中 I_{OH} 为 TTL 电路输出高电平，输出管截止时的漏电流；I_{IH} 为流入 CMOS 的电流，I_{OH} 和 I_{IH} 数值很小，如果 R_P 取值不太大，u_{o1} 将被提高接近 V_{DD}；式中 U_{OH} 换成 U_{IH} 来计算 R_P 值。

如果采用 TTL 门驱动 74HCT 系列 CMOS 器件，由参数表 3.3.4 可知，$U_{OL(max)}=0.5V \leqslant U_{IL(max)}=0.8V$，$U_{OH(min)}=2.7V \geqslant U_{IH(min)}=2.0V$，高、低电平参数兼容，不需要另加接口电路，在常规的设计中常采用这种方法，省去上拉电阻。

2. CMOS 门驱动 TTL 门

CMOS 门驱动 TTL 门，电路形式如图 3.5.2 所示。在 CMOS 电路供电电源为+5V 时，CMOS 门与 TTL 门的逻辑电平可满足 $U_{OL(max)} \leqslant U_{IL(max)}$ 和 $U_{OH(min)} \geqslant U_{IH(min)}$，不需要另加接口电路。

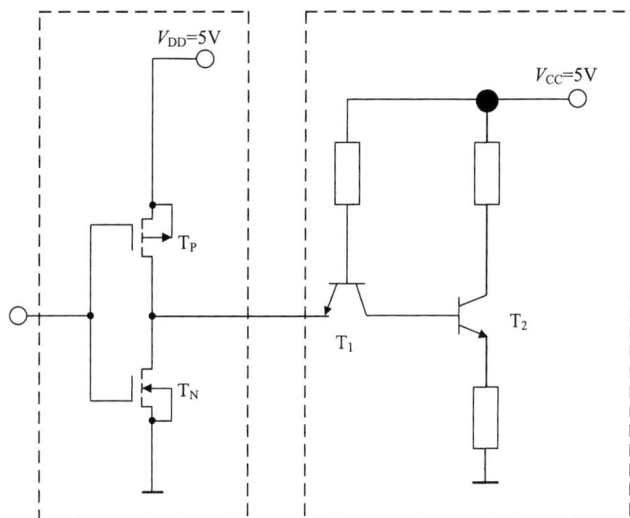

图 3.5.2　CMOS 门驱动 TTL 门

例 3.5.2　用一个 CMOS 器件 74HC00 与非门电路驱动一个 74 系列 TTL 反相器和 6 个 74LS 系列 CMOS 逻辑门电路。试验算此时的 CMOS 门电路是否过载？已知 74 系列 TTL 反相器的参数 $I_{IL(max)}=1.6mA$，$I_{IH(max)}=0.04mA$。

1）拉电流

74HC00 门电路：$I_{OH(max)}=4mA$

74LS 门电路：$I_{IH(max)}=0.02mA$

74 系列 TTL 和 74LS 系列逻辑门电路输入电流之和，总电流：$I_{IH}=0.04+6 \times 0.02=0.16mA$，满足 $I_{OH(max)} \geqslant I_{IH(max)}$ 的条件。

2）灌电流

74HC00 门电路：$I_{OL(max)}=4mA$

74LS 门电路：$I_{IL(max)}=0.4mA$

74 系列 TTL 和 74LS 系列逻辑门电路输入电流之和，总电流：I_{IL}=1.6+6×0.4=4mA，满足 $I_{OL(max)} \geq I_{IL(max)}$ 的条件。

但要注意灌电流情况是刚刚满足条件，在实际电路设计中要留出一定的余量，即增加带灌电流的能力。解决办法是在驱动门与负载门之间增加一个驱动器，一般在 CMOS 门后加一个 TTL 同相缓冲器，用这个缓冲器去驱动上述一个 74 系列 TTL 反相器和 6 个 74LS 系列 CMOS 逻辑门电路。

3. 低电压 CMOS 电路及接口

半导体管的制造工艺使 CMOS 的栅极与源极、栅极与漏极间的绝缘层制作得很薄，不足以承受 5V 电源电压。另外，为了降低功耗，集成电路采用低电压供电。因此厂家推出一系列低电压 CMOS 集成电路，如 3.3V、2.5V、1.8V。为了降低成本，需要考虑低电压集成电路与原有的设备之间的接口兼容问题。

1）3.3V 供电电源的 CMOS 逻辑器件如 74LVC 系列

74LVC 系列具有 5V 输入容限，输入端可以承受 5V 输入电压，因此，可以与 74HCT 系列或 TTL 系列直接连接。

74LVC 系列驱动 74HC 系列 CMOS 门时，高电平参数不满足 $U_{OH(min)} \geq U_{IH(min)}$ 要求，因此，可以采用上拉电阻、OD 门、OC 门或专用逻辑电平转换器。

2）2.5V 或 1.8V 供电电源的 CMOS 逻辑器件

2.5V 或 1.8V 供电电源的 CMOS 逻辑器件与其他系列逻辑电路连接时，需要专用的电平转换电路。如 74LVC164245 可于不同的 CMOS 系列、TTL 系列的逻辑电平的转换，转换电路如图 3.5.3 所示，电路采用两种电平，可以将 2.5V/3.3V 转换成 3.3V/5V。74LVC164245 转换电路是一个双向传输电路，它可以将 2.5V(3.3V)供电电压转换成 3.3V(5V)输出，也可以将 3.3V(5V)供电电压转换成 2.5V(3.3V)输出。

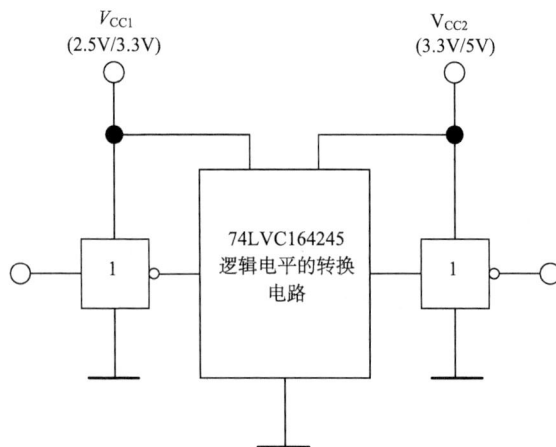

图 3.5.3　逻辑电平的转换电路

所有的电平转换方法，需要根据实际需要来设计，一般有如下几种。
(1) 晶体管+上拉电阻法。输入电平很灵活，输出电平大致就是正电源电平。

（2）OC/OD 器件+上拉电阻法。适用于器件输出刚好为 OC/OD 的场合。

（3）74xHCT 系列芯片升压（3.3V→5V）。凡是输入与 5V TTL 电平兼容的 5V CMOS 器件都可以用作 3.3V→5V 电平转换。

（4）超限输入降压法（5V→3.3V, 3.3V→1.8V,…）。凡是允许输入电平超过电源的逻辑器件，都可以用作降低电平。 这里的"超限"是指超过电源，许多较古老的器件都不允许输入电压超过电源，但越来越多的新器件取消了这个限制（改变了输入级保护电路）。 例如，74AHC/VHC 系列芯片，其 datasheets 明确注明"输入电压范围为 0～5.5V，如果采用 3.3V 供电，就可以实现 5V→3.3V 电平转换。

（5）专用电平转换芯片。最著名的就是 164245，不仅可以用作升压/降压，而且允许两边电源不同步。这是最通用的电平转换方案。

（6）电阻分压法、限流电阻法、比较器法等。

3.5.2 门电路驱动负载问题

1. 门电路驱动 LED 显示器负载

门电路驱动信息显示发光二极管 LED，驱动电路用反相器如图 3.5.4 所示。图(a)是输入低电平，输出高电平驱动中 LED。图(b)是输入高电平，输出低电平驱动中 LED。

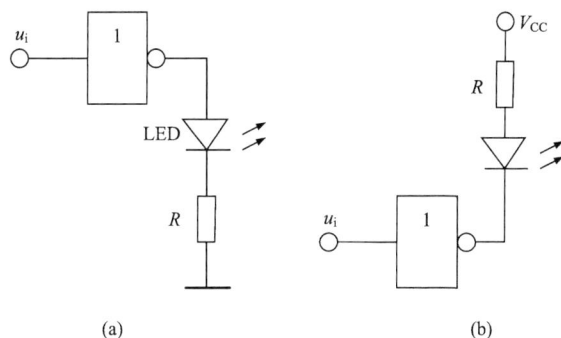

(a)   (b)

图 3.5.4 门电路驱动发光二极管

图(a)中限流电阻取值为

$$R = \frac{V_{OH} - V_F}{I_D} \tag{3.5.3}$$

图(b)中限流电阻取值为

$$R = \frac{V_{CC} - V_F - V_{OL}}{I_D} \tag{3.5.4}$$

式中，V_{OH} 为 LED 的电流；V_F 为 LED 的正向压降；V_{OH}、V_{OL} 为门电路的输出高、低电平。

2. 门电路驱动机电性负载

在实际应用中(如工程实践)，常采用数字电路来控制机电性负载，如控制电动机、继电器等。这些机电系统的工作电压和工作电流都比较大，所以要增大驱动电路输出电流来提高带负载能力,或改变电平。

当机电性负载要求驱动电流不大时,可以用逻辑门电路直接驱动机电性负载,图 3.5.5(a)所示。

当机电性负载要求驱动电流稍大点时,可以用两个逻辑门电路并联作为驱动电路,以提高驱动电路输出电流,达到提高带负载能力,如图 3.5.5(b)所示。

当机电性负载要求驱动电流大时,例如,机电性负载的驱动电流在几百毫安,可以在逻辑门电路与机电性负载间接一个功率驱动电路,以提高驱动负载的能力,如图 3.5.5(c)所示。功率驱动电路的输入端与逻辑门电路相兼容,输出端可以直接驱动机电性负载。

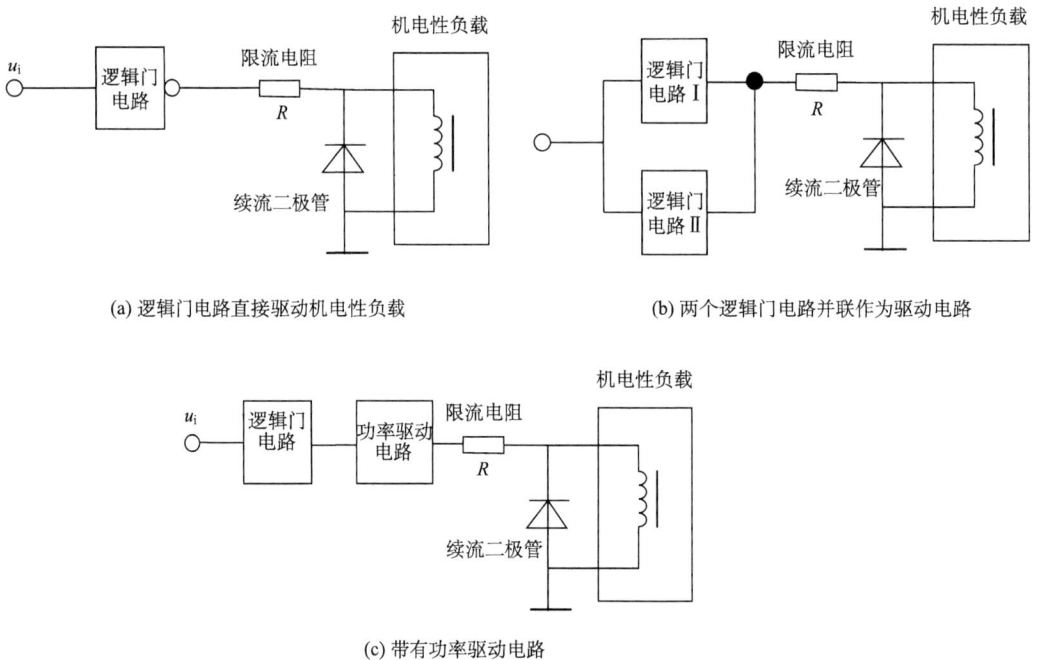

(a) 逻辑门电路直接驱动机电性负载　　　　　(b) 两个逻辑门电路并联作为驱动电路

(c) 带有功率驱动电路

图 3.5.5　机动电性负载驱动电路

图 3.5.5 中的二极管是一续流二极管,续流二极管的作用如下。

续流二极管通常是并联在线圈的两端,线圈在通过电流时,会在其两端产生感应电动势。当电流消失时,其感应电动势会对电路中的原件产生反向电压。当反向电压高于原件的反向击穿电压时,会把原件如三极管等造成损坏。续流二极管并联在线两端,当流过线圈中的电流消失时,线圈产生的感应电动势通过二极管和线圈构成的回路做功而消耗掉,从而保护了电路中的其他原件的安全。

续流二极管应用注意事项如下。

(1) 续流二极管,是防止直流线圈断电时产生自感电势形成的高电压对相关元器件造成损害的有效手段;

(2) 续流二极管的极性不能接错,否则将造成短路事故;

(3) 续流二极管对直流电压总是反接的,即二极管的负极接直流电压的正极端。

3.5.3　门电路抗干扰问题

逻辑门电路在设计时，要注意以下问题。

1. 门电路多余输入端的处理问题

集成逻辑门电路在使用时多余的输入端处理是以不改变工作状态及稳定可靠为原则。为了防止干扰信号的引入，不让多余的输入端悬空，尤其是 CMOS 电路多余的输入端绝对不能悬空。

与门电路、与非门电路多余的输入端通过 $1\sim3\mathrm{k}\Omega$ 电阻接正电源。对 CMOS 电路多余的输入端可以直接接电源。如图 3.5.6(a) 所示。

或门电路、或非门电路多余的输入端接地正电源。对 CMOS 电路多余的输入端可以直接接电源。如图 3.5.6(b) 所示。

注意：不提倡采用并接的方法处理多余的输入端。因为，并接的方法会增加输入端等效电容负载，降低信号的传输速度。如图 3.5.6(c) 所示。

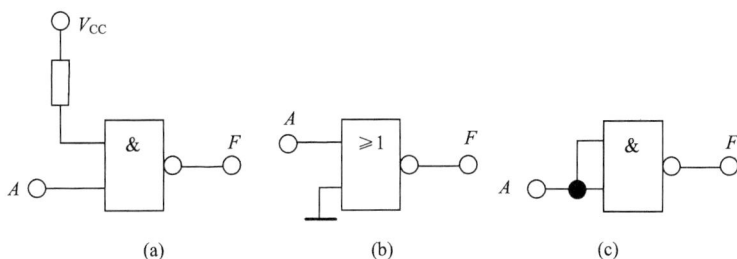

图 3.5.6　门电路多余输入端的处理电路

2. 去耦合电容

由于电源的非理想性以及高低电平状态的交替变换时，将产生较大的脉冲电流或尖脉冲电流，它在公共内阻抗中产生相互影响，使逻辑功能发生错误。处理的方法是在直流电源与地之间接去耦合电容 $10\sim100\mu\mathrm{F}$，滤除干扰信号。对多片逻辑门电路构成的电路，在每一个集成芯片电源与地之间接一个 $0.1\mu\mathrm{F}$ 的电容以滤除开关噪声。

3. 接地问题

正确的接地技术对于降低电路噪声是很重要的，方法如下。

(1) 电源地与信号地。电源地与信号地分开，将信号地汇集在一点，然后用最短的导线连接在一起，以避免多种脉冲波形尖脉冲引入数字器件输入端破坏逻辑电路的逻辑功能。

(2) 模拟地与数字地。模拟地与数字分开，分别建立模拟地的汇集点和数字地的汇集点，然后再选合适的点接地，以避免模拟信号与数字信号的相互影响破坏逻辑电路的逻辑功能。

3.6　仿　真　实　验

实验　基本数字逻辑电路仿真

1. 实验目的

(1)了解 Multisim 提供的仪器仪表和信号源库、数字电路器件库。

(2)数字逻辑电路分析用特殊仪器字信号发生器、逻辑分析仪、逻辑转换仪、示波器等基本使用方法。

(3)了解数字集成电路的基本使用方法。

(4)初步掌握利用示波器测量简单的数字逻辑电路。

2. 实验环境

(1) 计算机。

(2) Multisim 或 Multisim 电子电路仿真软件。

(3) Windows 操作系统。

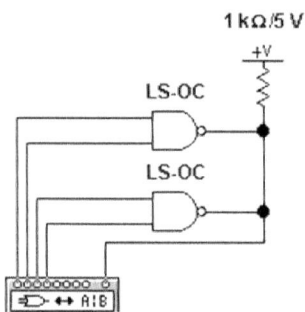

图 3.6.1　TTL "与非"仿真图

3. 实验原理

分析逻辑电路,一般是按给定的电路从输入端开始逐级推导出逻辑函数表达式,再根据输入与输出之间的逻辑关系列出真值表,从而验证该电路的逻辑功能。

4. Multisim7 仿真分析

(1) 已知两个 TTL 与非(OC)门并联使用,如图 3.6.1 所示,试利用逻辑转换仪仿真分析,并写出其最简"与或"逻辑输出表达式。

(2) 利用逻辑转换仪仿真分析"与或非"逻辑电路逻辑真值表。如图 3.6.2 所示,利用字信号发生器和逻辑转换仪,仿真分析输入与输出之间时域逻辑波形。

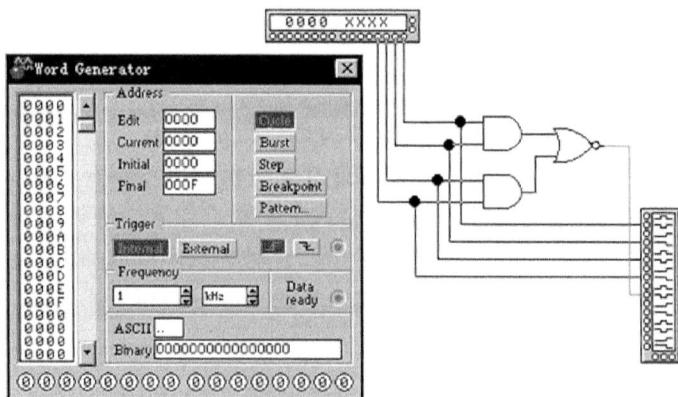

图 3.6.2　仿真电路

（3）由两个并联的 P 沟道 MOS 管和两个串联的 N 沟道 MOS 管构成的 CMOS 逻辑电路如图 3.6.3 所示，试利用逻辑转换仪仿真分析电路完成的逻辑功能。

（4）试利用逻辑转换仪，仿真证明逻辑等式

$$(A+B)(\overline{A}+C)(B+C) = (A+B)(\overline{A}+C)$$

（5）试利用逻辑转换仪，仿真分析逻辑函数 $F(A,B,C,D) = \sum m(0,2,4,6,8,10)$ 最简"与或"逻辑表达式。

（6）已知逻辑函数真值表如表 3.6.1 所示，试利用逻辑转换仪，仿真分析对应的逻辑函数表达式。

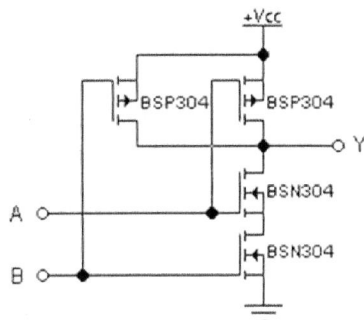

图 3.6.3　CMOS 逻辑电路

表 3.6.1　真值表

A	B	C	S	A	B	C	S
0	0	0	0	1	0	0	1
0	0	1	1	1	0	1	0
0	1	0	1	1	1	0	0
0	1	1	0	1	1	1	0

（7）试利用逻辑转换仪，仿真分析下列逻辑函数的最小项逻辑表达式及最简"与或"逻辑表达式。

$$F = \overline{\overline{\overline{AB + \overline{C}} + BD + \overline{AD}} + \overline{B} + \overline{C}}$$

（8）已知两个 TTL 三态门并联使用，如图 3.6.4 所示，试仿真分析电路输入与输出时域波形。

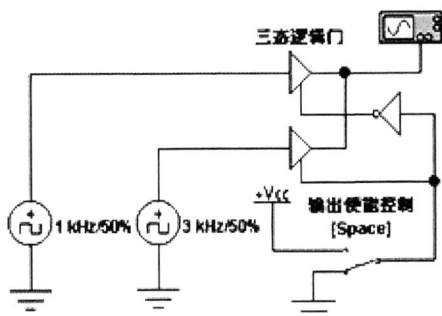

图 3.6.4　TTL 三态门电路　　　　图 3.6.5　全加器逻辑电路

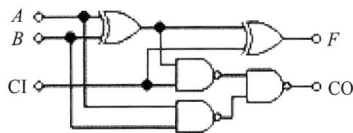

（9）已知一位全加器逻辑电路如图 3.6.5 所示（选做）。

① 在电子工作台，利用基本逻辑符号创建仿真电路；

② 试利用逻辑转换仪，仿真分析输出最简"与或"逻辑表达式；

③ 利用字信号发生器和逻辑分析仪，仿真分析电路输入与输出时域波形。

(10) 已知一位全加器逻辑电路如图 3.6.5 所示(选做)。

① 在电子工作台,利用中规模逻辑器件 7400(四 2 输入与非逻辑器件)和 7486(四 2 输入异或逻辑器件)创建仿真电路;

② 试利用逻辑转换仪,仿真分析输出最简"与或"逻辑表达式;

③ 利用字信号发生器和逻辑分析仪,仿真分析电路输入与输出时域波形。

5. 思考题

(1) 将 TTL 门与 COS 门电路比较,哪个抗干扰能力强? 哪个静态功耗低?

(2) 什么是门电路的拉电流负载? 什么是门电路的灌电流负载? 它们对门电路的影响是什么?

本 章 小 结

(1) 本章主要介绍由二极管、三极管及场效应管(MOS 管)组成的逻辑门电路。讨论逻辑门电路的电路结构、电路的基本参数及其电路形成的特点,主要讨论逻辑门电路的功能和外特性。通过这些讨论可以对正确使用数字电路具有十分重要的意义。

(2) 介绍半导体二极管或三极管及场效应管(MOS 管)是组成与门、或门、非门、与非门、或非门等复合逻辑电路的基本单元,如与或非门、异或门等。

(3) 本章讲解了 TTL、CMOS 逻辑电路的结构,逻辑功能。讲解了 TTL 门电路、CMOS 门电路的三态输出门电路和开路输出结构(OC、OD)门电路的结构,逻辑功能。最后讨论了 CMOS 传输门电路的结构,逻辑功能。

(4) 本章最后介绍了门电路在使用时的实际问题。讲解了多种逻辑器件混合使用时连接接口问题,重点是扇出问题、电平兼容问题、噪声内限问题和门电路带负载时接口问题。

思考题与习题

思考题

3.1　半导体二极管的开、关条件是什么? 导通和截止时有什么特点?

3.2　半导体二极管的开关与理想开关比较起来,它的主要缺点是什么?

3.3　半导体三极管的开、关条件是什么? 饱和导通和截止时有什么特点?

3.4　半导体三极管的开关与半导体二极管的开关比较起来,它的主要优点是什么?

3.5　TTL 门电路的主要电气指标中扇入扇出系数是什么?

3.6　N 沟道增强型 MOS 管的开关条件是什么? 导通和截止时有什么特点?

3.7　N 沟道增强型 MOS 管的开关与 P 沟道增强型 MOS 管的开关比较起来,它们的特性主要不同点是什么?

3.8　将 TTL 门与 COS 门电路比较,哪个抗干扰能力强? 哪个静态功耗低?

3.9　什么是门电路的拉电流负载? 什么是门电路的灌电流负载? 它们对门电路的影响是什么?

3.10　CMOS 三态门、漏极开路门和传输门各自的用途有哪些?

3.11　为什么 CMOS 传输门在传输数字信号时,N 沟道增强型 MOS 管的衬底接到地。P 沟道增强型的 MOS 管的衬底接 V_{DD}?

3.12 从 TTL 与非门电压传输特性，可确定哪些特性参数？这些特性参数值一般为多大？

3.13 试画出三输入集电极开路与非门(OC 门)的逻辑符号；简述 OC 门主要应用场合；OC 逻辑门与普通 TTL 逻辑门在使用上有什么不同？

3.14 简述三态门主要应用场合；试画出两种三态门逻辑符号，并分别写出其输出逻辑表达式。画出由三态门构成的总线结构电路，并说明其工作原理。画出由三态门构成的数据双向传输电路，并说明其工作原理。

3.15 简述 CMOS 器件的主要特点。简述 CMOS 传输门主要应用场合；试画出 CMOS 传输门的逻辑符号，并写出其输出逻辑表达式。

习题

3.16 二极管电路及输入电压 u_i 的波形如图题 3.16 所示，试对应画出各自输出电压 u_o 的波形。

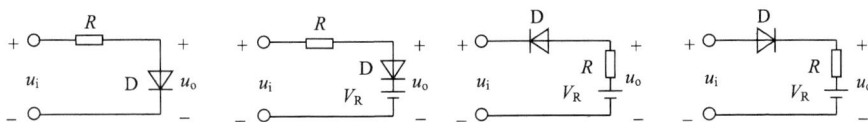

图题 3.16

3.17 说明图题 3.17 中电路中半导体三极管的工作状态。

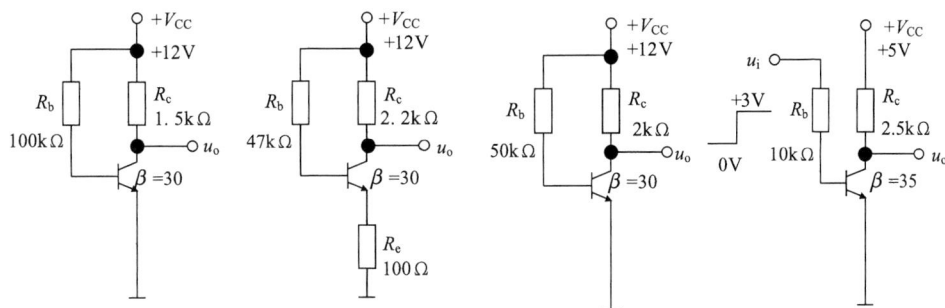

图题 3.17

3.18 二极管门电路如图题 3.18 (a)所示。(1)分析输出信号 F_1、F_2 与输入信号 A、B、C 之间的逻辑关系；(2)根据图题 3.18 (b)给出的 A、B、C 的波形，对应画出 F_1、F_2 的波形。

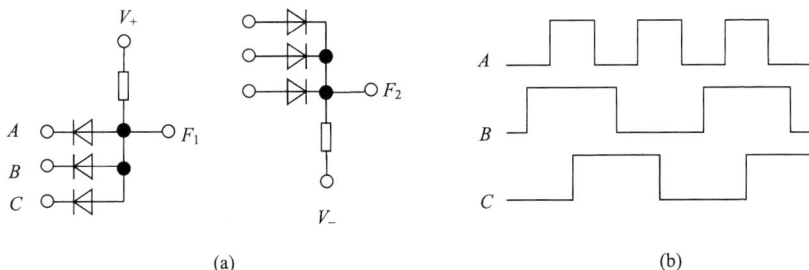

图题 3.18

3.19 在习题 3.19 所示各电路中，MOS 管的导通电阻 $R_{ON}=500\,\Omega$，分析各自的输出电压 u_o，比较输出电压幅度。

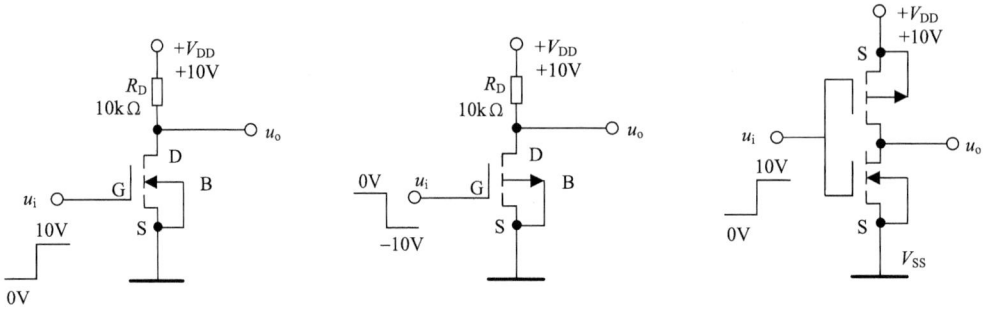

图题 3.19

3.20 在 CMOS 门电路中,采用下面两个电路图的连接方法扩展输入端。请分析电路的逻辑功能,写出 Y 的逻辑表达式。假定 V_{DD}=10V,二极管的正向导通压降 0.7V。

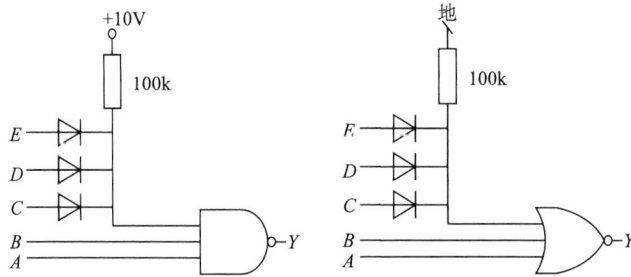

图题 3.20

3.21 分析图题 3.21 所示电路的逻辑功能,并列出真值表。

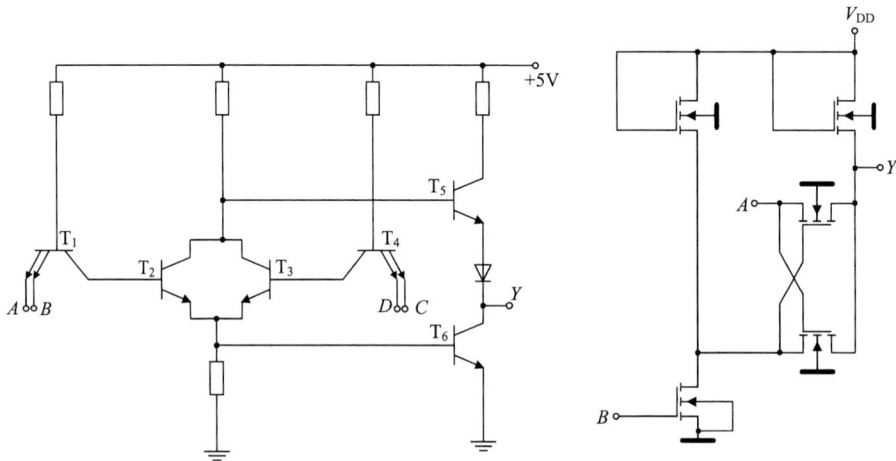

图题 3.21

3.22 用相应的 CMOS 器件完成图题 3.22 所示的数字逻辑系统。

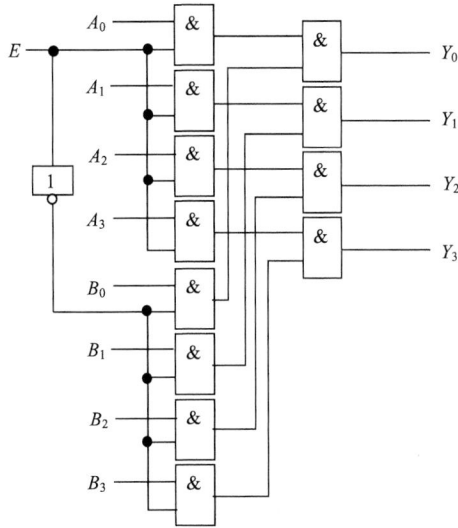

图题 3.22

3.23 分析图题 3.23 所示 CMOS 电路是否能正常工作，写出能正常工作电路的输出逻辑表达式。

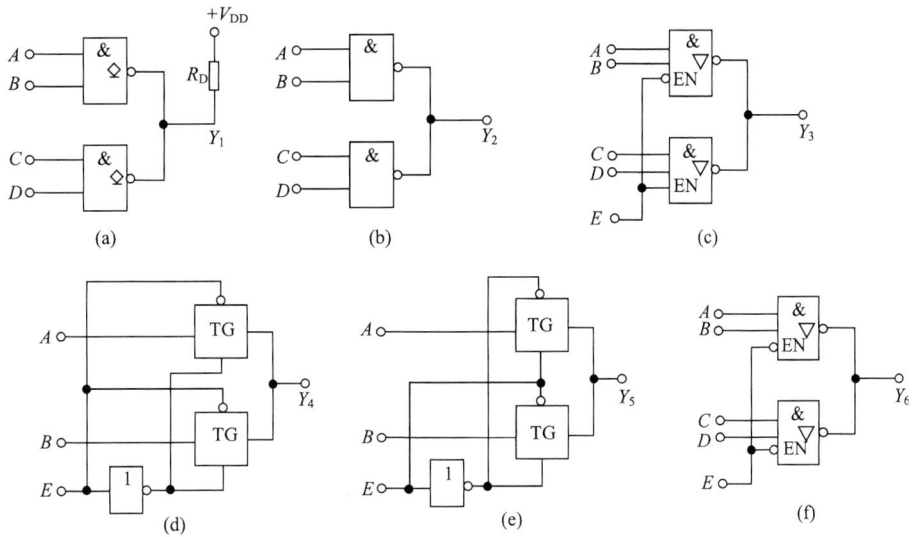

图题 3.23

3.24 分析图题 3.24 所示 CMOS 电路是否能正常工作，写出能正常工作电路的输出逻辑表达式。

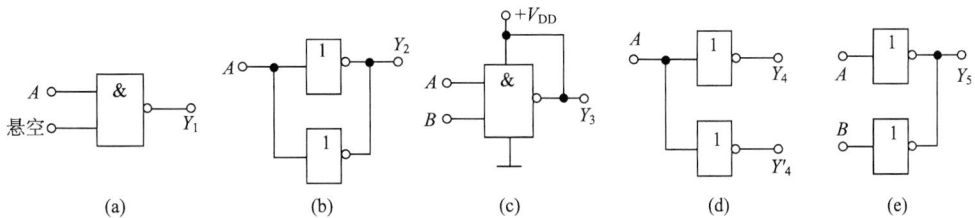

图题 3.24

3.25　电路如图题 3.25 所示 OC 门电路。其中电路 $I_{OH}=250\mu A$、$I_{OL}=16mA$、$U_{OL}=0.4V$、取 $U_{OH}=2.4V$，负载门是 7410，其中 $I_{IN}=40\mu A$、$I_{IL}=-1.6mA$。$V_{CC}=5V$，求 $R_P=?$

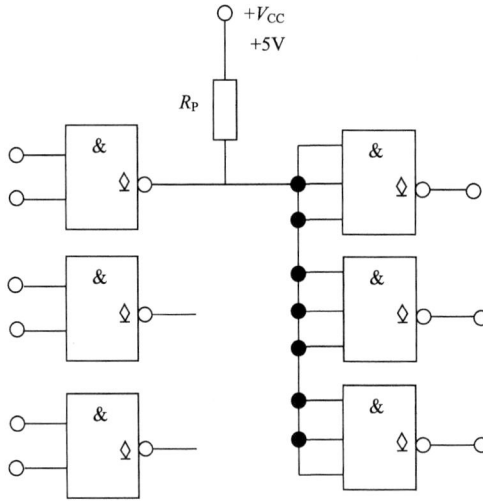

图题 3.25

第 4 章　组合逻辑电路

数字电路按其输出信号对输入信号响应的关系可以分成两大类。第 1 类是组合逻辑电路(简称组合电路)：一个逻辑电路在任意时刻，电路的输出仅仅取决于该时刻的输入信号的状态组合，而与电路原来的输出状态无关，则该逻辑电路就称为组合电路。第 2 类是时序逻辑电路(简称时序电路)：任一时刻的输出信号不仅取决于当时的输入信号，而且还取决于电路原来的状态，或者说，还与以前的输入有关，则该逻辑电路就称为时序电路。

本章介绍组合逻辑电路。一般具有一定功能的组合电路可以采用基本逻辑门(如与门、或门、非门等)电路组合而成。常用的组合电路有加法器、编码器和译码器等电路。某种意义上讲，具有一定功能的逻辑函数的电路实现就是组合电路，因此组合电路的描述方法与逻辑函数的描述方法相同。本章将讲解组合逻辑电路分析与设计方法，并介绍一些常用集成器件的功能和应用，以及如何运用集成器件设计组合逻辑电路。在最后介绍组合逻辑电路中的冒险问题。

4.1　组合逻辑电路的分析与设计方法

4.1.1　组合逻辑电路的分析

根据给定的组合逻辑电路图，求解其逻辑功能的过程称为组合逻辑电路的分析。

通常组合逻辑电路的分析采用的方法如下所示。

(1) 根据给定的组合逻辑电路的逻辑图，从输入端开始，根据器件的基本功能逐级推导出输出端的逻辑函数表达式；

(2) 将输出逻辑函数表达式进行化简、变换，得到化简后的逻辑函数式；

(3) 为了使逻辑功能更加直观，将写出的输出逻辑函数表达式，列出它的真值表；

(4) 从逻辑函数表达式或真值表中，概括出给定组合逻辑电路的逻辑功能。

下面举例说明组合逻辑电路的分析方法。

例 4.1.1　分析图 4.1.1 所示电路的逻辑功能。

解　(1)根据给定的组合逻辑电路的逻辑图，从输入端开始，根据器件的基本功能逐级推导出输出端的逻辑函数表达式。

由图 4.1.1 的输入变量 A、B 开始逐级推导，并将各级的输出标注在图上。最后可以得到输出端 F 的表达式为

$$F = \overline{\overline{ABA} \cdot \overline{ABB}}$$

(2) 将输出逻辑函数表达式，进行化简、变换，得到化简后的逻辑函数式。

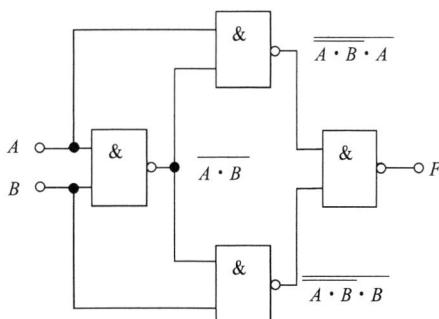

图 4.1.1　例 4.1.1 组合逻辑电路图

应用两次反演定理将上式化简:

$$F = \overline{\overline{\overline{ABA} \cdot \overline{ABB}}} = \overline{\overline{AB} \cdot A} + \overline{\overline{AB} \cdot B}$$
$$= (\overline{A} + \overline{B}) \cdot A + (\overline{A} + \overline{B}) \cdot B$$
$$= A \cdot \overline{B} + \overline{A} \cdot B$$

(3) 为了使逻辑功能更加直观,将写出的输出逻辑函数表达式列成真值表。根据逻辑函数表达式列出它的真值表,如表 4.1.1 所示。

表 4.1.1　例 4.1.1 真值表

A	B	F
0	0	0
0	1	1
1	0	1
1	1	0

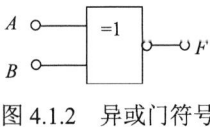

图 4.1.2　异或门符号

(4) 从逻辑函数表达式或真值表,概括出给定组合逻辑电路的逻辑功能。由表 4.1.1 可知,该电路的逻辑功能是:当 A、B 相同时输出 F 为 0,当 A、B 不同时输出 F 为 1。故此电路实现了异或功能,称异或门。逻辑符号为图 4.1.2 所示。

例 4.1.2　分析图 4.1.3 所示电路的逻辑功能。图中,$A_1 A_0$ 和 $B_1 B_0$ 分别表示两个二进制数。

解　(1) 写出输出 F 与输入变量之间的逻辑函数式。图 4.1.3 是由两个异或门电路和一个或门电路组成的组合逻辑电路。其两个异或门电路输出端的表达式分别为

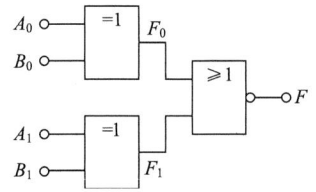

图 4.1.3　例 4.1.2 给定电路图

$$F_0 = A_0 \overline{B}_0 + \overline{A}_0 B_0$$
$$F_1 = A_1 \overline{B}_1 + \overline{A}_1 B_1$$

得组合逻辑电路输出端的表达式:

$$F = \overline{F_0 + F_1} = \overline{(\overline{A}_0 B_0 + A_0 \overline{B}_0) + (\overline{A}_1 B_1 + A_1 \overline{B}_1)}$$

(2) 将输出逻辑函数 F 表达式,进行化简、变换,得到化简后的逻辑函数式:

$$F = \overline{(\overline{A}_0 B_0 + A_0 \overline{B}_0)} \cdot \overline{(\overline{A}_1 B_1 + A_1 \overline{B}_1)} = (\overline{\overline{A}_0 B_0} \cdot \overline{A_0 \overline{B}_0}) \cdot (\overline{\overline{A}_1 B_1} \cdot \overline{A_1 \overline{B}_1})$$
$$= \left[(A_0 + \overline{B}_0)(\overline{A}_0 + B_0) \right] \cdot \left[(A_1 + \overline{B}_1)(\overline{A}_1 + B_1) \right]$$
$$= (\overline{A}_0 \overline{B}_0 + A_0 B_0) \cdot (\overline{A}_1 \overline{B}_1 + A_1 B_1)$$
$$= \overline{A}_0 \overline{B}_0 \overline{A}_1 \overline{B}_1 + A_0 B_0 \overline{A}_1 \overline{B}_1 + \overline{A}_0 \overline{B}_0 A_1 B_1 + A_0 B_0 A_1 B_1$$

(3) 将逻辑函数式转换成真值表,如表 4.1.2 所示。

(4) 从逻辑函数表达式或真值表,概括出给定组合逻辑电路的逻辑功能。

由真值表可知这是一个两位二进制数等值判别电路,判断两个二进制数 $A_1 A_0$ 和 $B_1 B_0$ 是否相等。当 $A_1 A_0 = B_1 B_0$ 时,$F=1$,反之 $F=0$。

表 4.1.2 例 4.1.2 真值表

A_1	A_0	B_1	B_0	F	A_1	A_0	B_1	B_0	F
0	0	0	0	1	1	0	0	0	0
0	0	0	1	0	1	0	0	1	0
0	0	1	0	0	1	0	1	0	1
0	0	1	1	0	1	0	1	1	0
0	1	0	0	0	1	1	0	0	0
0	1	0	1	1	1	1	0	1	0
0	1	1	0	0	1	1	1	0	0
0	1	1	1	0	1	1	1	1	1

例 4.1.3 试分析图 4.1.4 所示电路的逻辑功能。

解 （1）写出各输出与输入的逻辑函数式:

$$F_1 = A$$
$$F_2 = \overline{\overline{\overline{A}B}}$$
$$F_3 = \overline{\overline{\overline{\overline{A}\overline{B}}C}}$$
$$F_4 = \overline{\overline{\overline{\overline{\overline{A}\overline{B}\overline{C}}}D}}$$

（2）化简，得

$$F_1 = A$$
$$F_2 = \overline{A}B$$
$$F_3 = \overline{A}\overline{B}C$$
$$F_4 = \overline{A}\overline{B}\overline{C}D$$

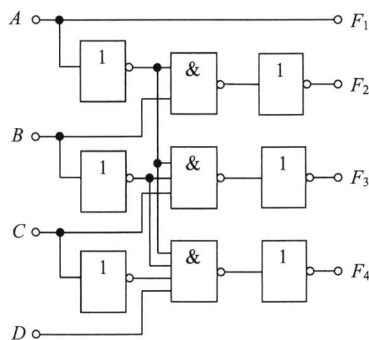

图 4.1.4 例 4.1.3 给定逻辑图

（3）列真值表如表 4.1.3 所示。

如果用×表示任意状态，则可以将表 4.1.3 的真值表简化成表 4.1.4 的形式。

表 4.1.3 例 4.1.3 的真值表

A	B	C	D	F_1	F_2	F_3	F_4	A	B	C	D	F_1	F_2	F_3	F_4
0	0	0	0	0	0	0	0	1	0	0	0	1	0	0	0
0	0	0	1	0	0	0	1	1	0	0	1	1	0	0	0
0	0	1	0	0	0	1	0	1	0	1	0	1	0	0	0
0	0	1	1	0	0	1	0	1	0	1	1	1	0	0	0
0	1	0	0	0	1	0	0	1	1	0	0	1	0	0	0
0	1	0	1	0	1	0	0	1	1	0	1	1	0	0	0
0	1	1	0	0	1	0	0	1	1	1	0	1	0	0	0
0	1	1	1	0	1	0	0	1	1	1	1	1	0	0	0

表 4.1.4　例 4.1.3 简化真值表

A	B	C	D	F_1	F_2	F_3	F_4
1	×	×	×	1	0	0	0
0	1	×	×	0	1	0	0
0	0	1	×	0	0	1	0
0	0	0	1	0	0	0	1
0	0	0	0	0	0	0	0

注：×表示任意状态

(4) 从逻辑函数表达式或真值表，概括出给定组合逻辑电路的逻辑功能。从分析真值表可见，当 A=1 时，无论 B、C、D 为何值，输出为 F_1=1，其余为 0；当 $A\neq1$，而 B=1 时，无论 C、D 是否为 1，输出只有 F_2=1；当 A、B 均为 0，而 C 为 1 时，无论 D 的数值为何，输出只有 F_3 为 1；只有 A、B、C 均为 0，而只有 D 为 1 时，输出 F_4 才为 1。

这是一个优先排队电路，若输入高电平有效，则优先级别为 A、B、C、D。在实际中这个电路可用于一个医院优先照顾重患者的呼唤电路。将患者按病情由重至轻依次安排在 A~D 病室，每室分别装有 A、B、C、D 四个呼唤按钮，按下为 1。值班室里对应的四个指示灯为 F_1、F_2、F_3、F_4，灯亮为 1。由以上分析可知，值班室里的灯总是优先响应重患者的呼唤。

4.1.2　组合逻辑电路的设计

组合逻辑电路的设计，就是根据工程要求，设计出满足工程要求的逻辑电路。组合逻辑电路的设计是否比较灵活，往往取决于设计者的经验和应用器件的能力。组合逻辑电路的设计步骤如图 4.1.5 所示。

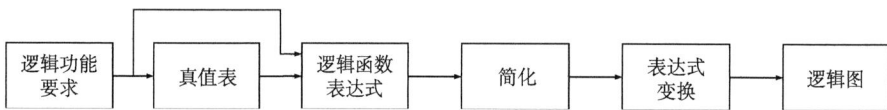

图 4.1.5　组合逻辑电路的设计步骤

组合逻辑电路的设计步骤如下所示。

(1) 进行逻辑抽象。首先，分析问题的因果关系，确定输入变量，输出函数。通常将条件作为输入变量，将结果作为输出函数。其次，进行变量和函数的状态赋值：由设计者定义输入变量和输出函数的状态取值，为 0 或 1。最后根据逻辑问题和设定的输入变量和输出函数的取值定义，列写真值表。这一步是组合逻辑电路设计中最关键的一步。它要求设计者必须对文字描述的实际问题有准确、全面的理解，真值表中不能有遗漏。

(2) 写出逻辑函数式。根据真值表写出逻辑函数式，其方法在前面已经介绍。

(3) 根据选用的器件类型，将逻辑函数式化简或变换成适当的形式。对逻辑函数化简或变换的目标，应视具体选用器件的情况而定。器件既可以是小规模集成门电路，也可以是中规模集成的常用组合逻辑器件，具体采用哪种，可根据电路的具体要求，器件的资源情况和电路的最简决定。

如果使用小规模集成的门电路进行设计，则常将逻辑函数化简为最简的与或表达式形式。如果对所用器件的种类有附加的限制(如只允许使用与非门)，则应将函数式变换成与器件种类相适应的形式(如化简为最简的与非—与非表达式形式)。

如果使用中规模集成的常用组合逻辑器件进行设计，应将逻辑函数式变换为与器件逻辑功能相匹配的形式，以便能用最简的方法完成设计。

(4) 根据化简或变换后的逻辑函数式，画出逻辑电路图。

至此，组合逻辑电路设计完成。显然，组合电路的设计是组合逻辑电路的分析的逆过程。

例 4.1.4　设计一个三人表决电路。要求参加的人，表决的意见为输入变量，分别用 A、B、C 表示，表决结果用 F 表示。当两人或两人以上表示同意时，表决结果为通过，即输出 $F=1$，否则为 0；要求用与非门构成该功能的逻辑电路。

解　(1) 进行逻辑抽象。设三个人的意见为输入变量分别用 A、B、C 表示，并规定同意为 1，不同意为 0；用 F 表示输出函数，并规定表决结果通过 F 为 1，表决结果不通过 F 为 0。

根据题意可列出真值表如表 4.1.5 所示。

表 4.1.5　例 4.1.4 真值表

A	B	C	F
0	0	0	0
0	0	1	0
0	1	0	0
0	1	1	1
1	0	0	0
1	0	1	1
1	1	0	1
1	1	1	1

(2) 写出逻辑函数式。由真值表得
$$F = \overline{A}BC + A\overline{B}C + AB\overline{C} + ABC$$

(3) 选用小规模集成门电路，并用公式法或卡诺图法将逻辑函数化简为
$$F = BC + AC + AB$$

(4) 本题要求用与非门构成该功能的逻辑电路。所以将逻辑函数式变换成与非—与非形式
$$L = AB + BC + CA$$
$$= \overline{\overline{AB + BC + CA}}$$
$$= \overline{\overline{AB} \cdot \overline{BC} \cdot \overline{CA}}$$

根据变换后得逻辑函数式，画出逻辑电路图，如图 4.1.6 所示。

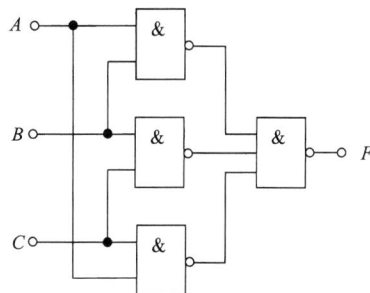

图 4.1.6　用与非门实现的逻辑电路

例 4.1.5 设计一个组合逻辑电路，其输入是一个 3 位二进制数，要求输出为该数的 2 倍值，以及该数的平方值(输出也是二进制数)。

解 (1) 进行逻辑抽象。输入信号为 3 位二进制数用 $A=A_2A_1A_0$ 表示；输出信号为输入信号数值的 2 倍值，用 $M=2A=M_3M_2M_1M_0$ 表示；输出信号为输入信号数值的平方值，用 $N=A^2=N_5N_4N_3N_2N_1N_0$ 表示。

根据题意，列写真值表如表 4.1.6 所示。

表 4.1.6 例 4.1.5 的真值表

A_2	A_1	A_0	M_3	M_2	M_1	M_0	N_5	N_4	N_3	N_2	N_1	N_0
0	0	0	0	0	0	0	0	0	0	0	0	0
0	0	1	0	0	1	0	0	0	0	0	0	1
0	1	0	0	1	0	0	0	0	0	1	0	0
0	1	1	0	1	1	0	0	0	1	0	0	1
1	0	0	1	0	0	0	0	1	0	0	0	0
1	0	1	1	0	1	0	0	1	1	0	0	1
1	1	0	1	1	0	0	1	0	0	1	0	0
1	1	1	1	1	1	0	1	1	0	0	0	1

(2) 写出逻辑函数式。由真值表写出逻辑函数式：

$$M_3 = A_2\bar{A}_1\bar{A}_0 + A_2\bar{A}_1A_0 + A_2A_1\bar{A}_0 + A_2A_1A_0$$
$$M_2 = \bar{A}_2A_1\bar{A}_0 + \bar{A}_2A_1A_0 + A_2A_1\bar{A}_0 + A_2A_1A_0$$
$$M_1 = \bar{A}_2\bar{A}_1A_0 + \bar{A}_2A_1A_0 + A_2\bar{A}_1A_0 + A_2A_1A_0$$
$$M_0 = 0$$
$$N_5 = A_2A_1\bar{A}_0 + A_2A_1A_0$$
$$N_4 = A_2\bar{A}_1\bar{A}_0 + A_2\bar{A}_1A_0 + A_2A_1A_0$$
$$N_3 = \bar{A}_2A_1A_0 + A_2\bar{A}_1A_0$$
$$N_2 = \bar{A}_2A_1\bar{A}_0 + A_2A_1\bar{A}_0$$
$$N_1 = 0$$
$$N_0 = \bar{A}_2\bar{A}_1A_0 + \bar{A}_2A_1A_0 + A_2\bar{A}_1A_0 + A_2A_1A_0$$

(3) 化简逻辑函数式。画出 M 输出函数的卡诺图，如图 4.1.7 所示。由卡诺图化简逻辑函数得简化后的输出逻辑函数。

由卡诺图化简得简化后的输出逻辑函数 M 的表达式：

$$M_3 = A_2$$
$$M_2 = A_1$$
$$M_1 = A_0$$
$$M_0 = 0$$

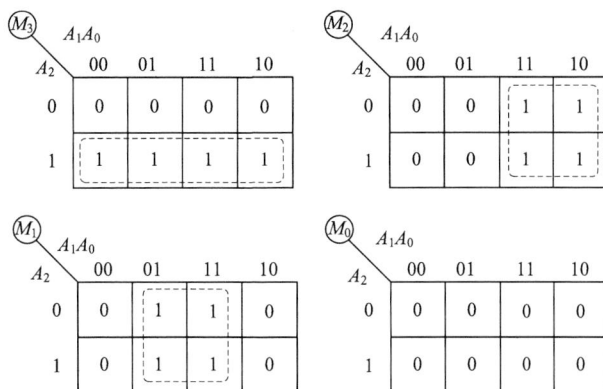

图 4.1.7　逻辑函数 M 的卡诺图

画出 N 输出函数的卡诺图，如图 4.1.8 所示。由卡诺图化简逻辑函数得简化后的输出逻辑函数：

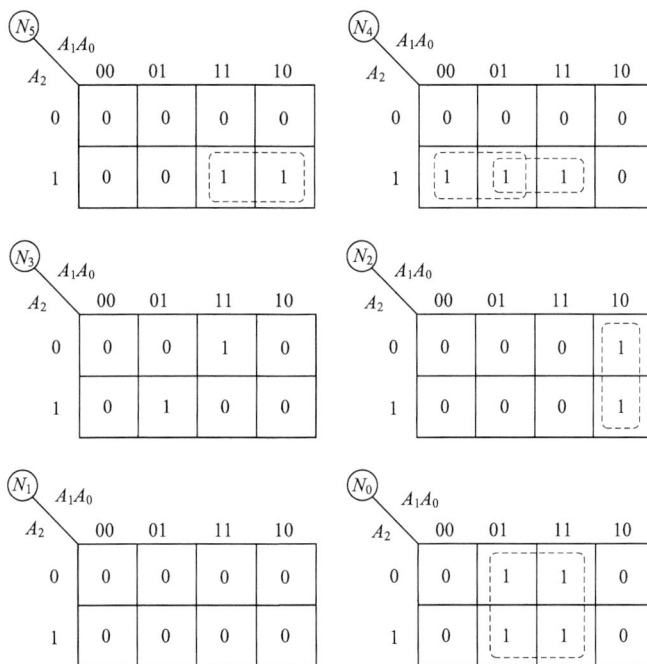

图 4.1.8　逻辑函数 N 的卡诺图

由卡诺图化简得简化后的输出逻辑函数 N 的表达式：

$$N_5 = A_2 A_1$$
$$N_4 = A_2 \overline{A}_1 + A_2 A_0$$
$$N_3 = \overline{A}_2 A_1 A_0 + A_2 \overline{A}_1 A_0$$
$$N_2 = A_1 \overline{A}_0$$
$$N_1 = 0$$
$$N_0 = A_0$$

(4) 由化简逻辑函数式，画逻辑电路图，如图 4.1.9 所示。

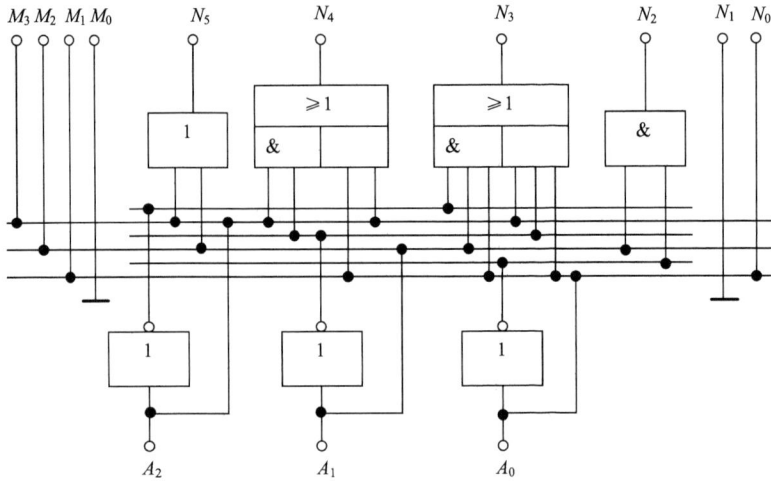

图 4.1.9　例 4.1.5 所求逻辑图

在工程中，设计的组合电路各种各样。但是，这些电路从结构和功能上说，其核心都分属于加法电路、数据比较电路、编码电路、译码电路、数据选择电路、函数发生电路、奇偶校验电路等。为了使用方便制造商生产了大量的 MSI(中规模集成电路 Medium-Scale Integration)组合电路器件。下面介绍这些常用的组合逻辑电路。

4.2　加法器和数值比较器

4.2.1　加法器

二进制加法运算与十进制加法运算类似。二进制数只有 0 和 1 两个数码，二进制加法运算规则是"逢二进一"。在计算机中算术运算都是分解成加法运算进行的，因此，加法运算是最重要的基本的运算，所有的其他基本算术运算如减、乘、除等运算最终都能归结为加法运算。

1. 半加器

A ——被加数
$+$ B ——加数
—————
C S ——本位和
└——进位

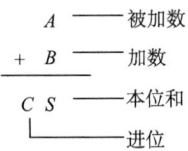

图 4.2.1　半加示意图

1) 半加的概念、半加规则和半加真值表。

将两个 1 位二进制数相加，称为半加。实现半加运算的电路叫做半加器，如图 4.2.1 所示。

根据半加器规则可以列出半加真值表，如表 4.2.1 所示。按照二进制加法运算规则可以列出半加器的真值表如表 4.2.1 所示。其中 A 为被加数，B 为加数，S 是本位和(称半加和)，C 是向高位的进位数(称半加进位)。

2)半加逻辑函数式

根据真值表写出 S 和 C 的逻辑函数式：

$$\begin{cases} S = \overline{A}B + A\overline{B} = A \oplus B \\ C = AB \end{cases} \tag{4.2.1}$$

表 4.2.1　半加器真值表

输入		输出	
A	B	S	C
0	0	0	0
0	1	1	0
1	0	1	0
1	1	0	1

3）半加器的逻辑电路图

由式(4.2.1)可知半加的本位和 S 等于 A、B 的"异或"。半加的进位 C 等于 A、B 的"与"。所以可以画出半加器的逻辑电路图，如图 4.2.2(a)所示。图 4.2.2(b)是半加器的符号。

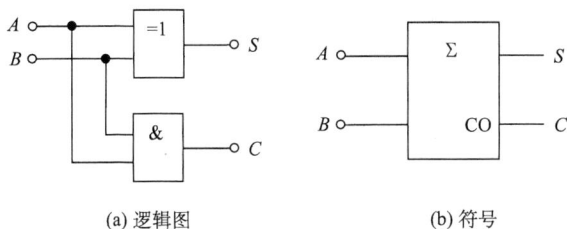

(a) 逻辑图　　　　　　　　(b) 符号

图 4.2.2　半加器逻辑电路图

2. 全加器

1）全加的概念、全加规则和全加真值表

所谓"全加"是指被加数、加数以及低位的进位三者相加，如图 4.2.3(a)所示。实现全加操作的电路，称为全加器。例如，有 2 个 4 位二进制数相加，如图 4.2.3(b)所示。

设 A_i 为被加数，B_i 为加数，C_{i-1} 为来自低位的进位。S_i 为本位和，C_i 为本位向高位的进位。根据全加规则可列出全加器的真值表，如表 4.2.2 所示。

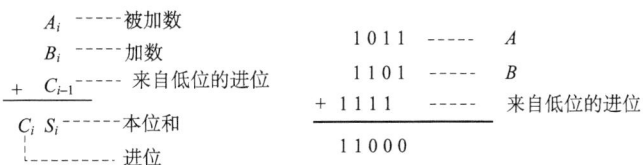

(a) 考虑来自低位的进位　　　　　(b) 2个4位二进制数相加

图 4.2.3　全加示意图

表 4.2.2　全加器的真值表

输入			输出		输入			输出	
A_i	B_i	C_{i-1}	S_i	C_i	A_i	B_i	C_{i-1}	S_i	C_i
0	0	0	0	0	1	0	0	1	0
0	0	1	1	0	1	0	1	0	1
0	1	0	1	0	1	1	0	0	1
0	1	1	0	1	1	1	1	1	1

2）全加逻辑函数式

根据真值表 4.2.2 可以写出 S_i 和 C_i 的逻辑函数表达式：

$$S_i = \bar{A}_i\bar{B}_iC_{i-1} + \bar{A}_iB_i\bar{C}_{i-1} + A_i\bar{B}_i\bar{C}_{i-1} + A_iB_iC_{i-1}$$

$$C_i = \bar{A}_iB_iC_{i-1} + A_i\bar{B}_iC_{i-1} + A_iB_i\bar{C}_i + A_iB_iC_i$$

3）化简逻辑函数式

根据真值表分别画出 S_i 和 C_i 的卡诺图，如图 4.2.4 所示。

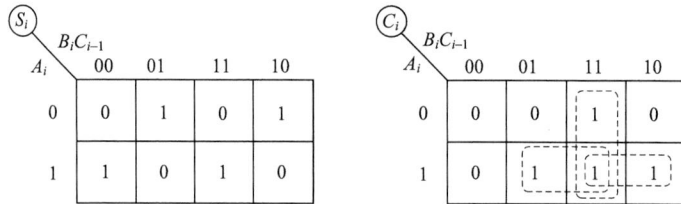

图 4.2.4　S_i 和 C_i 的卡诺图

利用卡诺图化简逻辑函数表达式得

$$\begin{cases} S_i = \bar{A}_i\bar{B}_iC_{i-1} + \bar{A}_iB_i\bar{C}_{i-1} + A_i\bar{B}_i\bar{C}_{i-1} + A_iB_iC_{i-1} \\ C_i = B_iC_{i-1} + A_iC_{i-1} + A_iB_i \end{cases} \tag{4.2.2}$$

整理式(4.2.2)得

$$\begin{cases} S_i = (\bar{A}_iB_i + A_i\bar{B}_i)\ \bar{C}_{i-1} + (\bar{A}_i\bar{B}_i + A_iB_i)\ C_{i-1} \\ C_i = (A_i\bar{B}_i + \bar{A}_iB_i)C_{i-1} + A_iB_i \end{cases} \tag{4.2.3}$$

根据半加器结构，式(4.2.3)中，"异或"是半加的和(异或的反是同或)，所以有

$$S = \bar{A}_iB_i + A_i\bar{B}_i$$

$$\bar{S} = \bar{A}_i\bar{B}_i + A_iB_i$$

将 S，$\bar{S}_i$ 代入式(4.2.3)得

$$\begin{cases} S_i = S\bar{C}_{i-1} + \bar{S}C_{i-1} \\ C_i = SC_{i-1} + A_iB_i \end{cases} \tag{4.2.4}$$

式(4.2.4)说明，全加和 S_i 是由半加和 S 与低进位 C_{i-1} 的"异或"逻辑构成，因此可以采用两个半加器和一个或门组成一个全加器，如图 4.2.5(a)所示。用半加器 I 先得出半加和 S，

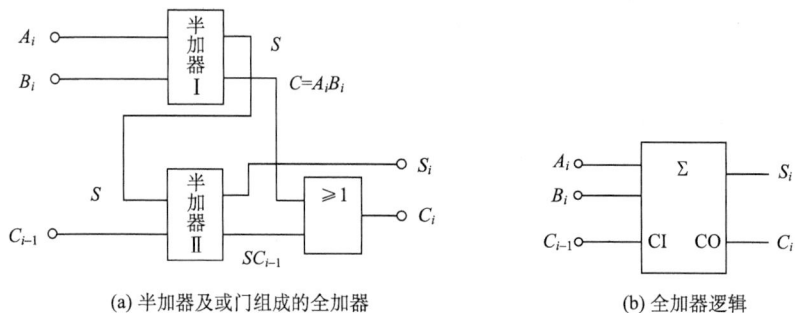

(a) 半加器及或门组成的全加器　　　　　　　(b) 全加器逻辑

图 4.2.5　全加器

再将 S 于低位进位 C_{i-1} 输入半加器 II，半加器 II 的输出的本位和即为全加和 S_i。另外把两个半加器的进位输出用一个或门进行或运算，即可得全加器进位信号 C_i。全加器的逻辑图如图 4.2.5(b) 所示。

例 4.2.1　试用全加器构成 2 个 4 位二进制数相加电路。

解　设一个 4 位二进制数为 $A_3A_2A_1A_0$，另一个二进制数为 $B_3B_2B_1B_0$。这 2 个 4 位二进制数相加的原理示意图，如图 4.2.6 所示。

$$
\begin{array}{r}
A_3 \quad A_2 \quad A_1 \quad A_0 \\
B_3 \quad B_2 \quad B_1 \quad B_0 \\
+ \quad C_3 \quad C_2 \quad C_1 \quad C_0 \\
\hline
C_3 \quad S_3 \quad S_2 \quad S_1 \quad S_0
\end{array}
$$

图 4.2.6　二个四位二进制数相加原理示意图

根据图 4.2.6 可以得到 2 个 4 位二进制数相加的真值表，如表 4.2.3 所示。

表 4.2.3　2 个 4 位二进制数相加的真值表

第4位					第3位					第2位					第1位			
A_3	B_3	C_2	S_3	C_3	A_2	B_2	C_1	S_2	C_2	A_1	B_1	C_0	S_1	C_1	A_0	B_0	S_0	C_0
0	0	0	0	0	0	0	0	0	0	0	0	0	0	0	0	0	0	0
0	0	1	1	0	0	0	1	1	0	0	0	1	1	0	0	1	1	0
0	1	0	1	0	0	1	0	1	0	0	1	0	1	0	1	0	1	0
0	1	1	0	1	0	1	1	0	1	0	1	1	0	1	1	1	0	1
1	0	0	1	0	1	0	0	1	0	1	0	0	1	0				
1	0	1	0	1	1	0	1	0	1	1	0	1	0	1				
1	1	0	0	1	1	1	0	0	1	1	1	0	0	1				
1	1	1	1	1	1	1	1	1	1	1	1	1	1	1				

由真值表和二进制数相加原理示意图看出，2 个 4 位二进制数相加电路，可以采用全加器构成，最低位的加法器可以用半加器实现，如图 4.2.7 所示。另外，每一位的进位信号送给下一位作为输入信号，因此，任一位的加法运算必须在低一位的运算完成后才能进行，这种进位方式称串行进位，这种加法器的逻辑电路比较简单，但它的运算速度不高。

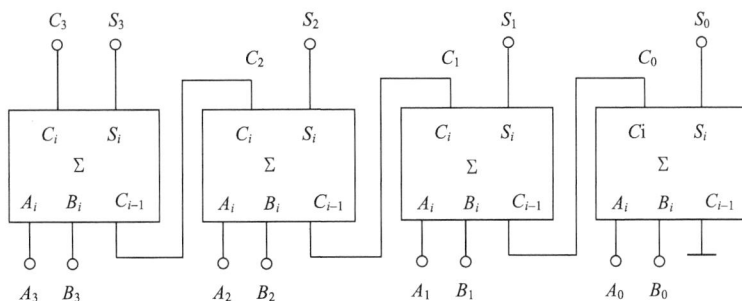

图 4.2.7　实现 2 个 4 位二进制数相加的电路

3. 超前进位全加器（74HC283 集成全加器）

加法运算存在进位问题，所以串行进位加法器的运算速度较慢，为了减少进位传输所耗的时间，提高运算速度，人们设计了超前进位全加器。

什么叫超前进位加法器？超前进位加法器，就是在作加法运算时，各位数的进位信号由输入二进制数直接产生的加法器。一般用逻辑门电路来判断各位数的进位信号，所以在高位相加运算开始时，就能知道进位信号。每位的进位只由加数和被加数决定，而与低位的进位无关。下面以 4 位二进制加法器介绍超前进位的概念。

$$
\begin{array}{cccccl}
A_3 & A_2 & A_1 & A_0 & \cdots\cdots & 被加数 \\
B_3 & B_2 & B_1 & B_0 & \cdots\cdots & 加数 \\
+\ C_3 & C_2 & C_1 & C_0 & \cdots\cdots & 来自低位的进位 \\
\hline
C_3 & S_3 & S_2 & S_1 & S_0 & \cdots\cdots 本位和 \\
& & & & \cdots\cdots 进位
\end{array}
$$

图 4.2.8　2 个 4 位二进制数相加原理示意图

2 个 4 位二进制数相加原理示意图,如图 4.2.8 所示，由全加器进位逻辑函数式 (4.2.2) 可知 $C_i = A_iB_i + (A_i\overline{B_i} + \overline{A_i}B_i)C_{i-1}$。

第 1 位全加器的输入进位信号的表达式为

$$C_0 = A_0B_0 + (A_0\overline{B_0} + \overline{A_0}B_0)C_{0-1} \tag{4.2.5}$$

第 2 位全加器的输入进位信号的表达式为

$$
\begin{aligned}
C_1 &= A_1B_1 + (A_1\overline{B_1} + \overline{A_1}B_1)C_0 \\
&= A_1B_1 + (A_1\overline{B_1} + \overline{A_1}B_1)[A_0B_0 + (A_0\overline{B_0} + \overline{A_0}B_0)C_{0-1}]
\end{aligned} \tag{4.2.6}
$$

第 3 位全加器的输入进位信号的表达式为

$$
\begin{aligned}
C_2 &= A_2B_2 + (A_2\overline{B_2} + \overline{A_2}B_2)C_1 \\
&= A_2B_2 + (A_2\overline{B_2} + \overline{A_2}B_2)\{A_1B_1 + (A_1\overline{B_1} + \overline{A_1}B_1)[A_0B_0 + (A_0\overline{B_0} + \overline{A_0}B_0)C_{0-1}]\}
\end{aligned} \tag{4.2.7}
$$

第 4 位全加器的输入进位信号的表达式为

$$
\begin{aligned}
C_3 &= A_3B_3 + (A_3\overline{B_3} + \overline{A_3}B_3)C_2 \\
&= A_3B_3 + (A_3\overline{B_3} + \overline{A_3}B_3)\{A_2B_2 + (A_2\overline{B_2} + \overline{A_2}B_2)\{A_1B_1 + (A_1\overline{B_1} + \overline{A_1}B_1)[A_0B_0 + (A_0\overline{B_0} + \overline{A_0}B_0)C_{0-1}]\}\}
\end{aligned} \tag{4.2.8}
$$

以上分析可以看出，只要知道 $A_3A_2A_1A_0$、$B_3B_2B_1B_0$ 和 C_{0-1}，就能确定 C_3、C_2、C_1、C_0。因此，用门电路实现 C_3、C_2、C_1、C_0 逻辑关系，并将结果输入到相应全加器的进位端，就会

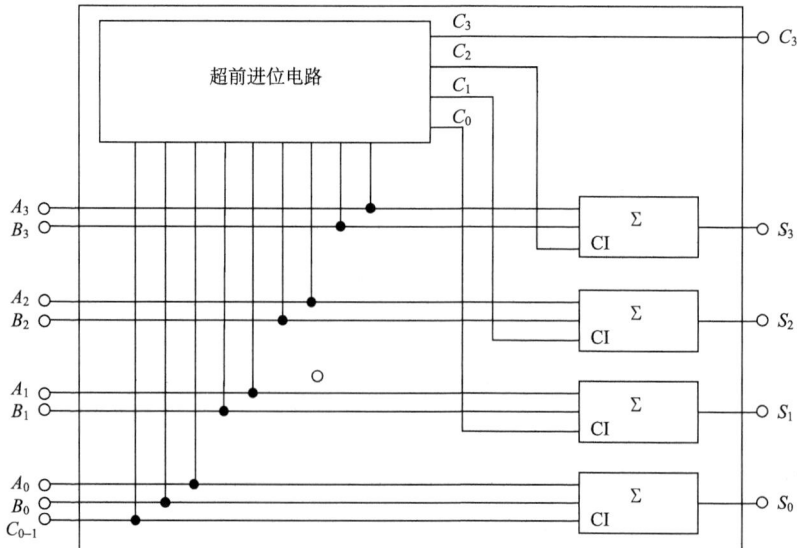

图 4.2.9　4 位超前进位全加器示意图

极大地提高加法运算的速度，不会再有高位的全加运算等待进位信号。四位超前进位全加器就是由 4 个全加器和相应的进位逻辑电路(超前进位电路)组成的。四位超前进位全加器示意图，如图 4.2.9 所示。超前进位电路示意图，如图 4.2.10 所示。实际应用的四位超前进位全加器有 TTL 电路 74LS283 和 CMOS 电路 74HC283，电路的引脚如图 4.2.11 所示。集成电路的型号不同，超前进位电路的结构也不同，这里不再一一讲述。

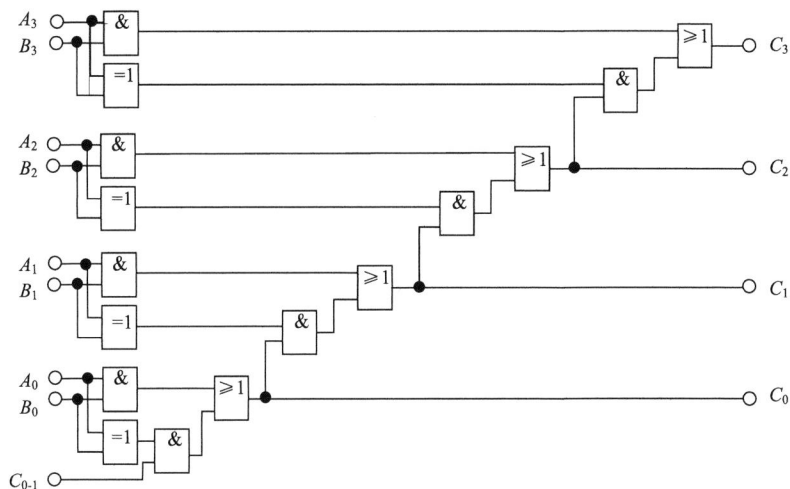

图 4.2.10　超前进位电路示意图

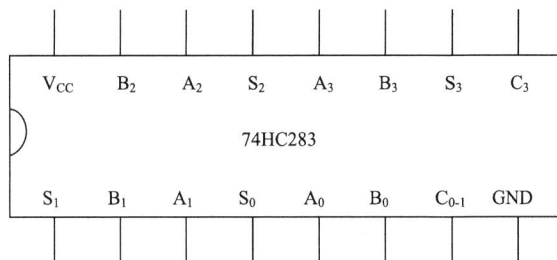

图 4.2.11　4 位超前进位全加器 74HC283 电路的引脚图

例 4.2.2　试用 74HC283 实现 8 位二进制数相加。

解　设 8 位二进制数被加数 $A=A_7A_6A_5A_4A_3A_2A_1A_0$，加数 $B=B_7B_6B_5B_4B_3B_2B_1B_0$。实现 8 位二进制数相加电路如图 4.2.12 所示。

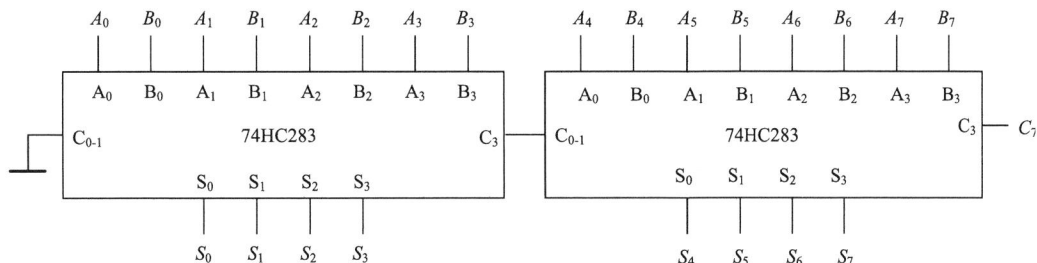

图 4.2.12　用 74HC283 实现 8 位二进制数相加电路图

用单片 74HC283 实现 4 位二进制数相加,超前进位电路起到提高运算速度的作用。用两片 74HC283 实现 8 位二进制数相加连接方法如图 4.2.12 所示。该电路的级联是串行进位方式,低位的进位输出(C_3 端)连到高位的进位输入(C_{0-1} 端)端。当级联数目增加时,会影响运算速度。解决的办法是采用并行进位的级联方式。

4. 减法器

在第 1 章介绍的二进制数有符号数的编码运算可知,减法运算的原理是将减法运算变成加法运算进行的。下面介绍 4 位二进制的减法器。

例 4.2.3 试用全加器 74HC283 实现 4 位二进制的减法器。

解 二进制的减法器运算,采用的是二进制补码的减法运算,它可以方便地进行带符号的减法运算。减法运算的原理是减去一个正数相当于加上一个负数,即 $A-B=A+(-B)$。对 $(-B)$ 求补码,然后进行加法运算。

设 2 个 4 位二进制数为 $A=A_3A_2A_1A_0$ 和 $B=B_3B_2B_1B_0$,根据补码式(1.3.1)和式(1.3.2)得

$$A - B = A + B_{\text{补}} - 2^n = A + B_{\text{反}} + 1 - 2^n \tag{4.2.9}$$

式(4.2.9)表明,A 减 B 可由 A 加 B 的反再加 1 减 2^n 完成。根据式(4.2.9)可得 4 位二进制数减法运算电路,如图 4.2.13 所示。减法运算电路是由两部分完成。

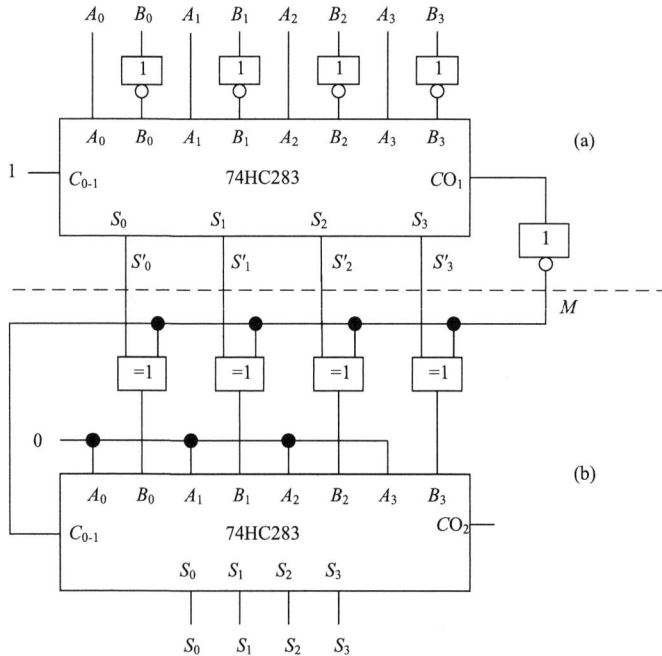

图 4.2.13 输出为原码的 4 位减法运算逻辑图

第 1 部分完成 $A+B_{\text{反}}+1$ 的功能,如图 4.2.13(a)所示。

电路由 4 个反相器将 B 求反相,C_{0-1} 接 1 完成加 1 的功能。加法器相加的输出结果为 $S'=A+B_{\text{反}}+1$。

第 2 部分完成再求补码得原码,如图 4.2.13(b)所示。

　　由式 (4.2.9) 得 $A-B=S'-2^n$，　　式中 $2^n=2^4=(10000)_2$，S' 减 2^n 相当于 S' 减去进位输出信号。

　　例如，设 $A=0100$，$B=0001$，求补相加得

$$
\begin{array}{rl}
0\,1\,0\,0 & A \\
1\,1\,1\,0 & B_{反} \\
+\qquad 1 & 加1 \\
\hline
1\,0\,0\,1\,1 & \\
-\,1\,0\,0\,0\,0 & 减2^n \\
\hline
0\,0\,0\,1\,1 & 进位反相
\end{array}
$$

　　结果 $S'=A+B_{反}+1=10011$ 减去 2^n 得 00011。两数运行结果为 0011。从上例子看出，减 2^n 相当于对最高进位项 CO 取反，即 $\overline{CO}=0$。运算结果是正数，求原码，是原码本身 0011。当 $CO=1$，$\overline{CO}=0$ 时，可得本例子的功能关系：

$$A-B=CO\cdot S'+0=CO\cdot S'+\overline{CO} \tag{4.2.10}$$

　　又例如，设 $A=0001$，$B=0100$，求补相加得

$$
\begin{array}{rl}
0\,0\,0\,1 & A \\
1\,0\,1\,1 & B_{反} \\
+\qquad 1 & 加1 \\
\hline
0\,1\,1\,0\,1 & \\
-\,1\,0\,0\,0\,0 & \\
\hline
1\,1\,1\,0\,1 & 进位反相
\end{array}
$$

　　结果 $S'=A+B_{反}+1=01101$ 减去 2^n 得 11101。两数运行结果为 1101，从上例子看出，减 2^n 相当于对最高进位项 CO 取反，即 $\overline{CO}=1$。运算结果是负数，求原码，是再求补码得原码 $(1101)_{补}=(-101)_{反}+1=-0011$。当 $CO=0$，$\overline{CO}=1$ 时，可得本例子的功能关系：

$$A-B=\overline{CO}\cdot\overline{S'}+1=\overline{CO}\cdot\overline{S'}+\overline{CO} \tag{4.2.11}$$

　　由式 (4.2.10)、式 (4.2.11) 可得

$$A-B=CO\cdot S'+\overline{CO}\cdot\overline{S'}+\overline{CO} \tag{4.2.12}$$

　　令 $\overline{CO}=M$，得

$$A-B=\overline{M}\cdot S'+M\cdot\overline{S'}+M \tag{4.2.13}$$

　　根据式 (4.2.13) 可得，第 2 部分完成再求补码得原码的电路，电路输出值为 $S=S_3S_2S_1S_0$，如图 4.2.13 (b) 所示。

　　电路图 4.2.13 (a) 和图 4.2.13 (b) 共同组成输出为原码的完成 4 位减法运算电路。图 4.2.13 (a) 的输出值 $S'=S'_3S'_2S'_1S'_0$ 输入到异或门的一个输入端，另一输入端又进位信号取反 $\overline{CO}=M$ 输入。

　　当 $CO=0$，$M=1$ 时，$A-B=\overline{S'}+1$ 实现求补运算，输出值为

$$A-B=\overline{S'}+1=S_3S_2S_1S_0$$

　　当 $CO=1$，$M=0$ 时，$A-B=S'$，维持原码，输出值为

$$A-B=S'=S_3S_2S_1S_0$$

4.2.2　数值比较器

比较是一种最基本的操作，人们在比较中识别出事物，计算机在比较中鉴别出数据和代码。实现比较操作的逻辑电路称为比较器。在数字系统中，常常需要对两个二进制数 A 和 B 进行比较，比较的结果有 $A>B$、$A=B$ 或 $A<B$ 三种可能。完成比较两个二进制数大小的逻辑电路称为数值比较器。

1. 1 位数值比较器

例 4.2.4　比较两个 1 位二进制数 A、B 大小。试用基本逻辑电路实现 1 位二进制数值比较器。输入信号 A、B 是两个 1 位二进制数，分别用输出信号 L、M、G 表示三种比较结果。

解　约定，当 $A>B$ 时 $L=1$；当 $A<B$ 时 $M=1$；当 $A=B$ 时 $G=1$。

根据上述的约定可列出 1 位比较器的真值表，如表 4.2.4 所示。

表 4.2.4　1 位数值比较器的真值表

输　入		输　出		
A	B	$L_{A>B}$	$G_{A=B}$	$M_{A<B}$
0	0	0	1	0
0	1	0	0	1
1	0	1	0	0
1	1	0	1	0

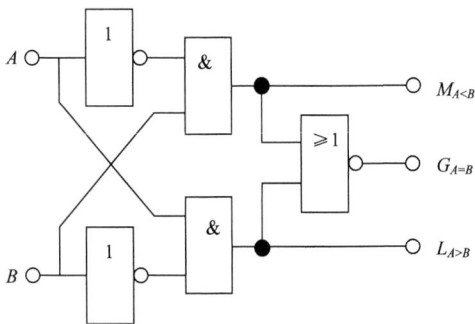

图 4.2.14　1 位数值比较器

由真值表可得到 1 位数值比较器逻辑表达式：

$$\begin{cases} L_{A>B} = A\overline{B} \\ G_{A=B} = \overline{A}\,\overline{B} + AB \\ M_{A<B} = \overline{A}B \end{cases} \qquad (4.2.14)$$

根据式(4.2.14)画出逻辑图，如图 4.2.14 所示。

从图 4.2.14 可以看出，数值比较器的输出一般有 3 个，分别输出大于、等于和小于比较结果，并且这 3 个结果同时只能一个有效。

2. 4 位数值比较器

例 4.2.5　比较两个 4 位二进制数 $A=A_3A_2A_1A_0$、$B=B_3B_2B_1B_0$ 的大小，试用基本逻辑电路和 1 位数值比较器实现 4 位二进制数的比较器。比较结果用 L、M、G 表示，并且约定当 $A>B$ 时 $L=1$；当 $A<B$ 时 $M=1$；当 $A=B$ 时 $G=1$。

解　4 位二进制数值比较的方法，可以采用 1 位比较器逐位进行比较。首先从最高位开始比较，依次逐位进行，直到比较出结果。若最高位 $A_i>B_i$，无论以下各位关系如何，则数 $A>B$，结果 $L=1$；若最高位 $A_i<B_i$，无论以下各位关系如何，则数 $A<B$，结果 $M=1$；若最高位

$A_i=B_i$，再比较次高位……，若各位均相等时，则认为 $A=B$，结果 $G=1$。根据以上 4 位二进制数值比较的方法，可以列出真值表，如表 4.2.5 所示。

表 4.2.5　4 位数值比较器真值表

输入								输出		
A_3	B_3	A_2	B_2	A_1	B_1	A_0	B_0	$L_{A>B}$	$G_{A=B}$	$M_{A<B}$
$A_3>B_3$		×		×		×		1	0	0
$A_3=B_3$		$A_2>B_2$		×		×		1	0	0
$A_3=B_3$		$A_2=B_2$		$A_1>B_1$		×		1	0	0
$A_3=B_3$		$A_2=B_2$		$A_1=B_1$		$A_0>B_0$		1	0	0
$A_3=B_3$		$A_2=B_2$		$A_1=B_1$		$A_0=B_0$		0	1	0
$A_3<B_3$		×		×		×		0	0	1
$A_3=B_3$		$A_2<B_2$		×		×		0	0	1
$A_3=B_3$		$A_2=B_2$		$A_1<B_1$		×		0	0	1
$A_3=B_3$		$A_2=B_2$		$A_1=B_1$		$A_0<B_0$		0	0	1

由表 4.2.5 可以写出下列逻辑表达式。从表达式看出 4 位数值比较器可利用 1 位数值比较器经组合获得。

$$
\begin{aligned}
L_{A>B} &= A_3\overline{B_3} \\
&\quad + [(\overline{A_3}\,\overline{B_3} + A_3 B_3) \cdot A_2\overline{B_2}] \\
&\quad + [(\overline{A_3}\,\overline{B_3} + A_3 B_3) \cdot (\overline{A_2}\,\overline{B_2} + A_2 B_2) \cdot A_1\overline{B_1}] \\
&\quad + [(\overline{A_3}\,\overline{B_3} + A_3 B_3) \cdot (\overline{A_2}\,\overline{B_2} + A_2 B_2) \cdot (\overline{A_1}\,\overline{B_1} + A_1 B_1) \cdot A_0\overline{B_0}] \\
&= L_{3(A_3>B_3)} \\
&\quad + G_{3(A_3=B_3)} \cdot L_{2(A_2>B_2)} \\
&\quad + G_{3(A_3=B_3)} \cdot G_{2(A_2=B_2)} \cdot L_{1(A_1>B_1)} \\
&\quad + G_{3(A_3=B_3)} \cdot G_{2(A_2=B_2)} \cdot G_{1(A_1=B_1)} \cdot L_{0(A_0>B_0)} \\
&= L_3 + G_3 \cdot L_2 + G_3 \cdot G_2 \cdot L_1 + G_3 \cdot G_2 \cdot G_1 \cdot L_0 \\
G_{A=B} &= (\overline{A_3}\,\overline{B_3} + A_3 B_3) \cdot (\overline{A_2}\,\overline{B_2} + A_2 B_2) \cdot (\overline{A_1}\,\overline{B_1} + A_1 B_1) \cdot (\overline{A_0}\,\overline{B_0} + A_0 B_0) \\
&= G_{3(A_3=B_3)} \cdot G_{2(A_2=B_2)} \cdot G_{1(A_1=B_1)} \cdot G_{0(A_0=B_0)} \\
&= G_3 \cdot G_2 \cdot G_1 \cdot G_0 \\
M_{A<B} &= \overline{A_3} B_3 \\
&\quad + [(\overline{A_3}\,\overline{B_3} + A_3 B_3) \cdot \overline{A_2} B_2] \\
&\quad + [(\overline{A_3}\,\overline{B_3} + A_3 B_3) \cdot (\overline{A_2}\,\overline{B_2} + A_2 B_2) \cdot \overline{A_1} B_1] \\
&\quad + [(\overline{A_3}\,\overline{B_3} + A_3 B_3) \cdot (\overline{A_2}\,\overline{B_2} + A_2 B_2) \cdot (\overline{A_1}\,\overline{B_1} + A_1 B_1) \cdot \overline{A_0} B_0] \\
&= M_{3(A_3<B_3)} \\
&\quad + G_{3(A_3=B_3)} \cdot M_{2(A_2<B_2)} \\
&\quad + G_{3(A_3=B_3)} \cdot G_{2(A_2=B_2)} \cdot M_{1(A_1<B_1)} \\
&\quad + G_{3(A_3=B_3)} \cdot G_{2(A_2=B_2)} \cdot G_{1(A_1=B_1)} \cdot M_{0(A_0<B_0)}
\end{aligned}
$$

$$= M_3 + G_3 \cdot M_2 + G_3 \cdot G_2 \cdot M_1 + G_3 \cdot G_2 \cdot G_1 \cdot M_0$$

式中，L_0、L_1、L_2、L_3、M_0、M_1、M_2、M_3、G_0、G_1、G_2、G_3 是 1 位数值比较器的输出。4 位二进制数值比较器逻辑图是由与门、或门和 1 位数值比较器组成，如图 4.2.15 所示。

用以上的方法可以构成更多位数值比较器。

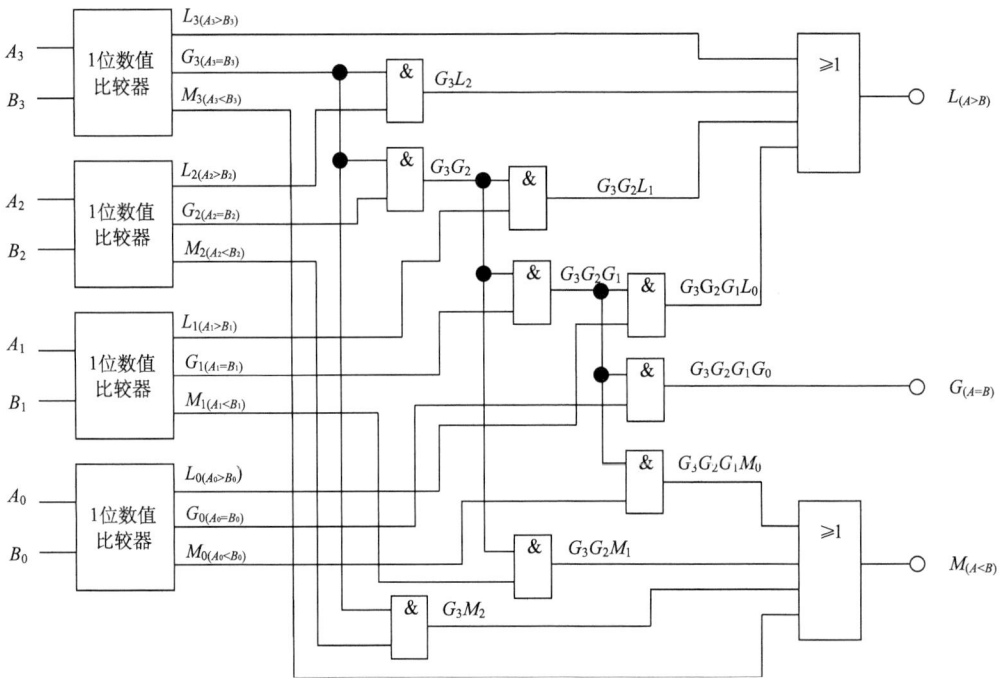

图 4.2.15　4 位数值比较器

3. 74HC85 集成数值比较器

集成数值比较器 74HC85 是具有进位输入端的 4 位数值比较器，进位输入端是为了扩大应用范围，便于级联而设置。集成数值比较器 74HC85 功能表如表 4.2.6 所示。

表 4.2.6　74HC85 的功能表

输入							输出		
$A_3 B_3$	$A_2 B_2$	$A_1 B_1$	$A_0 B_0$	$I_{A>B}$	$I_{A<B}$	$I_{A=B}$	$F_{A>B}$	$F_{A<B}$	$F_{A=B}$
$A_3 > B_3$	×	×	×	×	×	×	1	0	0
$A_3 < B_3$	×	×	×	×	×	×	0	1	0
$A_3 = B_3$	$A_2 > B_2$	×	×	×	×	×	1	0	0
$A_3 = B_3$	$A_2 < B_2$	×	×	×	×	×	0	1	0
$A_3 = B_3$	$A_2 = B_2$	$A_1 > B_1$	×	×	×	×	1	0	0
$A_3 = B_3$	$A_2 = B_2$	$A_1 < B_1$	×	×	×	×	0	1	0
$A_3 = B_3$	$A_2 = B_2$	$A_1 = B_1$	$A_0 > B_0$	×	×	×	1	0	0
$A_3 = B_3$	$A_2 = B_2$	$A_1 = B_1$	$A_0 < B_0$	×	×	×	0	1	0

续表

输入							输出		
$A_3\,B_3$	$A_2\,B_2$	$A_1\,B_1$	$A_0\,B_0$	$I_{A>B}$	$I_{A<B}$	$I_{A=B}$	$F_{A>B}$	$F_{A<B}$	$F_{A=B}$
$A_3=B_3$	$A_2=B_2$	$A_1=B_1$	$A_0=B_0$	1	0	0	1	0	0
$A_3=B_3$	$A_2=B_2$	$A_1=B_1$	$A_0=B_0$	0	1	0	0	1	0
$A_3=B_3$	$A_2=B_2$	$A_1=B_1$	$A_0=B_0$	×	×	1	0	0	1
$A_3=B_3$	$A_2=B_2$	$A_1=B_1$	$A_0=B_0$	1	1	0	0	0	0
$A_3=B_3$	$A_2=B_2$	$A_1=B_1$	$A_0=B_0$	0	0	0	1	1	0

表中 $I_{A>B}$、$I_{A<B}$、$I_{A=B}$ 为 3 个进位输入信号，由表可以看出，当本级各位相等时，需根据进位端的状态判断两个数值的大小。其引脚图如图 4.2.16 所示。

从表 4.2.6 看出，该比较强的比较原理与 4 位数值比较器的比较原理相同。若仅对 4 位数进行比较时，应对 $I_{A>B}$、$I_{A<B}$、$I_{A=B}$ 进行适当处理，即 $I_{A>B}=I_{A<B}=0$，$I_{A=B}=1$。

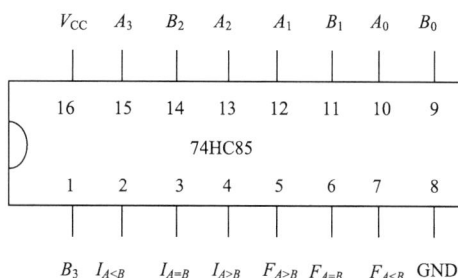

图 4.2.16　74HC85 集成数值比较器引脚图

当比较位数超出时，需要扩展比较位数。比较位数扩展方式有串联和并联两种。

图 4.2.17 给出了两个 4 位数值比较器构成串联方式成为一个 8 位数值比较器。对于两个 8 位数 $A=A_7A_6A_5A_4A_3A_2A_1A_0$ 和 $B=B_7B_6B_5B_4B_3B_2B_1B_0$，若高 4 位相同，它们的大小则由低 4 位的比较结果确定。因此，低 4 位的比较结果应作为高 4 位的条件，即低 4 位比较器的输出端应分别与高 4 位比较器的 $I_{A<B}$、$I_{A=B}$、$I_{A>B}$ 端连接。

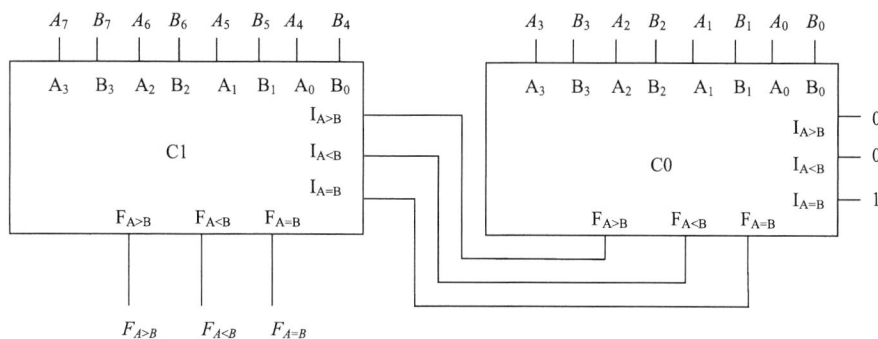

图 4.2.17　串联方式数值比较器的位数

在多位数值比较时，为了提高比较速度，可以采用并联方式，如图 4.2.18 所示。图是 16 位并联数值比较器的原理图。电路采用两级比较方式，第一级是由 4 个 4 位比较器组成 16 位数值比较器，16 位数值按高低位分成 4 组，各组的比较是并行进行，将每组的比较结果输入给第二级。第二级是由 1 个 4 位比较器组成，将每组的比较结果经过 4 位比较器得出最终结果。

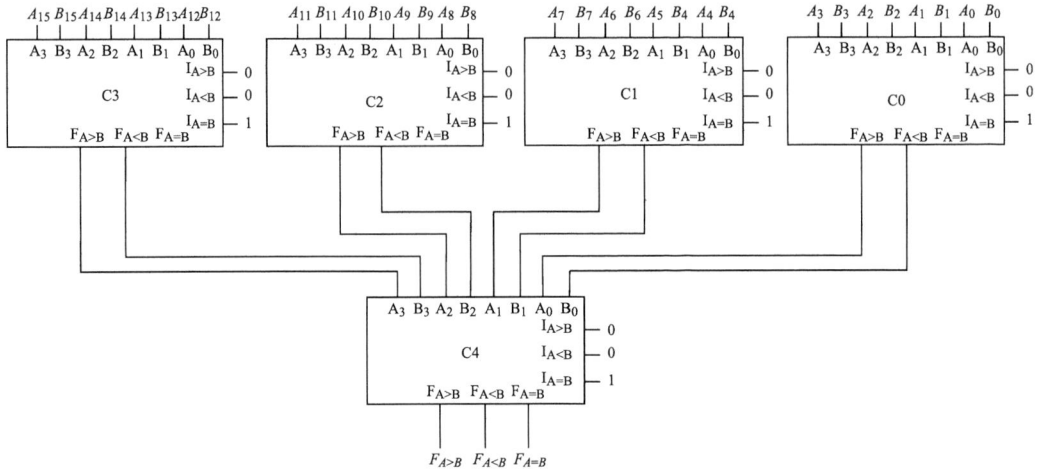

图 4.2.18　并联方式数值比较器的位数

4.3　编码器和译码器

4.3.1　编码器

数字信号不仅可以用来表示数，也可以用来表示某种含义的信息。编码就是将特定含义的信息编译成用数字代码(二进制代码)表示的过程。例如，我们每个人的身份证中的十进制数代码就是每个公民的编码，一组代码对应唯一的一个人，这是十进制编码。在二进制数字系统中，用一个二进制代码表示特定含义的信息称为二进制编码。又如，计算机键盘按键的编码，在英文操作系统下是根据 ASCII 码进行编码的，在中文操作系统下是按照中国的国标码编码的。

用来完成编码工作的数字电路，通称为编码器。编码器要按照约定的编码规则对输入数据进行编码，得到的输出就是符合约定编码规则的编码。二进制编码器逻辑框图，如图 4.3.1 所示。

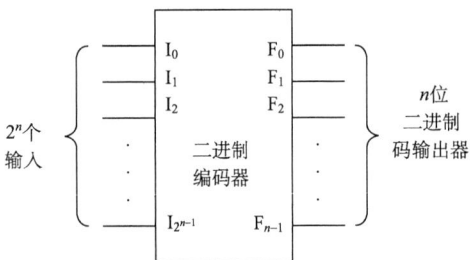

图 4.3.1　编码器逻辑框图

图中 I_0，I_1，I_2，$\cdots$，I_{2^n-1} 是 2^n 个被编码的输入信号，F_0，F_1，F_2，$\cdots$，F_{n-1} 是 n 个与输入信号状态相对应的二进制代码输出。常用的编码器有通用编码器、优先编码器和 BCD 码编码器。下面用例子说明编码器功能、工作原理及电路结构。

1. 通用编码器

一般将 2^n 个被编码的输入信号状态，编为 n 位二进制代码的电路称为通用二进制编码器。

例 4.3.1　试用基本逻辑门，实现 4 线-2 线编码器。

解　4 线-2 线编码器，是指 $2^n=4$ 个输入 I_3、I_2、I_1、I_0，$n=2$ 个输出二进制代码 F_1、F_0。输入信号为高电平有效，任何时刻输入的 I_3、I_2、I_1、I_0 中只能有一个取值为 1，并且有一组对应的二进制码输出。根据以上约定得真值表 4.3.1。从表中看出，只有 4 个输入信息对应 4 个输出代码组合有效外(表中阴影部分)，其余 12 个输入信息对应的输出代码组合均为 0。

表 4.3.1　　4 线-2 线编码器真值表

输入				输出		输入				输出	
I_3	I_2	I_1	I_0	F_1	F_0	I_3	I_2	I_1	I_0	F_1	F_0
0	0	0	0	0	0	1	0	0	0	1	1
0	0	0	1	0	0	1	0	0	1	0	0
0	0	1	0	0	1	1	0	1	0	0	0
0	0	1	1	0	0	1	0	1	1	0	0
0	1	0	0	1	0	1	1	0	0	0	0
0	1	0	1	0	0	1	1	0	1	0	0
0	1	1	0	0	0	1	1	1	0	0	0
0	1	1	1	0	0	1	1	1	1	0	0

由真值表可得逻辑表达式：

$$F_0 = \overline{I_3}\,\overline{I_2}I_1\overline{I_0} + I_3\overline{I_2}\,\overline{I_1}I_0$$

$$F_1 = \overline{I_3}I_2\overline{I_1}\,\overline{I_0} + I_3\overline{I_2}\,\overline{I_1}\,\overline{I_0}$$

根据逻辑表达式画出逻辑图，如图 4.3.2 所示。

在例 4.3.1 中，实现的 4 线-2 线编码器存在一个
问题，当输入的 I_3、I_2、I_1、I_0 中有 2 个或 2 个以上的
取值同时有效时，即取值为 1 时，输出 $F_1 F_0$ 会出现
错误编码。例如，输入的 I_3 和 I_2 同时为 1 时，输出
$F_1 F_0$ 为 00，此时输出既不是对 I_3 或 I_2 的编码，更不
是对 I_0 编码。解决的办法就是设计一个优先编码的原

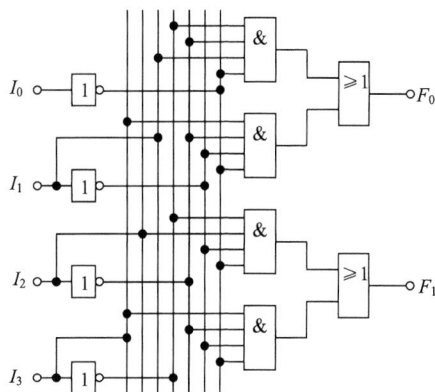

图 4.3.2　　4 线-2 线编码器逻辑图

则来规定操作的先后次序，即优先级别。识别优先级别并进行编码的电路称为优先编码器。

2. 优先编码器

优先编码的原则是：如果两个或两个以上输入信号同时有效，则输出优先级别高的输入
所对应的编码。

例 4.3.2　设计 4 线-2 线优先编码器。

解　本例题优先编码的原则是，输入的优先级别的高低次序依次为 I_3、I_2、I_1、I_0。优先
编码器只对级别高的输入信号进行优先编码。在实际应用中优先编码器中还存在使能控制信
号 E_I、判断编码器是否处于编码状态 G_S、判断输入信号是否有效 E_0 等功能。根据以上约定
可得 4 线-2 线优先编码器真值表 4.3.2。

表 4.3.2　　4 线-2 线优先编码器真值表

输入				输出	
I_3	I_2	I_1	I_0	F_1	F_0
0	0	0	1	0	0
0	0	1	×	0	1
0	1	×	×	1	0
1	×	×	×	1	1

由于真值表中包含无关项,所以逻辑表达式简单。

$$F_0 = \overline{I_3}\,\overline{I_2}I_1 + I_3 = I_1\overline{I_2} + I_3$$

$$F_1 = \overline{I_3}I_2 + I_3 = I_2 + I_3$$

上式的编码器仍然存在一个问题,就是当输入信号 I_3、I_2、I_1、I_0 全为 0 时,输出 F_1F_0 为 00。当 I_0 为 0 时,输出 F_1F_0 也为 00。即看出输入条件不同而输出代码相同。所以必须要加以区分,解决方法是在输出端设一功能 G_S,用来判断 F_1F_0 为 00 时,是在 I_0 为 0 时所得,还是在 I_0 为 1 所得。当 $I_0=0$,$F_1F_0=00$ 时,$G_S=0$;当 $I_0=1$,$F_1F_0=00$ 时,$G_S=1$。G_S 为 1 表示有信号输入,F_1F_0 的编码与 I_3、I_2、I_1、I_0 优先级别有关,F_1F_0 的编码 $F_1F_0=00$ 为有效代码;$G_S=0$ 表示无信号输入,F_1F_0 的编码 $F_1F_0=00$ 为无效代码。根据以上陈述可得功能表 4.3.3。

表 4.3.3　4 线-2 线优先编码器功能表

输入					输出			
E_I	I_3	I_2	I_1	I_0	F_1	F_0	G_S	E_0
0	×	×	×	×	0	0	0	1
1	0	0	0	0	0	0	0	0
1	0	0	0	1	0	0	1	1
1	0	0	1	×	0	1	1	1
1	0	1	×	×	1	0	1	1
1	1	×	×	×	1	1	1	1

根据功能表得 4 线-2 线优先编码器的逻辑表达式。

$$F_0 = \overline{I_3}\,\overline{I_2}I_1 + I_3 = I_1\overline{I_2} + I_3$$

$$F_1 = \overline{I_3}I_2 + I_3 = I_2 + I_3$$

$$G_S = I_0 + F_1 + F_0$$

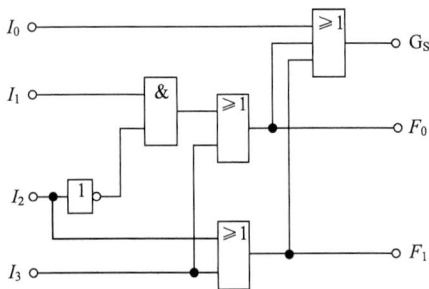

图 4.3.3　4 线-2 线优先编码器的逻辑图

根据逻辑表达式画出逻辑图,如图 4.3.3 所示。

带有 E_I、G_S、E_0 的 4 线-2 线优先编码器功能表 4.3.3 所示。带有 E_I、G_S、E_0 的 4 线-2 线优先编码器的逻辑图,如图 4.3.4 所示。

使能控制信号 E_I,用来控制编码器的工作,当 $E_I=1$ 时,编码器工作;当 $E_I=0$ 时,禁止编码器工作,不论输入的 I_3、I_2、I_1、I_0 取何种状态,$G_S=0$ 和 $E_0=1$。

输出 E_0 反映了输入信号是否有效,本题中 E_0 是高电平有效。只有在 $E_I=1$,输入的 I_3、I_2、I_1、I_0 都为 0 时,输出 E_0 为 0。

G_S 的功能是指编码器是否处于编码状态,本题 G_S 是高电平有效。

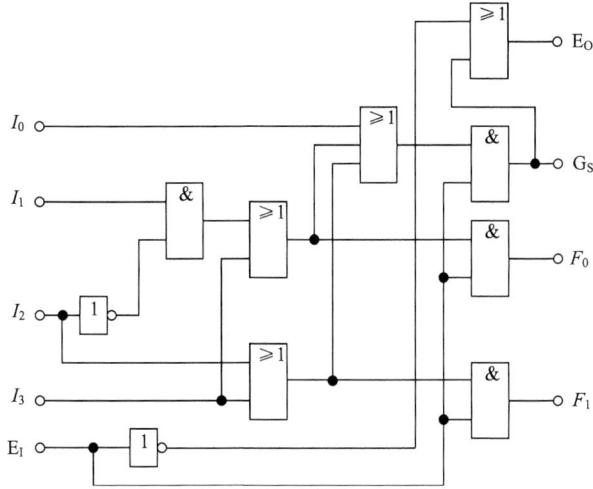

图 4.3.4　带有 E_I、G_S、E_O 的 4 线-2 线优先编码器

例 4.3.3　用两片 8 线-3 线优先编码器，组成 16 线-4 线优先编码器，逻辑图如图 4.3.5 所示，分析工作原理。8 线-3 线优先编码器采用集成 74HC148 芯片。

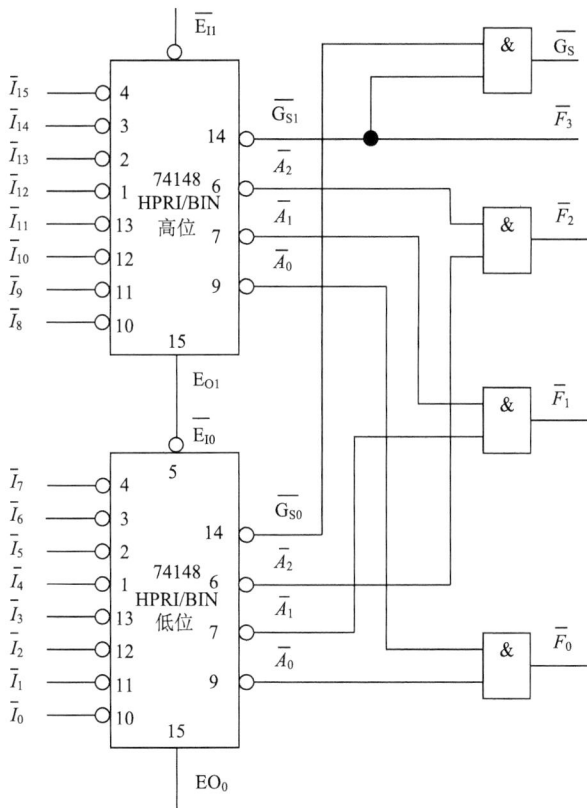

图 4.3.5　8 线-3 线扩展为 16 线-4 线优先编码器

解　集成芯片 74HC148 就是以二进制数为编码规则的 8 线-3 线优先编码器，约定标号大的输入线优先级别高，其引脚图、逻辑电路符号和功能表如图 4.3.6 所示，其中 HPRI 是高

位优先编码器的标志,BIN 说明输出是二进制编码。

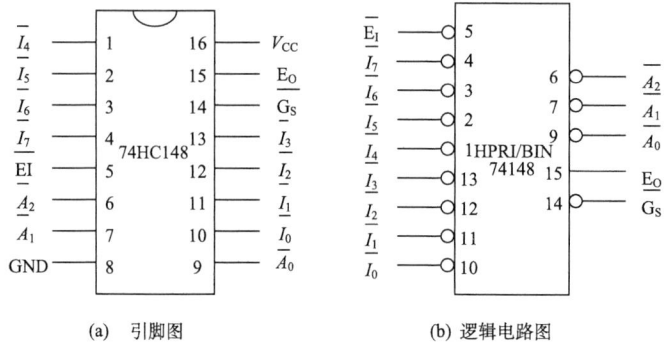

(a) 引脚图 (b) 逻辑电路图

功能表

输	入								输	出			
$\overline{E_I}$	$\overline{I_7}$	$\overline{I_6}$	$\overline{I_5}$	$\overline{I_4}$	$\overline{I_3}$	$\overline{I_2}$	$\overline{I_1}$	$\overline{I_0}$	$\overline{A_2}$	$\overline{A_1}$	$\overline{A_0}$	E_O	$\overline{G_S}$
1	×	×	×	×	×	×	×	×	1	1	1	1	1
0	1	1	1	1	1	1	1	1	1	1	1	0	1
0	1	1	1	1	1	1	1	0	1	1	1	1	0
0	1	1	1	1	1	1	0	×	1	1	0	1	0
0	1	1	1	1	1	0	×	×	1	0	1	1	0
0	1	1	1	1	0	×	×	×	1	0	0	1	0
0	1	1	1	0	×	×	×	×	0	1	1	1	0
0	1	1	0	×	×	×	×	×	0	1	0	1	0
0	1	0	×	×	×	×	×	×	0	0	1	1	0
0	0	×	×	×	×	×	×	×	0	0	0	1	0

图 4.3.6 8 线-3 线优先编码器,集成芯片 74148 的引脚图、逻辑电路图和功能表

图 4.3.6 中, $\overline{E_I}$ 仍是编码使能控制信号。输入端引脚 "O" 表示输入信号以低电平表示有效,输出端引脚 "O" 表示二进制码的反码。功能表中还有另外两个输出信号。其中, G_S 反映了编码器是否在进行编码工作,低电平有效。 E_O 反映了输入信号是否有效,高电平有效。

图 4.3.5 是 8 线-3 线扩展为 16 线-4 线优先编码器, $\overline{I_0}\sim\overline{I_{15}}$ 是编码输入信号,低电平表示有效, $\overline{I_{15}}$ 优先级别最高, $\overline{I_{14}}$ 次之,依此类推, $\overline{I_0}$ 级别最低。 $\overline{F_0}\sim\overline{F_3}$ 是输出 4 位二进制反码代码,即 0000～1111。

根据功能表,分析图 4.3.5 的工作原理。

(1) 当 $\overline{E_{I1}}$=1 时,高位禁止编码,输出 $\overline{A_2}\overline{A_1}\overline{A_0}$ 为 1111,使 G_{S1}、E_{O1} 均为 1。由于 E_{O1}=1 控制了低位的芯片,使 $\overline{E_{I0}}$=1,禁止低位编码,输出 $\overline{A_2}\overline{A_1}\overline{A_0}$ 为 111,使 G_{S0}、E_{O0} 均为 1。由图 4.2.23 可得 $\overline{G_S}=\overline{G_{S1}}+\overline{G_{S0}}=1$,说明图 4.3.5 所示电路的输出 $\overline{F_3}\overline{F_2}\overline{F_1}\overline{F_0}$=1111 是无效编码输出。

(2) 当 $\overline{E_{I1}}$=0 时,允许高位编码,若 $\overline{I_{15}}\sim\overline{I_8}$ 均为无效电平输入,则 E_{O1}=0,使得 $\overline{E_{I0}}$=0,允许低位编码。由于 74148 编码是高位优先编码器,所以高位编码器输出 $\overline{A_2}\overline{A_1}\overline{A_0}$=111。电路的输出 $\overline{F_2}\overline{F_1}\overline{F_0}$ 取决于低位编码器,而 $\overline{F_3}=\overline{G_{S1}}=1$。当低位的输入 $\overline{I_7}\sim\overline{I_0}$ 中,只要有一位是有效电平输入,低位编码器输出 $\overline{A_2}\overline{A_1}\overline{A_0}$ 是有效编码输出,这时 $\overline{G_{S0}}=0$。若只有 $\overline{I_0}$=0 时,低位编码器输出 $\overline{A_2}\overline{A_1}\overline{A_0}$=111,电路的输出 $\overline{F_3}\overline{F_2}\overline{F_1}\overline{F_0}$=1111,若只有 $\overline{I_7}$=0 时,低位编码器输出 $\overline{A_2}\overline{A_1}\overline{A_0}$=000,电路的输出 $\overline{F_3}\overline{F_2}\overline{F_1}\overline{F_0}$=1000。以上陈述说明图 4.3.5 所示电路的输出 $\overline{F_3}\overline{F_2}\overline{F_1}\overline{F_0}$ 是

有效编码输出。

(3) 当 $\overline{E}_{I1}=0$ 时，允许高位编码，若 $\overline{I}_{15}\sim\overline{I}_8$ 均有有效电平输入，则 $E_{O1}=1$ ，使得 $\overline{E}_{I0}=1$ ，禁止低位编码，这时低位输出 $\overline{A}_2\overline{A}_1\overline{A}_0$ 为 111，是一个无效编码输出。电路的输出 $\overline{F}_3\overline{F}_2\overline{F}_1\overline{F}_0$ 取决于高位编码器。此时 $\overline{F}_3=\overline{G}_{S1}=0$ 。若只有 $\overline{I}_8=0$ 时，高位编码器输出 $\overline{A}_2\overline{A}_1\overline{A}_0=111$ ，电路的输出 $\overline{F}_3\overline{F}_2\overline{F}_1\overline{F}_0=1111$ ，若只有 $\overline{I}_{15}=0$ 时，低位编码器输出 $\overline{A}_2\overline{A}_1\overline{A}_0=000$ ，电路的输出 $\overline{F}_3\overline{F}_2\overline{F}_1\overline{F}_0=1000$ 。上陈述说明图 4.3.5 所示电路的输出 $\overline{F}_3\overline{F}_2\overline{F}_1\overline{F}_0$ 是有效编码输出。

3. BCD 码和 8421BCD 码编码器

1）BCD 码

BCD 码是用二进制码表示十进制数的 1 组二进制代码。按照不同的编码规则，常见有 8421BCD 码、5421BCD 码、2421BCD 码、余 3 码、格雷码等。其代码与十进制数对应关系如表 4.3.4 所示。

表 4.3.4 常用 BCD 码

十进制数	8421 码	2421 码	5211 码	余 3 码	格雷码
0	0000	0000	0000	0011	0000
1	0001	0001	0001	0100	0001
2	0010	0010	0011	0101	0011
3	0011	0011	0101	0110	0010
4	0100	0100	0111	0111	0110
5	0101	1011	1000	1000	1110
6	0110	1100	1010	1001	1010
7	0111	1101	1100	1010	1000
8	1000	1110	1110	1011	1100
9	1001	1111	1111	1100	0100

8421BCD 码与字符 0～9 的 ASCII 码的低 4 位码相同，有利于简化输入输出过程中 BCD 码与 ASCII 码的相互转换操作。

2421 码和 5211 码中的 0 和 9、1 和 8、2 和 7、3 和 6、4 和 5 相加为 1111。这种特性在数字系统中是很有用处的。

余 3 码是在 8421BCD 码的基础上加 0011 而生成的。在进行十进制数相加时，能正确产生进位信号，且给减法运算带来方便。

格雷码中任意两组相邻代码之间只有一位不同。译码时不会发生竞争冒险现象，因而常用于模拟量的转换中，当模拟量发生微小变化而可能引起数字量发生变化时，格雷码仅改变一位，这样与其他代码同时改变两位或多位的情况相比更为可靠，即可减少出错的可能性。

十进制数 0～9 与各种 BCD 码的转换，均可以通过二进制编码器实现。下面以 8421BCD 码编码器为例，介绍一下编码原理。

2）8421BCD 码编码器

8421BCD 码编码器是用 4 位 2 进制代码来表示 0～9 这 10 个状态，其编码真值表如表

4.3.5 所示。表中从 $I_0 \sim I_9$，是代表 0～9 共 10 个数码的输入逻辑量. D,C,B,A 表示 4 位 2 进制数码输出。

表 4.3.5　8421BCD 码编码真值表

10 进制数	输入										输出			
	I_0	I_1	I_2	I_3	I_4	I_5	I_6	I_7	I_8	I_9	D	C	B	A
0	1	0	0	0	0	0	0	0	0	0	0	0	0	0
1	0	1	0	0	0	0	0	0	0	0	0	0	0	1
2	0	0	1	0	0	0	0	0	0	0	0	0	1	0
3	0	0	0	1	0	0	0	0	0	0	0	0	1	1
4	0	0	0	0	1	0	0	0	0	0	0	1	0	0
5	0	0	0	0	0	1	0	0	0	0	0	1	0	1
6	0	0	0	0	0	0	1	0	0	0	0	1	1	0
7	0	0	0	0	0	0	0	1	0	0	0	1	1	1
8	0	0	0	0	0	0	0	0	1	0	1	0	0	0
9	0	0	0	0	0	0	0	0	0	1	1	0	0	1

根据真值表可写出二-十进制 8421BCD 码编码器的输出逻辑函数表达式为

$$D = I_8 + I_9$$
$$C = I_4 + I_5 + I_6 + I_7$$
$$B = I_2 + I_3 + I_6 + I_7$$
$$A = I_1 + I_3 + I_5 + I_7 + I_9$$

由上式可画出二-十进制 8421BCD 编码器逻辑电路如图 4.3.7 所示。图中 I_0 的输入是隐含的，当 $I_1 \sim I_9$ 不输入数码时，表示 $I_1 \sim I_9$ 输入均为 0，输出 $DCBA$ 为 0000。

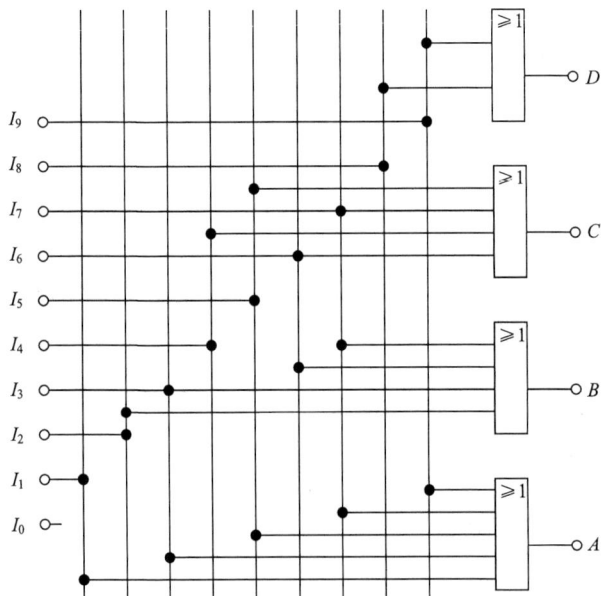

图 4.3.7　8421 BCD 编码器逻辑电路

下面介绍一种集成芯片 74HC147 BCD 优先编码器。BCD 优先编码是指 9 线-4 线优先编码，I_9 优先级最高，I_0 优先级最低。使用的编码规则是 BCD 编码规则。图 4.3.8 所示为中规模集成二-十进制优先编码器 74147 的引脚图、逻辑符号，表 4.3.6 为其功能表。

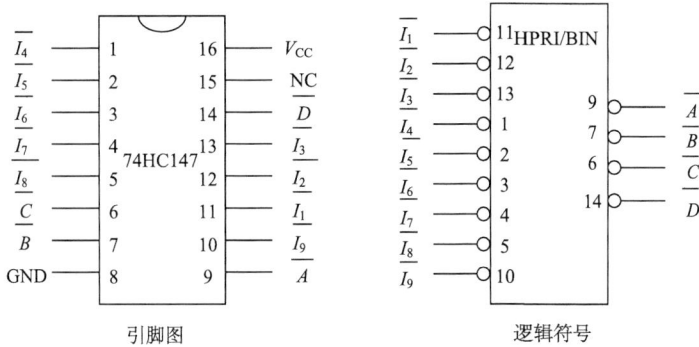

图 4.3.8 BCD 优先编码器 74HC147 的引脚图、逻辑符号

表 4.3.6 功能表

输入									输出			
$\overline{I_1}$	$\overline{I_2}$	$\overline{I_3}$	$\overline{I_4}$	$\overline{I_5}$	$\overline{I_6}$	$\overline{I_7}$	$\overline{I_8}$	$\overline{I_9}$	D	C	B	A
1	1	1	1	1	1	1	1	1	1	1	1	1
×	×	×	×	×	×	×	0	0	0	1	1	0
×	×	×	×	×	×	0	1	0	1	1	1	
×	×	×	×	×	0	1	1	1	0	0	0	
×	×	×	×	0	1	1	1	1	0	0	1	
×	×	×	0	1	1	1	1	1	0	1	0	
×	×	0	1	1	1	1	1	1	0	1	1	
×	0	1	1	1	1	1	1	1	1	0	0	
0	1	1	1	1	1	1	1	1	1	0	1	
1	1	1	1	1	1	1	1	1	1	1	0	

该编码器有 9 个输入端，低电平有效。分别对应 10 进制数码 1～9。9 个输入端全 1，信号全无效时，表示 10 进制数码 0、输出为 4 位 BCD 码的反码形式。真值表中的 "×" 表示输入无论是高电平还是低电平，对输出均无影响。因此，优先级别从右到左按数的大小顺序优先。

需要说明的是：在数字电路中表示输入低电平(逻辑 0)有效时，不但在有关输入逻辑变量上冠以 "—" 号，而且在相应的门电路或中规模集成器件符号图中的输入端上用小圆圈或三角形表示。一般在门电路中多用小圆圈表示。门电路或中规模集成器件符号图中的小圆圈或三角形则视具体情况，或表示反码输出，或表示低电平有效。管脚图中表示的是芯片的管脚排列，半圆标志在左侧，管脚编号自下从左至右，上排从右至左，管脚编号从小到大排列。注意管脚图中不画小圆圈或三角。

例 4.3.4 试用一片四位二进制全加器 74HC238，实现 8421 码转换成余 3 码。

解 以 8421 码为输入,余 3 码为输出,即可列出代码转换电路的逻辑真值表,如表 4.3.7 所示。仔细观察表不难发现,输出的余 3 码 $Y_3Y_2Y_1Y_0$ 与输入的 8421 码 $DCBA$ 所代表的二进制数始终相差 0011。故可得

$$Y_3Y_2Y_1Y_0 = DCBA + 0011$$

根据上式,用一片 4 位全加器 74HC283 可以实现代码转换电路,如图 4.3.9 所示。图中被加数 $A_4A_3A_2A_1$ 接 8421 码 $DCBA$,加数 $B_4B_3B_2B_1$ 接 0011 码,低位输入端无进位信号接 0。得输出余 3 码为

$$Y_3Y_2Y_1Y_0 = A_4A_3A_2A_1 + B_4B_3B_2B_1$$
$$= DCBA + 0011$$

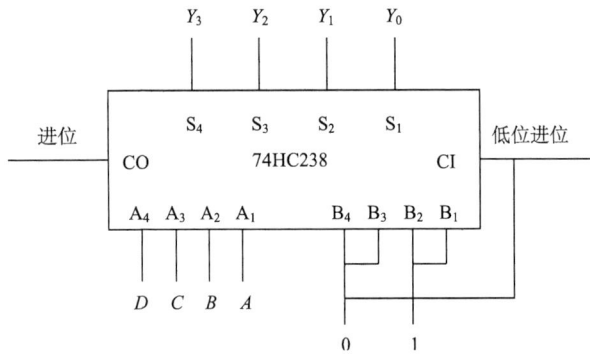

图 4.3.9 例 4.3.4 的代码转换电路

表 4.3.7 例 4.3.4 真值表

输入								输出			
8421 码				0011 码				余 3 码			
A_4	A_3	A_2	A_1	B_4	B_3	B_2	B_1	Y_3	Y_2	Y_1	Y_0
0	0	0	0	0	0	1	1	0	0	1	1
0	0	0	1	0	0	1	1	0	1	0	0
0	0	1	0	0	0	1	1	0	1	0	1
0	0	1	1	0	0	1	1	0	1	1	0
0	1	0	0	0	0	1	1	0	1	1	1
0	1	0	1	0	0	1	1	1	0	0	0
0	1	1	0	0	0	1	1	1	0	0	1
0	1	1	1	0	0	1	1	1	0	1	0
1	0	0	0	0	0	1	1	1	0	1	1
1	0	0	1	0	0	1	1	1	1	0	0

4.3.2 译码器

在购买一台移动电话时,通信公司给你的移动电话设定一个号码,称为编码。这个号码

与你的姓名是等同的，任何人拨打你的移动电话号码，都能够找到你，称为译码。可以看出，译码是编码的逆过程。译码是将特定含义的数字代码(二进制代码)翻译成特定含义的信息过程。译码还可以实现不同编码之间的转换，例如，把二进制编码转换为十进制编码。

在数字系统中，能实现译码功能的电路，称为译码器。译码器的通用逻辑符号，如图 4.3.10 所示。

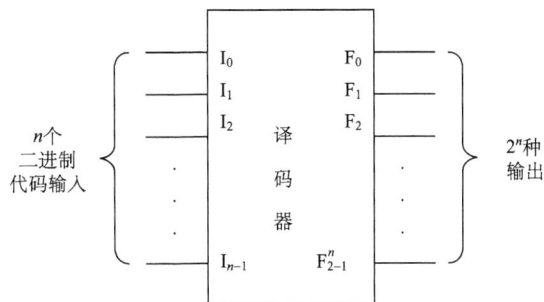

图 4.3.10　译码器逻辑图

图中 I_0，I_1，I_2，$\cdots$，I_{n-1} 是 n 位二进制代码输入，Y_0、Y_1、Y_2，$\cdots$，Y^{2^n-1} 是 2^n 个与输入二进制代码相对应的信号状态输出。译码器可以分为变量译码器、码制转换译码器和显示译码器。

下面用例子说明译码器功能、工作原理及电路结构。

1. 变量译码器

当译码器电路不是用于编码转换，而是用于表示输入二进制数的状态时，就叫做变量译码器。变量译码器是把输入的二进制数以对应的输出状态表示的译码电路。变量译码器一般是将一种较少输入位变为较多输出位的器件，是一个将 n 位二进制输入变为 2^n 个输出状态电路，并且这 2^n 个输出状态同时只有一个有效。由于一位输出只能表示一种状态，所以，一般用 2^n 位输出表示。对变量译码器的限制条件是：设输入为 n 位二进制的数据，则输出的位数 M 必须满足 $M=2^n$。最典型的就是计算机和其他数字系统中的地址译码器，每输入一个二进制编码，将输出与次对应的一个存储地址，由此可读写对应的存储单元。

下面介绍 2 线-4 线译码器的功能、工作原理及电路结构。

集成芯片 74HC139 是典型的 2 线-4 线译码器电路。其功能如表 4.3.8 所示。

表 4.3.8　集成芯片 74HC139 功能表

输入			输出			
$\bar{G}$	A_1	A_0	$\bar{Y_3}$	$\bar{Y_2}$	$\bar{Y_1}$	$\bar{Y_0}$
1	×	×	1	1	1	1
0	0	0	1	1	1	0
0	0	1	1	1	0	1
0	1	0	1	0	1	1
0	1	1	0	1	1	1

功能表 4.3.8 中，$\overline{G}$ 是译码使能控制信号；A_1A_0 是输入 2 位二进制代码；$\overline{Y_3}$、$\overline{Y_2}$、$\overline{Y_1}$、$\overline{Y_0}$ 是 4 种状态译码输出，输出状态只有一位输出为低电平信号 0，其余输出为高电平信号 1。由表可得四输出端 $\overline{Y_3}$、$\overline{Y_2}$、$\overline{Y_1}$、$\overline{Y_0}$ 与两输入端 A_1A_0 的逻辑关系式为

$$\overline{Y_3} = \overline{A_1A_0 \cdot \overline{\overline{G}}}$$

$$\overline{Y_2} = \overline{A_1\overline{A_0} \cdot \overline{\overline{G}}}$$

$$\overline{Y_1} = \overline{\overline{A_1}A_0 \cdot \overline{\overline{G}}}$$

$$\overline{Y_0} = \overline{\overline{A_1}\overline{A_0} \cdot \overline{\overline{G}}}$$

根据逻辑表达式画出集成 2 线-4 线译码器 74HC139 的逻辑图，如图 4.3.11(a)所示。

上式看出，$\overline{Y_0}\sim\overline{Y_3}$ 是 A_1、A_0 二个变量的全部最小项译码输出，所以把这种译码器叫做最小项译码器。

当 $\overline{G}$ 为低电平时，译码器才进行译码，$\overline{G}$ 为低电平有效。如果输入编码 $A_1A_0=00$ 时，只对应的输出信号 $\overline{Y_0}=0$ 为低电平有效，其他输出无效；如果输入编码 $A_1A_0=01$ 时，只对应的输出信号 $\overline{Y_1}=0$ 为低电平有效，其他输出无效。可以看出 2 线-4 线译码器正好与 4 线-2 线编码器互逆。当 $\overline{G}$ 为高电平时，无论输入何种编码，电路都不进行译码工作。

74HC139 译码器是双 2 线-4 线集成译码器其引脚结构，如图 4.3.11(c)所示。电路逻辑符号，如图 4.3.11(b)所示。

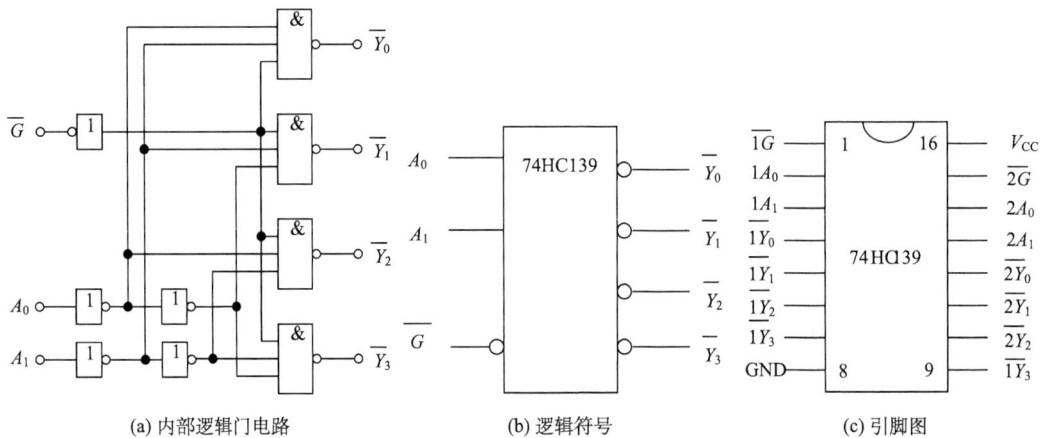

图 4.3.11 74HC139 译码器的内部逻辑门电路、逻辑符号、引脚图

通过上述分析，可以应用双 2 线-4 线集成译码器 74HC139，实现 3 线-8 线译码功能。方法是，采用合理地应用使能控制信号 $\overline{G}$，扩大译码器的逻辑功能。

例 4.3.5 用 2 片 2 线-4 线译码器集成芯片 74HC139，构成 3 线-8 线变量译码器。

解 要实现 3 线-8 线译码器，首先要了解 3 线-8 线译码器的功能。其功能如表 4.3.9 所示。

表 4.3.9　3 线-8 线译码器功能表

输入				输出							
$\overline{G}$	A_2	A_1	A_0	$\overline{Y_7}$	$\overline{Y_6}$	$\overline{Y_5}$	$\overline{Y_4}$	$\overline{Y_3}$	$\overline{Y_2}$	$\overline{Y_1}$	$\overline{Y_0}$
1	×	×	×	1	1	1	1	1	1	1	1
0	0	0	0	1	1	1	1	1	1	1	0
0	0	0	1	1	1	1	1	1	1	0	1
0	0	1	0	1	1	1	1	1	0	1	1
0	0	1	1	1	1	1	1	0	1	1	1
0	1	0	0	1	1	1	0	1	1	1	1
0	1	0	1	1	1	0	1	1	1	1	1
0	1	1	0	1	0	1	1	1	1	1	1
0	1	1	1	0	1	1	1	1	1	1	1

由表 4.3.9 可得 3 线-8 线译码器逻辑表达式：

$$\overline{Y_0} = \overline{\overline{A_2}\,\overline{A_1}\,\overline{A_0}\cdot\overline{\overline{G}}}, \qquad \overline{Y_1} = \overline{\overline{A_2}\,\overline{A_1}\,A_0\cdot\overline{\overline{G}}}$$

$$\overline{Y_2} = \overline{\overline{A_2}\,A_1\,\overline{A_0}\cdot\overline{\overline{G}}}, \qquad \overline{Y_3} = \overline{\overline{A_2}\,A_1\,A_0\cdot\overline{\overline{G}}}$$

$$\overline{Y_4} = \overline{A_2\,\overline{A_1}\,\overline{A_0}\cdot\overline{\overline{G}}}, \qquad Y_5 = \overline{A_2\,\overline{A_1}\,A_0\cdot\overline{\overline{G}}}$$

$$Y_6 = \overline{A_2\,A_1\,\overline{A_0}\cdot\overline{\overline{G}}}, \qquad Y_7 = \overline{A_2\,A_1\,A_0\cdot\overline{\overline{G}}}$$

分析 3 线-8 线译码器功能表中的数据结构如下所示。

当 $\overline{G}=1$ 时，无论 $A_2A_1A_0$ 输入何种二进制数编码，译码电路都不进行译码工作，所有输出为 1。

当 $\overline{G}=0$ 时，译码电路进行译码工作。这时输入信号 $A_2A_1A_0$ 中 A_2 为 0 时，输出信号低 4 位 $\overline{Y_3}$、$\overline{Y_2}$、$\overline{Y_1}$、$\overline{Y_0}$ 在 A_1A_0 作用下有对应的输出。输入信号 $A_2A_1A_0$ 中 A_2 为 1 时，输出信号高 4 位 $\overline{Y_7}$、$\overline{Y_6}$、$\overline{Y_5}$、$\overline{Y_4}$，在 A_1A_0 作用下有对应的输出。

通过对以上数据分析及逻辑表达式，可以设想，用 2 片 2 线-4 线译码器实现 3 线-8 线译码器，需要设置使能控制信号 $\overline{G}$ 为；芯片（Ⅰ）$A_2=\overline{G}$，芯片（Ⅱ）$A_2=\overline{\overline{G}}$，如图 4.3.12 所示。

当 $A_2=0$ 时，芯片（Ⅰ）的 $\overline{G}=0$，芯片（Ⅱ）的 $\overline{G}=1$，则芯片（Ⅰ）正常工作，芯片（Ⅱ）不工

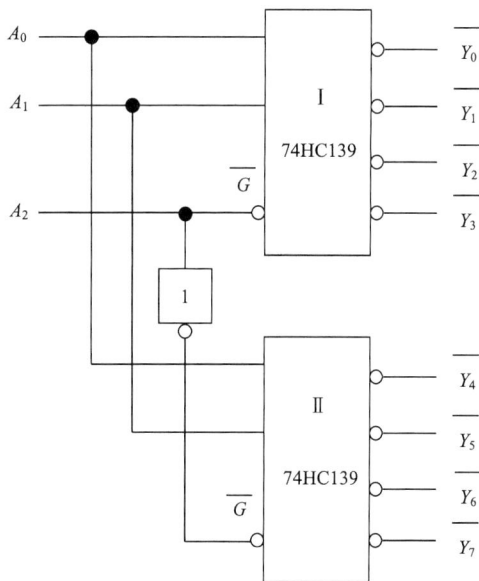

图 4.3.12　2 线-4 线译码器实现 3 线-8 线译码器

作，低位输出 $\overline{Y_3}$、$\overline{Y_2}$、$\overline{Y_1}$、$\overline{Y_0}$ 在输入 A_1A_0 作用下有对应的输出，其中只有一位输出为低电平信号 0，其余输出为高电平信号 1。

当 $A_2=1$ 时，芯片(I)的 $\overline{G}=1$，芯片(II)的 $\overline{G}=0$，则芯片(I)不工作，芯片(II)正常工作，高位输出 $\overline{Y}_7$、$\overline{Y}_6$、$\overline{Y}_5$、$\overline{Y}_4$ 在输入 A_1A_0 作用下有对应的输出，其中只有一位输出为低电平信号0，其余输出为高电平信号1。

图 4.3.12 扩大译码器的逻辑功能,实现了 2 片 2 线-4 线译码器构成 3 线-8 线译码器功能。

可以看出，如果把译码器的输入信号当成逻辑变量，输出信号当成逻辑函数，那么每一个输出信号就是输入变量的一个最小项。所以说，二进制译码器在其输出端提供了输入变量的全部最小项。利用译码器提供的最小项这个特点可以实现逻辑函数的设计。

例 4.3.6 用集成 3 线-8 线译码器 74LS138 实现逻辑函数 $F = \overline{Y}\overline{Z} + \overline{X}Y\overline{Z} + XYZ$ 。

解 集成 3 线-8 线译码器 74LS138(二进制译码器)引脚图、逻辑符号如图 4.3.13 所示。功能表如表 4.3.10 所示。

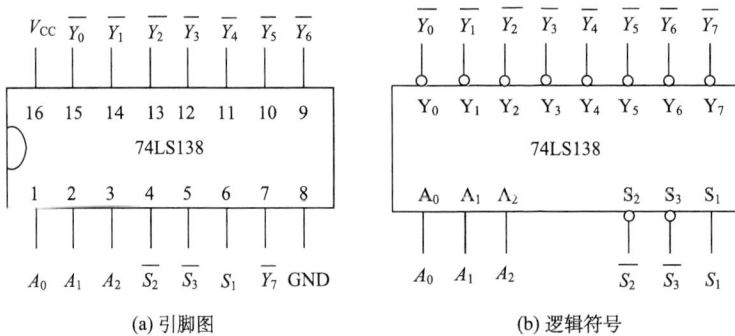

(a) 引脚图　　　　　　　　　　　　(b) 逻辑符号

图 4.3.13　集成 3 线-8 线译码器 74LS138 的引脚图、逻辑图

表 4.3.10　集成 3 线-8 线译码器 74LS138 的功能表

输 入					输 出							
S_1	$\overline{S}_2 + \overline{S}_3$	A_2	A_1	A_0	$\overline{Y}_0$	$\overline{Y}_1$	$\overline{Y}_2$	$\overline{Y}_3$	$\overline{Y}_4$	$\overline{Y}_5$	$\overline{Y}_6$	$\overline{Y}_7$
0	×	×	×	×	1	1	1	1	1	1	1	1
×	1	×	×	×	1	1	1	1	1	1	1	1
1	0	0	0	0	0	1	1	1	1	1	1	1
1	0	0	0	1	1	0	1	1	1	1	1	1
1	0	0	1	0	1	1	0	1	1	1	1	1
1	0	0	1	1	1	1	1	0	1	1	1	1
1	0	1	0	0	1	1	1	1	0	1	1	1
1	0	1	0	1	1	1	1	1	1	0	1	1
1	0	1	1	0	1	1	1	1	1	1	0	1
1	0	1	1	1	1	1	1	1	1	1	1	0

由功能表可知，该译码器有 3 个输入端 A_2、A_1、A_0,它们共有 8 种组合状态，即可以译出 8 个输出信号 $\overline{Y}_0 \sim \overline{Y}_7$，故称为 3 线-8 线译码器。 与 74HC139 构成的 3 位二进制译码器的电路图相比，该译码器的主要特点是，加上了几个控制门，设置了 S_1、$\overline{S}_2$ 和 $\overline{S}_3$ 3 个控制端。当控制端 $S_1=1$、$\overline{S}_2 + \overline{S}_3 =0$ 时，译码器处于译码操作。否则译码器被禁止，所有的输出

端被封锁在高电平。根据功能表写出逻辑表达式为

$$\overline{Y_0} = \overline{\overline{A_2}\,\overline{A_1}\,\overline{A_0}S_1\overline{\overline{S_2}+\overline{S_3}}} \quad \overline{Y_1} = \overline{\overline{A_2}\,\overline{A_1}A_0S_1\overline{\overline{S_2}+\overline{S_3}}} \quad \overline{Y_2} = \overline{\overline{A_2}A_1\,\overline{A_0}S_1\overline{\overline{S_2}+\overline{S_3}}}$$

$$\overline{Y_3} = \overline{\overline{A_2}A_1A_0S_1\overline{\overline{S_2}+\overline{S_3}}} \quad \overline{Y_4} = \overline{A_2\,\overline{A_1}\,\overline{A_0}S_1\overline{\overline{S_2}+\overline{S_3}}} \quad \overline{Y_5} = \overline{A_2\,\overline{A_1}A_0S_1\overline{\overline{S_2}+\overline{S_3}}} \quad (4.3.1)$$

$$\overline{Y_6} = \overline{A_2A_1\,\overline{A_0}S_1\overline{\overline{S_2}+\overline{S_3}}} \quad \overline{Y_7} = \overline{A_2A_1A_0S_1\overline{\overline{S_2}+\overline{S_3}}}$$

根据逻辑表达式画出集成 3 线-8 线译码器 74HC138 的逻辑图,如图 4.3.14 所示

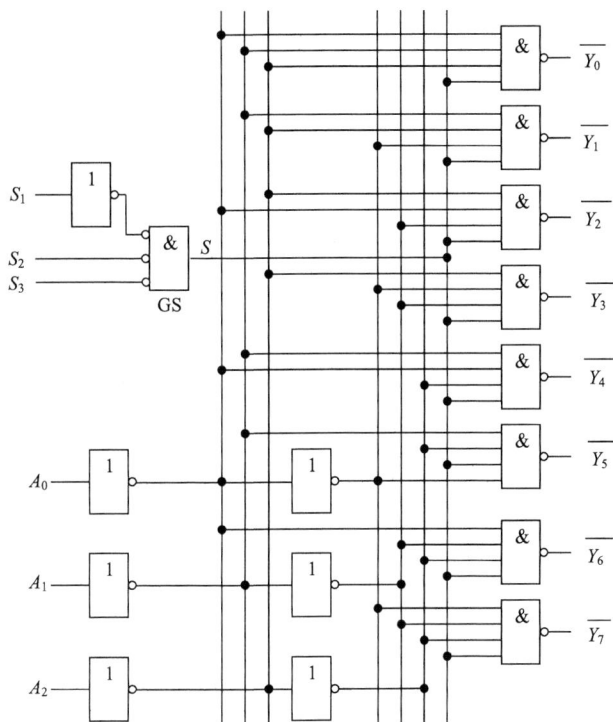

图 4.3.14　74HC138 的逻辑图

从逻辑图可知，当控制端 $S_1=1$、$\overline{S_2}+\overline{S_3}=0$ 时，G_s 门输出为高电平($S=1$)，译码器处于工作状态，完成译码操作。否则译码器被禁止，所有的输出端被封锁在高电平。这 3 个控制端也叫做"片选"输入端，利用片选的作用可以将多片 74HC138 连接起来使用，以扩展译码器的功能，还可以实现逻辑函数的设计。

74HC138 的输出表达式包含了 3 变量的全部最小项，因此用来实现逻辑函数时，应首先将逻辑函数式变换成由最小项组成的函数式。将本例题的逻辑函数 $F = \overline{Y}\,\overline{Z} + \overline{X}Y\overline{Z} + XYZ$ 变换成由最小项组成的函数式。

$$
\begin{aligned}
F &= \overline{Y}\,\overline{Z} + \overline{X}Y\overline{Z} + XYZ \\
&= (X+\overline{X})\overline{Y}\,\overline{Z} + \overline{X}Y\overline{Z} + XYZ \\
&= X\overline{Y}\,\overline{Z} + \overline{X}\,\overline{Y}\,\overline{Z} + \overline{X}Y\overline{Z} + XYZ \\
&= \overline{\overline{X\overline{Y}\,\overline{Z} + \overline{X}\,\overline{Y}\,\overline{Z} + \overline{X}Y\overline{Z} + XYZ}} \\
&= \overline{\overline{X\overline{Y}\,\overline{Z}}\cdot\overline{\overline{X}\,\overline{Y}\,\overline{Z}}\cdot\overline{\overline{X}Y\overline{Z}}\cdot\overline{XYZ}}
\end{aligned}
$$

将逻辑函数输入变量 X 接至 74HC138 的 A_2、Y 接 A_1、Z 接 A_0 得

$$F = \overline{\overline{A_2 \bar{A}_1 \bar{A}_0} \cdot \overline{\bar{A}_2 A_1 \bar{A}_0} \cdot \overline{A_2 \bar{A}_1 A_0} \cdot \overline{A_2 A_1 A_0}}$$

当控制端 $S_1=1$、$\bar{S}_2+\bar{S}_3=0$ 时，译码器处于工作状态，将式(4.3.1)代入上式得

$$F = \overline{\overline{A_2 \bar{A}_1 \bar{A}_0} \cdot \overline{\bar{A}_2 A_1 \bar{A}_0} \cdot \overline{A_2 \bar{A}_1 A_0} \cdot \overline{A_2 A_1 A_0}} \tag{4.3.2}$$

$$= \overline{\overline{Y_0} \cdot \overline{Y_2} \cdot \overline{Y_4} \cdot \overline{Y_7}}$$

由式(4.3.2)可见，F 可由 74HC138 的输出加上适当的与非门实现。电路图 4.3.15 所示。如果要实现四变量的逻辑函数，可以采取将 74138 级联的形式，同时利用控制端实现片选。读者可自行分析。

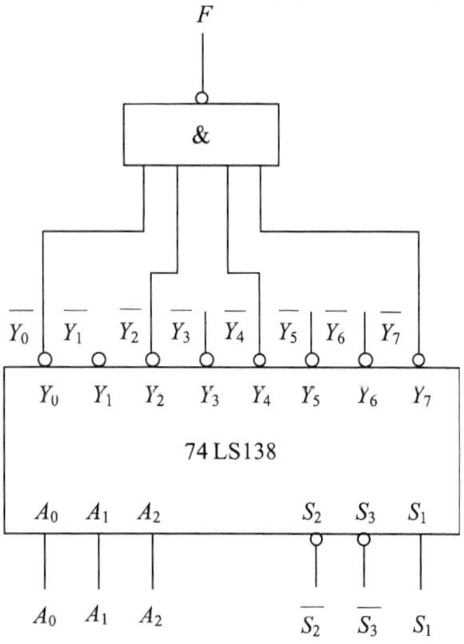

2. 码制转换译码器

码制转换译码器的功能是实现不同编码之间的转换，把一种编码用逻辑电路"翻译"为另一种编码。例如，把二进制编码转换为十进制编码。

下面介绍输入 8421BCD 码的二-十进制译码器，以集成芯片 74HC42 二-十进制译码器为例介绍码制转换译码器的功能。

二-十进制译码器的功能是把输入的 4 位二进制数转换为十进制数代码，也就是 BCD 编码与十进制数的对应，例如，当输入 8421BCD 码 $A_3A_2A_1A_0=0010$ 时，输出 $\overline{Y}_2=0$，它对应于十进制 2，其余输出都为高电平。其功能如表 4.3.11 所示，逻辑符号如图 4.3.16 所示。

图 4.3.15　例 4.3.6 图

表 4.3.11　集成芯片 74HC42 就是二-十进制译码器

序号	BCD 输入				输出									
	A_3	A_2	A_1	A_0	$\overline{Y}_0$	$\overline{Y}_1$	$\overline{Y}_2$	$\overline{Y}_3$	$\overline{Y}_4$	$\overline{Y}_5$	$\overline{Y}_6$	$\overline{Y}_7$	$\overline{Y}_8$	$\overline{Y}_9$
0	0	0	0	0	0	1	1	1	1	1	1	1	1	1
1	0	0	0	1	1	0	1	1	1	1	1	1	1	1
2	0	0	1	0	1	1	0	1	1	1	1	1	1	1
3	0	0	1	1	1	1	1	0	1	1	1	1	1	1
4	0	1	0	0	1	1	1	1	0	1	1	1	1	1
5	0	1	0	1	1	1	1	1	1	0	1	1	1	1
6	0	1	1	0	1	1	1	1	1	1	0	1	1	1
7	0	1	1	1	1	1	1	1	1	1	1	0	1	1
8	1	0	0	0	1	1	1	1	1	1	1	1	0	1
9	1	0	0	1	1	1	1	1	1	1	1	1	1	0
10	1	0	1	0	1	1	1	1	1	1	1	1	1	1
11	1	0	1	1	1	1	1	1	1	1	1	1	1	1

续表

序号	BCD 输　入				输　　出									
	A_3	A_2	A_1	A_0	$\overline{Y_0}$	$\overline{Y_1}$	$\overline{Y_2}$	$\overline{Y_3}$	$\overline{Y_4}$	$\overline{Y_5}$	$\overline{Y_6}$	$\overline{Y_7}$	$\overline{Y_8}$	$\overline{Y_9}$
12	1	1	0	0	1	1	1	1	1	1	1	1	1	1
13	1	1	0	1	1	1	1	1	1	1	1	1	1	1
14	1	1	1	0	1	1	1	1	1	1	1	1	1	1
15	1	1	1	1	1	1	1	1	1	1	1	1	1	1

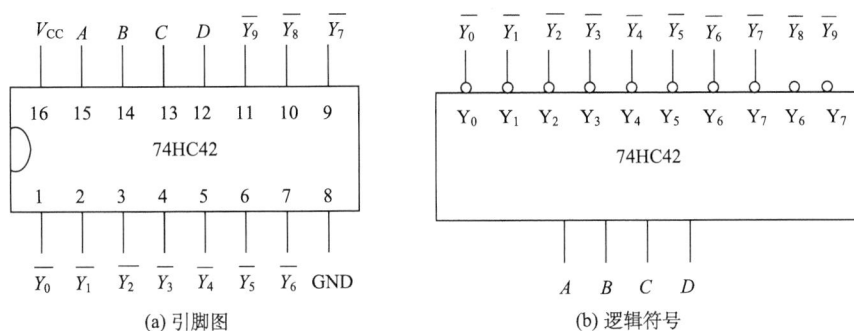

(a) 引脚图　　　　　　　　　　　(b) 逻辑符号

图 4.3.16　集成芯片 74HC42 引脚图、逻辑符号

根据表 4.3.10 写出逻辑函数表达式:

$$\overline{Y_0} = \overline{\overline{A_3}\,\overline{A_2}\,\overline{A_1}\,\overline{A_0}}, \qquad \overline{Y_1} = \overline{\overline{A_3}\,\overline{A_2}\,\overline{A_1}A_0}, \qquad \overline{Y_2} = \overline{\overline{A_3}\,\overline{A_2}A_1\overline{A_0}}, \qquad \overline{Y_3} = \overline{\overline{A_3}\,\overline{A_2}A_1A_0}$$

$$\overline{Y_4} = \overline{\overline{A_3}A_2\overline{A_1}\,\overline{A_0}}, \qquad \overline{Y_5} = \overline{\overline{A_3}A_2\overline{A_1}A_0}, \qquad \overline{Y_6} = \overline{\overline{A_3}A_2A_1\overline{A_0}}, \qquad \overline{Y_7} = \overline{\overline{A_3}A_2A_1A_0} \qquad (4.3.3)$$

$$\overline{Y_8} = \overline{A_3\overline{A_2}\,\overline{A_1}\,\overline{A_0}}, \qquad \overline{Y_9} = \overline{A_3\overline{A_2}\,\overline{A_1}A_0}$$

根据式(4.3.3)画出逻辑图, 如图 4.3.17 所示。

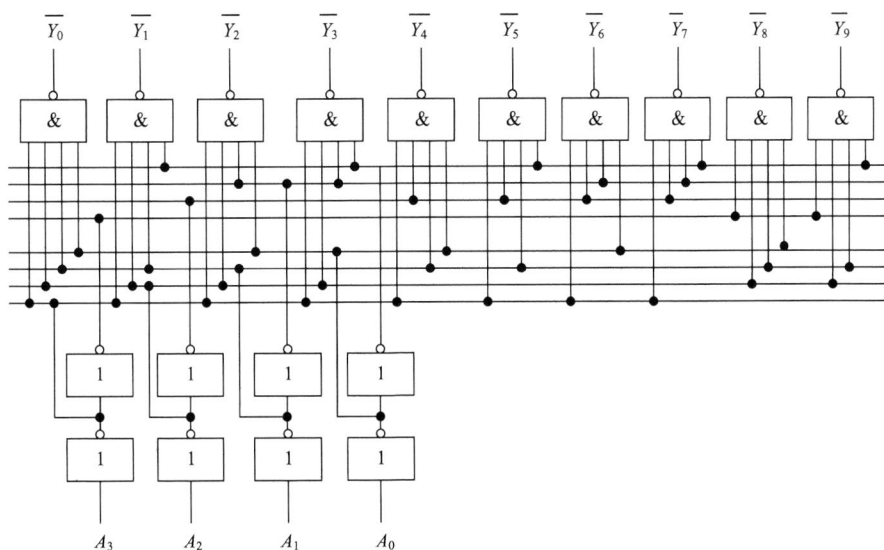

图 4.3.17　74HC42 集成二–十进制译码器

74HC42 集成译码器是二-十进制译码器,它将 8421BCD 码的 0000～1001 十个代码译成 0～9 个高、低电平信号,由功能表可以看出译码器输出为低电平有效。代码在 0000～1001 内时有效使用。当译码器输入端出现在 1010～1111 内时,电路不予响应,输出全为 1,称为无效码或伪码,在正常情况下不会在译码器输入端出现。在译码器各个输出信号处均记上"×"号,化简逻辑表达式时可以当成约束项处理。

3. 显示译码器

在数字系统中,需要显示处理结果,经常需要把二进制代码转换成人们习惯的形式直观地显示出来。例如,希望通过转换能直接显示数字、文字或符号等。这种转换是由译码器配合显示器来完成的。由于显示器件的工作方式不同,它们对译码器的要求区别很大,因此产生了一种特殊类型的译码器,这种译码器将二进制代码翻译成另一种码,这种码能与显示器件配合使用,显示出人们需要的数字、文字等信息。称这种译码器为显示译码器。

在讲显示译码器之前,先介绍常用的显示器件,后介绍驱动显示器件的显示译码器。

1) 常用的数码显示器

(1) 半导体数码管显示器。7 段数码管显示器,是指用 7 段发光二极管按数码结构组合成的数码显示器,主要显示 0～9 十个数字。图 4.3.18 所示的是数码管的排列结构和码段的逻辑变量名称。

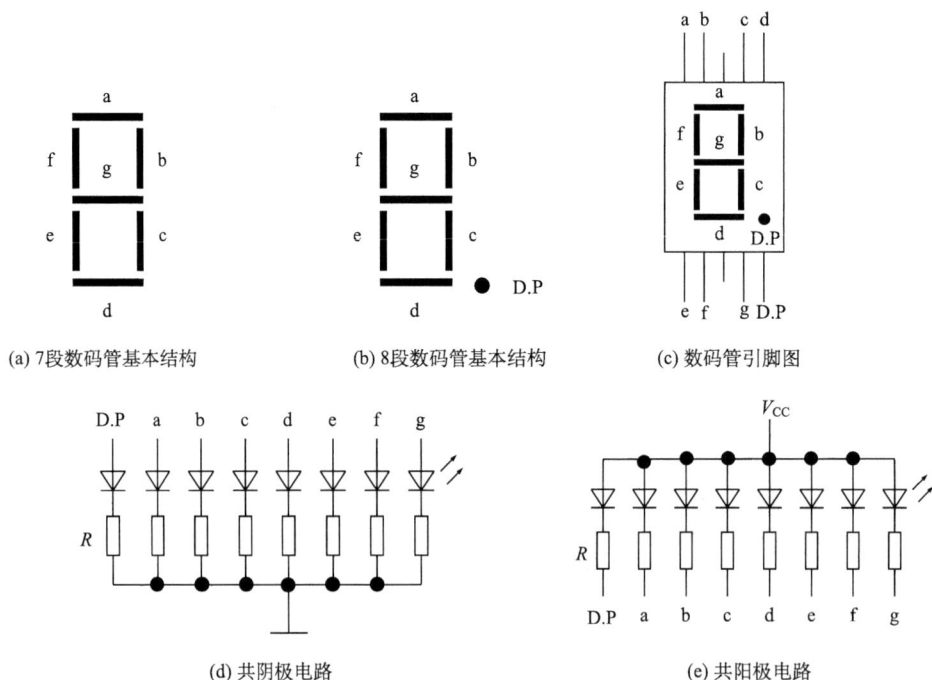

(a) 7段数码管基本结构　　　(b) 8段数码管基本结构　　　(c) 数码管引脚图

(d) 共阴极电路　　　　　　　　　(e) 共阳极电路

图 4.3.18　半导体数码管

图 4.3.18(a)是 7 段数码管显示电路的基本结构,a、b、c、d、e、f、g 是 7 个发光二极管。图 4.3.18(d)是数码管共阴极电路。图 4.3.18(e)是数码管共阳极电路。

对于数码管来说，有一个公共端把各段连接在一起。如果该公共端接地，则叫做共阴极数码管(图 4.3.18(d))；如果公共端接高电平(一般是电源 V_{cc})，则叫做共阳极数码管(图 4.3.18(e))。各段发光二极管串接一个限流电阻 R，限制发光二极管的电流。各段发光二极管是否发光，取决于各段输入端(非公共端)的逻辑电平是否能使二极管导通。对共阴极数码管，输入为高电平时二极管导通，数码管发光。对于共阳极数码管，输入端为低电平时导通。因此，BCD-7 段数码管译码器电路的输入为 BCD 代码，输出端有 7 个，每个输出端可以驱动一个发光二极管。

为显示小数数字提供方便，在 7 段数码管中右下角处增设了一个小数点(D.P)，形成了所谓八段数码管，如图 4.3.18(b)所示。图 4.3.18(c)显示了数码管引脚。

半导体数码管的优点是工作电压低、体积小、寿命长、可靠性高，响应时间短、亮度也比较高。缺点是工作电流比较大，每一段的工作电流在 10mA 左右。

(2) 液晶数码管显示器。液晶数码管(Liquid Crystal Display，LCD)是一种平板薄型显示器件，本身不发光，在黑暗中不能显示数字，它依靠在外界电场作用下产生的光电效应，调制外界光线使液晶不同部位显现出反差，从而显示字形。

液晶数码管的优点是功耗极小，每平方厘米的功耗在 1μW 以下。其驱动电压很低，在 1V 以下仍能工作。因此，液晶显示器广泛用于电子表、电子计算器以及各种小型、便携式仪器和仪表中。缺点是本身不发光，仅仅靠反射外界光线显示字形，所以亮度很差。另外响应速度也比较低。

2) 显示译码器

显示译码器必须要与所选用的显示器的类型结合起来。现以驱动七段发光二极管为例说明二—十进制显示译码器的设计过程。

(1) 进行逻辑抽象。二—十进制显示译码器的输入为 8421BCD 码，输出是驱动七段数码管显示字形的信号 Y_a、Y_b、Y_c、Y_d、Y_e、Y_f、Y_g。七段显示译码器逻辑符号如图 4.3.19 所示。

若采用共阳极数码管，当 $Y_a \sim Y_g$ 为 0 时，相应字段亮，即低电平有效；反之，如果采用共阴极数码管，当 $Y_a \sim Y_g$ 为 1 时，相应字段亮，即高电平有效。所谓有效电平，就是能驱动显示段发光的电平。在使用时，不论是共阴极还是共阳极接法，都应注意加限流电阻，否则容易造成显示段因电流过大而损坏。

图 4.3.19　七段数码管逻辑符号

(2) 列真值表。设采用共阳极数码管。当输出 Y 为 0 时，相应的字段发光。真值表如表 4.3.12 所示。

由表 4.3.12 可以看到，现在与每个输入代码对应的输出不是某一根输出线上的高、低电平，而是另一个 7 位代码，所以它已不是我们在这一节开始所定义的那种译码器。严格地讲，把这种电路叫代码变换器更确切些，但习惯上都把它叫做显示译码器。

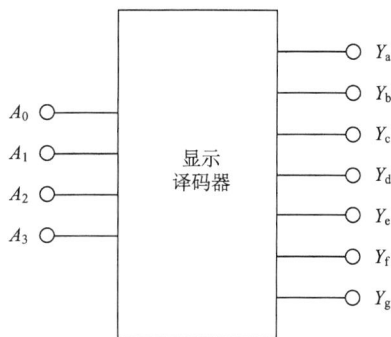

表 4.3.12　显示译码器真值表

输　入				输　出							字形
A_3	A_2	A_1	A_0	Y_a	Y_b	Y_c	Y_d	Y_e	Y_f	Y_g	
0	0	0	0	0	0	0	0	0	0	1	◻
0	0	0	1	1	0	0	1	1	1	1	
0	0	1	0	0	0	1	0	0	1	0	
0	0	1	1	0	0	0	0	1	1	0	
0	1	0	0	1	0	0	1	1	0	0	
0	1	0	1	0	1	0	0	1	0	0	
0	1	1	0	0	1	0	0	0	0	0	
0	1	1	1	0	0	0	1	1	1	1	
1	0	0	0	0	0	0	0	0	0	0	
1	0	0	1	0	0	0	0	1	0	0	

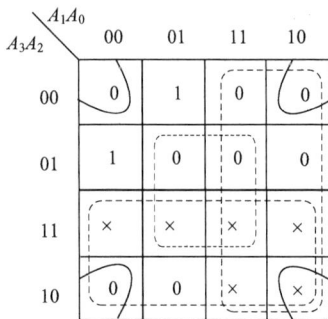

图 4.3.20　七段译码器 Y_a 的卡诺图

(3) 逻辑表达式。由表 4.3.11 可以列写逻辑函数式，然后利用卡诺图进行化简，注意，伪码对应的最小项是约束项。以求 Y_a 为例，先画出 Y_a 的卡诺图如图 4.3.20 所示。

为了得到最简的与或非表达式，采用合并卡诺图中值为 0 的最小项(约束项当 0 处理)，然后求反的方法，得到 Y_a：

$$\overline{Y_a} = A_3 + A_1 + A_2 A_0 + \overline{A_2}\,\overline{A_0}$$

再求反得

$$Y_a = \overline{A_3 + A_1 + A_2 A_0 + \overline{A_2}\,\overline{A_0}}$$

用类似的方法可以得到 $Y_a \sim Y_g$ 的逻辑表达，如下：

$$
\left\{
\begin{aligned}
Y_a &= \overline{A_3 + A_1 + A_2 A_0 + \overline{A_2}\,\overline{A_0}} \\
Y_b &= \overline{A_2 + \overline{A_1}\,\overline{A_0} + A_1 A_0} \\
Y_c &= \overline{A_2 + \overline{A_1} + A_0} \\
Y_d &= \overline{A_3 + \overline{A_2}\,\overline{A_1}\,\overline{A_0} + A_2 \overline{A_1} A_0 + \overline{A_2} A_1 A_0} \\
Y_e &= \overline{\overline{A_2}\,\overline{A_0} + A_1 \overline{A_0}} \\
Y_f &= \overline{A_3 + \overline{A_1}\,\overline{A_0} + A_2 \overline{A_1} + A_2 \overline{A_0}} \\
Y_g &= \overline{A_3 + A_2 \overline{A_1} + \overline{A_2} A_1 + A_2 \overline{A_0}}
\end{aligned}
\right.
\tag{4.3.4}
$$

根据式(4.3.4)画出逻辑图如图 4.3.21 所示。

需要说明，由于采用的是共阳 7 段显示器，因此显示译码器要有足够的灌电流的能力，以驱动 7 段显示器发光。显示译码器与共阳极显示器的接线图，如图 4.3.22 所示。

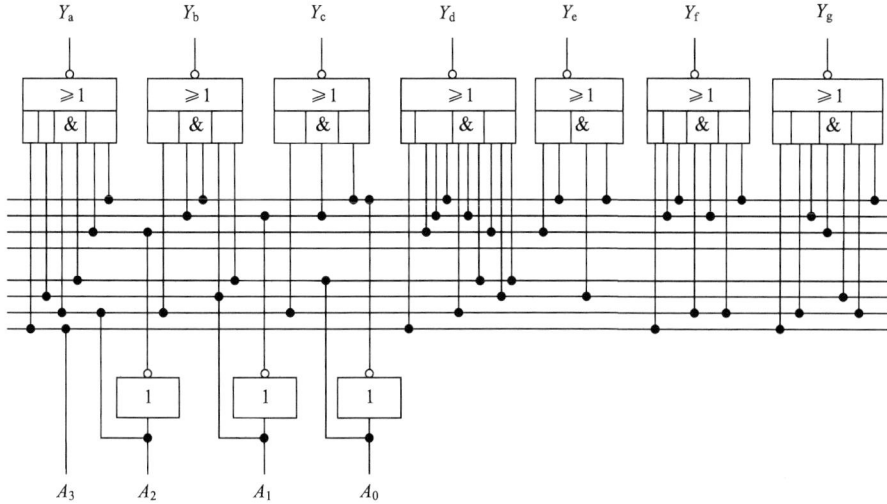

图 4.3.21　8421BCD 码输入的显示译码器逻辑图

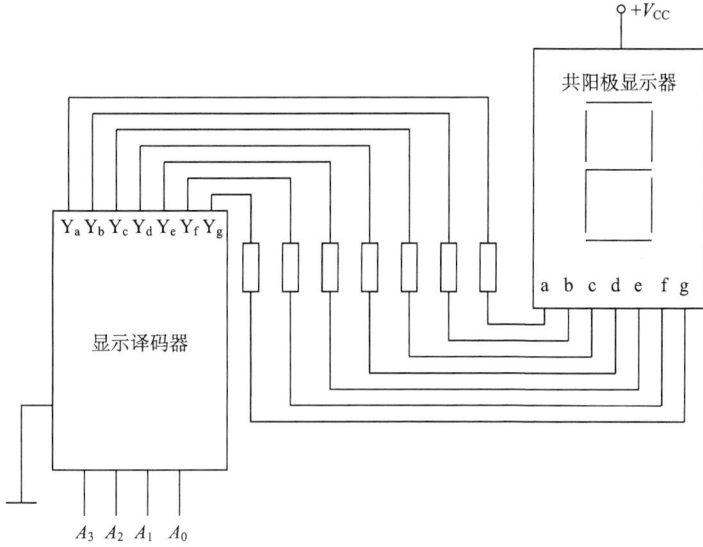

图 4.3.22　显示译码器与共阳极显示器的接线图

3）集成七段显示译码器

7448 集成七段显示译码器时输出高电平有效（与共阴极显示器配合使用）的译码器。它设有多个使能控制端，以增强器件的功能。

7448 集成七段显示译码器的功能表，如表 4.3.13 所示。逻辑符号、引脚图如图 4.3.23 所示。

表 4.3.13　7448 的功能表

功能	输　　入						$\overline{\text{BI}}/\overline{\text{RBO}}$	输　　出							字形
	$\overline{\text{LT}}$	$\overline{\text{RBI}}$	A_3	A_2	A_1	A_0		Y_a	Y_b	Y_c	Y_d	Y_e	Y_f	Y_g	
0	1	1	0	0	0	0	1	1	1	1	1	1	1	0	▯
1	1	×	0	0	0	1	1	0	1	1	0	0	0	0	⌐

续表

功能	输 入						$\overline{BI}/\overline{RBO}$	输 出							字形
	$\overline{LT}$	$\overline{RBI}$	A_3	A_2	A_1	A_0		Y_a	Y_b	Y_c	Y_d	Y_e	Y_f	Y_g	
2	1	×	0	0	1	0	1	1	1	0	1	1	0	1	
3	1	×	0	0	1	1	1	1	1	1	1	0	0	1	
4	1	×	0	1	0	0	1	0	1	1	0	0	1	1	
5	1	×	0	1	0	1	1	1	0	1	1	0	1	1	
6	1	×	0	1	1	0	1	0	0	1	1	1	1	1	
7	1	×	0	1	1	1	1	1	1	1	0	0	0	0	
8	1	×	1	0	0	0	1	1	1	1	1	1	1	1	
9	1	×	1	0	0	1	1	1	1	1	0	0	1	1	
10	1	×	1	0	1	0	1	0	0	0	1	1	0	1	
11	1	×	1	0	1	1	1	0	0	1	1	0	0	1	
12	1	×	1	1	0	0	1	0	1	0	0	0	1	1	
13	1	×	1	1	0	1	1	1	0	0	1	0	1	1	
14	1	×	1	1	1	0	1	0	0	0	1	1	1	1	
15	1	×	1	1	1	1	1	0	0	0	0	0	0	0	
BI 消隐	×	×	×	×	×	×	0	0	0	0	0	0	0	0	
BRI 脉冲消隐	1	0	0	0	0	0	0	0	0	0	0	0	0	0	
LT 灯测试	0	×	×	×	×	×	1	1	1	1	1	1	1	1	

7448 功能表中 $A_3 \sim A_0$ 为 4 位 BCD 码的输入，$Y_a \sim Y_g$ 为七段显示译码器的输出，$\overline{LT}$、$\overline{RBI}$、$\overline{BI}/\overline{RBO}$ 是三个辅助控制端。为了得到最简的与或非表达式，采用合并卡诺图中值为 0 的最小项(约束项当 0 处理)，然后求反的方法，得到 $Y_a \sim Y_g$ 的逻辑表达式，如下：

$$\begin{cases} Y_a = \overline{\overline{A_3}\,\overline{A_2}\,\overline{A_1}A_0 + A_3A_1 + A_2\overline{A_0}} \\ Y_b = \overline{A_3A_1 + A_2A_1\overline{A_0} + A_2\overline{A_1}A_0} \\ Y_c = \overline{A_3A_2 + \overline{A_2}A_1\overline{A_0}} \\ Y_d = \overline{\overline{A_2}A_1A_0 + A_2\overline{A_1}\,\overline{A_0} + \overline{A_2}\,\overline{A_1}A_0} \\ Y_e = \overline{A_2\overline{A_1} + A_0} \\ Y_f = \overline{A_3\overline{A_2}A_0 + \overline{A_2}A_1 + A_1A_0} \\ Y_g = \overline{A_3\overline{A_2}\,\overline{A_1} + A_2A_1A_0} \end{cases} \tag{4.3.5}$$

下面介绍控制端的功能及用法。

(1) 灯测试输入端 $\overline{LT}$。该端为输入端，当 $\overline{LT}=0$(低电平有效)时，所有各段输出 $Y_a \sim Y_g$ 全部为 1，此时可驱动数码管各段发光，显示字形 8。这时 $\overline{BI}/\overline{RBO}$ 在输出状态，输出 1。该功能常用于检查 7448 以及数码管的好坏，平时应置 $\overline{LT}$ 为高电平。

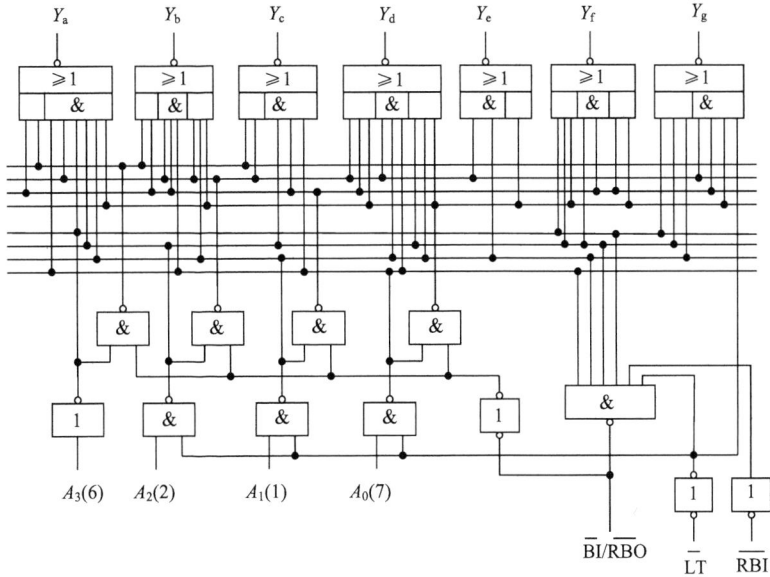

(a) 逻辑图

(b) 逻辑符号

(c) 引脚图

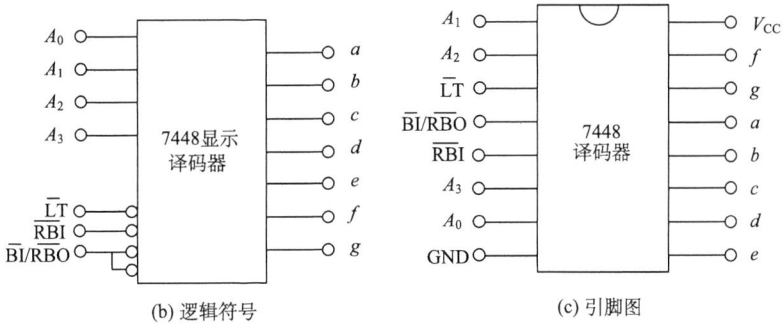

图 4.3.23 7448 集成七段显示译码器逻辑图、逻辑符号、引脚图

(2) 灭零输入端 $\overline{\text{RBI}}$。该端也为输入端，设置该端的目的是能把不希望显示的零熄灭。例如，当 $A_3A_2A_1A_0=0000$ 时，显示器将显示数字 0。在一些场合下，只需要显示数字 1~9，例如，4 个数码管可以显示 0000~9999，在表示十进制数时，最高位如果是 0，则应该去掉不显示，如 0956 应显示为 956。这时如果译码器工作在灭零状态，将灭掉输入 0000 对应的显示，而不影响其他输入的显示。灭零的条件是：$\overline{\text{LT}}=1$，$\overline{\text{RBI}}=0$，且 $A_3A_2A_1A_0=0000$，这时 $\overline{\text{BI}}/\overline{\text{RBO}}$ 在输出状态，输出 0。

(3) 灭灯输入/灭零输出端 $\overline{\text{BI}}/\overline{\text{RBO}}$。该端具有双重功能，有时作为输入端（$\overline{\text{BI}}$），有时作为输出端（$\overline{\text{RBO}}$）。

作为输入端（$\overline{\text{BI}}$）使用时，称灭灯输入控制端。当该端输入 0 时，无论译码器其他端的状态如何，译码器的所有各段输出 Y_a~Y_g 全部为 0，将驱动数码管各段同时熄灭。因此 $\overline{\text{BI}}=0$ 表示数码管将熄灭，而此时的熄灭与(灭零)的含义不同。

作为输出端（$\overline{\text{RBO}}$）使用时，称灭零输出端。它的状态取决于 $A_3A_2A_1A_0$ 和 $\overline{\text{RBI}}$。当输入 $A_3A_2A_1A_0$ 为 0000，同时 $\overline{\text{RBI}}=0$ 时，$\overline{\text{RBO}}$ 输出低电平。因此，$\overline{\text{RBO}}=0$ 表示译码器已经将本

来应该显示的零熄灭了。

提供 $\overline{BI}/\overline{RBO}$ 输出的主要目的是用于多位数字显示时，多个译码器之间的连接。常用的显示译码 MSI 器件有 7448、74247、74248 等。

例 4.3.7　下面通过一个例子，说明如何利用 7448 实现多位数字译码显示，并通过它了解各控制端的用法。

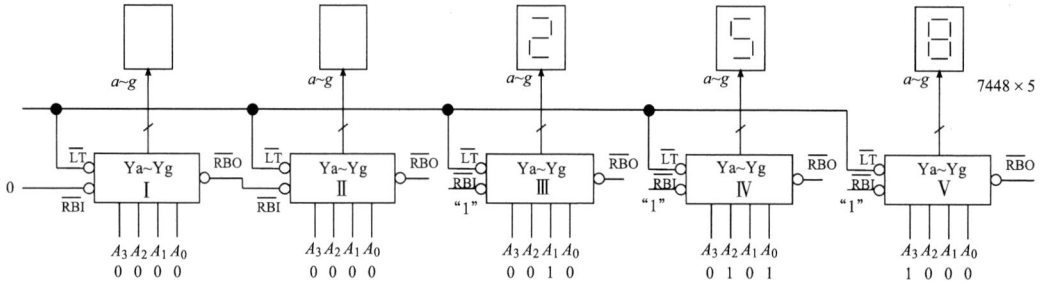

图 4.3.24　7448 实现多位数字译码显示

解　该例如图 4.3.24 所示。图中 5 位显示器(共阴极接法)由 5 个七段显示译码器 7448 驱动，7448 的输出 $Y_a \sim Y_g$ 与显示器的 $a \sim g$ 对应连接。各片 7448 的 $\overline{LT}$ 均接高电平，以使译码器处于正常译码状态；各片的输入代码如图中所示。由于第 I 片的 $\overline{RBI}=0$ 且 $A_3A_2A_1A_0=0000$，所以第 I 片满足灭零条件，译码器把不希望显示的"0"灭掉了，没有字形显示，同时在灭零输出端输出低电平信号 $\overline{RBO}=0$。第 II 片的 $\overline{RBI}$ 与第一片的 $\overline{RBO}$ 相连，此时为 0，同时第 II 片的 $A_3A_2A_1A_0=0000$，也满足灭零条件，无字形显示，并且输出 $\overline{RBO}=0$。由于第 III、IV、V 片译码器的 $\overline{RBI}=1$，所以它们不"灭零"，正常译码，按输入 $A_3A_2A_1A_0$ 去点亮相应段。

如果图 4.3.24 电路接法不变，但第 I 片 7448 的输入 $A_3A_2A_1A_0$ 不是 0000，而是其他值，那么该片将正常译码并驱动显示，同时使 $\overline{RBO}=1$。这样第二片的 $\overline{RBI}=1$，既使此时第 II 片输入仍为 0000，但由于不满足灭零条件，所以显示"0"。

如果有小数部分，且希望小数最后一位的零不显示，则首先应使最后一位的 $\overline{RBI}=0$，然后将小数部分最低位的 $\overline{RBO}$ 与相邻高位的 $\overline{RBI}$ 相连即可。此时，小数部分只有在低位是零而且被熄灭时，高位才有灭零输入信号。

4.4　数据选择器和分配器

4.4.1　数据选择器

在多路数据传送过程中，能够根据需要将其中任意一路挑选出来的电路，叫做数据选择器，也称多路选择器或多路开关。数据选择器是一种数据流控制电路，一般允许输入多组二进制数，在控制逻辑信号的控制下选择其中一组通道输出数据，数据选择器示意图,如图 4.4.1 所示。

图中，$D_0 \sim D_{2^n-1}$ 为输入的多路数据源。$A_0 \sim A_n$ 为 n 位通道选择控制逻辑信号，也称为 n 位地址码信号或地址控制信号。Y 为输出信号。

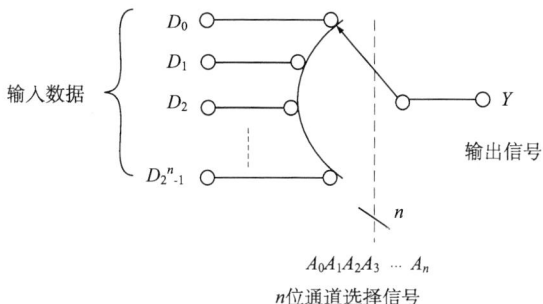

图 4.4.1　数据选择器示意图

1.4 选 1 数据选择器

下面以 4 选 1 数据选择器为例来说明其原理。

1）逻辑抽象

（1）输入、输出信号分析。

输入信号：4 路数据，用 D_0、D_1、D_2、D_3 表示；用 2 个选择控制信号 A_1、A_0 表示。

输出信号：用 Y 表示，它可以是 4 路输入数据中的任意一路，究竟是哪一路由选择控制信号决定。

（2）选择控制信号状态的约定。

当 A_1A_0=00 时，$Y=D_0$，当 A_1A_0=01 时，$Y=D_1$

当 A_1A_0=10 时，$Y=D_2$，当 A_1A_0=11 时，$Y=D_3$

2）列真值表

根据数据选择的概念和 A_1A_0 取值的约定，列出真值表，如表 4.4.1 所示。

表 4.4.1　4 选 1 数据选择器真值表

输　入			输出
D	A_1	A_0	Y
D_0	0	0	D_0
D_1	0	1	D_1
D_2	1	0	D_2
D_3	1	1	D_3

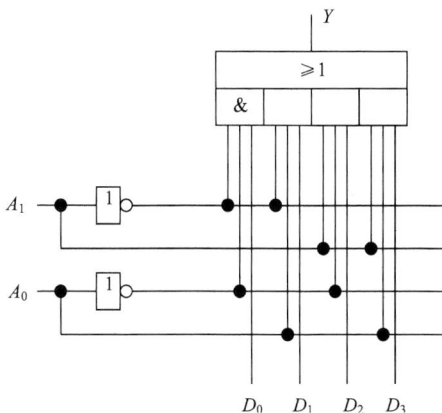

图 4.4.2　4 选 1 数据选择器

3）逻辑函数式

根据表 4.4.1 所列真值表，可以得

$$Y = D_0 \overline{A_1}\,\overline{A_0} + D_1 \overline{A_1} A_0 + D_2 A_1 \overline{A_0} + D_3 A_1 A_0$$

$$(4.4.1)$$

4）逻辑图

由式(4.4.1)画出逻辑图，如图 4.4.2 所示。

为了对 4 个数据进行选择，使用 2 位地址码，可以产生 4 个址码信号，A_1A_0 等于 00、01、10、11 分别控制 4 个与门的开关。在任何时候只有 1 个地址码有效，使对应的那一路数据送达 Y 端。

2.8 选 1 数据选择器

集成 74151 是一种典型的 8 选 1 数据选择，它有 3 个选择控制信号(地址信号)$A_2A_1A_0$，可选择 8 个数据源 $D_0 \sim D_7$，有一个选通控制端 $\overline{S}$，具有两个互补的输出端 Y 及 $\overline{Y}$。其逻辑电路如图 4.4.3(a)所示，引脚图如图 4.4.3(b)所示。其功能表如表 4.4.2 所示。

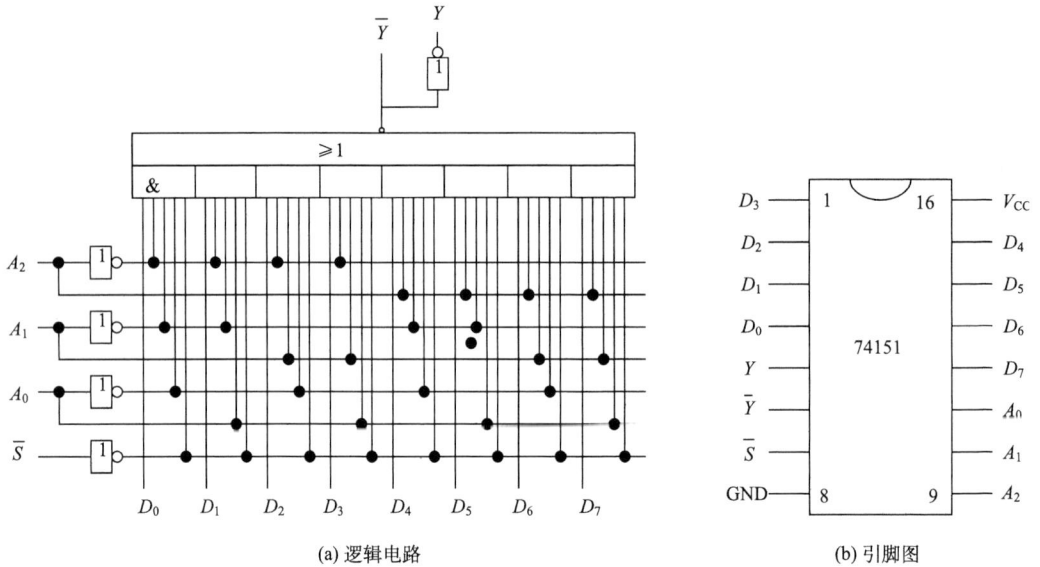

(a) 逻辑电路　　　　　　　　　　　　　(b) 引脚图

图 4.4.3　集成 74151 数据选择器逻辑电路、引脚图

表 4.4.2　集成 74151 数据选择器功能表

输入					输出	
$\overline{S}$	D	A_2	A_1	A_0	Y	$\overline{Y}$
1	×	×	×	×	0	1
0	D_0	0	0	0	D_0	$\overline{D}_0$
0	D_1	0	0	1	D_1	$\overline{D}_1$
0	D_2	0	1	0	D_2	$\overline{D}_2$
0	D_3	0	1	1	D_3	$\overline{D}_3$
0	D_4	1	0	0	D_4	$\overline{D}_4$
0	D_5	1	0	1	D_5	$\overline{D}_5$
0	D_6	1	1	0	D_6	$\overline{D}_6$
0	D_7	1	1	1	D_7	$\overline{D}_7$

由逻辑图和功能表可知：

当选通输入端信号 $\overline{S}=1$ 时，选择器不工作，输出 $Y=0$、$\overline{Y}=1$，此时的输入数据和地址信号均不起作用。

当 $\overline{S}=0$ 时，选择器正常工作，输出信号 Y 取决于地址信号和相应的输入 D 信号。

$$Y = D_0\overline{A_2}\,\overline{A_1}\,\overline{A_0} + D_1\overline{A_2}\,\overline{A_1}A_0 + D_2\overline{A_2}A_1\overline{A_0} + D_3\overline{A_2}A_1A_0$$
$$+D_4A_2\overline{A_1}\,\overline{A_0} + D_5A_2\overline{A_1}A_0 + D_6A_2A_1\overline{A_0} + D_7A_2A_1A_0 \qquad (4.4.2)$$

数据选择器除了上面讲的 8 选 1 以外，还有 4 选 1、16 选 1 等。有时还可利用 8 选 1 数据选择器通过扩展连接实现 16 选 1、32 选 1 等。

例 4.4.1 用两片 74151 实现 16 选 1 数据选择器。

解 利用选通控制端 $\overline{S}$ 很容易实现数据选择器的扩展，连线图如图 4.4.4 所示。

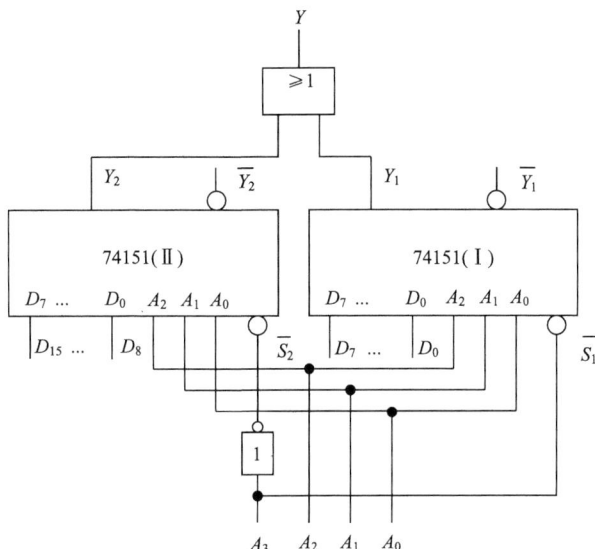

图 4.4.4 例 4.4.1 图

将 16 位数据源分别接入两片 74151 的数据输入，$D_{15} \sim D_8$ 接入第（Ⅱ）片，$D_7 \sim D_0$ 接入第（Ⅰ）片。由于地址信号只有三根输入线，不能选择 16 个信号，因此借助于选通输入端 $\overline{S}$。

由图 4.4.4 可知：

当 $A_3=0$ 时，$\overline{S}_1=0$、$\overline{S}_2=1$，第（Ⅱ）片不工作，第（Ⅰ）片工作，此时 Y 输出的是 $D_7 \sim D_0$ 范围内的某一个信号；

当 $A_3=1$ 时，$\overline{S}_1=1$、$\overline{S}_2=0$，第（Ⅰ）片不工作，第（Ⅱ）片工作，此时 Y 输出的是 $D_8 \sim D_{15}$ 范围内的某一个信号。

例 4.4.2 用数据选择器实现逻辑函数 $L = YZ + XY$。

解 首先我们分析一下数据选择器输出逻辑函数式的特点。由前面讲的 74151 可知，它的输出可表示为

$$Y = D_0\overline{A_2}\,\overline{A_1}\,\overline{A_0} + D_1\overline{A_2}\,\overline{A_1}A_0 + \cdots + D_7A_2A_1A_0$$
$$= D_0m_0 + D_1m_1 + \cdots + D_7m_7 \qquad (4.4.3)$$

此式提供了地址信号 $A_2A_1A_0$ 的全部最小项。显然，当某一项的 $D=1$ 时，该项对应的最小项在式(4.4.3)中出现；而当 $D=0$ 时，对应的最小项不会出现，利用这一点很容易实现逻辑函数。

将

$$L = YZ + XY$$

变换成最小项表达式形式：

$$L = XYZ + \overline{X}YZ + XY\overline{Z} \qquad (4.4.4)$$

令 $A_2=X$，$A_1=Y$，$A_0=Z$，则式(4.4.4)可写成与译码器输出对应的形式：

$$L = D_3\overline{A}_2A_1A_0 + D_7A_2A_1A_0 + D_6A_2A_1\overline{A}_0$$
$$= D_3m_3 + D_7m_7 + D_6m_6 \qquad (4.4.5)$$

比较式(4.4.3)和式(4.4.5)，显然为实现逻辑函数，D_3、D_6、D_7 都应该为 1，而式中没有出现的最小项 m_0、m_1、m_2、m_4、m_5 的控制变量 D_0、D_1、D_2、D_4、D_5 都应该为 0。将 X 接至 74151 的 A_2，Y 接至 A_1，Z 接至 A_0，得实现题目要求的逻辑图，如图 4.4.5 所示。

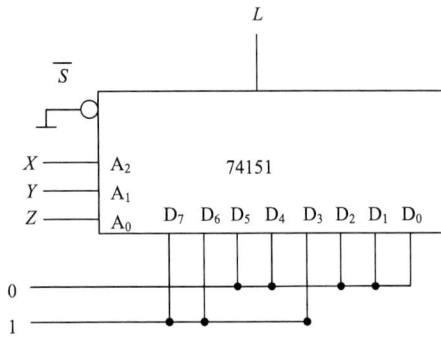

图 4.4.5　例 4.4.2 图

4.4.2　数据分配器

数据分配是将输入数据，根据需要传送到多个输出端的任一个通道上去，实现数据分配功能的电路，叫做数据分配器，也称为多路分配器。

数据分配器与数据选择器功能正好相反。两者的选择控制信号个数都是 n 个，数据选择器有 2^n 个数据输入端、1 个输出端，它根据需要将 2^n 个数据中任何 1 个选择出来传送到输出端，实现 2^n 中选 1。数据分配器只有 1 个数据输入端，但是有 2^n 个输出端，实现的也可以说是 2^n 中选 1，但它却是在 2^n 个输出端中选出 1 个。数据分配器示意图，如图 4.4.6 所示。

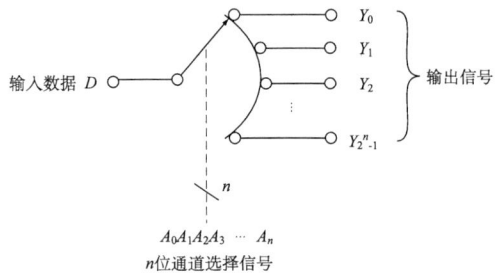

图 4.4.6　数据分配器示意图

下面以 1 路-4 路数据分配器为例说明其原理。

1) 逻辑抽象

(1) 输入、输出信号分析。

输入信号：有 1 路输入数据，用 D 表示；有 2 个输入选择控制信号，用 A_1、A_0 表示。

输出信号：有 4 个数据输出端，用 Y_0、Y_1、Y_2、Y_3 表示。

(2) 选择控制信号的状态约定。

当选择控制信号 $A_1A_0=00$ 时选中输出端 Y_0，输入数据通过 Y_0 输出，即 $Y_0=D$，其他 Y_1、Y_2、Y_3 均为 0；

当选择控制信号 $A_1A_0=01$ 时选中输出端 Y_1，输入数据通过 Y_1 输出，即 $Y_1=D$，其他 Y_0、Y_2、Y_3 均为 0；

当选择控制信号 $A_1A_0=10$ 时选中输出端 Y_2，输入数据通过 Y_2 输出，即 $Y_2=D$，其他 Y_0、Y_1、Y_3 均为 0；

当选择控制信号 $A_1A_0=11$ 时选中输出端 Y_3，输入数据通过 Y_3 输出，即 $Y_3=D$，其他 Y_0、

Y_1、Y_2 均为 0。

2) 列真值表

根据上述分析可以列出真值表如表 4.4.3 所示。

表 4.4.3 1 路-4 路分配器的真值表

输入			输出			
	A_1	A_0	Y_0	Y_1	Y_2	Y_3
D	0	0	D	0	0	0
	0	1	0	D	0	0
	1	0	0	0	D	0
	1	1	0	0	0	D

（1）逻辑表达式。由真值表 4.4.3 可得逻辑表达式：

$$Y_0 = D\,\overline{A_1}\,\overline{A_0}, \quad Y_1 = D\overline{A_1}A_0,$$
$$Y_2 = DA_1\overline{A_0}, \quad Y_3 = DA_1A_0$$

（2）画逻辑图。根据逻辑表达式，画出逻辑图如图 4.4.7 所示。

例 4.4.3 用集成 3 线-8 线译码器 74138，实现数据分配。

解 比较数据分配器和译码器可以发现，它们有着相同的基本电路结构形式，即都是由与门组成的阵列。在图 4.4.6 所示数据分配器中，D 是数据输入端，A_0A_1 等是选择信号控制端；在图 4.3.14 所示译码器中，与 D 相应的是选通控制信号端 S_1、$\overline{S}_2$、$\overline{S}_3$，$A_2A_1A_0$ 是输入的二进制

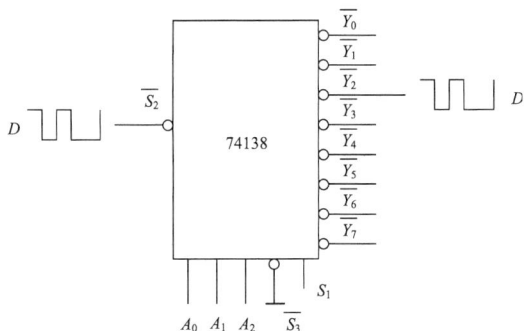

图 4.4.7 1 路-4 路数据分配器

代码。其实集成数据分配器就是带选通控制端的二进制集成译码器。图 4.4.8 所示的是 74138 译码器作为数据分配器的逻辑原理图。图中输入数据波形代码 10100。

将 $\overline{S}_3$ 接低电平，S_1 作为控制端，$A_2A_1A_0$ 作为选择通道地址输入，$\overline{S}_2$ 作为数据输入。当控制端 $S_1=1$，$A_2A_1A_0=010$ 时，由 74138 的功能表 4.3.8 可得

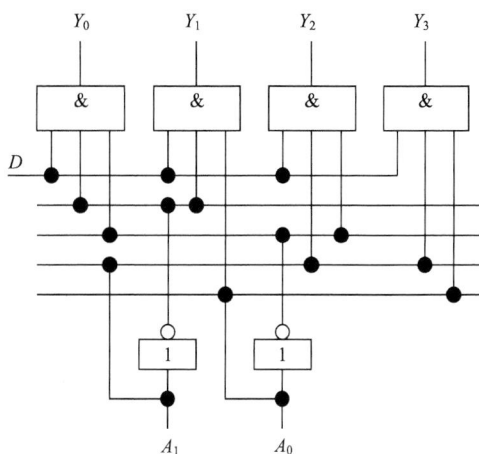

图 4.4.8 用 74138 作数据分配器

$$\overline{Y}_2 = \overline{S_1 \cdot (\overline{S}_2 + \overline{S}_3) \cdot \overline{A}_2 \cdot A_1 \cdot \overline{A}_0} = \overline{S}_2$$

(4.4.6)

而其余输出端均为高电平。因此，当地址 $A_2A_1A_0=010$ 时，只有输出端 $\overline{Y}_2$ 得到与输入相同的数据波形。

4.5　组合逻辑电路的冒险现象

4.5.1　竞争冒险现象

前面分析组合逻辑电路时，都没有考虑门电路的传输延迟时间对电路产生的影响。实际上，从信号输入到稳定输出需要一定的时间。如果从输入到输出的传输路径不同，而且不同路径上门的级数不同，或者门电路的平均传输延迟时间不同，那么信号从输入到达输出所需的时间也就不同。在这种情况下，若将传到输出的两个信号作用在同一个电路中，那么在电路输出端就有可能出现违背逻辑关系的尖峰脉冲(或称电压毛刺信号)，这种现象叫做竞争冒险。如果竞争冒险现象是发生在对脉冲信号十分敏感的电路(如后续章节的触发器)，则可能会引起电路的错误动作，此时应在设计时采取措施加以避免。

由图 4.5.1 分析一下竞争冒险现象。

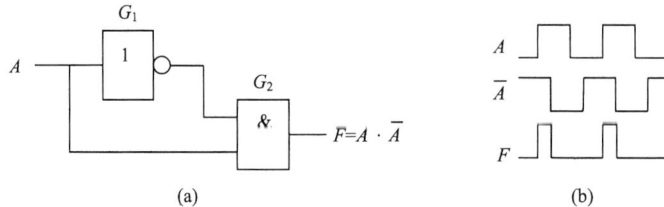

图 4.5.1　产生正跳变脉冲的竞争冒险

在图 4.5.1(a)中，与门 G_2 的输入是 A 和 $\overline{A}$ 两个互补信号。由于 G_1 的延迟，$\overline{A}$ 的下降沿要滞后于 A 的上升沿，因此在很短的时间间隔内，G_2 的两个输入端都显现高电平，致使它的输出出现一个高电平的窄脉冲。这个高电平窄脉冲是不符合逻辑关系的，如图 4.5.1(b)所示。与门 G_2 的两个输入信号分别通过两个路径(G_1 的输出和 A)并且在不同时刻到达的现象，通常称为竞争，而由此产生的输出尖峰脉冲的现象就是上面讲的竞争冒险。

应当指出，有竞争现象时不一定都会产生尖峰脉冲。例如在图 4.5.2 中，如果 B 信号先于 A 信号变化，则会产生尖峰脉冲，如图 4.5.2(b)所示。如果 A 信号先于 B 信号变化，则不会产生尖峰脉冲，如图 4.5.2(c)所示。如果图 4.5.2 所示的与门是复杂数字系统中的门电路，而且 A、B 又是经过不同的传输途径到达的，那么在设计时往往难于准确知道 A、B 到达次序的先后。因此，我们应该说存在竞争，输出就有可能出现违背稳态下逻辑关系的尖峰脉冲，即存在竞争冒险。

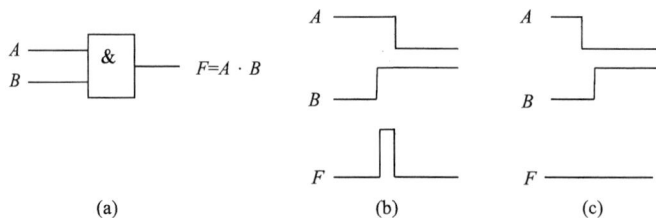

图 4.5.2　竞争有可能产生尖峰脉冲

在组合电路中，如果输入信号变化前、后稳定输出相同，而在转换瞬间有冒险，称为静态冒险。如果输入变化前、后稳态输出为 1，而转换瞬间出现 0 的毛刺（序列为 1-0-1），这种静态冒险称为静态 0 冒险；如果输入变化前、后稳态输出为 0，而转换瞬间出现 1 的毛刺（序列为 0-1-0），这种静态冒险称为静态 1 冒险。

在组合逻辑电路中，若在输入信号变化前后，稳定状态输出不同，则不会出现静态冒险。但如果在得到最终稳定输出之前，输出发生了三次变化，即中间经历了暂态 0-1 或 1-0（输出序列为 1-0-1-0 或 0-1-0-1），这种冒险称为动态冒险。动态冒险只有在多级电路中才会发生，在两级与-或（或-与）电路中是不会发生的。因此，本节仅讨论组合逻辑电路的静态冒险问题。

4.5.2　逻辑冒险的产生

首先通过一个实例来看看冒险是如何在组合逻辑电路中产生的。

例 4.5.1　分析如图 4.5.3 所示的组合电路，当输入信号 ABC 由 000 变化到 010 及 ABC 由 000 变化到 110 时的输出波形出现的冒险。

解

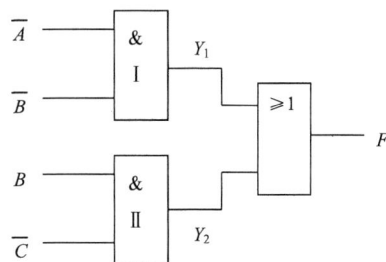

图 4.5.3　例 4.5.1 组合电路图

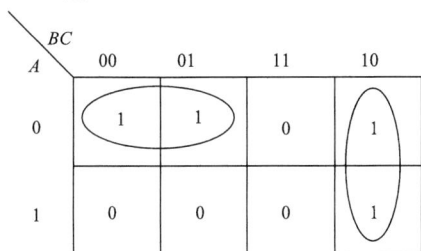

图 4.5.4　例 4.5.1 逻辑电路的卡诺图

该组合逻辑电路的卡诺图如图 4.5.4 所示。由卡诺图可见：

（1）当输入信号 ABC 由 000 变化到 010 时，在稳定状态下，$F(0,0,0)=F(0,1,0)=1$。在 B 信号由 0 变化到 1，$\overline{B}$ 由 1 变化到 0 时，考虑到 B 和 $\overline{B}$ 变化有一定的过渡时间，与门 I 和与门 II 传输也有一定的延迟，且假设 $t_{pd2} > t_{pd1}$，则工作波形如图 4.5.5（a）所示。在 B 信号发生变化时，由于门的传输延迟，使输出波形 $F=1$ 中出现了短暂的 0，这就是通常所称的毛刺，这种冒险为静态 0 冒险。

（2）当输入信号 ABC 由 000 变化到 110 时，在稳定情况下 $F(0,0,0)=F(1,1,0)=1$。A、B 两输入信号的变化不可能同时发生，会出现先后的差异，可能 A 的变化先于 B，也可能 B 的变化先于 A。假设 B 信号滞后于 A 信号 t_d 时间（t_d 是很短暂的），如果忽略门的延迟，其工作波形如图 4.5.5（b）所示。在稳定输出的信号中出现短暂的 0 毛刺，这也是静态 0 的冒险。

由以上分析可见，这种短暂的冒险毛刺信号仅仅发生在输入信号变化的瞬间，而在输入稳定状态下是不会发生的。另外，在输入信号发生变化时，输出也不一定会产生毛刺。例如，当输入信号由 000 变化到 010，假设

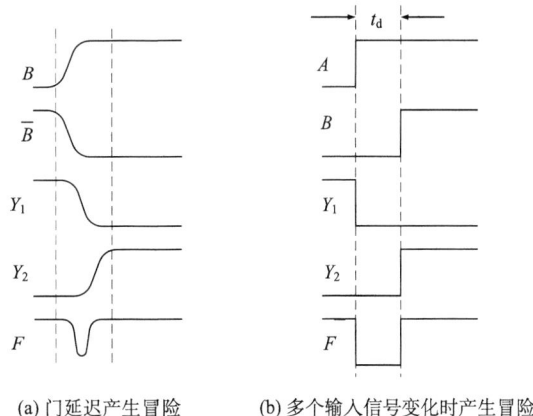

（a）门延迟产生冒险　　　（b）多个输入信号变化时产生冒险

图 4.5.5　逻辑冒险的产生

门Ⅱ的延迟比门Ⅰ的延迟小，即 $t_{pd2}<t_{pd1}$，则输出信号稳定 1 中不会出现 0 毛刺。又如，当输入信号 ABC 由 000 变化到 110 时，如果 B 信号先于 A 信号变化，则在输出 1 信号中也不会出现 0 的毛刺。在实际工作中，所有可能性均会发生，因此，在输入信号发生变化时，组合电路输出可能发生冒险现象。

4.5.3 逻辑冒险的判别

由以上分析可见，发生静态逻辑冒险有两种情况，如下所示。

(1) 当有输入变量 A 和 $\overline{A}$ 通过不同的传输途径到输出端时，那么当输入变量 A 发生突变时，输出端有可能产生静态逻辑冒险。

对于这种静态逻辑冒险是否存在，只需将输出逻辑函数在一定条件下化简，如果存在 $F=A+\overline{A}$ (与-或式)或 $F=A\cdot\overline{A}$ (或-与式)。则可判断变量 A 发生突变时，输出端有可能产生静态逻辑冒险。

例如，在例 4.5.1 中，可写出其逻辑函数表达式为 $F=\overline{A}B+B\overline{C}$。若 $\overline{A}=\overline{C}=1$，则 $F=\overline{B}+B$，因此可判断当 B 信号发生变化时，输出端有可能产生静态逻辑冒险。

(2) 当有两个或两个以上输入变量发生变化时，输出端有可能产生静态逻辑冒险。

对于这种静态逻辑冒险，也可以根据逻辑函数表达式来判断。若有 n 个输入变量，其中有 $p(p\geqslant2)$ 个输入变量发生变化，如果由不变的 $(n-p)$ 个输入变量组成的乘积项不是该逻辑函数表达式中的乘积项或者多余项，则该 p 个变量发生变化时，就有可能产生静态逻辑冒险。

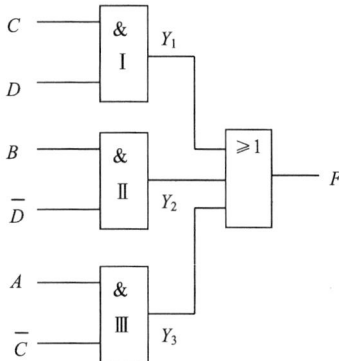

图 4.5.6　例 4.5.2 逻辑电路

例 4.5.2　分析图 4.5.6 所示组合电路，当输入信号 $ABCD$ 由 0100 变化到 1101、由 0111 变化到 1110 及由 1001 变化到 1011 时，是否有冒险现象发生。

解　由图 4.5.6 可得，该组合电路的逻辑函数表达式为

$$F=CD+B\overline{D}+A\overline{C}$$

将逻辑表达式变换成最小项：

$$F=CD+B\overline{D}+A\overline{C}$$
$$=ABCD+A\overline{B}CD+\overline{A}BCD+\overline{A}\,\overline{B}CD$$
$$+ABC\overline{D}+AB\overline{C}\,\overline{D}+\overline{A}BC\overline{D}+\overline{A}B\overline{C}\,\overline{D}$$
$$+AB\overline{C}D+AB\overline{C}\,\overline{D}+A\overline{B}\,\overline{C}D+A\overline{B}\,\overline{C}\,\overline{D}$$

由最小项表达式得卡诺图如图 4.5.7 所示。

(1) 输入信号 $ABCD$ 由 0100 变化到 1101 时冒险现象。当输入信号 $ABCD$ 由 0100 变化到 1101 时，变量 A、D 发生变化，由不变的变量 B、C 组成的乘积项 $B\overline{C}$ 不是函数 F 的乘积项和多余项，因此可能产生静态逻辑冒险。这种逻辑冒险存在也可由卡诺图来证明。

由卡诺图 4.5.7 可知，在稳定情况下，$F(0,1,0,0)=F(1,1,0,1)=1$。在 A，D 两个输入信号发生变化时。可能出现 A 先于 D 或 D 先于 A 的情况。如果 D 先于 A，则输入信号由 0100 变化到 1101 时，要经历 $0100\to0101\to1101$ 的途径，如

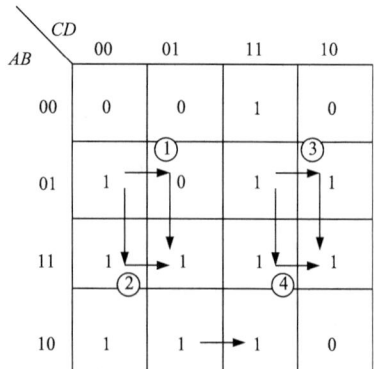

图 4.5.7　例 4.5.2 卡诺图

图4.5.7中①箭头线所示。由于 $F(0,1,0,1)=0$ 所以在输出中将出现(1-0-1)的情况，存在静态0冒险。同理分析，若 A 先于 D 变化，则输入信号要经历 $0100 \to 1100 \to 1101$ 的途径，如图4.5.7中②箭头线所示。所经历的过渡过程 $F(1,1,0,0)=1$，因此输出中不会有静态冒险。因此，0100变化到1101时，有静态冒险的可能。

（2）输入信号由 0111 变化到 1110 时冒险现象。当输入信号由 0111 变化到 1110 时，由不变的变量 B、C 组成的乘积项 BC 是逻辑函数的多余项，因此，在发生变化时，不会出现由于 A、D 变量发生变化的先后而产生逻辑冒险。如卡诺图 4.5.7 中③、④箭头线所示。但是在一定条件下，即 $B=1$，$C=1$ 时，存在 $F=D+\overline{D}$ 的情况，而此时，D 变量发生变化、因此也有可能产生逻辑冒险。因为在上述分析时，没有考虑门的延迟，在输入信号由 0111 变化到 1110 时，与门 I 输出 Y_1 由 $1\to 0$，与门 II 输出 Y_2 由 $0\to 1$，与门 III 输出 Y_3 由 $0\to 0$。由于 Y_1 和 Y_2 都发生了变化，现在假设 Y_2 的延迟比 Y_1 的延迟长 Δt，则在最后 F 输出中就要出现 Δt 时间的 0，发生静态 0 冒险。

（3）当输入信号由 1001 变化到 1011 时冒险现象。当输入信号由 1001 变化到 1011 时，仅 C 信号发生了变化。由于在条件 $A=D=1$ 时，存在 $F=C+\overline{C}$ 的情况，所以当 C 变量发生变化时，有可能产生逻辑冒险。

最后必须指出，在多个输入变量同时发生状态改变时，如果输入变量数目又很多，是很难从逻辑表达式上简单地找出所有可能产生冒险的情况，可通过计算机辅助分析，能够迅速查出电路是否存在逻辑冒险现象。

4.5.4　消除竞争冒险现象的方法

1. 增加乘积项

通过修改逻辑设计，增加多余项，以消除由于输入变量的变化而引起的逻辑冒险。

例 4.5.3　以图 4.5.8(a)所示逻辑电路为例，讨论消除竞争冒险现象的方法。

解　由逻辑电路输出 $F=AC+B\overline{C}$ 看出，在 $A=B=1$ 的条件下，存在 $F=C+\overline{C}$ 情况，当 C 改变状态时存在竞争冒险，如图 4.5.8(b)所示。为了消除竞争冒险，在其中增加多余项 AB，可以消除由于 C 变化而引起的逻辑冒险，如图 4.5.9 所示。

将表达式变换成最小项

$$F = AC + B\overline{C}$$
$$= ABC + A\overline{B}C + AB\overline{C} + \overline{A}B\overline{C}$$

由上式可得卡诺图，如图 4.5.9(a)所示。图中，圈①的逻辑值为 $Y_1=AC$，圈②的逻辑值为 $Y_2=B\overline{C}$，圈③的逻辑值为 $Y_3=AB$。得表达式：

$$F = AC + B\overline{C} = AC + B\overline{C} + AB$$

观察上式可发现，在增加了 AB 项以后，在 $A=B=1$ 时，无论 C 如何改变，输出始终保持 $F=1$。因此，C 的状态变化不再会引起竞争冒险。

因为 AB 项对函数 F 来说是多余的，所以常将它称为 F 的冗余项，同时把这种增加乘积项的方法叫增加冗余项方法。

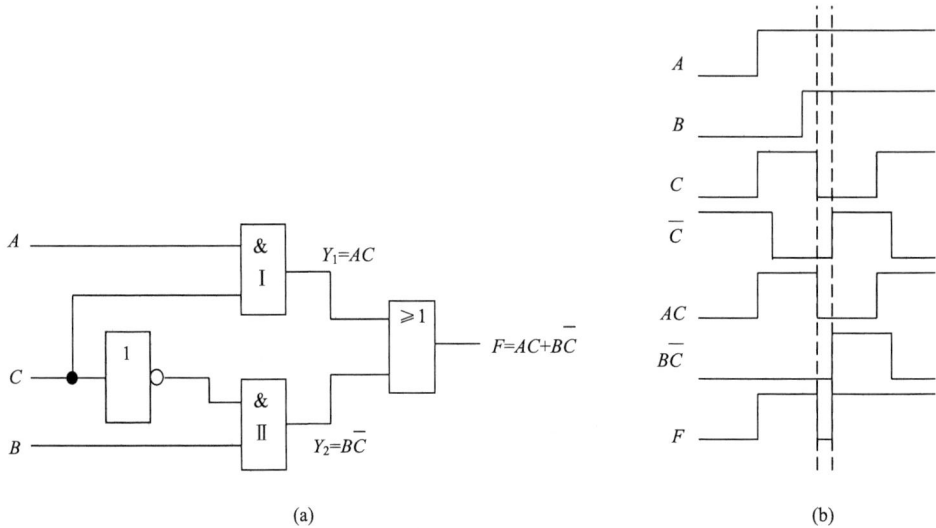

图 4.5.8　产生竞争冒险的电路

增加了乘积项 AB 的逻辑电路如图 4.5.9(b) 所示。采用修改逻辑设计增加多余项的方法，适用范围非常有限。它仅能改变 $F = AC + B\overline{C}$ 函数中，当 $A=1$，$A=1$ 时，由 C 的状态改变所引起的逻辑冒险。

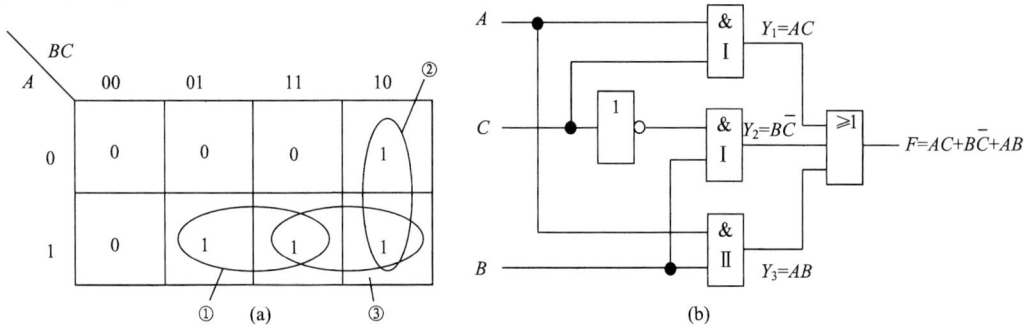

图 4.5.9　增加了乘积项 AB 的逻辑电路

2. 引入取样脉冲

从上述对静态冒险的分析可以看出，冒险现象仅仅发生在输入信号变化转换的瞬间，在稳定状态是没有冒险信号的。因此，采用取样脉冲，错开输入信号发生转换的瞬间，正确反映组合电路稳定时的输出值，可以有效地避免各种冒险。常用的取样脉冲的极性及所加位置如图 4.5.10 所示。

在加取样脉冲时，对取样脉冲的宽度和产生的时间有一定要求。而且加了取样脉冲后，组合电路的输出已不是电位信号，而是脉冲信号，即当有输出脉冲时，表示组合电路输出为1，没有输出脉冲时，表示组合电路输出为0。

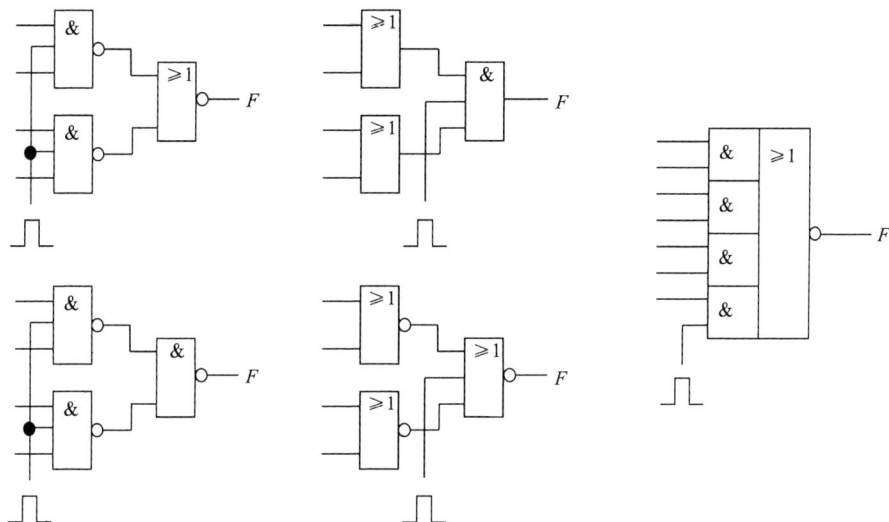

图 4.5.10　采用取样脉冲消除冒险

3. 输出端并联滤波电容

输出端并联滤波电容实际上是对数字系统出现竞争冒险以后的补救措施。由于竞争冒险而产生的尖峰脉冲一般都很窄（多在几十纳秒以内），所以只要在输出端并联一个很小的滤波电容 C_f，如图 4.5.11 所示，就足以把尖峰脉冲的幅度削弱至足够小的程度。在 TTL 电路中，C_f 的数值通常在几十至几百皮法的范围内。

输出端并联滤波电容法存在的问题是，增加了输出电压波形的上升时间和下降时间，使波形质量下降。在对输出波形沿要求不高的情况下，可以采用在输出端加滤波电容，以滤除冒险的毛刺信号，但其优点十分突出，就是简单易行。

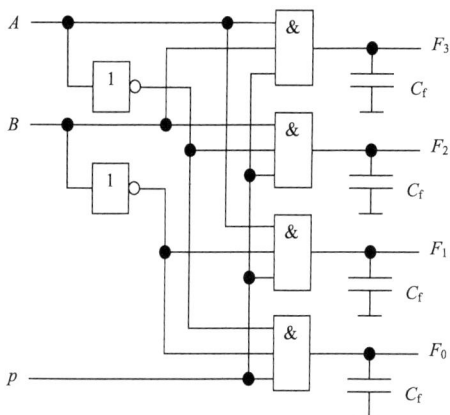

图 4.5.11　消除竞争冒险现象的几种方法

以上介绍了产生竞争冒险的原因和消除竞争冒险的方法。要能很好地解决这一问题，还需在实践中积累和总结经验。

4.6　仿　真　实　验

实验　组合逻辑电路仿真分析和基本设计

1. 实验目的

(1) 掌握利用 Multisim 电子电路仿真软件进行组合逻辑电路仿真分析的一般方法；

(2) 掌握 Multisim 电子电路仿真软件提供的字信号发生器、逻辑分析仪、逻辑转换仪、

示波器等使用方法;

(3) 掌握逻辑器件库调用和使用方法;

(4) 基本掌握中规模数字集成电路的使用方法。

2. 实验环境

(1) 计算机;

(2) Multisim 电子电路仿真软件;

(3) Windows 操作系统。

3. 实验原理

(1) 本仿真实验,采用 CMOS4008 中规模集成电路构成的 4 位二进制数全加电路。

设一个 4 位二进制数为 $A_3A_2A_1A_0$,另一个二进制数为 $B_3B_2B_1B_0$。这 2 个 4 位二进制数相加的原理示意图,如图 4.6.1 所示。

$$
\begin{array}{ccccc}
   & A_3 & A_2 & A_1 & A_0 \\
   & B_3 & B_2 & B_1 & B_0 \\
 + & C_3 & C_2 & C_1 & C_0 \\
\hline
C_3 & S_3 & S_2 & S_1 & S_0
\end{array}
$$

图 4.6.1　四位二进制数相加原理示意图

根据图 4.6.1 可以得到 2 个 4 位二进制数相加的真值表,如表 4.6.1 所示。

表 4.6.1　2 个 4 位二进制数相加的真值表

第 4 位					第 3 位					第 2 位					第 1 位			
A_3	B_3	C_2	S_3	C_3	A_2	B_2	C_1	S_2	C_2	A_1	B_1	C_0	S_1	C_1	A_0	B_0	S_0	C_0
0	0	0	0	0	0	0	0	0	0	0	0	0	0	0	0	0	0	0
0	0	1	1	0	0	0	1	1	0	0	0	1	1	0	0	1	1	0
0	1	0	1	0	0	1	0	1	0	0	1	0	1	0	1	0	1	0
0	1	1	0	1	0	1	1	0	1	0	1	1	0	1	1	1	0	1
1	0	0	1	0	1	0	0	1	0	1	0	0	1	0				
1	0	1	0	1	1	0	1	0	1	1	0	1	0	1				
1	1	0	0	1	1	1	0	0	1	1	1	0	0	1				
1	1	1	1	1	1	1	1	1	1	1	1	1	1	1				

由真值表得全加器的逻辑表达式:

$$
\begin{aligned}
S_i &= S\overline{C}_{i-1} + \overline{S}C_{i-1} \\
C_i &= SC_{i-1} + A_iB_i
\end{aligned}
\tag{4.6.1}
$$

式中,全加和 S_i 是由半加和 S 与低进位 C_{i-1} 的"异或"逻辑构成,因此可用两个半加器和一个或门组成一个全加器,如图 4.6.2(a)所示。用半加器 I 先得出半加和 S,再将 S 于低位进位 C_{i-1} 输入半加器 II,半加器 II 的输出的本位和即为 S_i。另外把两个半加器的进位输出用一个或门进行或运算,即可得全加器进位信号 C_i。全加器的逻辑图如图 4.6.2(b)所示。

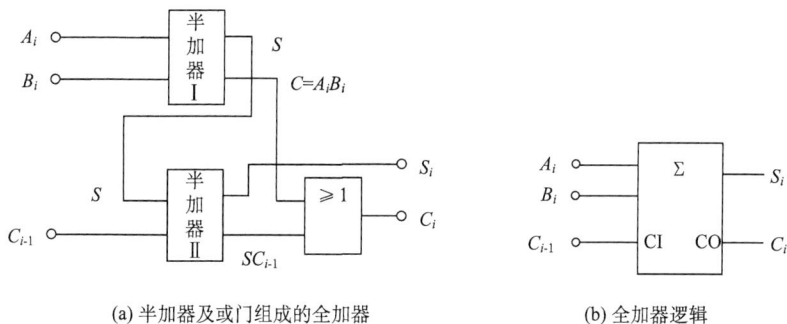

(a) 半加器及或门组成的全加器　　　　　　　　(b) 全加器逻辑

图 4.6.2　全加器

（2）本仿真实验，采用集成 74151 8 选 1 数据选择器构成火灾报警电路、16 选 1 数据选择器电路等。

集成 74151 8 选 1 数据选择器，它有 3 个选择控制信号(地址信号)$A_2A_1A_0$，可选择 8 个数据源 $D_0 \sim D_7$，有一个选通控制端 $\overline{S}$，具有两个互补的输出端 Y 及 $\overline{Y}$。其逻辑电路如图 4.6.3(a) 所示，引脚图如图 4.6.3(b) 所示，其功能表如表 4.6.2 所示。

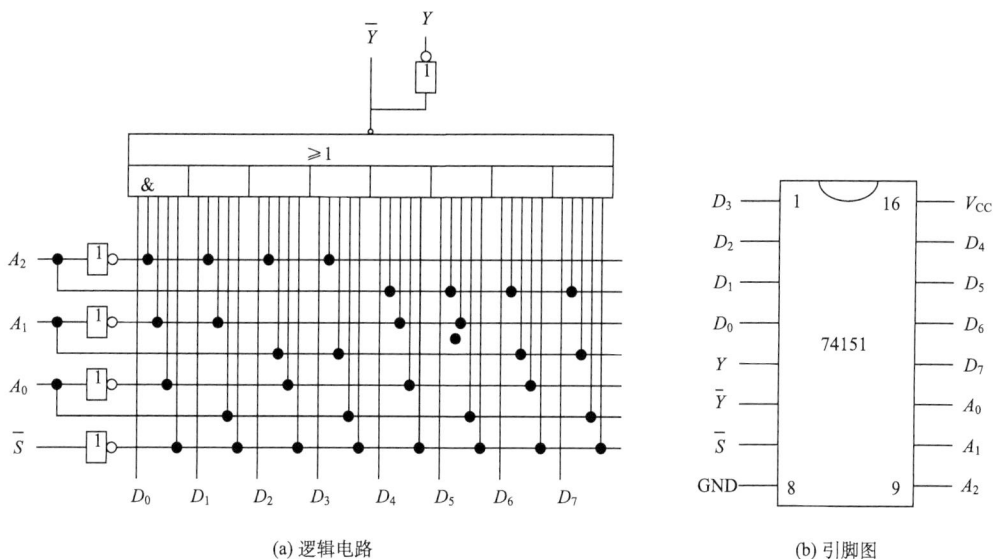

(a) 逻辑电路　　　　　　　　　　　　　　　　(b) 引脚图

图 4.6.3　集成 74151 数据选择器逻辑电路、引脚图

表 4.6.2　集成 74151 数据选择器功能表

输入					输出	
$\overline{S}$	D	A_2	A_1	A_0	Y	$\overline{Y}$
1	×	×	×	×	0	1
0	D_0	0	0	0	D_0	$\overline{D}_0$
0	D_1	0	0	1	D_1	$\overline{D}_1$
0	D_2	0	1	0	D_2	$\overline{D}_2$
0	D_3	0	1	1	D_3	$\overline{D}_3$
0	D_4	1	0	0	D_4	$\overline{D}_4$

续表

输入					输出	
$\bar{S}$	D	A_2	A_1	A_0	Y	$\bar{Y}$
0	D_5	1	0	1	D_5	$\bar{D}_5$
0	D_6	1	1	0	D_6	$\bar{D}_6$
0	D_7	1	1	1	D_7	$\bar{D}_7$

由逻辑图和功能表可知:

当选通输入端信号 $\bar{S}=1$ 时,选择器不工作,输出 $Y=0$、$\bar{Y}=1$,此时的输入数据和地址信号均不起作用。

当 $\bar{S}=0$ 时,选择器正常工作,输出信号 Y 取决于地址信号和相应的输入 D 信号。

$$Y = D_0\bar{A}_2\bar{A}_1\bar{A}_0 + D_1\bar{A}_2\bar{A}_1A_0 + D_2\bar{A}_2A_1\bar{A}_0 + D_3\bar{A}_2A_1A_0$$
$$+D_4A_2\bar{A}_1\bar{A}_0 + D_5A_2\bar{A}_1A_0 + D_6A_2A_1\bar{A}_0 + D_7A_2A_1A_0$$

数据选择器除了上面讲的 8 选 1 以外,还有 4 选 1、16 选 1 等。还可利用 8 选 1 数据选择器通过扩展连接实现 16 选 1、32 选 1 等。

4. Multisim 仿真分析

(1) 已知由 CMOS4008 中规模集成电路构成的四位全加器测试电路如图 4.6.4 所示,试利用 Multisim 软件验证其逻辑功能。

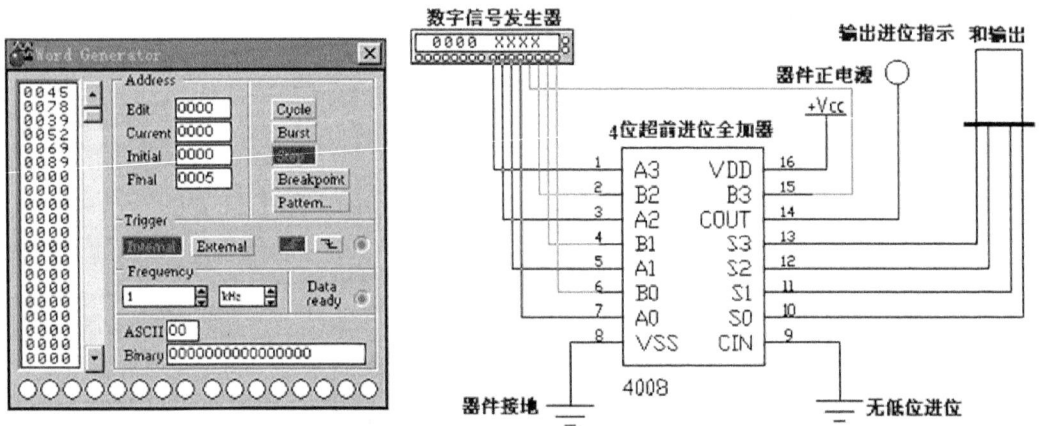

图 4.6.4　4 位全加仿真电路

(2) 已知设计的火灾报警电路如图 4.6.5 所示,设火灾报警电路有烟感、温感和紫外光感三种不同类型的火灾探测器。为了防止误报警,只有当其中两种或两种类型以上的探测器发出火灾探测信号时,报警系统才产生报警控制信号。试利用 Multisim 软件验证设计电路的正确性。

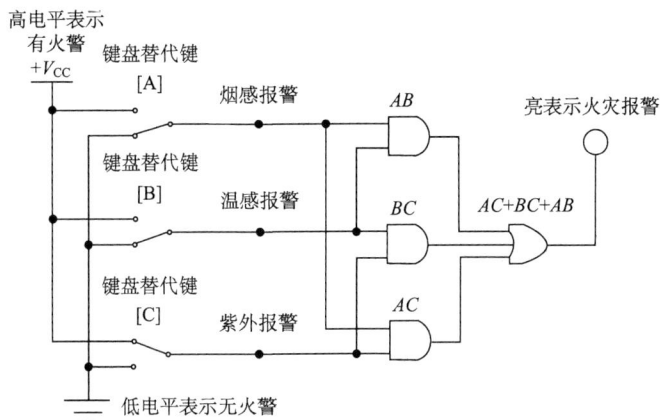

图 4.6.5 火灾报警仿真电路

（3）已知用 8 选 1 数据选择器构成的组合逻辑电路如图 4.6.6 所示，试利用逻辑转换仪，仿真分析：（1）输出 Y 真值表；（2）输出逻辑函数表达式。

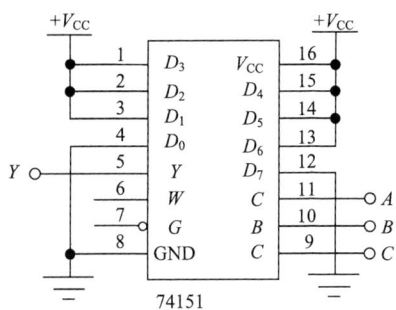

图 4.6.6

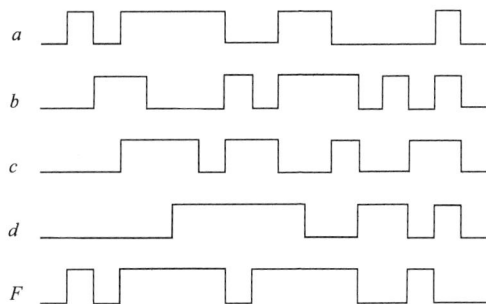

图 4.6.7

（4）已知输入信号 a、b、c、d 的波形如图 4.6.7 所示，

试：（1）选择集成逻辑门设计实现产生输出 F 波形的组合电路；（2）利用示波器或逻辑分析仪等验证逻辑功能。

（5）采用两片 74151（8 选 1 数据选择器）扩展成 16 选 1 数据选择器电路如图 4.6.8 所示。

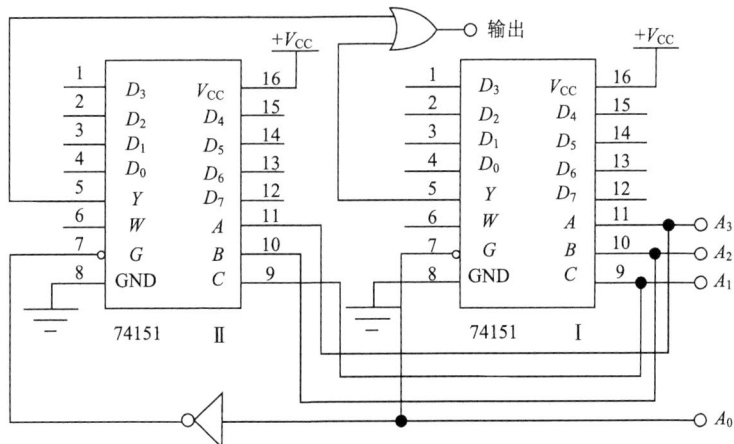

图 4.6.8 16 选 1 数据选择器电路

其中，片 I 为低位数据输入端，片 II 为高位数据输入端。试利用字信号发生器和指示灯验证电路功能（选作）。

5. 思考题

(1) 在使用中串行进位加法器与超前进位加法器有何不同？

(2) 何谓二进制加法器？半加器和全加器有何区别？

本 章 小 结

组合逻辑电路的输出状态只决定于同一时刻的输入状况，它可由逻辑门电路组成。

组合逻辑电路的分析，是根据给定的组合逻辑电路图，求解其逻辑功能的过程称为组合逻辑电路的分析。分析组合逻辑电路的目的是确定已知电路的逻辑功能，其分析流程是：写出逻辑表达式→化简和变换逻辑表达式→列出真值表→确定功能。

组合逻辑电路的设计，是根据工程要求，设计出满足工程要求的逻辑电路。其分析流程是：明确逻辑功能→列出真值表→写出逻辑表达式→逻辑化简和变换→画出逻辑图。

中规模组合逻辑器件有：加法电路、数据比较电路、编码电路、译码电路、数据选择电路、函数发生电路、奇偶校验电路等。这些组合逻辑器件具有基本功能外，通常具有输入使能、输出使能、输入扩展、输出扩展功能。

分析组合逻辑电路的冒险现象，是分析组合逻辑电路的信息传输延迟时间对电路产生的影响。冒险现象仅仅发生在输入信号变化转换的瞬间，所以了解产生的原因是为了消除冒险。

思考题与习题

思考题

4.1　数字电路按其输出信号对输入信号响应的关系数字电路可以分成几类？

4.2　通常组合逻辑电路的分析采用的方法是什么？

4.3　组合逻辑电路的设计步骤有哪些？

4.4　什么是半加器？什么是全加器？

4.5　何谓二进制加法器？半加器和全加器有何区别？

4.6　说明反码和补码之间的关系。

4.7　说明补码完成减法运算的原理。

4.8　比较器 7485 的 3 个输入端 $I_{A>B}$、$I_{A<B}$、$I_{A=B}$ 有何作用？

4.9　用 2 片 7485 串联，连接成 8 位数值比较时低位中 $I_{A>B}$、$I_{A<B}$、$I_{A=B}$ 如何处理？

4.10　什么是编码？什么是优先编码？

4.11　优先编码器 CD4532 的输入、输出信号是高电平有效还是低电平有效？输入信号 EI 和输出信号 GS、E0 的作用？

4.12　数据选择器和分配器的主要区别有什么？

4.13　数字显示电路由哪几部分组成？七段数码显示译码器分别有几个输入、输出管脚？

4.14　组合逻辑电路的逻辑冒险产生原因是什么？

4.15　消除竞争冒险现象的方法有哪些？

习题

4.16　写出图题 4.16 所示电路输出信号的逻辑表达式，分析电路的功能。

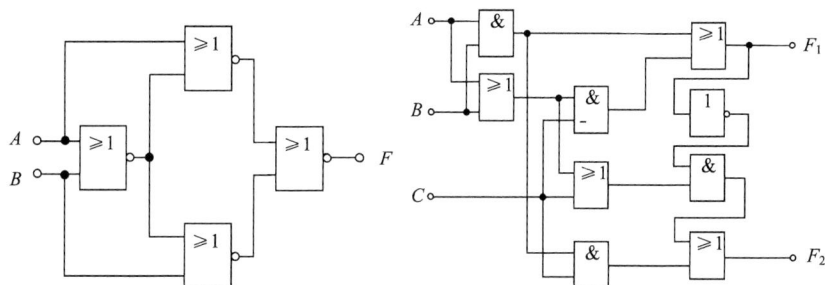

图题 4.16

4.17　写出图题 4.17 所示电路逻辑表达式，列出函数真值表。

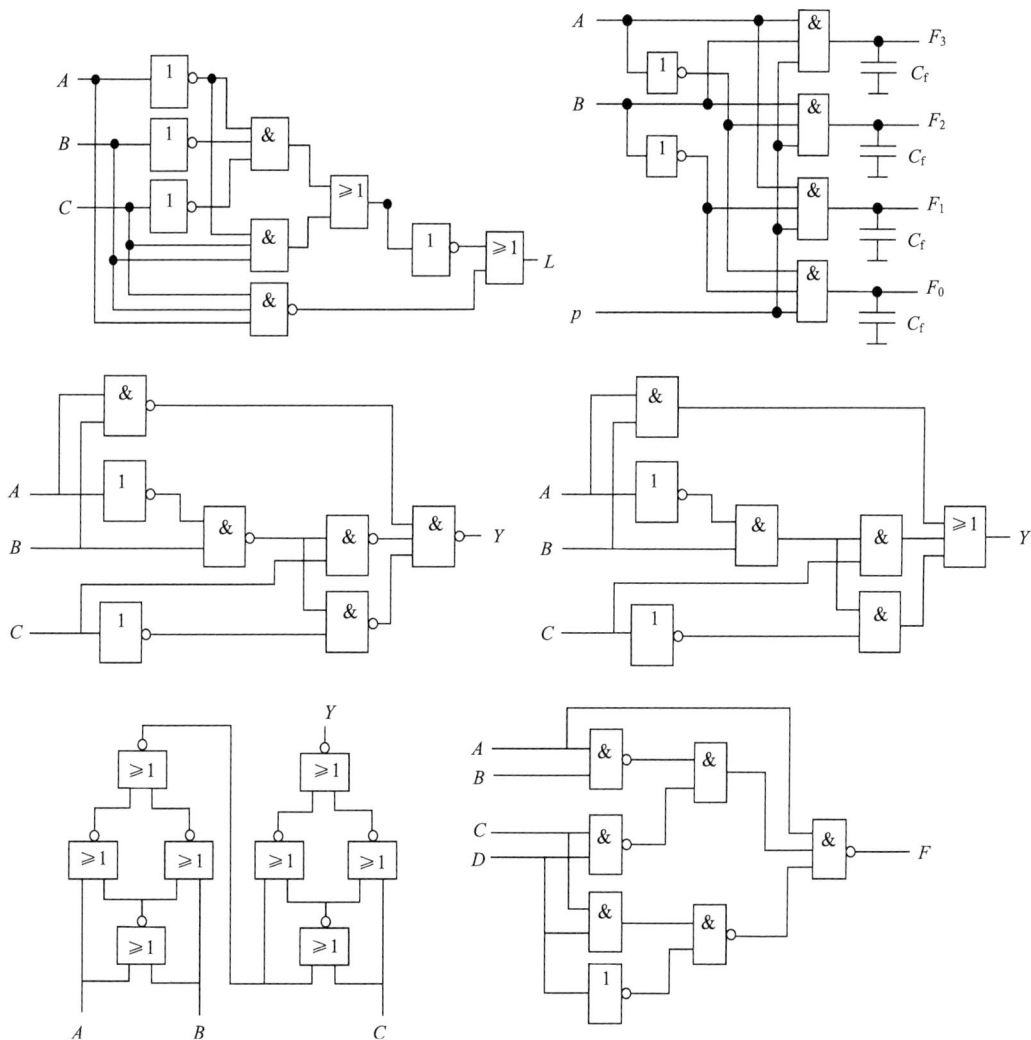

图题 4.17

4.18　设某安防系统中有三个开关,分别命名为 A、B 和 C。只要这三个开关之中有一个打开,安防系统就进入工作状态。试建立安防系统开关控制的表达式模型及逻辑电路图。

4.19　某数字逻辑系统的功能可以用表 4.19 所示真值表来描述,试建立此数字逻辑系统的逻辑表达式模型及逻辑图。

表题 4.19

A	B	C	F
0	0	0	1
0	0	1	1
0	1	0	1
0	1	1	0
1	0	0	1
1	0	1	0
1	1	0	0
1	1	1	0

4.20　某数字逻辑系统的功能可以用图题 4.20 所示的波形图来描述,试建立此数字逻辑系统的逻辑表达式模型。图中 A、B、C 为输入变量,F 为输出变量。

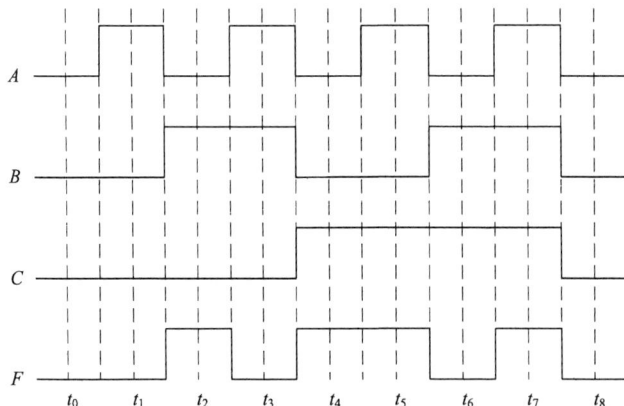

图题 4.20　数字逻辑系统的波形图

4.21　已知数字逻辑系统的输入逻辑变量的波形如图题 4.21 所示,根据逻辑表达式 $F = BC + A\overline{C}$ 试画出输出逻辑变量的波形。

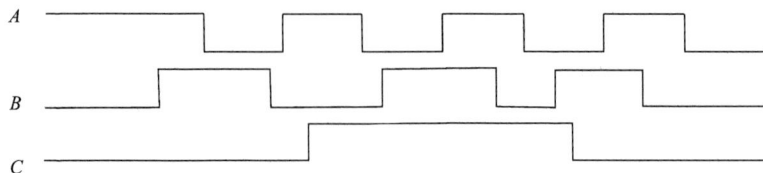

图题 4.21

4.22　设有红灯、绿灯和黄灯组成的一组交通信号灯，各灯之间的逻辑关系是，红灯亮时其他灯灭，绿灯与黄灯可以同时亮，也可以单独亮，设计这组交通灯逻辑电路。

4.23　采用 74138 级联的形式，实现四变量的逻辑函数 $F = X\overline{Y}\,\overline{Z} + \overline{X}\,\overline{Y}\,\overline{Z}D + XYZ$。

4.24　用 3 线-8 线译码器 74LS138 实现下列逻辑函数：（1）$F = AC + CB$；（2）$F = ABC + CD$。74LS183 功能见表 4.3.8。

4.25　试分析图题 4.25，组合逻辑电路的冒险现象。

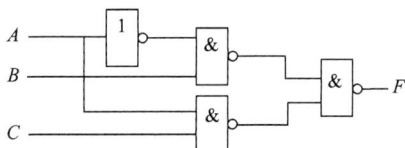

图题 4.25

4.26　实现四变量的逻辑函数，可以采取 74138 级联的形式，同时利用控制端实现片选。

4.27　设计一个逻辑电路，输入变量 A、B、C，结果用变量 F 表示。当两个输入变量或两个以上输入变量为 1 时，输出 $F=1$，否则为 0；用与门构成实现该功能的逻辑电路，要求：（1）写出实现该功能的真值表；（2）写出输出变量表达式（用最简式表示）；（3）用与门构成实现该功能的逻辑电路。

4.28　设计一个电机控制系统，控制系统中有四个子系统 A、B、C、Z 和一个电机设备 F。当 Z 系统工作时，A、B、C 子系统才能独立控制电机设备（A、B、C 是控制电机的 3 个速度）。当 Z 系统不工作时，A、B、C 子系统也就不工作，不能控制电机工作。设计要求用 1 表示 A、B、C、Z 系统工作，用 0 表示 A、B、C、Z 系统不工作。用 $F=1$ 表示电机设备工作，用 $F=0$ 表示电机设备 F 不工作。以上系统的功能如表 4.28 所示。

表题 4.28

A	B	C	F
0	0	0	0
0	0	1	1
0	1	0	1
0	1	1	0
1	0	0	1
1	0	1	0
1	1	0	0
1	1	1	0

4.29　设计一个组合电路，要求满足图题 4.29 所示的波形。

4.30　用非门和与非门实现 1 位数值比较器。

4.31　某化学实验室有 5 种试剂，编为 1～5 号，在配方时必须遵守以下规定：

（1）第 1 号不能与第 3 号同时用；

（2）用第 2 号时必须同时配用第 3 号；

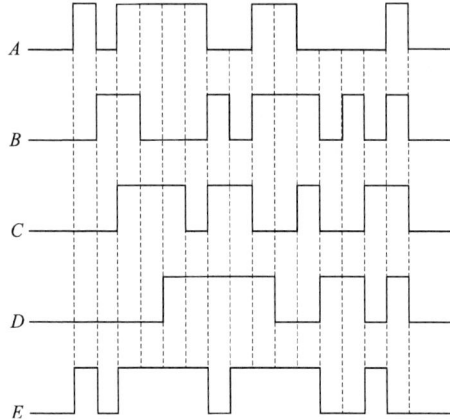

图题 4.29

(3) 第 4、5 号试剂必须同时用。

要求在违反上述规定时发出报警指示，试写出报警信号的逻辑表达式。

4.32　用数据选择器 74LS153 实现下列逻辑函数：

$$Y_1 = \sum_m(1,2,4,7)$$
$$Y_2 = \sum_m(3,5,6,7)$$

4.33　给定 3 线-8 线译码器的灵活应用电路如图题 4.33 所示：分析电路并写出输出 Y_1，Y_2 的函数表达式，其中 A、B、C 为输入变量。并将 $Y_1(A、B、C)$、$Y_2(A、B、C)$ 化为最简与或式。（附表：集成 3 线-8 线译码器 74LS138 的功能表）

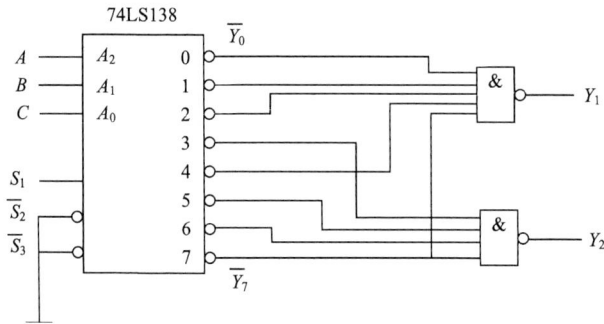

图题 4.33

集成 3 线-8 线译码器 74LS138 的功能表

输　　入					输　　出							
S_1	$\bar{S}_2 + \bar{S}_3$	A_2	A_1	A_0	$\bar{Y}_0$	$\bar{Y}_1$	$\bar{Y}_2$	$\bar{Y}_3$	$\bar{Y}_4$	$\bar{Y}_5$	$\bar{Y}_6$	$\bar{Y}_7$
0	×	×	×	×	1	1	1	1	1	1	1	1
×	1	×	×	×	1	1	1	1	1	1	1	1
1	0	0	0	0	0	1	1	1	1	1	1	1
1	0	0	0	1	1	0	1	1	1	1	1	1
1	0	0	1	0	1	1	0	1	1	1	1	1

续表

输　　入					输　　出							
S_1	$\overline{S_2} + \overline{S_3}$	A_2	A_1	A_0	$\overline{Y_0}$	$\overline{Y_1}$	$\overline{Y_2}$	$\overline{Y_3}$	$\overline{Y_4}$	$\overline{Y_5}$	$\overline{Y_6}$	$\overline{Y_7}$
1	0	0	1	1	1	1	1	0	1	1	1	1
1	0	1	0	0	1	1	1	1	0	1	1	1
1	0	1	0	1	1	1	1	1	1	0	1	1
1	0	1	1	0	1	1	1	1	1	1	0	1
1	0	1	1	1	1	1	1	1	1	1	1	0

4.34　写出图题 4.34 的输出逻辑表达式。

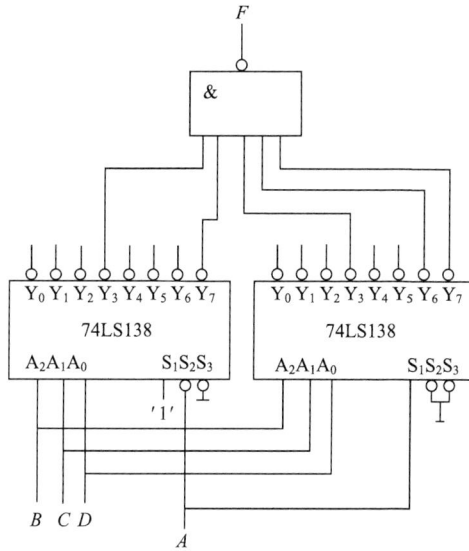

图题 4.34

4.35　用两个四选一及门电路构成多功能运算电路如图题 4.35 所示,写出输出信号 Z 的逻辑函数表达式(附表：四选一 74LS153 数据选择器功能表)。

742S153　功能表

$\overline{ST}$	A_1	A_0	W
1	×	×	0
0	0	0	D_0
0	0	1	D_1
0	1	0	D_2
0	1	1	D_3

(A_1，A_0 为两路公用地址线)

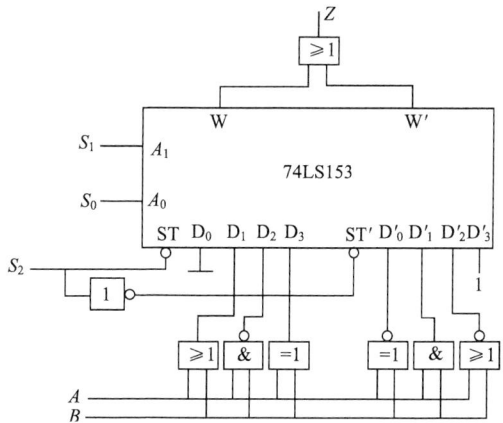

图题 4.35

第 5 章　锁存器和触发器

前面介绍了各种集成逻辑门以及由它们组成的各种组合逻辑电路。这些电路有一个共同特点，就是在某一时刻的输出完全取决于当时的输入信号，它们没有记忆保持功能。在数字系统中，不但需要对二值信号进行算术运算和逻辑运算，有时还需要将这些信号或运算结果保存起来，也就是说需要具有记忆功能的基本逻辑单元电路。锁存器和触发器是具有记忆功能、能存储数字信息的最常用的两种基本单元电路。

本章以典型的基本 RS 锁存器为例，介绍 RS 锁存器的基本性质和逻辑功能，在此基础上结合时钟电路介绍触发器(锁存器结合时钟电路构成触发器)，介绍 RS 触发器、D 触发器、JK 触发器、T 触发的基本性质和逻辑功能。

(锁存器和触发器区别： 锁存器 latch 和触发器 flip-flop 都是时序逻辑，锁存器同其所有的输入信号相关，当输入信号变化时锁存器就变化，没有时钟端；触发器受时钟控制，只有在时钟触发时才采样当前的输入，产生输出。当然因为二者都是时序逻辑，所以输出不但同当前的输入相关还同上一时间的输出相关。latch 缺点：①没有时钟端，不受系统同步时钟的控制，无法实现同步操作；②对输入电平敏感，受布线延迟影响较大，很难保证输出没有毛刺产生。)

5.1　单稳态与双稳态概念

5.1.1　单稳态和双稳态概念

数字电路中存在两种稳态电路：单稳态电路和双稳态电路。

单稳态是一种有一个稳定状态和一个暂时状态的数字电路。单稳态电路只有一个逻辑信号输出端，在没有外界信号作用时，电路的输出状态被固定在高或低电平(0 或 1)。当有外界信号作用时，电路输出从稳态翻转到暂态，暂态维持一定时间后，自动返回稳态。图 5.1.1(a)是单稳态信号波形。图 5.1.1(a)说明，在没有外界信号作用时，电路的输出状态稳定在 Q_1 状态(低电平 0)，当有外界信号作用时，电路输出从稳态 Q_1(低电平 0)翻转到暂态 Q_2(高电平 1)，暂态维持 T 时间后，自动返回稳态 Q_1(低电平 0)。维持时间 T 的长短取决于电路参数。在维持期间，新的外界信号不起作用。

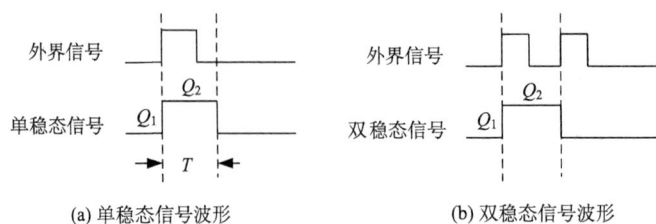

(a) 单稳态信号波形　　　　　　　(b) 双稳态信号波形

图 5.1.1　稳态信号波形

双稳态是有两种稳定状态的数字电路，双稳态电路一般有两个信号输出端，在没有外界信号作用时，电路的输出状态被稳定在状态 Q_1，即高电平或低电平(0 或 1)，如图 5.1.1(b)所示。图 5.1.1(b)说明，在没有外界信号作用时，状态稳定在 Q_1(低电平 0)，当有外界信号作用时，电路的输出状态从一个稳态 Q_1(低电平 0)翻转到另一个状态 Q_2(高电平 1)，这时候在没有外界信号作用时，状态不会返回到 Q_1 状态，而被稳定在 Q_2 状态。当有第 2 个外界信号作用时，状态将从稳态 Q_2 返回到稳态 Q_1。实现双稳态。

注意，外界作用的信号是触发信号也是触发电平，在作用时必须要有足够的幅度电平，才能使双稳态电路能够准确的翻转。双稳态电路的功能是用来保存数字电路的逻辑状态，可以用来实现数据保存、状态转换和保存、数据传输控制和保存以及分频和计数等时序数字电路。

双稳态电路的基本逻辑特点如下。

(1)具有两个能自行保持稳定的状态，用来表示状态 0 和 1，并能够以稳定的逻辑电平输出；

(2)具有两个输出端 Q 和 $\bar{Q}$，并且两个输出端的逻辑关系十分明确，即原信号和反信号；

(3)可以根据不同的输入信号将状态置位(输出为状态 1)或复位(输出为状态 0)。

5.1.2　双稳态电路

1. 双稳态单元电路结构

用两个非门电路，构成交叉耦合形式双稳态单元电路，如图 5.1.2 所示。图中，非门 G_1 的输出端状态为 Q，非门 G_2 的输出端状态为 $\bar{Q}$。

当 G_1 的输出端 $Q=0$ 时，作用到 G_2 输入端，使 G_2 的输出端状态为 $\bar{Q}=1$，$\bar{Q}$ 状态反馈到 G_1 输入端，使 G_1 的输出端 $Q=0$，保证了 $Q=0$。由于两个非门电路首尾相接构成交叉耦合形式，所以电路保持在 $Q=0$、$\bar{Q}=1$ 状态，形成一种稳定状态。

当 G_1 的输出端为 $Q=1$，G_2 的输出端为 $\bar{Q}=0$，形成另一种稳定状态。

因为电路只存在这两种稳定状态，所以此电路称双稳态单元电路，Q 与 $\bar{Q}$ 总是"非"关系。可以规定，当 $Q=0$ 时，电路为 0 状态；当 $Q=1$ 时，电路为 1 状态。

由于电路图 5.1.2 没有控制信号输入，所以电路接通电源后，电路究竟进入哪一种状态，是随机的，也无法在运行中改变电路的状态。为了改变以上问题，电路中必须具有状态置位或复位功能。

2. 置位或复位控制

根据双稳态电路的基本逻辑特点，必须能够对状态进行置位或复位。置位或复位可以直接用逻辑门实现。置位就是使逻辑门电路的输出状态为 1，如图 5.1.3(a)所示电路能实现状态置位。复位就是使逻辑门电路的输出状态为 0，如图 5.1.3(b)所示电路能实现状态复位。

锁存器和触发器是构成各种时序电路的存储单元电路，其共同特点是都有 0 和 1 两种稳定状态，一旦状态被确定，就能自行保持，即长期存储 1 位二进制码，直到有置位或复位信号作用时才有可能改变。锁存器是一种对输入电平敏感的存储单元电路，它可以在输入电平作用下改变状态。下面将要讨论的是基本 RS 锁存器，它是利用这个原理工作的。

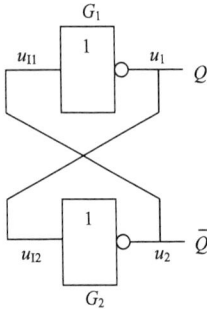

图 5.1.2　双稳态单元电路　　　图 5.1.3　　置位和复位逻辑的实现

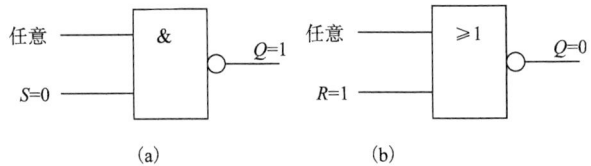

5.2　基本锁存器

为了实现记忆 1 位二值信号的功能，锁存器必须具备以下两个基本特点。

(1)具有两个稳定状态，即"0"状态和"1"状态；

(2)在一定的输入信号作用下，可以从一个稳定状态翻转到另一个稳定状态。

5.2.1　基本 RS 锁存器

1. 基本 RS 锁存器的结构及工作原理

1)基本 RS 锁存器的结构

基本 RS 锁存器的结构如图 5.2.1 所示。R 和 S 是锁存器两个输入端，Q 和 $\overline{Q}$ 是锁存器两个输出端。根据使用的门电路不同，基本 RS 锁存器可以分为输入高电平有效信号和输入低电平有效信号。输入高电平有效的基本 RS 锁存器是由两个或非门交叉耦合构成，如图 5.2.1(a)所示。输入低电平有效的基本 RS 锁存器是由两个与非门交叉耦合构成，如图 5.2.1(c)所示。图 5.2.1(b)(d)分别给出两类锁存器对应的逻辑符号。

2)基本 RS 锁存器的工作原理

分析或非门组成的基本 RS 锁存器的工作原理。

在图 5.2.1(a)所示电路中，G_1 和 G_2 是两个或非门，它可以是 TTL 门，也可以是 CMOS 门。锁存器状态由 Q 端决定，如：当 $Q=0$，$\overline{Q}=1$ 时，称锁存器为 0 状态；当 $Q=1$，$\overline{Q}=0$ 时，称锁存器为 1 状态。电路中输入端 S 端称为置位 1 端，R 端称为复位端或清零 0 端。为了区别输入信号作用前、后锁存器的状态，以 Q^n 表示锁存器现在的状态(现态)，以 Q^{n+1} 表示输入信号作用后锁存器的状态(次态)。

根据或非逻辑关系不难看出：

(1)当 $S=1$，$R=0$ 时，基本 RS 锁存器输出状态为 $Q^{n+1}=1$，$\overline{Q}^{n+1}=0$，锁存器置 1。(置 1 的

过程：$S=1 \rightarrow G_2$ 门输出为 $\bar{Q}^{n+1}=0 \rightarrow G_1$ 门输入 $\begin{cases} R=0 \\ \bar{Q}^{n+1}=0 \end{cases} \rightarrow G_1$ 门输出为 $Q^{n+1}=1$）

（2）当 $R=1$，$S=0$ 时，基本 RS 锁存器状态输出为 $Q^{n+1}=0$，$\bar{Q}^{n+1}=1$，锁存器置 0。（置 0 的

过程：$R=1 \rightarrow G_1$ 门输出为 $Q^{n+1}=0 \rightarrow G_2$ 门输入 $\begin{cases} S=0 \\ Q^{n+1}=0 \end{cases} \rightarrow G_2$ 门输出为 $\bar{Q}^{n+1}=1$）

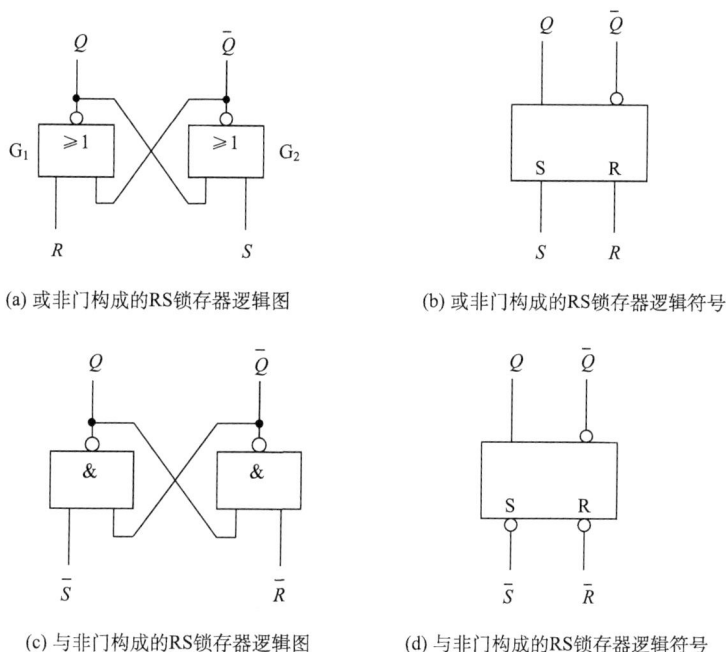

(a) 或非门构成的RS锁存器逻辑图　　　　　　(b) 或非门构成的RS锁存器逻辑符号

(c) 与非门构成的RS锁存器逻辑图　　　　　　(d) 与非门构成的RS锁存器逻辑符号

图 5.2.1　两类基本 RS 锁存器

（3）当 $R=0$，$S=0$ 时，输入端都是低电平，R、S 端同时出现无效输入，对锁存器不起作用，锁存器状态将保持不变，锁存器具有保持功能。

（4）当 $R=1$，$S=1$ 时，输入端都是高电平，R、S 端同时出现有效输入，锁存器将无法断定置 1 还是复位 0。因此，在正常工作时输入信号应遵守 $SR=0$ 的约束条件，不允许输入 $R=S=1$ 的信号。所以锁存器正常工作时不允许 R、S 端同时出现有效输入信号这种情况。

当 R、S 分时由 1 跳变到 0 时，锁存器输出状态 Q 决定于后跳变者。若 R 先由 1 跳变到 0，锁存器 Q 的状态将变为 1 状态，如图 5.2.2 所示中②；若 S 先由 1 跳变到 0，锁存器 Q 的状态将变为 0，如图 5.2.2 所示中③。若 R、S 同时由 1 跳变到 0 时，会发生竞争现象，竞争结果无法预先确定，如图 5.2.2 所示中④。

2. 基本 RS 锁存器功能的描述

描述锁存器的逻辑功能，通常采用的方法：功能表、特征方程、激励表、状态图以及时序图等。下面介绍各种描述方法的应用。

1）功能表

根据以上的分析，可得出在高电平有效的 R、S 信号作用后，锁存器的状态转移功能表，

如表 5.2.1 所示。根据表 5.2.1 所示功能列出功能真值表 5.2.2。

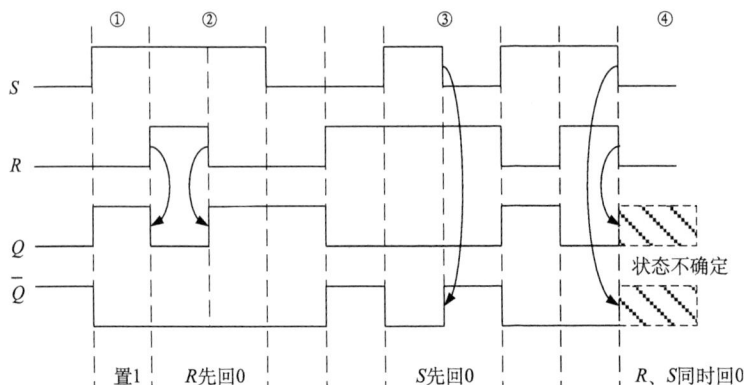

图 5.2.2　RS 锁存器的波形图

表 5.2.1　高电平有效的 RS 锁存器功能表

R	S	Q^{n+1}	$\bar{Q}^{n+1}$	功能
0	0	Q^n	$\bar{Q}^n$	锁存器状态保持不变
0	1	1	0	锁存器置 1
1	0	0	1	锁存器置 0
1	1	×	×	无效状态，正常工作不允许出现。禁用

表 5.2.2　高电平有效的 RS 锁存器真值表

R	S	Q^n	Q^{n+1}	功能
0	0	0	0	保持
0	0	1	1	
0	1	0	1	置 1
0	1	1	1	
1	0	0	0	置 0
1	0	1	0	
1	1	0	×	禁用
1	1	1	×	

2)特征方程(状态方程)

锁存器逻辑功能还可用逻辑函数表达式来描述。描述锁存器逻辑功能的函数表达式称为状态转移方程，简称状态方程。由表 5.2.2 通过卡诺图 5.2.3 简化，可得输出状态 Q 的逻辑表达式：

$$Q^{n+1} = \bar{R}S + \bar{R}Q^n = S + \bar{R}Q^n \tag{5.2.1}$$

$$RS = 0 \tag{5.2.2}$$

式中，$RS = 0$ 称为约束条件。由于 S 和 R 同时为 1 时，状态 Q^{n+1} 是不确定的。为了获得确定的 Q^{n+1}，输入信号 S 和 R 应满足 $RS = 0$。

RS 锁存器的状态方程还可以由图 5.2.1(a) 电路所得。输出端 Q 和 $\overline{Q}$ 的逻辑表达式为

Q^{n+1}	RS			
Q^n	00	01	11	10
0	0	1	×	0
1	1	1	×	0

图 5.2.3　卡诺图

$$Q = \overline{R + \overline{Q}} \tag{5.2.3}$$

$$\overline{Q} = \overline{S + Q} \tag{5.2.4}$$

将式 (5.2.4) 代入式 (5.2.3)，得 RS 锁存器的状态方程：

$$\begin{aligned} Q &= \overline{R + \overline{Q}} \\ &= \overline{R + \overline{S + Q}} \\ &= S + \overline{R}Q \end{aligned} \tag{5.2.5}$$

3) 状态转移图和激励表

描述锁存器的逻辑功能可以采用状态转移图来描述。图 5.2.4 为 RS 锁存器的状态转移图。图中圆圈分别代表基本锁存器的两个稳定状态，箭头表示在输入信号 (置 1 和置 0) 作用下状态转移的方向，箭头旁的标注表示状态转移时的条件。

由图 5.2.4 可见：

(1) 如果锁存器的当前稳定状态在 $Q^n = 0$，在输入信号 $R = 0$，$S = 1$ 的条件下，当前锁存器的状态转移至下一状态 (次态) $Q^{n+1} = 1$；

(2) 如果锁存器的当前稳定状态在 $Q^n = 1$，在输入信号 $R = 0$，$S = ×$ 的条件下，当前锁存器的状态将维持在 $Q^{n+1} = 1$；

(3) 如果锁存器的当前稳定状态在 $Q^n = 1$，在输入信号 $R = 1$，$S = 0$ 的条件下，当前锁存器的状态转移至下一状态 (次态) $Q^{n+1} = 0$；

(4) 如果锁存器的当前稳定状态是 $Q^n = 0$，在输入信号 $R = ×$，$S = 0$ 的条件下，则锁存器维持在 0。这与表 5.2.2 所描述的功能是一致的。

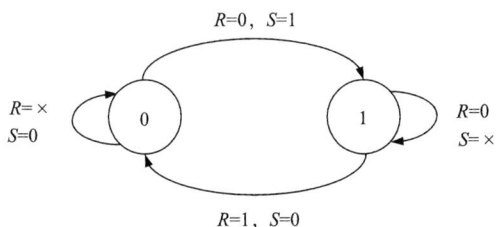

图 5.2.4　高电平有效 RS 锁存器的状态转移图

表 5.2.3　锁存器的激励表

状态转移		激励输入	
$Q^n \rightarrow Q^{n+1}$		R	S
0	0	×	0
0	1	0	1
1	0	1	0
1	1	0	×

由图 5.2.4 可以很方便地列出激励表 5.2.3。表 5.2.3 表示了锁存器由当前状态 Q^n 转移至下一状态 Q^{n+1} 时，对输入端的要求。表 5.2.3 称为锁存器的激励表或驱动表。

4)时序图

时序图是工作时序图的简称,它可以清楚地反映出各个信号之间的状态和转换关系,时序图可以直观地分析出锁存器的特性和工作状态。图 5.2.5 是基本 RS 锁存器在输入 R 和 S 给定时的时序图。

图 5.2.5 中①说明,$S=1$,$R=0$ 时,RS 锁存器的状态为 1,置 1;

图 5.2.5 中②说明,$S=0$,$R=0$ 时,RS 锁存器的状态维持为 1,保持;

图 5.2.5 中③说明,$S=0$,$R=1$ 时,RS 锁存器的状态为 0,置 0;

图 5.2.5 中④说明,S、R 分别由 0 跳变到 1 后,S 先由 1 跳变到 0,锁存器 Q 的状态将变为 0;

图 5.2.5 中⑤说明,S、R 分别由 0 跳变到 1 后,R 先由 1 跳变到 0,锁存器 Q 的状态将变为 1;

图 5.2.5 中⑥说明,S、R 同时由 1 跳变到 0 时,会发生竞争现象,竞争结果无法预先确定,锁存器 Q 的状态不确定。

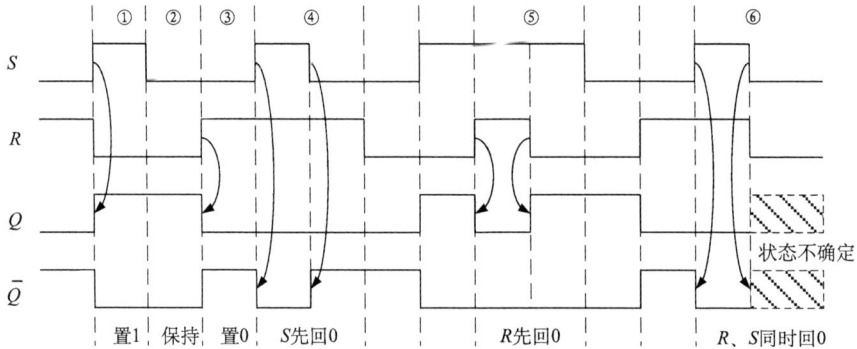

图 5.2.5　基本 RS 锁存器的时序图

以上介绍的各种描述方法的表达形式虽然不同,但他们的内涵是一致的,它们可以相互转换。下面介绍一个基本 RS 锁存器在实际应用中的例子。

例 5.2.1　用基本 RS 锁存器状态保持特性,消除机械开关振动引起的脉冲。分析电路的工作原理。

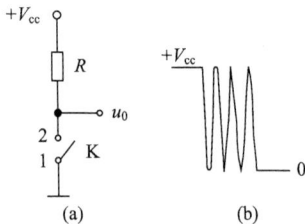

图 5.2.6　机械开关振动引起的电压变化

机械开关闭合时,总会物理性地振动或回弹几次,才能稳定下来。虽然这些振动持续的时间很短,但它们将引起电压波动,形成尖脉冲,称为"毛刺"。如图 5.2.6 所示。

由于这种尖脉冲会导致电子线路出错,所以在电子电路中不允许出现。利用基本 RS 锁存器的状态保持特性来消除机械开关振动引起的尖脉冲,电路如图 5.2.7(a)所示。

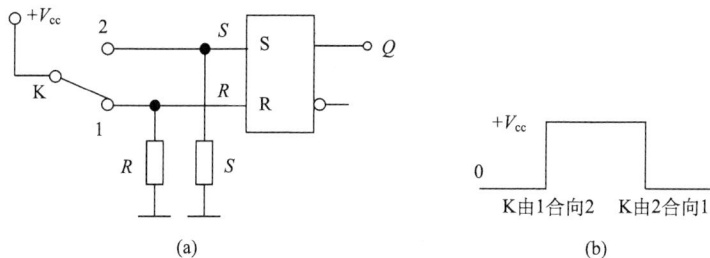

图 5.2.7　基本 RS 锁存器消除机械开关振动引起的尖脉冲

解　从电路图 5.2.7 可知，开关 K 在位置 1，RS 锁存器的 R 输入端为高电平，锁存器置 0，输出状态为 $Q=0$。当开关 K 由位置 1 合向位置 2 时，锁存器的 S 输入端将变为高电平，而 S 输入端在开关刚开始闭合时由于开关的物理性振动或回弹，S 的高电平只能保持很短的一段时间，但这段时间已经足够使锁存器置 1，输出状态为 $Q=1$。当开关物理性弹开时，由于 R、S 均为低电平，锁存器置 1 状态将保持；而再次弹回位置 2 时，锁存器又将置 1。所以虽然开关存在物理性振动或回弹，但锁存器 Q 端的输出将始终稳定在高电平上，从而消除由于振动产生的干扰脉冲。同样道理，当开关合向 1 时，锁存器 Q 端的输出也将直接稳定在低电平上，而不会出现干扰脉冲。锁存器 Q 端的输出电压波形见图 5.2.7 所示。

例 5.2.2　图 5.2.8(a) 所示电路是逻辑门控 RS 锁存器，图 5.2.8(b) 是门控 RS 锁存器逻辑符号。分析电路的工作原理。根据输入的波形，试画出 Q 和 $\bar{Q}$ 波形。

解　与基本 RS 锁存器相比，图 5.2.8 所示电路是在基本 RS 锁存器的基础上增加逻辑门电路 G_3、G_4 构成逻辑门控 RS 锁存器。在输入端除 R、S 外，增加了锁存使能控制输入端 E，使能 E 能控制锁存器 R、S 信号的传输。

由图 5.2.8 可得

$$\begin{cases} Q_3 = S \cdot E \\ Q_4 = R \cdot E \end{cases} \tag{5.2.6}$$

当 $E=0$ 时，根据式 (5.2.6) 得，门电路 G_3、G_4 输出为 0，输入信号 R、S 不会影响整个锁存器的输出，锁存器将保持原有状态不变。

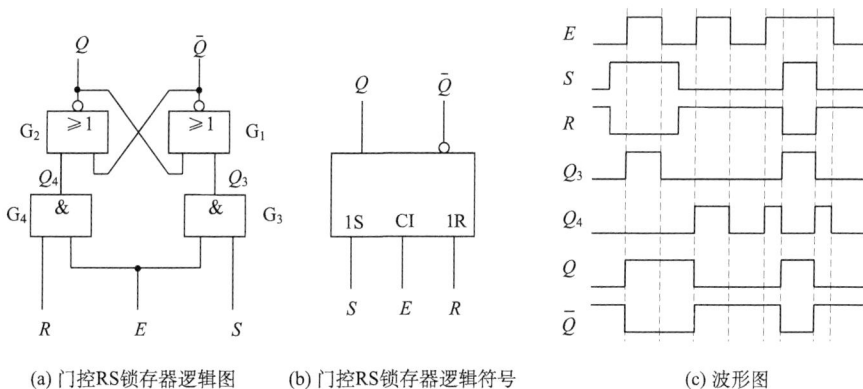

(a) 门控 RS 锁存器逻辑图　　　(b) 门控 RS 锁存器逻辑符号　　　(c) 波形图

图 5.2.8　逻辑门控 RS 锁存器

当 $E=1$ 时，根据式(5.2.6)，门电路 G_3、G_4 被打开，输入信号 R、S 通过门 G_3、G_4 作用到基本 R-S 锁存器的输入端，从而确定锁存器的状态 Q 和 $\bar{Q}$。

当 $E=1$，输入信号 $R=S=1$ 时，锁存器处于不确定状态。当输入信号 $R=S=1$，E 由 1 变 0 时，Q_3、Q_4 同时变 0，锁存器的输出状态将不能确定。因此，逻辑门控 RS 锁存器必须严格遵守 $RS=0$ 的约束条件。

图 5.2.8(b)是逻辑门控 RS 锁存器的逻辑符号。

根据 E、S、R 输入的波形，试画出 Q 和 $\bar{Q}$ 波形，如图 5.2.8(c)所示。

5.2.2　基本 D 锁存器

1. 基本 D 锁存器的结构及工作原理

1) 基本 D 锁存器的结构

为了适用于单端输入信号的场合，又为了保证 R 和 S 在正常工作时不同时出现 1，即 $S=R=1$，消除 RS 锁存器不确定状态。在图 5.2.8 逻辑门控 RS 锁存器的 R 和 S 输入端连接一个非门电路 G_5，从而保证了 S 和 R 不同时为 1 的条件，构成 D 锁存器，如图 5.2.9 所示。图 5.2.9 也称为逻辑门控 D 锁存器。

图中有两个输入端和两个输出端。使能输入端 E 和数据输入端 D；D 锁存器输出状态 Q 端和状态 $\bar{Q}$。使能输入信号 E 能控制锁存器 D 信号的传输，是输入控制信号。图 5.2.9(b)是 D 锁存器的逻辑符号。

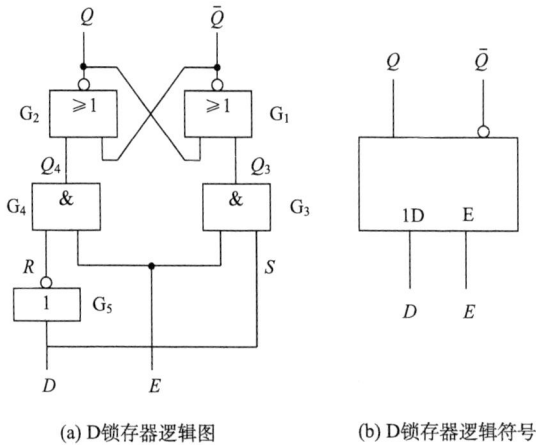

(a) D锁存器逻辑图　　　　　　　　　(b) D锁存器逻辑符号

图 5.2.9　逻辑门控 D 锁存器

2) 基本 D 锁存器的工作原理

分析逻辑门控 D 锁存器的工作原理。

由图 5.2.9 可得

$$\begin{cases} Q_3 = S \cdot E = D \cdot E \\ Q_4 = R \cdot E = \bar{D} \cdot E \end{cases} \tag{5.2.7}$$

当 $E=0$ 时，根据式(5.2.7)得，门电路 G_3、G_4 输出为 0，输入信号 D 不会影响整个锁存器的输出，锁存器将保持原有状态不变，即输出 Q 保持原有状态不变。

当 $E=1$ 时，门电路 G_3、G_4 被打开，输入信号 D 通过门 G_3、G_4 作用到基本 R-S 锁存器的输入端，从而确定锁存器的状态 Q。如果 $D=0$，根据式(5.2.7)得，门 $Q_3=0$、$Q_4=1$，由基本 RS 锁存器功能可知，D 锁存器的输出状态 $Q=0$；如果 $D=1$，根据式(5.2.7)得，门 $Q_3=1$、$Q_4=0$，根据基本 RS 锁存器功能可知，D 锁存器的输出状态 $Q=1$。如果 D 信号在 $E=1$ 期间发生变化，D 锁存器的输出状态 Q 将随数据 D 变化。

当 $E=1$ 跳变到 $E=0$ 后，D 锁存器将锁存 E 跳变前的 D 数据。

2. 基本 D 锁存器功能的描述

1)功能表

根据以上的分析，可得出在 D 信号作用后，锁存器的状态转移功能真值表，如表 5.2.4 所示。

表 5.2.4　功能真值表

E	D	Q^{n+1}	$\bar{Q}^{n+1}$	功能
0	×	不变	不变	保持
1	0	0	1	置0
1	1	1	0	置1

2)特征方程(状态方程)

根据 D 锁存器功能真值表可得输出状态 Q 的逻辑表达式，称特征方程。

当 $E=1$ 时 D 锁存器的特征方程：

$$Q^{n+1} = D \tag{5.2.8}$$

3)状态转移图

描述锁存器的逻辑功能可以采用状态转移图来描述。图 5.2.10 为 D 锁存器的状态转移图。图中圆圈分别代表基本锁存器的两个稳定状态，箭头表示在输入信号(置 1 和置 0)作用下状态转移的方向，箭头旁的标注表示状态转移时的条件。

由图 5.2.10 可见：

(1)如果锁存器的当前稳定状态是 $Q^n=0$，输入信号 $D=1$ 的条件下，锁存器转移至下一状态(次态) $Q^{n+1}=D=1$；

(2)如果锁存器的当前稳定状态是 $Q^n=1$，输入信号 $D=1$ 的条件下，锁存器转移至下一状态(次态) $Q^{n+1}=D=1$；

(3)如果锁存器的当前状态稳定在 $Q^n=0$，输入信号 $D=0$ 的条件下，锁存器转移至下一状态(次态) $Q^{n+1}=D=0$；

(4)如果锁存器的当前稳定状态是 $Q^n=1$，输入信号 $D=0$ 的条件下，锁存器转移至下一状态(次态) $Q^{n+1}=D=0$；

(5)当 $E=0$ 时 D 锁存器状态(次态) $Q^{n+1}=Q^n$，D 锁存器状态保持。

表 5.2.5　锁存器的激励表

状态转移		激励输入	
$Q^n \rightarrow Q^{n+1}$		E	D
0	0	0	0
1	1	0	1
0	0	1	0
0	1	1	1
1	0	1	0
1	1	1	1

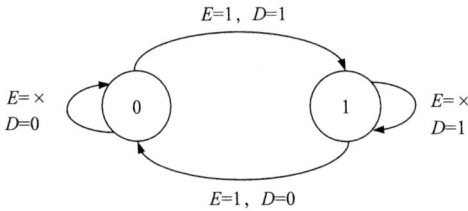

图 5.2.10　D 锁存器的状态转移图

由图 5.2.10 可以很方便地列出激励表 5.2.5。表 5.2.5 表示了锁存器由当前状态 Q^n 转移至下一状态 Q^{n+1} 时，对输入端的要求。表 5.2.5 称为锁存器的激励表或驱动表。

4) 时序图

图 5.2.11 是 D 锁存器在输入 E 和 D 给定时，输出 Q 和 $\bar{Q}$ 的时序状态图。图 5.2.11 描述了表 5.2.5 中的所有功能。

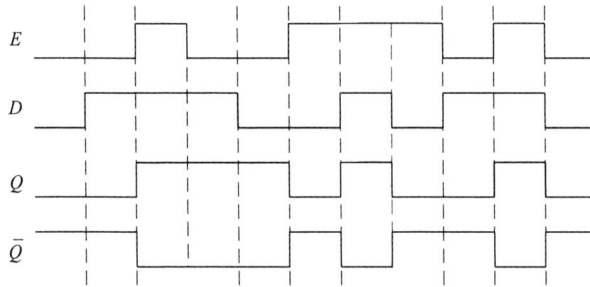

图 5.2.11　D 锁存器的时序图

例 5.2.3　图 5.2.12 所示电路，具有复位(清零)端的逻辑门控 D 锁存器。分析电路的工作原理。根据输入的波形，试画出 Q 波形。

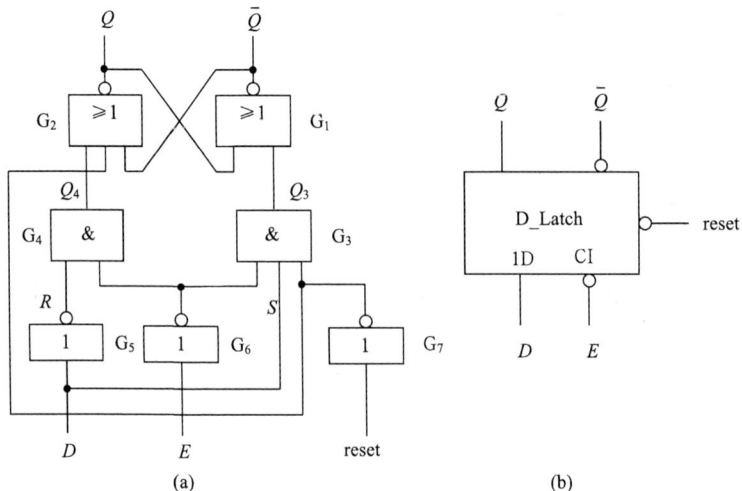

图 5.2.12　具有复位端的逻辑门控 D 锁存器

解　带有复位(清零)reset 功能的 D 锁存器,如图 5.3.12(a)所示。图中,reset 为低电平复位(清零)有效,即 reset=0 时,D 锁存器进入 0 状态,即 $Q=0$。输入端 reset 处有一个小圆圈"○",表示低电平有效。图中使能输入端 E 处有一个小圆圈"○",表示低电平有效。

由图 5.2.12(a)得

$$\begin{cases} Q_3 = S \cdot \bar{E} = D \cdot \bar{E} \\ Q_4 = R \cdot \bar{E} = \bar{D} \cdot \bar{E} \end{cases} \tag{5.2.9}$$

根据式(5.2.9),门控 D 锁存器状态真值表,如表 5.2.6 所示。

表 5.2.6　功能真值表

$\bar{E}$	D	Q^n	Q^{n+1}	功能
0	×	×	Q^n	保持
1	0	×	0	置 0
1	1	×	1	置 1

由功能真值表 5.2.6 得,当 $\bar{E}=1$ 时门控 D 锁存器的特征方程为

$$Q^{n+1} = D \tag{5.2.10}$$

给定使能 E 信号波形,给定 D 信号波形,如图 5.2.13 所示。根据功能真值表画出门控 D 锁存器输出状态 Q 波形,见图 5.2.13 所示。

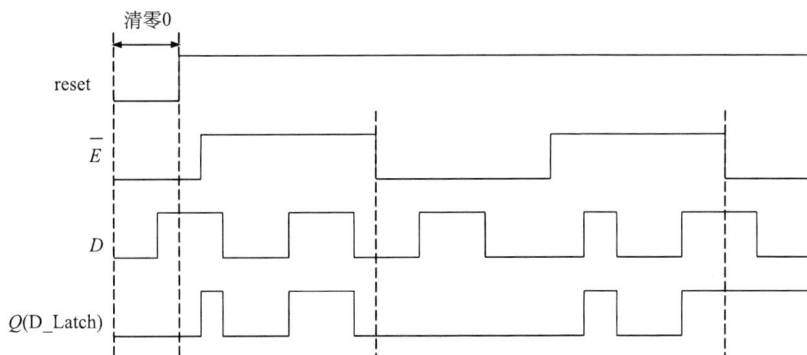

图 5.2.13　门控 D 锁存器输出状态 Q 波形

5.3　钟控触发器

在时钟脉冲作用下的状态变化(刷新)称为触发,具有这种特性的锁存器电路称为钟控触发器。前面分析了基本 RS 锁存器的电路结构及其逻辑功能,它是构成触发器的基本电路。在此基础上,本节将介绍具有时钟控制的各种锁存器的逻辑功能。介绍钟控 RS 触发器、钟控 D 触发器、钟控 JK 触发器、钟控 T 触发器的基本性质和逻辑功能。

5.3.1 钟控 RS 触发器

例 5.3.1 钟控 RS 触发器如图 5.3.1(a)所示。图 5.3.1 所示电路是在基本 RS 锁存器的基础上,增加时钟脉冲引导(触发导引)电路,构成的电平钟控 RS 触发器。试分析钟控 RS 触发器的电路结构、工作原理、特征方程、状态转移图以及根据已知 CP、R、S 的波形画出 Q 波形。

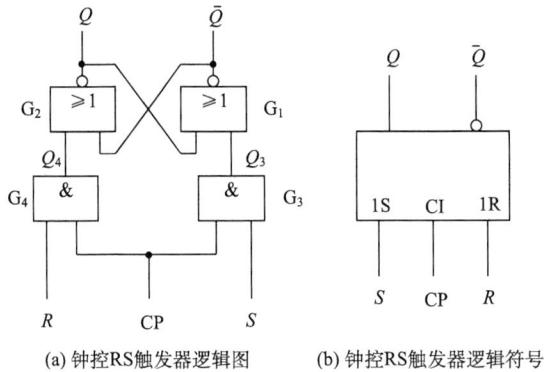

(a) 钟控RS触发器逻辑图　　　　　(b) 钟控RS触发器逻辑符号

图 5.3.1　钟控 RS 触发器

解

1. 钟控 RS 触发器电路结构

钟控 RS 触发器,如图 5.3.1(a)所示。与基本 RS 锁存器相比,图 5.3.1 所示电路是在基本 RS 锁存器的基础上,增加时钟脉冲引导(触发导引)电路,构成的钟控 RS 触发器。图中有三个输入端,置 1 输入端 S,置 0 输入端 R,时钟脉冲输入端 CP。电路中 G_1 和 G_2 构成的是高电平输入有效的基本 RS 锁存器,G_3 和 G_4 构成触发引导电路。图中时钟脉冲 CP 能控制钟控 RS 触发器的 R 和 S 信号的传输,是输入控制信号,称时钟脉冲触发信号。图 5.3.1(b)是钟控 RS 触发器的逻辑符号。

2.工作原理

分析钟控 RS 触发器的工作原理。

由图 5.3.1(a)得

$$\begin{cases} Q_3 = S \cdot CP \\ Q_4 = R \cdot CP \end{cases} \tag{5.3.1}$$

当 CP=0 时,根据式(5.3.1)得,门电路 G_3 和 G_4 的输出 Q_3=0,Q_4=0。由基本 R-S 锁存器功能可知,不论 R,S 如何变化,触发器状态将维持不变。

当 CP=1 时,根据式(5.3.1)得,门电路 G_3 和 G_4 的输出 Q_3=S,Q_4=R,输入信号 R 和 S 通过门 G_3、G_4 作用到基本 RS 锁存器的输入端,从而确定触发器的输出状态 Q 和 $\bar{Q}$。

当 CP=1,Q_3=S=1,Q_4=R=1 时,由基本 RS 锁存器功能可知,触发器处于不确定状态。

当 R=S=1,CP 由 1 变 0 时,或 CP=1 时,输入信号 R、S 同时由 1 跳变到 0 时,锁存器

的输出状态会发生竞争现象，竞争结果无法预先确定。因此，钟控 RS 触发器必须严格遵守 RS=0 的约束条件。

3. 特性表

根据钟控 R-S 触发器工作原理分析，可得钟控 RS 触发器状态真值表如表 5.3.1 所示。

表 5.3.1　钟控 RS 触发器状态真值表

CP	R	S	Q^n	Q^{n+1}	功能
0	×	×	×	Q^n	保持
1	0	0	0	0	保持
1	0	0	1	1	
1	0	1	0	1	置1
1	0	1	1	1	
1	1	0	0	0	置0
1	1	0	1	0	
1	1	1	0	不确定	禁用
1	1	1	1	不确定	

表 5.3.1 说明，钟控 RS 触发器每一个高电平 CP 信号作用下，RS 触发器的状态就按真值表规律变化。

4. 特征方程(状态方程)

根据钟控 RS 触发器状态真值表，可以得到当 CP=1 时的状态方程：

$$\begin{cases} Q^{n+1} = \overline{R}S + \overline{R}Q^n = \overline{R}S + \overline{R}Q^n + RS = S + \overline{R}Q^n \\ RS = 0 \end{cases} \tag{5.3.2}$$

式 (5.3.2) 是钟控 RS 触发器的状态方程，其中 $RS=0$ 是约束条件。它表明在 CP=1 时，触发器的状态按式的描述发生转移。

5. 状态转移图

钟控 RS 锁存器的状态转移图，如图 5.3.2 所示。

当 CP=1 时：

(1) 如果触发器的当前稳定状态是 $Q^n=0$，在输入信号 $R=0$，$S=1$ 的条件下，当前触发器的状态转移至下一状态(次态) $Q^{n+1}=1$；

(2) 如果触发器的当前稳定状态在 $Q^n=1$，在输入信号 $R=0$，$S=×$ 的条件下，当前触发器的状态将维持在 $Q^{n+1}=1$；

(3) 如果触发器的当前稳定状态在 $Q^n=1$，在输

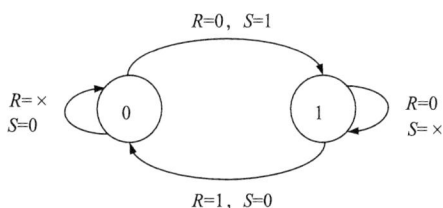

图 5.3.2　钟控 RS 触发器的状态转移图

入信号 $R=1$，$S=0$ 的条件下，当前触发器的状态转移至下一状态(次态) $Q^{n+1}=0$；

(4)如果触发器的当前稳定状态是 $Q^n=0$，在输入信号 $R=\times$，$S=0$ 的条件下，则触发器维持在 0。

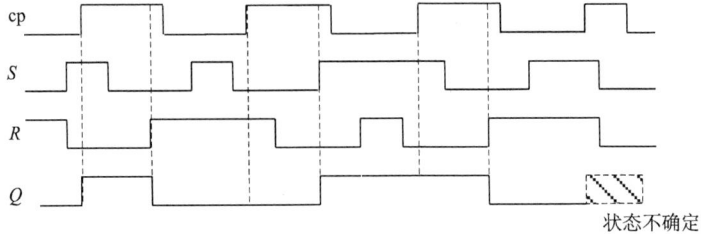

图 5.3.3　钟控 R-S 触发器的时序图

6. 时序图

基本钟控 RS 触发器的时序图，如图 5.3.3 所示。图中，CP 是时钟脉冲信号，R 和 S 是输入信号，钟控 RS 触发器的输出状态为 Q 和 $\bar{Q}$。当 CP=0 时，不论 R、S 如何变化，触发器状态维持不变。只有当 CP=1 时，R、S 的变化才能引起状态的改变。

5.3.2　钟控 D 触发器

例 5.3.2　钟控 D 触发器如图 5.3.4(a)所示。图 5.3.4 所示电路是在基本 RS 锁存器的基础上，增加时钟脉冲引导(触发导引)电路，并在 R 和 S 输入端连接一个非门电路 G_5，从而保证了 S 和 R 不同时为 1 的条件，构成 D 锁存器。试分析钟控 D 触发器的电路结构、工作原理、特征方程、状态转移图以及根据已知 CP、D 的波形画出 Q 波形。

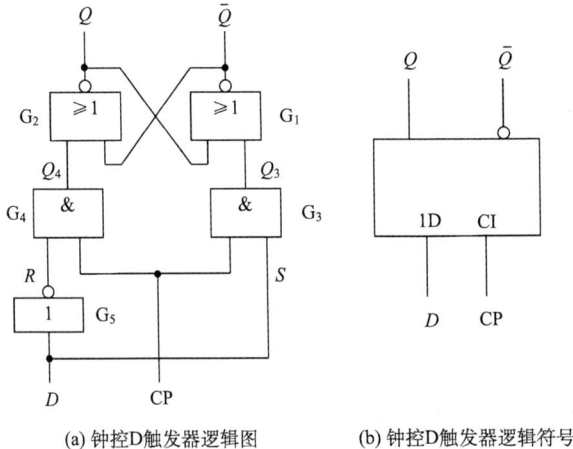

(a) 钟控 D 触发器逻辑图　　　　　(b) 钟控 D 触发器逻辑符号

图 5.3.4　钟控 D 触发器电路

解

1. 钟控 D 触发器电路结构

钟控 D 触发器电路结构如图 5.3.4(a)所示。图中有两个输入端和两个输出端：时钟脉冲输入端 CP 和数据输入端 D；D 触发器输出状态 Q 端和状态 $\bar{Q}$ 端。时钟脉冲 CP 能控制钟控 D 触发器的 D 信号的传输，是输入控制信号。图 5.3.4(b)是 D 触发器的逻辑符号。

2.工作原理

分析钟控 D 触发器的工作原理。

由图 5.3.4(a)得

$$\begin{cases} Q_3 = S \cdot \mathrm{CP} = D \cdot \mathrm{CP} \\ Q_4 = R \cdot \mathrm{CP} = \bar{D} \cdot \mathrm{CP} \end{cases} \tag{5.3.3}$$

当 CP=0 时，根据式(5.3.3)得，门电路 G_3、G_4 输出为 $Q_3=0$，$Q_4=0$，无论 D 信号如何变化，都不会影响整个触发器的输出，根据 R-S 触发器的功能可知，钟控 D 触发器将保持原有状态不变，即输出 Q 和 $\bar{Q}$ 保持不变。

当 CP=1 时，根据式(5.3.3)得，门电路 G_3、G_4 输出为 $Q_3=S=D$，$Q_4=R=\bar{D}$，输入信号 D 通过门 G_3、G_4 作用到基本 RS 锁存器的输入端，从而确定输出的状态 Q 和 $\bar{Q}$。如果 $D=0$，钟控 D 触发器的输出状态 $Q=0$，$\bar{Q}=1$；如果 $D=1$，钟控 D 触发器的输出状态 $Q=1$，$\bar{Q}=0$。可见，D 信号在 CP=1 期间发生变化时，钟控 D 触发器的输出状态 Q 和 $\bar{Q}$ 将随数据 D 变化。如果 D 信号作用后，时钟脉冲才为 1 即 CP=1 时，钟控 D 触发器的输出状态也随 D。

当 CP=1 跳变到 CP=0 后，钟控 D 触发器的输出状态，将被锁存在 CP 跳变前的 D 数据。由于非门电路 G_5 的存在，使得 R 与 S 永远相反，因此约束条件始终都满足。

3. 特性表

根据以上的分析，可得出在 D 信号作用后，触发器的状态转移功能真值表，如表 5.3.2 所示。

表 5.3.2　钟控 D 触发器的功能真值表

CP	D	Q^n	Q^{n+1}	功能
0	×	×	Q^n	保持
1	0	0	0	置0
1	0	1	0	置0
1	1	0	1	置1
1	1	1	1	置1

表 5.3.2 说明，在钟控 D 触发器每一个高电平 CP 信号作用下，D 触发器的状态就按真值表规律变化。

4. 特征方程(状态方程)

根据钟控 D 触发器功能真值表，可得钟控 D 触发器的状态方程。

当 CP=1 时，钟控 D 触发器的特征方程为

$$Q^{n+1} = D \tag{5.3.4}$$

式(5.3.4)也可以从触发器电路结构导出，输出状态 Q 的逻辑表达式如下。

由图 5.3.4 所示电路可得

$$\begin{cases} S = D \\ R = \bar{D} \end{cases} \tag{5.3.5}$$

将式(5.3.5)代入 R-S 触发器的特征方程，得

$$\begin{aligned} Q^{n+1} &= S + \bar{R}Q^n \\ &= D + \bar{\bar{D}}Q^n \\ &= D \end{aligned}$$

5. 状态转移图

描述钟控 D 触发器的逻辑功能可以采用状态转移图来描述，如图 5.3.5 所示。

由图 5.3.5 可见：

(1)当 CP=1，钟控 D 触发器的当前状态是 Q^n=0，输入信号 D=1 的条件下，钟控 D 触发器转移至下一状态(次态)Q^{n+1}=D=1；

(2)当 CP=1，钟控 D 触发器的当前状态是 Q^n=1，输入信号 D-1 的条件下，钟控 D 触发器转移至下一状态(次态)Q^{n+1}=D=1；

(3)当 CP=1，钟控 D 触发器的当前状态是 Q^n=0，输入信号 D=0 的条件下，钟控 D 触发器转移至下一状态(次态)Q^{n+1}=D=0；

(4)当 CP=1，钟控 D 触发器的当前状态是 Q^n=1，输入信号 D=0 的条件下，钟控 D 触发器转移至下一状态(次态)Q^{n+1}=D=0；

(5)当 CP =0 时 D 锁存器状态(次态)Q^{n+1}= Q^n，D 锁存器状态保持。

表 5.3.3　锁存器的激励表

状态转移		激励输入	
$Q^n \rightarrow Q^{n+1}$		CP	D
0	0	0	0
1	1	0	1
0	0	1	0
0	1	1	1
1	0	1	0
1	1	1	1

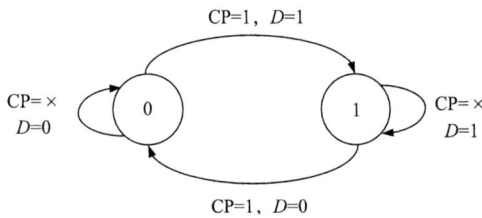

图 5.3.5　钟控 D 触发器的状态转移图

由图 5.3.5 可以很方便地列出激励表 5.3.3，表 5.3.3 表示了钟控 D 触发器由当前状态 Q^n 转移至下一状态 Q^{n+1} 时，对输入端的要求。

6. 时序图

图 5.3.6 是钟控 D 触发器在输入 D 和 CP 给定时，输出 Q 和 $\bar{Q}$ 的时序状态图。图 5.3.6 描述了表 5.3.3 中的所有功能。

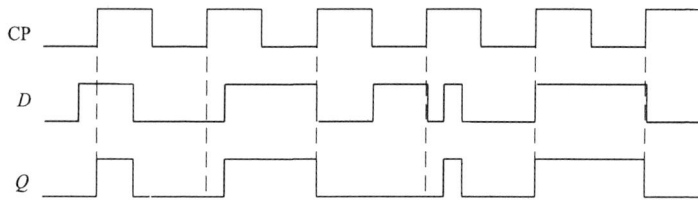

图 5.3.6　钟控 D 触发器的时序图

7. 钟控 D 触发器的其他电路形式

可以将图 5.3.4 进行改进，如图 5.3.7 所示。它们的逻辑功能等价。在工程中，电路还增加一个异步复位端(清零)reset，如图 5.3.7(c)所示。reset1 为高电平有效，reset1=1 时 D 锁存器进入 0 状态(Q=0)。Reset2 为低电平有效，reset2=0 时 D 锁存器进入 0 状态(Q=0)。如图 5.3.7(e)输入端 reset2 处有一个小圆圈"○"，表示低电平有效。

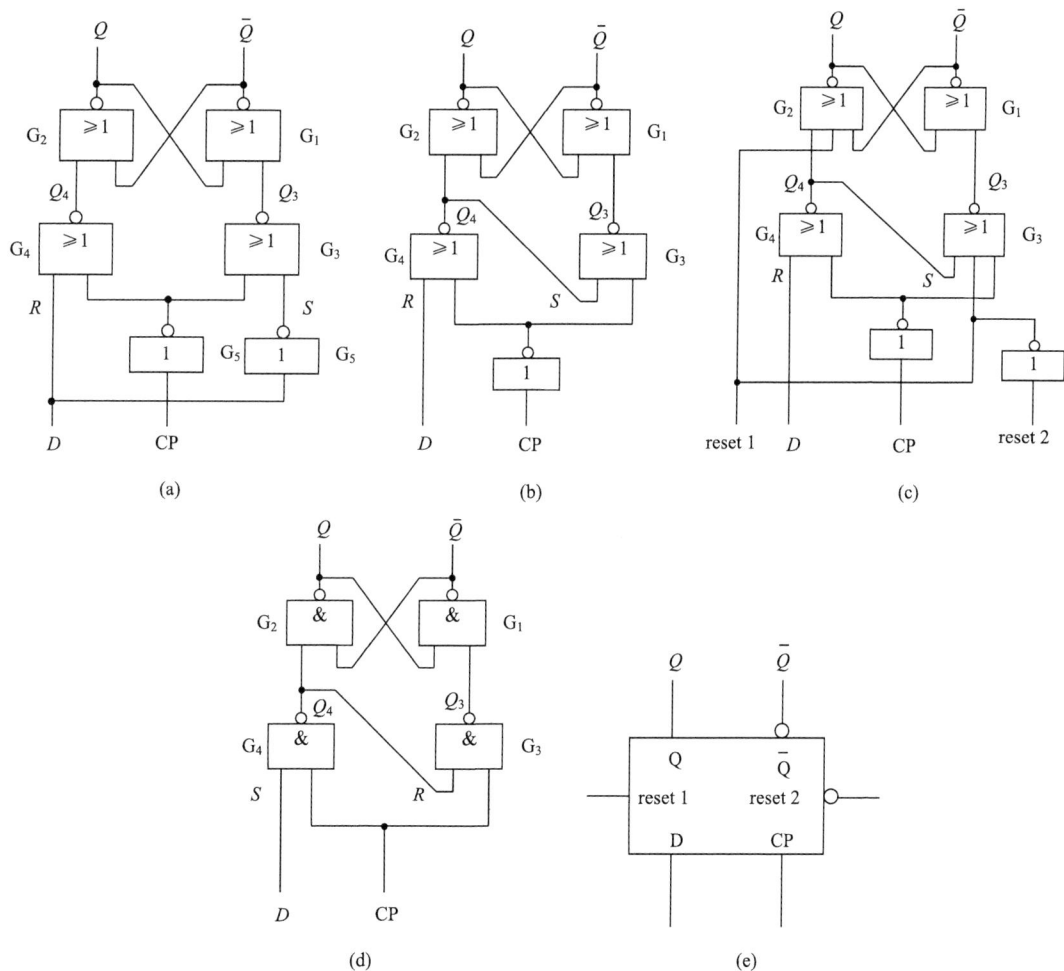

图 5.3.7　钟控 D 触发器电路图

5.3.3　钟控 JK 触发器

例 5.3.3　钟控 JK 触发器如图 5.3.8(a)所示。图 5.3.8 所示电路是在基本 RS 锁存器的基础上，增加时钟脉冲引导(触发导引)电路，构成的钟控 JK 触发器。试分析钟控 JK 触发器的电路结构、工作原理、特征方程、状态转移图。

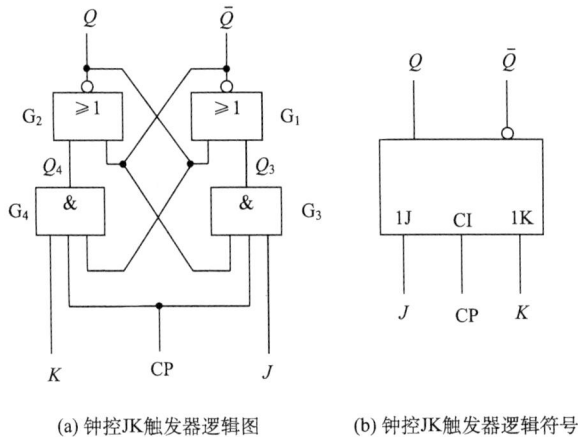

(a) 钟控JK触发器逻辑图　　　　　　(b) 钟控JK触发器逻辑符号

图 5.3.8　钟控 J-K 触发器

解

1. 钟控 JK 触发器电路结构

钟控 JK 触发器，如图 5.3.8(a)所示。与钟控 RS 触发器相比，图 5.3.8 所示电路是在钟控 RS 触发器的基础上改进。电路中 G_1 和 G_2 构成的是高电平输入有效的基本 RS 锁存器，G_3 和 G_4 采用三输入与门电路构成触发引导电路。图中有三个输入端，置 1 输入端 J，置 0 输入端 K，时钟脉冲输入端 CP。时钟脉冲能控制钟控 JK 触发器的 J 和 K 信号的传输，是输入控制信号。钟控 JK 触发器，消除了不确定状态。图 5.3.8(b)是钟控 JK 触发器的逻辑符号。

2. 工作原理

分析钟控 JK 触发器的工作原理。

由图 5.3.8(a)得

$$\begin{cases} Q_3 = J \cdot \bar{Q}^n \cdot CP \\ Q_4 = K \cdot Q^n \cdot CP \end{cases} \tag{5.3.6}$$

当 CP=0 时，根据式(5.3.6)得，门电路 G_3、G_4 输出为 $Q_3 = Q_4 = 0$，无论 J、K 信号如何变化，都不会影响整个触发器的输出，根据 RS 触发器的功能可知，钟控 JK 触发器将保持原有状态不变，即输出 Q 和 $\bar{Q}$ 保持不变。

当 CP=1 时，门电路 G_3、G_4 被打开，输入信号 J、K 通过门 G_3、G_4 作用到基本 RS 锁存器的输入端，从而确定输出的状态 Q 和 $\bar{Q}$。下面分析四种状况。

（1）如果 $J=0$、$K=0$，根据式（5.3.6）得 $Q_3=0$、$Q_4=0$。根据 RS 触发器的功能可知，钟控 J-K 触发器将保持原有状态不变，即输出 Q 和 $\bar{Q}$ 保持不变。

（2）如果 $J=0$、$K=1$：

当 $Q^n=0$ 时，根据式（5.3.6）得 $Q_3=0$、$Q_4=0$。根据 RS 触发器的功能可知，钟控 JK 触发器的输出状态为 $Q^{n+1}=0$；

当 $Q^n=1$ 时，根据式（5.3.6）得 $Q_3=0$、$Q_4=1$。根据 RS 触发器的功能可知，钟控 JK 触发器的输出 $Q^{n+1}=0$。

（3）如果 $J=1$、$K=0$：

当 $Q^n=0$ 时，根据式（5.3.6）得 $Q_3=1$、$Q_4=0$。根据 RS 触发器的功能可知，钟控 JK 触发器的输出状态为 $Q^{n+1}=1$；

当 $Q^n=1$ 时，根据式（5.3.6）得 $Q_3=0$、$Q_4=0$。根据 RS 触发器的功能可知，钟控 JK 触发器的输出状态为 $Q^{n+1}=1$。

（4）如果 $J=1$、$K=1$：

当 $Q^n=0$ 时，根据式（5.3.6）得 $Q_3=1$、$Q_4=0$。由 RS 触发器的功能可知，钟控 JK 触发器的输出状态为 $Q^{n+1}=1$；

当 $Q^n=1$ 时，根据式（5.3.6）得 $Q_3=0$、$Q_4=1$。由 RS 触发器的功能可知，钟控 JK 触发器的输出状态为 $Q^{n+1}=0$。

3. 特性表

根据以上分析，钟控 JK 触发器状态真值表如表 5.3.4 所示。

表 5.3.4　钟控 JK 触发器状态真值表

CP	K	J	Q^n	Q_4	Q_3	Q^{n+1}	功能
0	×	×	×	×	×	×	保持
1	0	0	0	0	0	0	保持
1	0	0	1	0	0	1	
1	0	1	0	0	1	1	置1
1	0	1	1	0	0	1	
1	1	0	0	0	0	0	置0
1	1	0	1	1	0	0	
1	1	1	0	0	1	1	翻转
1	1	1	1	1	0	0	

表 5.3.4 说明，钟控 JK 触发器每一个高电平 CP 信号作用下，JK 触发器的状态就按真值表规律变化。

4. 特征方程（状态方程）

根据钟控 JK 触发器状态真值表，可以得到当 CP=1 时的状态方程。由表 5.3.4 通过卡诺

图 5.3.9 简化，可得输出状态 Q^{n+1} 的逻辑表达式：

$$Q^{n+1} = J\bar{Q}^n + \bar{K}Q^n \tag{5.3.7}$$

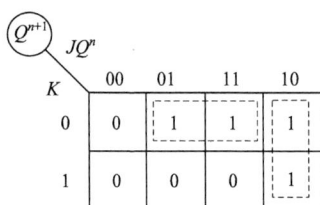

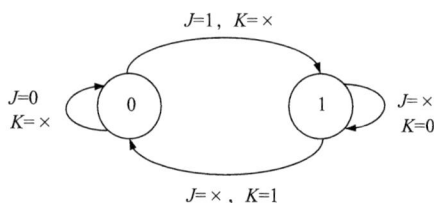

图 5.3.9 卡诺图   图 5.3.10 钟控 JK 触发器的状态转移图

5. 状态转移图

由表 5.3.4 可见，钟控 JK 触发器在 $J=0$、$K=0$ 时具有保持功能；在 $J=0$、$K=1$ 时具有置 0 功能；在 $J=1$、$K=0$ 时具有置 1 功能；在 $J=1$、$K=1$ 时具有翻转功能。这些功能可以采用状态转移图来描述，如图 5.3.10 所示。

6. 钟控 JK 触发器的其他电路形式

用与非门电路、或非门电路构成 JK 触发器。要注意，不同的电路结构，有不同的逻辑状态 Q^{n+1} 方程，但它门完成的功能是相同。

(1)或非门构成的 JK 触发器，如图 5.3.11 所示。由图可得

$$\begin{cases} Q_3 = \overline{K + Q^n + CP} = \bar{K}\bar{Q}^n\overline{CP} \\ Q_4 = \overline{J + \bar{Q}^n + CP} = \bar{J}Q^n\overline{CP} \end{cases} \tag{5.3.8}$$

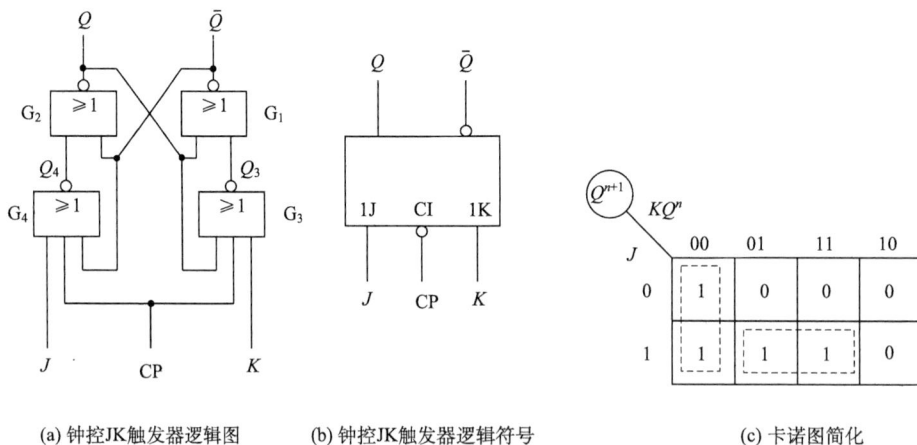

(a)钟控JK触发器逻辑图   (b)钟控JK触发器逻辑符号   (c)卡诺图简化

图 5.3.11 或非门构成的钟控 J-K 触发器

根据式(5.3.8)，或非门构成钟控 JK 触发器状态真值表如表 5.3.5 所示。

表 5.3.5　或非门构成的钟控 JK 触发器状态真值表

CP	J	K	Q^n	Q_3	Q_4	Q^{n+1}	功能
1	×	×	×	0	0	Q^n	保持
0	0	0	0	1	0	1	翻转
0	0	0	1	0	1	0	翻转
0	0	1	0	0	0	0	置 0
0	0	1	1	0	1	0	置 0
0	1	0	0	1	0	1	置 1
0	1	0	1	0	0	1	置 1
0	1	1	0	0	0	0	保持
0	1	1	1	0	0	1	保持

根据钟控 JK 触发器状态真值表 5.3.5，通过卡诺图简化，可以得到当 CP=0 时的状态 Q^{n+1} 方程：

$$Q^{n+1} = \overline{K}\overline{Q}^n + JQ^n \tag{5.3.9}$$

图 5.3.11(b) 中，输入端 CP 处有一个小圆圈 "○"，表示低电平有效。

(2) 与非门构成的钟控 JK 触发器，如图 5.3.12 所示，由图可得

$$\begin{cases} Q_3 = \overline{K \cdot Q^n \cdot \text{CP}} = \overline{K} + \overline{Q}^n + \overline{\text{CP}} \\ Q_4 = \overline{J \cdot \overline{Q}^n \cdot \text{CP}} = \overline{J} + Q^n + \overline{\text{CP}} \end{cases} \tag{5.3.10}$$

根据式(5.3.10)，与非门构成的钟控 JK 触发器状态真值表 5.3.6 所示。

表 5.3.6　与非门构成的钟控 JK 触发器状态真值表

CP	J	K	Q^n	Q_3	Q_4	Q^{n+1}	功能
0	×	×	×	1	1	Q^n	保持
1	0	0	0	1	1	0	保持
1	0	0	1	1	1	1	保持
1	0	1	0	1	1	0	置 0
1	0	1	1	0	1	0	置 0
1	1	0	0	1	0	1	置 1
1	1	0	1	1	1	1	置 1
1	1	1	0	1	0	1	翻转
1	1	1	1	0	1	0	翻转

根据钟控 JK 触发器状态真值表 5.3.6，通过卡诺图简化，可以得到当 CP=1 时的状态 Q^{n+1} 方程：

$$Q^{n+1} = J\overline{Q}^n + \overline{K}Q^n \tag{5.3.11}$$

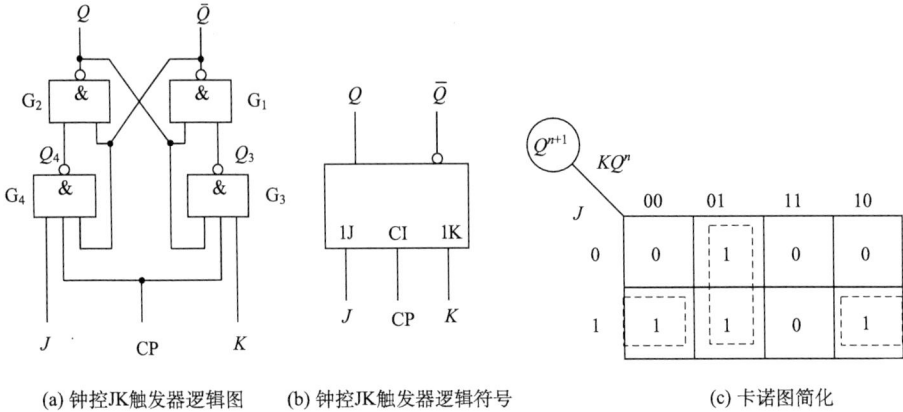

(a) 钟控JK触发器逻辑图　　　(b) 钟控JK触发器逻辑符号　　　(c) 卡诺图简化

图 5.3.12　与非门构成的钟控 JK 触发器

5.3.4　钟控 T 触发器

例 5.3.4　将钟控 JK 触发器的 J 和 K 端连接在一起,构成钟控 T 触发器,如图 5.3.13(a) 所示。试分析钟控 T 触发器的电路结构、工作原理、特征方程、状态转移图。

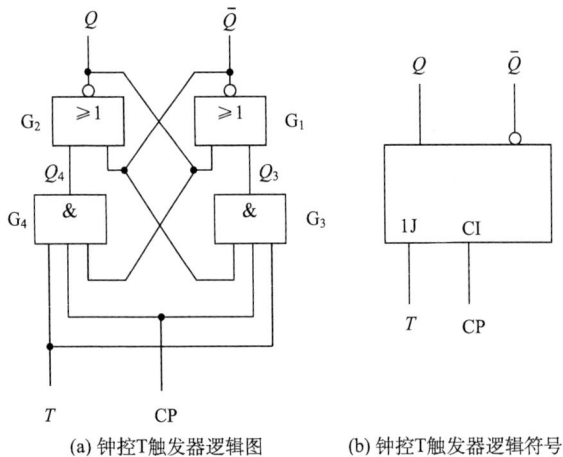

(a) 钟控T触发器逻辑图　　　　　(b) 钟控T触发器逻辑符号

图 5.3.13　钟控 T 触发器

解

1. 钟控 T 触发器电路结构

将钟 JK 触发器的 J 和 K 端连接在一起,构成钟控 T 触发器,如图 5.3.13(a)所示。图中有两个输入端和两个输出端:时钟脉冲输入端 CP 和数据输入端 T; T 触发器输出状态 Q 端和状态 $\bar{Q}$ 端。时钟脉冲 CP 能控制钟控 T 触发器的 T 信号的传输,是输入控制信号。图 5.3.13(b) 为逻辑符号。

2. 工作原理

分析钟控 T 触发器的工作原理。

由图 5.3.13(a)得

$$\begin{cases} Q_3 = T \cdot \overline{Q}^n \cdot CP \\ Q_4 = T \cdot Q^n \cdot CP \end{cases} \tag{5.3.12}$$

当 CP=0 时，根据式(5.3.12)得，门电路 G_3、G_4 输出为 $Q_3 = Q_4 = 0$，无论 T 信号如何变化，都不会影响整个触发器的输出，根据 RS 触发器的功能可知，钟控 T 触发器将保持原有状态不变，即输出状态 Q 保持不变。

当 CP=1 时，门电路 G_3、G_4 被打开，输入信号 T 通过门 G_3、G_4 作用到基本 RS 锁存器的输入端，从而确定输出的状态 Q。下面分析钟控 T 触发器输出状况。

(1) 如果 $T=0$，根据式(5.3.12)得 $Q_3 = 0$、$Q_4 = 0$。根据 RS 触发器的功能可知，钟控 T 触发器将保持原有状态不变，即输出 Q 保持不变。

(2) 如果 $T=1$：

当 $Q^n = 0$ 时，根据式(5.3.12)得 $Q_3 = 1$、$Q_4 = 0$。根据 RS 触发器的功能可知，钟控 T 触发器的输出状态为 $Q^{n+1} = 1$；

当 $Q^n = 1$ 时，根据式(5.3.12)得 $Q_3 = 0$、$Q_4 = 1$。根据 RS 触发器的功能可知，钟控 T 触发器的输出状态为 $Q^{n+1} = 0$。

3. 特性表

根据以上分析，钟控 T 触发器状态真值表如表 5.3.7 所示。

表 5.3.7 钟控 T 触发器状态真值表

CP	T	Q^n	Q_3	Q_4	Q^{n+1}	功能
0	×	×	0	0	Q^n	保持
1	0	0	0	0	0	保持
1	0	1	0	0	1	保持
1	1	0	1	0	1	翻转
1	1	1	0	1	0	翻转

4. 特征方程(状态方程)

根据钟控 T 触发器状态真值表，通过卡诺图简化，可以得到当 CP=1 时的状态方程式(5.3.13)：

$$Q^{n+1} = T\overline{Q}^n + \overline{T}Q^n \tag{5.3.13}$$

5. 状态转移图

由表 5.3.7 可见，在 CP=1 时，钟控 T 触发器在 $T=0$ 时具有保持功能；在 $T=1$ 时具有翻

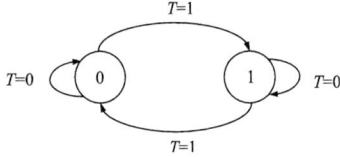

图 5.3.14　钟控 T 触发器的状态转移图

转功能。这些功能可以采用状态转移图来描述，如图5.3.14 所示。

钟控 T 触发器的特点是，在 $T=1$ 时，触发器在时钟 CP 作用下，每来一个 CP 信号它的状态就翻转一次；而当 $T=0$ 时，CP 信号到达后的状态保持不变。

5.4　触发器的触发方式

触发器有两种触发方式：电平触发和边沿触发。下面用例子说明这两种触发方式的差异。

例 5.4.1　以电平触发的门控 D 锁存器与边沿触发的 D 触发器为例比较二者的差异。

解　将门控 D 锁存器与 D 触发器连接成图 5.4.1(a)所示电路，图中，把同样一组时钟脉冲触发信号加在 D 触发器的时钟脉冲输入端 CP、加在门控 D 锁存器的使能控制端 E。观察输出波形，如图 5.4.1(b)所示。门控 D 锁存器的输出 Q(D_latch)在 clock 高电平期间跟随输入信号 D 的变化，D 触发器 Q(D flip-flop)只接受 clock 的上升沿处输入信号 D 的数值。

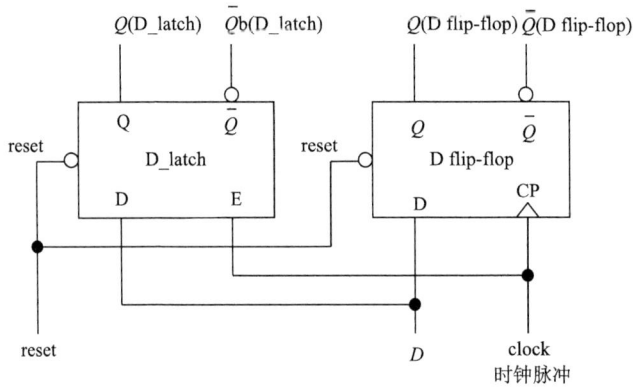

(a) 电路图

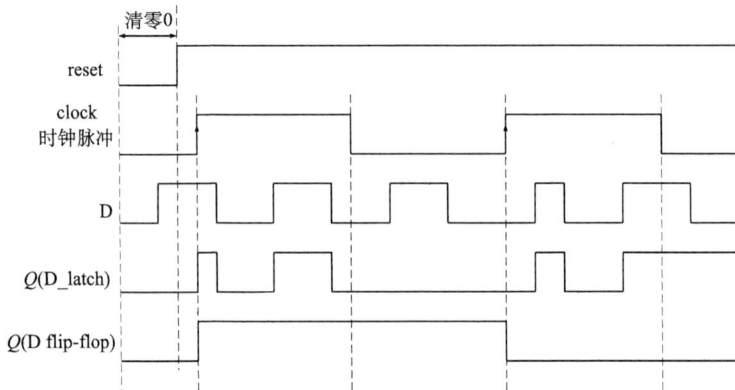

(b) 波形图

图 5.4.1　D 触发器与 D 锁存器的差异比较

　　以上分析可以发现，在电平触发敏感区域内触发器输出状态随输入信号变化，电平触发敏感区域，如图 5.4.2(1)所示。边沿触发是在时钟脉冲的上升沿或下降沿处，触发器输出状态随输入信号变化，边沿触发的敏感处，如图 5.4.2(2)和(3)所示，图 5.4.2(2)波形中的箭头说明时钟脉冲 CP 的上升沿触发，以 CP 命名；图 5.4.2(3)波形中的箭头说明时钟脉冲 $\overline{CP}$ 的下降沿触发，以 $\overline{CP}$ 命名。图 5.4.2(b)显示不同触发方式的触发器逻辑符号。目前应用的触发器主要有三种电路结构：主从触发器、维持阻塞触发器、传输延迟触发器。

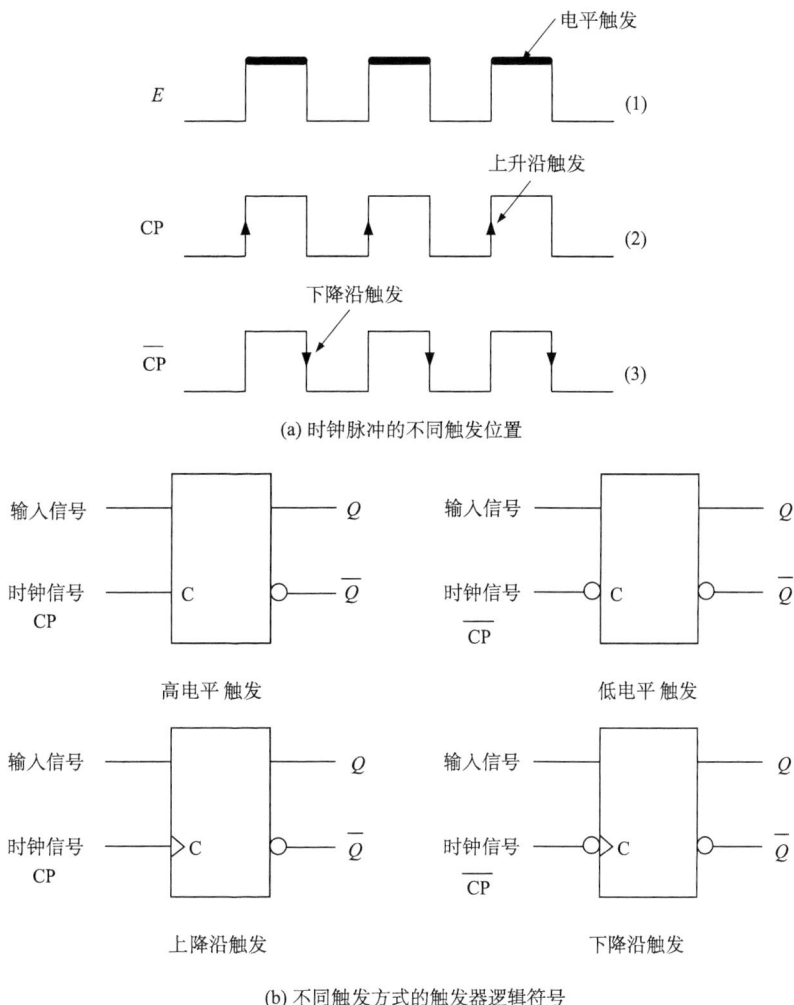

(a) 时钟脉冲的不同触发位置

(b) 不同触发方式的触发器逻辑符号

图 5.4.2　时钟脉冲的不同触发方式

5.4.1　主从触发器

　　在实际运用中常常需要触发器的输入信号仅作为触发器发生状态变化的转移条件，不希望触发器状态随输入信号的变化而立即发生相应变化，而是要求在钟控脉冲信号(CP)的作用下，触发器状态根据当时的输入激励条件发生相应的状态转移。同时，为了避免在约定电平期间对输入激励信号均敏感，从而造成了在某些输入条件下产生多次翻转现象。避免多次翻转的方法之一就是采用具有存储功能的触发导引电路，主从结构式的触发器就是这类触发器。

主从触发器，接收输入信号和输出信号分两步进行：

(1)在 CP 的高电平或低电平期间，输入信号先决定主触发器的输出状态，将主触发器输出作为从触发器的输入；

(2)在 CP 下降沿或上升沿到来，根据主触发器输出决定从触发器的输出状态，从触发器输出表现为整个触发器的状态。

1.主从 RS 触发器

1)主从 RS 触发器结构及工作原理

主从 RS 触发器由两部分构成，主触发器和从触发器，如图 5.4.3 所示。从图 5.4.3(a)中可以看出，主从 RS 触发器是由两个钟控 RS 触发器组成，它们受钟控信号 CP 控制。当 CP=1时，主触发器工作，从触发器被锁定；当 CP=0 时，主触发器被锁定，从触发器工作，从触发器的输出是根据主触发器的输出决定。

图 5.4.3(b)为主从 RS 触发器逻辑符号，逻辑符号中"┐"表示"延迟输出"。

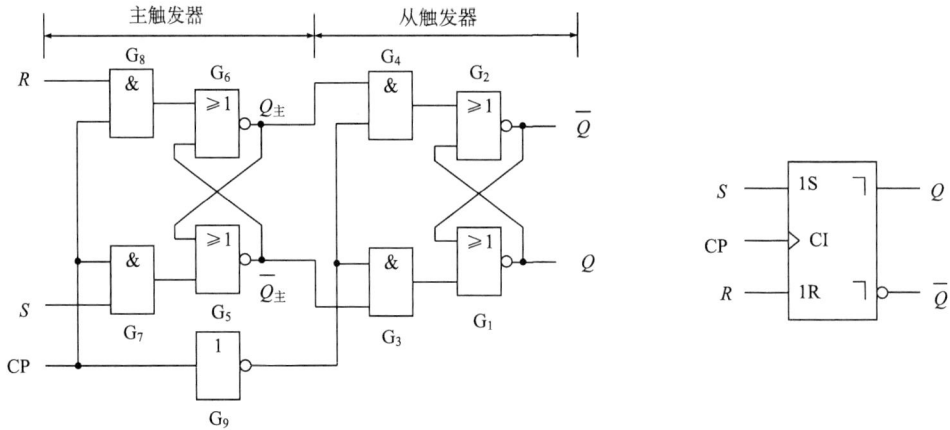

(a) 主从RS触发器逻辑图

(b) 主从RS触发器逻辑符号

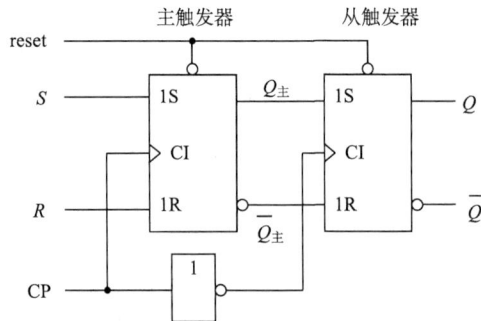

(c) 逻辑符号构成主从RS触发器

图 5.4.3　主从 RS 触发器

主触发器由 G_5、G_6、G_7、G_8 构成，信号 R、S 和钟控信号 CP 作为主触发器激励输入，输出为 $Q_主$、$\overline{Q}_主$。

从触发器由 G_1、G_2、G_3、G_4 构成，钟控信号 $\overline{CP}$、主触发器的输出 $Q_主$、$\overline{Q}_主$ 作为从触发器的输入，输出 Q 和 $\overline{Q}$。从触发器的输出为主从 RS 触发器的输出，主触发器的输入为主从 R-S 触发器的激励输入。

2) 主从 RS 触发器状态方程

当 CP=1、$\overline{CP}$=0 时，主触发器工作，接收输入激励信号，从触发器锁定，触发器状态保持不变。根据钟控 R-S 触发器工作原理，主触发器输出状态方程为

$$\begin{cases} Q_主^{n+1} = S + \overline{R}Q_主^n \\ SR = 0 \end{cases} \qquad (5.4.1)$$

在主触发器输出状态发生改变之前，即 CP=0 时，$Q_主^n = Q^n$。式 (5.4.1) 可以修改为

$$\begin{cases} Q_主^{n+1} = S + \overline{R}Q_主^n = S + \overline{R}Q^n \\ SR = 0 \end{cases}$$

当 CP=0、$\overline{CP}$=1 时，主触发器锁定，主触发器状态保持不变，从触发器工作，接收主触发器输出信号。根据钟控 RS 触发器工作原理，从触发器的状态跟随主触发器的状态，即 $Q^{n+1} = Q_主^{n+1}$，从触发器输出状态方程为

$$\begin{cases} Q^{n+1} = S + \overline{R}Q^n \\ SR = 0 \end{cases} \qquad (5.4.2)$$

由上述分析可见，主从触发器工作分两步进行。

第一步：当 CP 由 0 跳变至 1 及 CP=1 期间，主触发器接收输入激励信号，主状态发生变化；同时从触发器时钟 $\overline{CP}$ 由 1 跳变至 0，从触发器被封锁，因此触发器状态保持不变，这一步称为准备阶段。

第二步：当 CP 由 1 跳变至 0 时及 CP=0 期间，主触发器被封锁，状态保持不变，同时从触发器时钟 $\overline{CP}$ 由 0 跳变至 1，从触发器接收在这一时刻主触发器的输出状态，触发器输出状态发生变化。

3) 主从 RS 触发器的真值表、工作波形

以上分析看出，由于 CP 由 1 跳变至 0 后，在 CP=0 期间，主触发器不再接收输入激励信号，因此也不会引起触发器状态发生两次以上的翻转。这就克服了多次翻转现象。图 5.4.4 所示为主从 RS 触发器的工作波形。

从波形图上看出，主从触发器输出状态的转移发生在 CP 信号 1 跳变至 0 时刻，即 CP 时钟的下降沿时刻。根据前面的分析可以得到主从 RS 触发器的真值表，表 5.4.1 所示。在 CP 一栏中的 "⊓" 符号表示脉冲触发特性。CP 以高电平为有效的信号时，输出状态的变化发生在 CP 脉冲的下降沿。而 CP 以低电平为有效信号时，输出状态的变化发生在 CP 脉冲的上升沿。

4) 逻辑符号构成主从 RS 触发器

主从 RS 触发器是由两个钟控 RS 触发器组成，根据以上分析可以得到逻辑符号构成主从

RS 触发器，如图 5.4.3(c)所示。

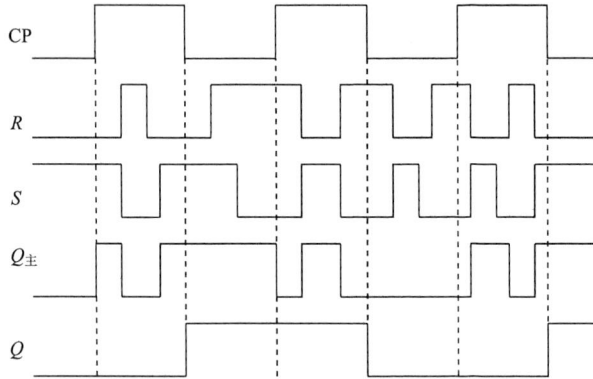

图 5.4.4　主从 RS 触发器的工作波形

表 5.4.1　主从 RS 触发器的真值表

R	S	CP	$Q_{主}^{n+1}$	$\overline{CP}$	Q^{n+1}	功能
×	×	0	$Q_{主}^{n}$	1	$Q_{主}^{n}$	保持
0	0	↑⎍	$Q_{主}^{n}$	⎍↓	$Q_{主}^{n}$	保持
0	1	↑⎍	1	⎍↓	1	置1
1	0	↑⎍	0	⎍↓	0	置0
1	1	↑⎍	不确定	⎍↓	不确定	不确定

(1)准备工作阶段。reset=0 使触发器进入 0 状态(清零)；

(2)当 CP 为高电平的阶段。主触发器工作，输出端 $Q_{主}$ 跟随输入信号 R、S 变化；从触发器 CP 端为低电平的阶段，从触发器锁定，触发器状态保持不变。注意，R、S 变化不会影响从触发器的输出。

(3)当 CP 为低电平的阶段。主触发器锁定，其输出端 $Q_{主}$ 保持不变(保持 CP 下降沿时的 R、S 作用数值)。同时，从触发器 CP 端为高电平，从触发器工作，其输出端 $Q^{n+1}=Q_{主}$。

2.主从 JK 触发器

主从 JK 触发器，是为了解决主从 RS 触发器中 R、S 之间有约束的问题而设计的。

1)主从 JK 触发器结构及工作原理

主从 JK 触发器由两部分构成，主触发器和从触发器，如图 5.4.5 所示。从图 5.4.5(a)中可以看出，主从 JK 触发器是在主从 RS 触发器基础上，把 Q 引回到 G_8 的输入端，把 $\overline{Q}$ 引回到 G7 的输入端构成。原来的 S 变成为 J 和 $\overline{Q}$ 相与，原来的 R 变成为 K 和 Q 相与。这种结构解决主从 RS 触发器中 R、S 之间有约束的问题。

主触发器由 G_5、G_6、G_7、G_8 构成，信号 J、K、Q、$\overline{Q}$ 和钟控信号 CP 作为主触发器激励输入，主触发器的输出为 $Q_{主}$、$\overline{Q}_{主}$。

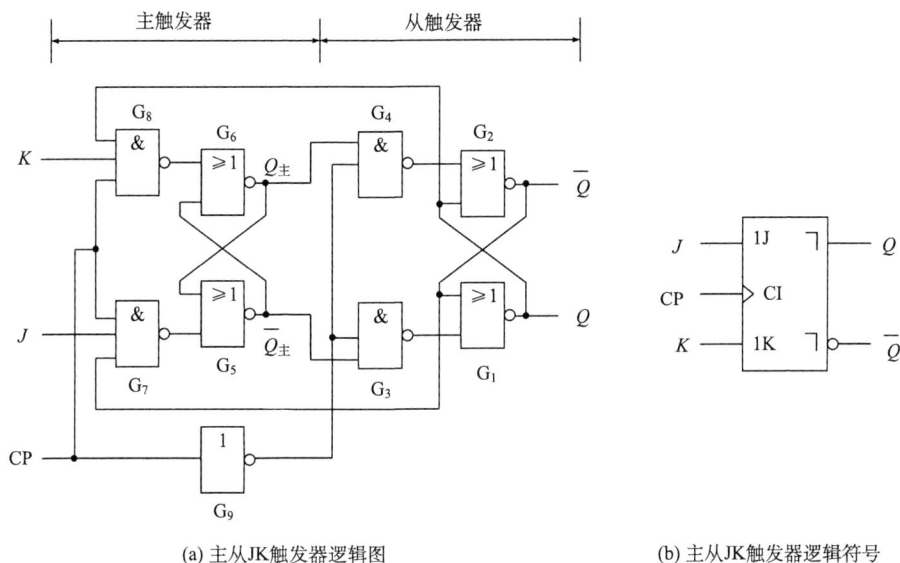

(a) 主从JK触发器逻辑图　　　　　　　　　　　　(b) 主从JK触发器逻辑符号

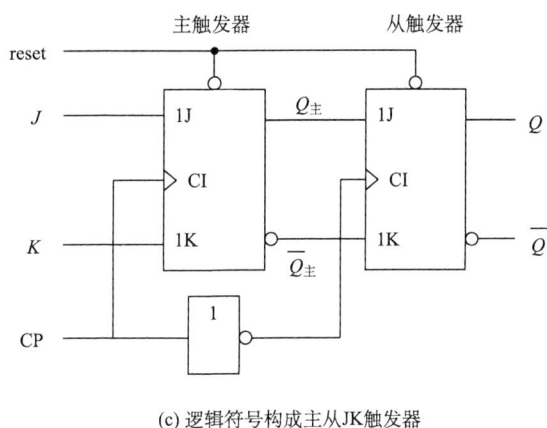

(c) 逻辑符号构成主从JK触发器

图 5.4.5　主从 JK 触发器

从触发器由 G_1、G_2、G_3、G_4 构成，钟控信号 $\overline{CP}$、主触发器的输出 $Q_{主}$、$\overline{Q}_{主}$ 作为从触发器的输入，从触发器的输出为 Q 和 $\overline{Q}$。

主从 JK 触发器是由两个钟控 RS 触发器组成，它们受钟控信号 CP 控制。当 CP=1 时，主触发器工作，从触发器被锁定；当 CP=0 时，主触发器被锁定，从触发器工作。从触发器的输出是由主触发器的输出决定。

图 5.4.5(b) 为主从 JK 触发器逻辑符号，逻辑符号中 "┐" 表示 "延迟输出"。

2) 主从 JK 触发器状态方程

比较主从 RS 触发器逻辑图 5.4.3(a) 和主从 JK 触发器逻辑图 5.4.5(a) 的输入端，得

$$S = J\overline{Q}^n$$

$$R = KQ^n$$

将上式代入主从 RS 触发器状态方程式(5.4.2)得

$$Q^{n+1} = S + \overline{R}Q^n = J\overline{Q}^n + \overline{KQ^n}Q^n$$
$$= J\overline{Q}^n + \overline{K}Q^n \tag{5.4.3}$$

3) 主从 JK 触发器的真值表、工作波形

根据式(5.4.3)可列出如表 5.4.2 所示的真值表,该表描述了主从 JK 触发器的逻辑功能,描述了次态 Q^{n+1} 和输入 J、K 间的逻辑关系。

表 5.4.2　主从 JK 触发器的真值表

K	J	Q^n	CP	$Q_{主}^{n+1}$	$\overline{CP}$	Q^{n+1}	功能
×	×	0	0	0	1	0	保持
×	×	1	0	1	1	1	保持
0	0	0	↑⊓	0	⊓↓	0	保持
0	0	1	↑⊓	1	⊓↓	1	保持
0	1	0	↑⊓	1	⊓↓	1	置1
0	1	1	↑⊓	1	⊓↓	1	置1
1	0	0	↑⊓	0	⊓↓	0	置0
1	0	1	↑⊓	0	⊓↓	0	置0
1	1	0	↑⊓	1	⊓↓	1	翻转
1	1	1	↑⊓	0	⊓↓	0	翻转

主从 JK 触发器的工作波形,如图 5.4.6 所示。

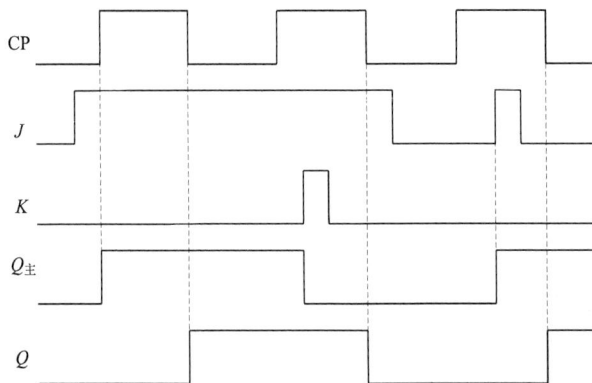

图 5.4.6　主从 JK 触发器的工作波形

4) 逻辑符号构成主从 JK 触发器

主从 JK 触发器可以由两个钟控 JK 触发器组成,根据以上分析可以得到逻辑符号构成的主从 JK 触发器,如图 5.4.5(c)所示。工作过程如下。

(1) 准备工作阶段。reset=0 使触发器进入 0 状态(清零)。

(2) 当 CP 为高电平的阶段。主触发器工作,输出端 $Q_{主}$ 跟随输入信号 J、K 变化;从触发器 CP 端为低电平的阶段,从触发器锁定,触发器状态保持不变。注意,J、K 变化不会影

响从触发器的输出。

(3) 当 CP 为低电平的阶段。主触发器锁定，其输出端 $Q_主$ 保持不变(保持 CP 下降沿时的 J、K 作用数值)。同时，从触发器 CP 端为高电平，从触发器工作，其输出端 $Q^{n+1}=Q_主$。

3. 主从 D 触发器

主从 D 触发器可以由两个钟控 D 触发器相连构成，如图 5.4.7 所示。前端为主触发器，后端为从触发器。时钟信号 CP 与主触发器相连；CP 的反相信号与从触发器相连。主从 D 触发器工作过程如下。

(1) 准备工作阶段。reset=0 使触发器进入 0 状态(清零)。

(2) 当 CP 为高电平的阶段。主触发器工作，输出端 $Q_主$ 跟随输入信号 D 变化；从触发器 CP 端为低电平的阶段，从触发器锁定，触发器状态保持不变。注意，D 变化不会影响从触发器的输出。

(3) 当 CP 为低电平的阶段。主触发器锁定，其输出端 $Q_主$ 保持不变(保持 CP 下降沿时的 D 作用数值)。同时，从触发器 CP 端为高电平，从触发器工作，其输出端 $Q^{n+1}=Q_主$。

主从 JK 触发器的工作波形，如图 5.4.7(b)所示。

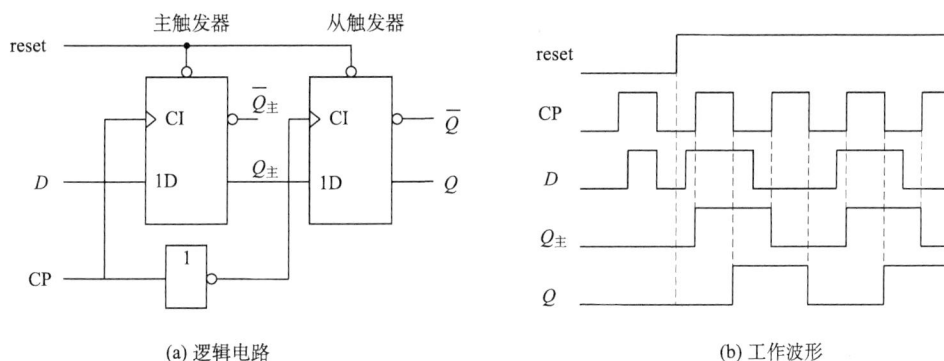

图 5.4.7　主从 D 触发器

5.4.2　维持–阻塞触发器

主从触发方式，可以克服电位触发方式的多次翻转现象，但主从触发器有一次翻转特性，这就降低了其抗干扰能力。边沿触发器可以克服电位触发方式的多次翻转现象，而且在时钟 CP 的上升沿或下降沿时刻才对输入激励信号响应，这样大大提高了抗干扰能力。边沿触发器有 CP 上升沿触发和 CP 下降沿触发两种形式。边沿触发有维持–阻塞触发器、传输延迟触发器。

1. 维持–阻塞 RS 触发器

维持–阻塞结构的 RS 触发器电路如图 5.4.8 所示。这个电路在钟控 RS 触发器基础上，增加了置 0、置 1 维持和置 0、置 1 阻塞 4 条连线。由于增加了上述 4 条连线，使得该触发器仅在 CP 信号由 1 变到 0 的下跳沿时刻才发生状态转移，而在其余时间触发器状态均保持不变。下面分析维持、阻塞线的作用。

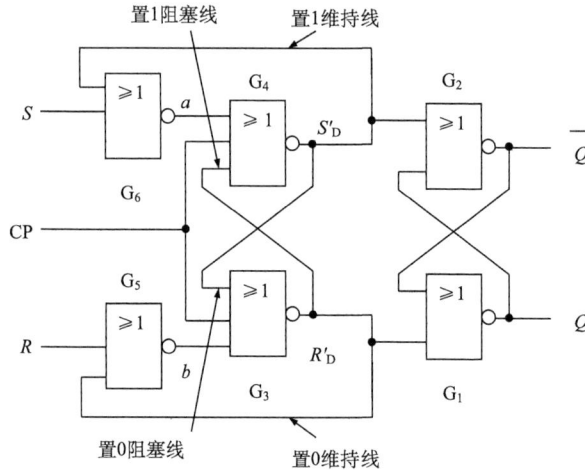

图 5.4.8　维持-阻塞 R-S 触发器

当 CP=1 时，使 S_D' =0，R_D' =0，触发器状态保持不变；

当 CP 由 1 跳变至 0 时，设 S=1、R=0，而此时，G_6 门输出 a=0，G_5 门输出 b=1。当 CP 由 1 跳变至 0 时，由于 a=0，门 G_4 输出 S_D=1，门 G_3 输出 R_D' =0。S_D' =1、R_D' =0 有三个作用：

(1)将触发器置 1，使 Q=1；

(2)S_D' =1 通过置 0 阻塞线反馈至 G_3 门输入端，封锁了 G_3 门。不论 b 如何变化，均使 R_D =0，阻塞了将触发器置 0；

(3)S_D' =1 通过置 1 维持线反馈至 G_6 门输入端，使 a=0，这样就维持了 S_D' =1，维持了置 1 的功能。

由于置 1 阻塞线和置 0 维持线的作用，在 CP=0 期间，触发器状态不会再发生变化。当 CP 由 0 跳变至 1 及 CP=1 期间，由于 S_D'=0，R_D'=0，触发器状态也不会发生变化。同理可以分析假设 CP=1 时，S=0，R=1，G_6 门输出 a=1，G_5 门输出 b=0，当 CP 由 1 跳变至 0 时，由于 b=0，使门 G_3 输出 R_D'=1。R_D' =1 将触发器置 0、同时通过置 1 阻塞线使 S_D'=0 阻塞触发器置 1，以及通过置 0 维持线使 b=0 维持 R_D'=1 置 0 的功能。

由上可见，由于维持-阻塞的作用，该触发器仅在 CP 信号由 1 到 0 下降沿时刻才发生状态转移，而在其余时间触发器状态均保持不变，是时钟 CP 的下降沿触发。

2. 维持-阻塞 D 触发器

图 5.4.9(a)所示为维持-阻塞 D 触发器电路，逻辑符号如图 5.4.9(b)所示(在逻辑符号中，用 CP 输入端处框内的 ">" 表示触发器为边沿触发方式)。其中 S_D 和 R_D 叫异步输入端，也称为直接置 1 和置 0 输入端。当 S_D=1、R_D=0 时，无论 CP=×、D=×，触发器输出 Q=1，置 1；当 S_D=0、R_D=1 时，无论 CP=×、D=×，触发器输出 Q=0，置 0；当 S_D=0、R_D=0 时，触发器按照下面方法工作。

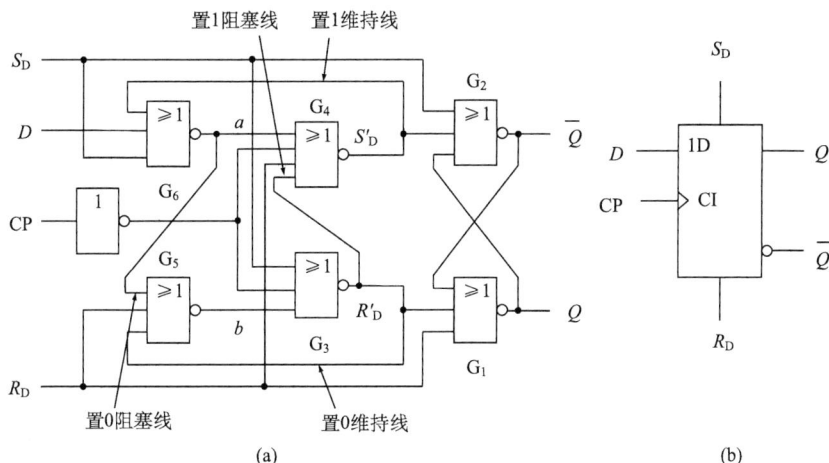

图 5.4.9　维持-阻塞 D 触发器

分析 $S_D=0$、$R_D=0$ 时，图 5.4.9(a) 的工作原理如下。

当 CP=0 时，$S'_D=0$，$R'_D=0$。D 触发器门 G_6 输出 $a = \overline{D+S_D} = \overline{D}$，$b = \overline{a+R_D} = \overline{a} = D$。

当 CP=0→1，CP 由 0 跳变至 1 时，$R'_D = \overline{b} = \overline{D}$，$S'_D = \overline{a+R_D} = D$，分析 S'_D，R'_D 的作用：

(1) 当 $D=1$ 时，$R'_D=0$，$S'_D=1$，D 触发器状态置 $Q^{n+1}=1$，置 1。$S'_D=1$ 通过置 1 维持线反馈至 G_6 门输入端，使 $a=0$，$a=0$ 通过置 0 阻塞线反馈至 G_5 门输入端，使 $b=1$，这样就维持了 $S'_D=1$，维持了置 1 的功能。

(2) 当 $D=0$ 时，$R'_D=1$，$S'_D=0$，D 触发器状态置 $Q^{n+1}=0$，置 0。$R'_D=1$ 通过置 0 维持线反馈至 G_5 门输入端，使 $b=0$，$R_D=1$，维持了置 0 的功能。同时 $R'_D=1$ 通过置 1 阻塞线反馈至 G_4 门输入端，使 $S'_D=0$，阻塞了将触发器置 1。

以上分析看出，触发器状态发生转移满足 D 触发器状态方程：$Q^{n+1}=D$ 方程。D 触发器功能用表 5.4.3 描述。在功能表中，CP 一栏里的"↑"表示上升沿触发；如果是下降沿触发，用"↓"表示。根据功能表描述，有时将触发器的状态方程写成：

$$Q^{n+1} = D \cdot \text{CP} \uparrow \tag{5.4.4}$$

表 5.4.3　D 触发器功能

R_D	S_D	CP	D	Q
0	1	×	×	1
1	0	×	×	0
0	0	↑	0	0
0	0	↑	1	1

从上面分析可以知道，维持-阻塞 D 触发器的工作分两个阶段：在 CP=0 时，为准备阶段；CP 由 0 至 1 跳变时刻为状态转移阶段。为了使维持-阻塞 D 触发器能可靠工作，要求：

(1) 在 CP 由 0 跳变至 1 之前，门 G_6 和 G_7 输出端 a 和 b 应建立起稳定状态。由于 a 和 b 稳定状态的建立需要经历两个门的延迟时间，这段时间称为建立时间 t_{set}，$t_{set}=2t_{pd}$，如图 5.4.10

所示。在这段时间内要求输入激励 D 信号不能发生变化，所以 CP=0 的持续时间应满足：$t_{CPL} \geq t_{set} = 2t_{pd}$。

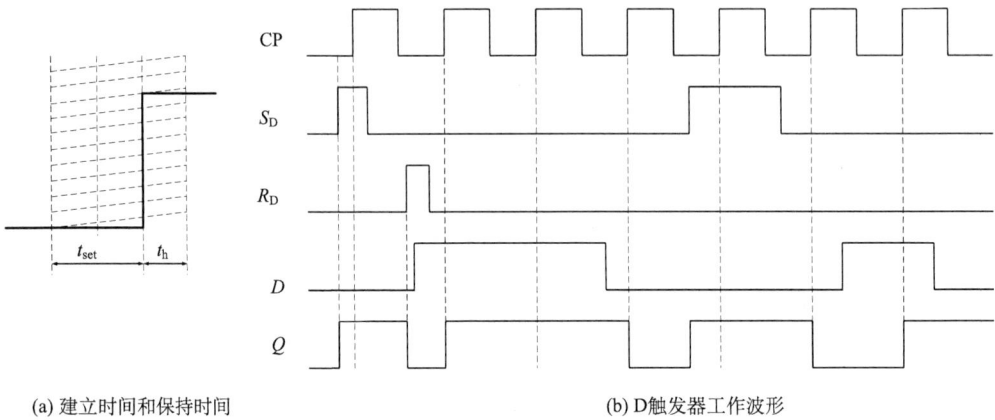

(a) 建立时间和保持时间　　　　　(b) D触发器工作波形

图 5.4.10　D 触发器工作波形

(2) 在 CP 由 0 跳变至 1 时，脉冲上升沿到达后，要达到维持-阻塞作用，必须使 S_D 或 R_D 由 1 变为 0，这需要经历一个门延迟时间。在这段时间内，输入激励信号 D 也不能发生变化，将这段时间称为保持时间 t_h，$t_h = t_{pd}$。

(3) 从 CP 由 0 跳变至 1 开始，直至触发器状态转移完成稳定于新的状态，需要经历 S_D 或 R_D 信号的建立及经历基本触发器状态翻转时间，这样一共需要经历 $3t_{pd}$ 的时间，因此要求 CP=1 的维持时间必须大于 $3t_{pd}$，即 $t_{CPH} > 3t_{pd}$。

(4) 为了使维持-阻塞 D 触发器稳定可靠地工作，CP 脉冲的工作频率应满足：

$$f_{CPmax} = \frac{1}{t_{CPL} + t_{CPH}} = \frac{1}{5t_{pd}} \tag{5.4.5}$$

从上面分析可以看出，在 CP 由 0 至 1 上升沿到达之前 $2t_{pd}$ 时间内和前沿到达之后 $1t_{pd}$ 时间内，D 输入信号不能发生变化，也就是说，在这段时间(图 5.4.10 斜线部分所示)内对 D 信号敏感。在其余时间内 D 输入信号的变化对触发器状态不会产生影响，因此，边沿触发的维持-阻塞触发器比主从触发器抗干扰性强。D 触发器工作波形如图 5.4.10 所示。

异步输入端与同步输入端概念介绍如下。

异步输入端，是用来预置触发器的初始状态，或者在工作过程中强行置位和复位触发器的，所以叫直接置位和复位端。

同步输入端，是用来控制多个触发器，在时钟脉冲 CP 作用下同步工作。具有时钟脉冲电平控制的同步触发器，简称为同步触发器。

5.4.3　传输延迟的触发器

图 5.4.11 (a) 所示为下降沿触发的 JK 触发器电路，其逻辑符号如图 5.4.11 (b) 所示。G_1、G_3、G_4 和 G_2、G_5、G_6 分别构成基本触发器，其中 G_7 和 G_8 构成触发导引电路。图中 S_D 和 R_D 为直接置 0 和置 1 输入端。

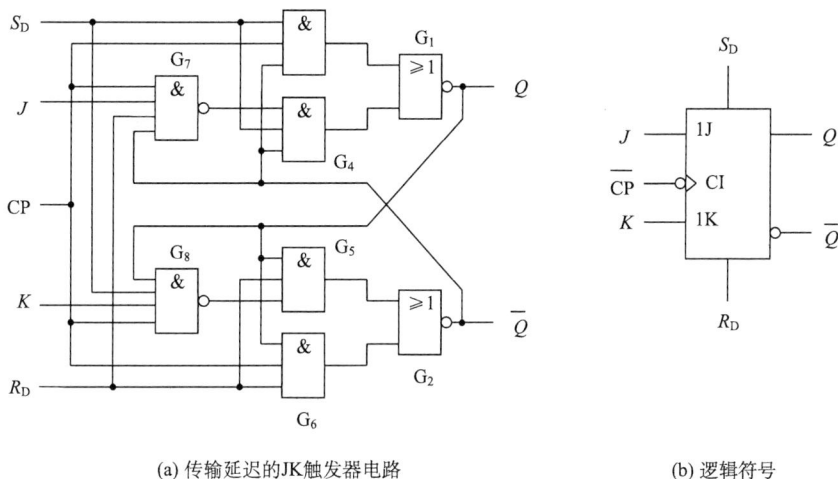

(a) 传输延迟的JK触发器电路　　　　　　(b) 逻辑符号

图 5.4.11　传输延迟的 JK 触发器

1. 工作原理

图 5.4.11(a)所示电路中，要实现正确的逻辑功能，必须具备的条件是触发导引门 G_7 和 G_8 的平均延迟时间比基本触发器的平均延迟时间要长，这一点可以在制造触发器时给予满足。例如，加宽三极管的基区宽度、输出采用集电极开路门结构等。在满足这一条件前提下，分析其工作情况。

当 $R_D=1$，$S_D=0$（$\overline{R_D}=0$，$\overline{S_D}=1$）时，门 G_3、门 G_4 均输出 0，$\overline{Q}=1$，门 G_8 输出为 1，因此门 G_5 输出 1，$Q=0$，实现置 0。

当 $R_D=0$，$S_D=1$ 时，门 G_5、门 G_6 输出 0，$Q=1$，且门 G_7 输出为 1，则门 G_4 输出 1，$\overline{Q}=0$，实现置 1。

在 $R_D=1$，$S_D=1$ 条件下，当 CP=1 时，由于：

$$Q^{n+1} = \overline{G_5 + G_6} = \overline{G_8 \cdot R_D \cdot \overline{Q}^n + R_D \cdot CP \cdot \overline{Q}^n} = Q^n$$

$$\overline{Q}^{n+1} = \overline{G_4 + G_3} = \overline{G_7 \cdot S_D \cdot Q^n + S_D \cdot CP \cdot Q^n} = \overline{Q}^n$$

触发器状态保持不变。，它为触发器状态转移准备条件。

$$G_7 = \overline{KQ^n}$$
$$G_8 = \overline{J\overline{Q}^n} \tag{5.4.6}$$

当 CP 由 1 跳变至 0 时，由于门 G_7 和门 G_8 平均延迟时间比基本触发器平均延迟时间长，所以 CP=0 首先封锁了门 G_3 和门 G_6，使其输出 $G_3=0$，$G_6=0$，这样由门 G_1、G_2、G_4、G_5 构成了类似两个与非门组成的基本触发器，G_7 起到 S_D 信号作用，G_8 起到 R_D 信号作用，所以

$$Q^{n+1} = \overline{G_8} + G_7 Q^n \tag{5.4.7}$$

在基本触发器状态转移完成之前，门 G_7 和 G_8 输出保持不变，因此将式(5.4.6)代入可得

$$Q^{n+1} = J\overline{Q}^n + \overline{K}Q^n \tag{5.4.8}$$

此后，门 G_7 和门 G_8 被 CP=0 封锁，G_7 和 G_8 输出均为 1，触发器状态维持不变，触发器

在完成一次状态转移后，不会再发生多次翻转现象。

如果门 G_7 和门 G_8 的平均延迟时间小于基本触发器的平均延迟时间，则在 CP 信号 1 跳变至 0 后，门 G_7 和 G_8 即被封锁，输出均为 1，触发器状态会维持不变，就不能实现正确的逻辑功能要求。

由以上分析可见，在稳定的 CP=0 及 CP=1 期间。触发器状态均维持不变，只有在 CP 下降沿到达时刻，触发器状态才发生转移，所以是下降沿触发，有时将状态方程写成：

$$Q^{n+1} = \left(J\overline{Q^n} + \overline{K}Q^n \right) \cdot \text{CP} \downarrow \tag{5.4.9}$$

其功能可以用表 5.4.4 描述。

表 5.4.4 传输延迟的触发器

R_D	S_D	CP	J	K	Q^n	Q^{n+1}	功能
0	1	×	×	×	0	1	直接置 1
0	1	×	×	×	1	1	直接置 1
1	0	×	×	×	0	0	直接置 0
1	0	×	×	×	1	0	直接置 0
1	1	↓	0	0	0	0	保持
1	1	↓	0	0	1	1	保持
1	1	↓	0	1	0	0	置 0
1	1	↓	0	1	1	0	置 0
1	1	↓	1	0	0	1	置 1
1	1	↓	1	0	1	1	置 1
1	1	↓	1	1	0	1	翻转
1	1	↓	1	1	1	0	翻转

2. 脉冲工作特性

假设基本触发器的翻转延迟时间为 $2t_{pd}$，门 G_7 和 G_8 的平均延迟时间大于 $2t_{pd}$。由以上分析可见，在 CP 信号下降沿到达之前，必须建立 $G_7 = \overline{KQ^n}$，$G_8 = \overline{J\overline{Q^n}}$ 所以 CP=1 的持续时间应大于 $2t_{pd}$，且在这段时间内 J、K 信号要保持稳定，不能发生变化。在 CP 信号下降沿到达之后，为了保证触发器可靠地翻转，CP=0 的持续期也应大于 $2t_{pd}$。这样，触发器的最高工作频率为

$$f_{\text{CPmax}} = \frac{1}{t_{\text{CPL}} + t_{\text{CPH}}} = \frac{1}{4t_{pd}}$$

由于图 5.4.11(a) 所示下降沿触发器只有在 CP 信号下降沿到达之前，G_7 和 G_8 信号建立时间内对输入激励信号 J、K 敏感，而在下降沿到达以后，CP=0 即封锁了门 G_7 和 G_8，J、K 不需要保持，因此，这种触发器的抗干扰性能强，工作速度也较高。图 5.4.12 所示为其工作波形。

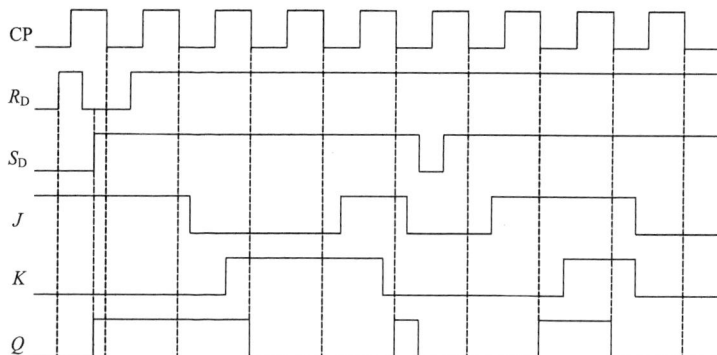

图 5.4.12　传输延迟的 JK 触发器工作波形

5.4.4　CMOS 传输门构成的边沿触发器

1. CMOS 传输门构成的基本触发器

图 5.4.13 所示为 CMOS 传输门构成的基本触发器电路。它由两个传输门 TG_1、TG_2 和或非门相连，构成基本触发器。当 CP=0，$\overline{CP}$=1 时。传输门 TG_1 导通，TG_2 关断，触发器接收输入激励信号 D，使 $\overline{Q}=\overline{D}$，$Q$=D。当 CP=1，$\overline{CP}$=0 时，传输门 TG_1 关断，TG_2 导通，触发器的状态保持不变，将 CP=0 时接收到的信号存储起来。

这种基本触发器与钟控基本 D 触发器功能完全一致，是属于电位触发方式，CP 为低电平有效。

2. CMOS 传输门构成的 D 边沿触发器

图 5.4.14 所示为 CMOS 传输门构成的 D 边沿触发电路，其逻辑符号如图所示。它由两个如图 5.4.13 所示的基本触发器级联构成主从结构形式。传输门 TG_1、TG_2 和或非门 G_1、G_2 构成主触发器，输出为 $Q_主$ 和 $\overline{CP}_主$；传输门 TG_3、TG_4 和或非门 G_3、

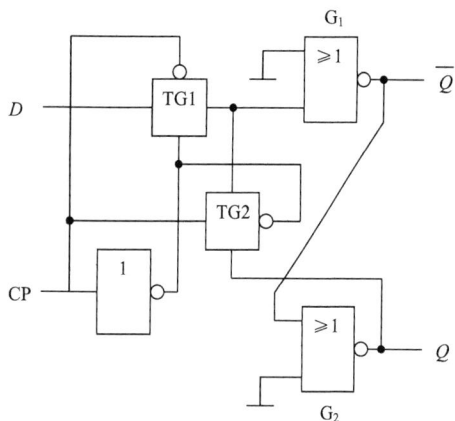

图 5.4.13　CMOS 传输门基本触发器

G_4 构成从触发器，两个反相器为输出门。图中 R_D、S_D 为异步置 0、置 1 输入端，如图 5.4.14 中虚线所示。当 R_D =1，S_D =0 时，实现异步置 0；当 R_D =0、S_D =1 时，实现异步置 1，R_D、S_D 信号高电平有效。

当 CP=0，$\overline{CP}$ =1 时，传输门 TG_3 关断，切断了从触发器与主触发器之间的通路，保持从触发器的状态不变。这时，由于传输门 TG_1 导通，TG_3 关断，主触发器接收输入激励信号 D，使 $\overline{Q}_主=\overline{D}$，$Q_主$=D 。这一段时间为主触发器状态转移时间，是准备阶段。

当 CP 信号由 0 跳变至 1 时刻，$\overline{CP}$ 由 1 跳变至 0，由于 CP=1，$\overline{CP}$ =0，传输门 TG_1 关断，切断了主触发器与输入激励信号 D 的通路，而 TG_2 导通，或非门 G_1 和 G_2 形成交叉耦合，保持在 CP 由 0 正向跳变至 1 这一时刻所接收的 D 信号，且在 CP =1 期间主触发器的状态一直保持不变。与此同时，传输门 TG_3 导通，TG_4 关断，从触发器接收主触发器在这一时刻的状

态 $Q_主$，使 $Q'=Q_主$、$\overline{Q}'=\overline{Q}_主$，输出 $Q=Q'=Q_主=D$；$\overline{Q}=\overline{Q}'=\overline{Q}_主=\overline{D}$。这一时刻从触发器状态转移。

由以上分析可见，图 5.4.14 所示 D 触发器的状态转移是发生在 CP 上升沿到达时刻，且接受这一时刻的输入激励信号 D，因此状态方程为：$Q^{n+1}=[D]\cdot CP\uparrow$。

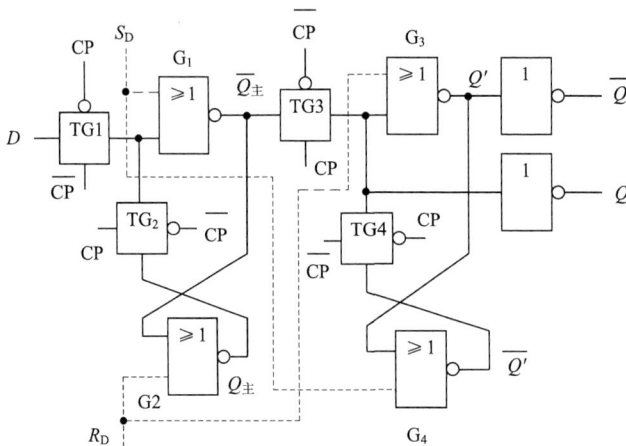

图 5.4.14　CMOS 传输门构成的 D 边沿触发器

5.5　常用集成触发器

5.5.1　74LS74 和 74LS112 集成边沿触发器

1. 74LS74 集成边沿触发器

1) 引脚图

74LS74 中集成了两个单元 D 触发器电路，电路都是 CP 上升沿触发的边沿 D 触发器。其引脚图如图 5.5.1(a)所示。逻辑符号图为图 5.5.1(b)所示。图中输入端 $\overline{R}$ 为复位端、$\overline{S}$ 为置位端，它们均为低电平有效，它们为触发器的初始化提供了方便的手段。正常工作时应将它们置 1。

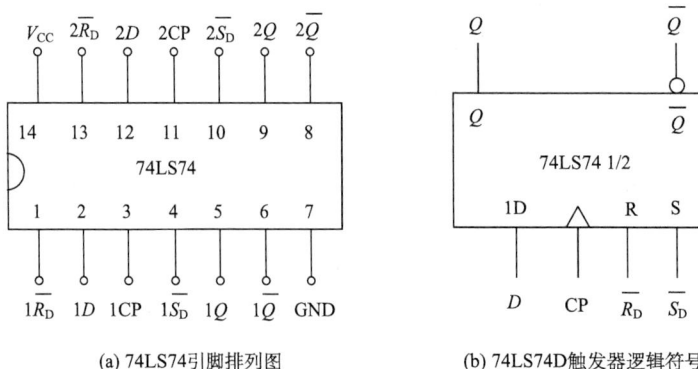

(a) 74LS74引脚排列图　　　　　　(b) 74LS74D触发器逻辑符号

图 5.5.1　74LS74 集成边沿触发器

2）特性表

表 5.5.1 是 74LS74 集成边沿 D 触发器的特性表。从表中看出，电路是 CP 上升沿触发的边沿 D 触发器。当 $\overline{S}_D = \overline{R}_D = 1$ 时，电路在 CP 上升沿瞬间，将按照特性方程 $Q^{n+1} = D$ 的规律，由现态转换到次态；当异步输入端工作时，D 和 CP 均无效，若 $\overline{S}_D\overline{R}_D = 10$，则触发器置 0；若 $\overline{S}_D\overline{R}_D = 01$，则触发器置 1，若 $\overline{S}_D\overline{R}_D = 00$，是不允许的取值情况，即 $\overline{S}_D$、$\overline{R}_D$ 应遵守约束条件 $S_D \cdot R_D = 0$。

表 5.5.1　74LS74 的特性表

$\overline{S_D}$	$\overline{R_D}$	CP	D	Q^n	Q^{n+1}	功能
0	1	×	×	×	1	异步置 1
1	0	×	×	×	0	异步置 0
0	0	×	×	×	不用	不允许
1	1	↑	1	×	1	置 1
1	1	↑	0	×	0	置 0
1	1	↓	×	Q^n	Q^n	不变

2. 74LS112 集成边沿触发器

1）引脚图

74LS112 集成了两个边沿 JK 触发器，其引脚图如图 5.5.2（a）所示。逻辑符号图为图 5.5.2（b）所示。图中输入端 $\overline{R}$ 为复位端、$\overline{S}$ 为置位端，它们均为低电平有效，它们为触发器的初始化提供了方便的手段。正常工作时应将它们置 1。

2）特性表

表 5.5.2 是 74LS112 集成边沿 JK 触发器的特性表。从表中看出，电路是 CP 下降沿触发的边沿 JK 触发器。当 $\overline{S}_D = \overline{R}_D = 1$ 时，电路在 CP 下降沿瞬间，将按照特性方程 $Q^{n+1} = J\overline{Q}^n + \overline{K}Q^n$ 的规律，状态将由现态转换到次态；当异步输入端工作时，D 和 CP 均无效，若 $\overline{R}_D\overline{S}_D = 01$，则触发器置 0；若 $\overline{R}_D\overline{S}_D = 10$，则触发器置 1，若 $\overline{S}_D\overline{R}_D = 00$，是不允许的取值情况，即 $\overline{S}_D$、$\overline{R}_D$ 应遵守约束条件 $S_D \cdot R_D = 0$。

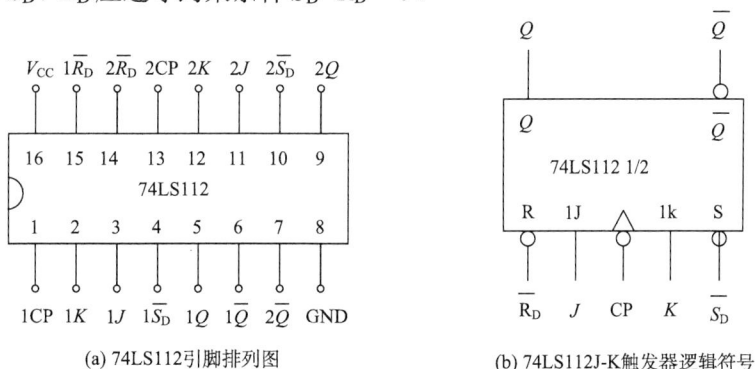

(a) 74LS112引脚排列图　　　　　(b) 74LS112J-K触发器逻辑符号

图 5.5.2　74LS112 集成边沿触发器

表 5.5.2　74LS112 的特性表

$\overline{R_D}$	$\overline{S_D}$	J	K	Q^n	CP	Q^{n+1}	功能
1	1	0	0	0	↓	0	保持
1	1	0	0	1	↓	1	保持
1	1	0	1	0	↓	0	置 0
1	1	0	1	1	↓	0	置 0
1	1	1	0	0	↓	1	置 1
1	1	1	0	1	↓	1	置 1
1	1	1	1	0	↓	1	翻转
1	1	1	1	1	↓	0	翻转
1	1	×	×	0	↑	0	不变
1	1	×	×	1	↑	1	不变
0	1	×	×	×	×	0	异步置 0
1	0	×	×	×	×	1	异步置 1
0	0	×	×	×	×	不用	不允许

5.5.2　集成触发器的电气特性参数

触发器作为一种具体的电路器件,有自己的电气特性参数,这些参数将影响触发器能否正常、可靠地工作。因此学习使用触发器时,必须要了解这些参数。特性参数通常会在触发器的使用手册中给出。

1.传输延迟时间

从 CP 触发沿到达开始,到输出端 Q、$\overline{Q}$ 完成状态改变为止,其间经历的时间叫做传输延迟时间。有 2 个参数来表征触发器的这个电气特性。

(1)t_{PLH}: 输出端从高电平变为低电平的传输延迟时间。TTL 边沿 D 触发器 74LS74,一般为 $t_{PLH} \leqslant 40\text{ns}$。

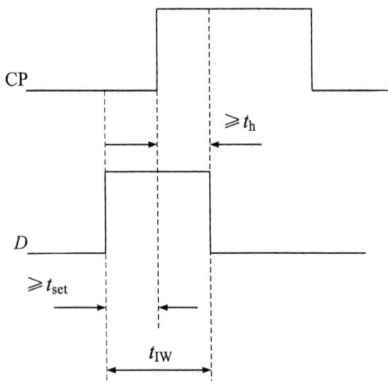

图 5.5.3　边沿 D 触发器的建立时间

(2)t_{PHL}: 输出端从低电平变为高电平的传输延迟时间。TTL 边沿 D 触发器 74LS74,一般为 $t_{PHL} \leqslant 25\text{ns}$。

2. 输入信号的建立时间与保持时间

1)建立时间 t_{set}

在有些触发器中,输入信号(J、K、D 等)必须先于 CP 有效边沿到来之前先建立起来,触发器才能可靠地翻转,输入信号必须提前建立并保持稳定的时间就称为建立时间 t_{set};如图 5.5.3 所示。

2)保持时间 t_h

为了保证触发器可靠地翻转,输入信号的状态在 CP

有效边沿到达后必须保持足够长的时间不变,这段时间就称为保持时间,用 t_h 表示,如图 5.5.3 所示。

输入信号的宽度 t_{IW},应满足如下条件, 触发器才能可靠地翻转。

$$t_{IW} \geqslant t_{set} + t_h$$

3) 最高时钟频率

由于触发器中每一级门电路都传输延迟,因此电路状态的改变总是需要一定的时间才能完成。当时钟脉冲 CP 的频率升高到一定程度后, 触发器就来不及翻转了。为保证触发器可靠地翻转, 允许 CP 的最高频率就是触发器的最高时钟频率, 通常用 f_{MAX} 表示。

5.5.3　不同类型的触发器间的转换

实际生产的集成时钟触发器,只有 JK 触发器和 D 触发器两种,所以在这里只能介绍这两种触发器转换成其他触发器以及它们之间相互转换方法。

1. JK 触发器转换成 D、T、RS 触发器

已知 JK 触发器的特征方程为

$$Q^{n+1} = J\bar{Q}^n + \bar{K}Q^n \tag{5.5.1}$$

1) JK 触发器转换成 D 触发器

D 触发器的特征方程为

$$Q^{n+1} = D$$

将 D 触发器的特征方程右边乘以 $(\bar{Q}^n + Q^n)$ 得

$$\begin{aligned} Q^{n+1} &= D(\bar{Q}^n + Q^n) \\ &= D\bar{Q}^n + DQ^n \end{aligned} \tag{5.5.2}$$

将式(5.5.1)与式(5.5.2)进行比较,得

$$\begin{cases} J = D \\ K = \bar{D} \end{cases} \tag{5.5.3}$$

根据式(5.5.3)的关系,画出 JK 触发器转换成 D 触发器的逻辑图,如图 5.5.4 所示。

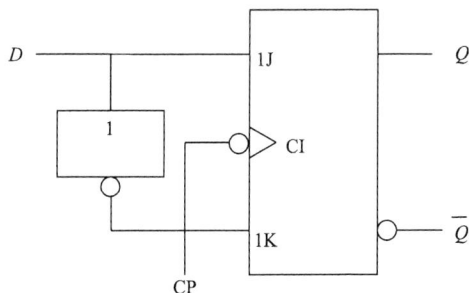

图 5.5.4　JK 触发器转换成 D 触发器　　　　　图 5.5.5　JK 触发器转换成 T 触发器

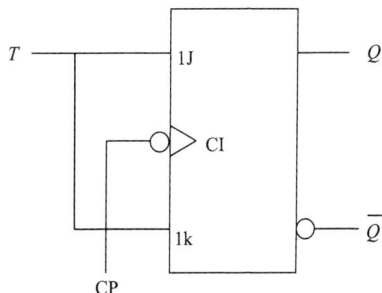

2) JK 触发器转换成 T 触发器

T 触发器的特征方程为

$$\bar{Q}^{n+1} = T\bar{Q}^n + \bar{T}Q^n \tag{5.5.4}$$

将式(5.5.1)与式(5.5.4)进行比较,得

$$\begin{cases} J = T \\ K = T \end{cases} \tag{5.5.5}$$

根据式(5.5.5)的关系,画出 J-K 触发器转换成 T 触发器的逻辑图,如图 5.5.5 所示。

3)JK 触发器转换成 RS 触发器

RS 触发器的特征方程为

$$\begin{cases} Q^{n+1} = S + \bar{R}Q^n \\ RS = 0 \end{cases} \tag{5.5.6}$$

将 RS 触发器的特征方程右边乘以($\bar{Q}^n + Q^n$)、($\bar{R} + R$)得

$$\begin{aligned} Q^{n+1} &= S(\bar{Q}^n + Q^n) + \bar{R}Q^n \\ &= S\bar{Q}^n + SQ^n + \bar{R}Q^n \\ &= S\bar{Q}^n + \bar{R}Q^n + SQ^n(\bar{R} + R) \\ &= S\bar{Q}^n + \bar{R}Q^n + \bar{R}SQ^n + RSQ^n \\ &= S\bar{Q}^n + \bar{R}Q^n(1 + S) + 0 \\ &= S\bar{Q}^n + \bar{R}Q^n \end{aligned} \tag{5.5.7}$$

将式(5.5.1)与式(5.5.7)进行比较,得

$$\begin{cases} J = S \\ K = R \end{cases} \tag{5.5.8}$$

根据式(5.5.8)的关系,画出 JK 触发器转换成 RS 触发器的逻辑图,如图 5.5.6 所示。

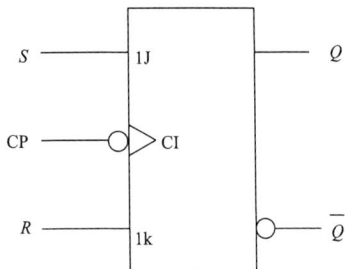

图 5.5.6　JK 触发器转换成 RS 触发器

2. D 触发器转换成 JK、T、RS 触发器

已知 D 触发器的特征方程为

$$Q^{n+1} = D \tag{5.5.9}$$

1) D 触发器转换成 JK 触发器

JK 触发器的特征方程为

$$Q^{n+1} = J\bar{Q}^n + \bar{K}Q^n \tag{5.5.10}$$

将式(5.5.9)与式(5.5.10)进行比较,得

$$D = J\bar{Q}^n + \bar{K}Q^n \tag{5.5.11}$$

根据式(5.5.11)的关系,画出 D 触发器转换成 JK 触发器的逻辑图,如图 5.5.7 所示。

2)D 触发器转换成 T 触发器

T 触发器的特征方程为

$$Q^{n+1} = T\bar{Q}^n + \bar{T}Q^n \tag{5.5.12}$$

将式(5.5.9)与式(5.5.12)进行比较,得

$$D = T\bar{Q}^n + \bar{T}Q^n \tag{5.5.13}$$

根据式 (5.5.13) 的关系，画出 D 触发器转换成 T 触发器的逻辑图，如图 5.5.8 所示。

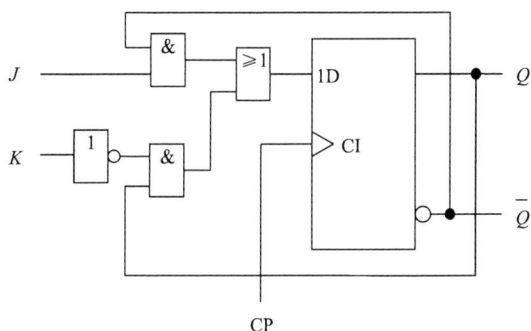

图 5.5.7　D 触发器转换成 JK 触发器

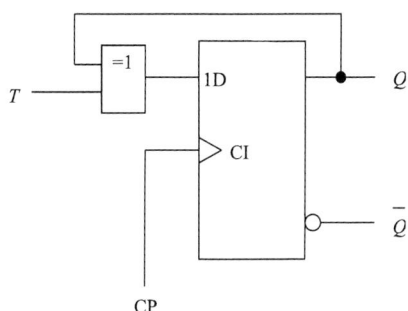

图 5.5.8　D 触发器转换成 T 触发器

3) D 触发器转换成 RS 触发器

RS 触发器的特征方程为

$$\begin{cases} Q^{n+1} = S + \bar{R}Q^n \\ RS = 0 \end{cases} \tag{5.5.14}$$

将式 (5.5.9) 与式 (5.5.14) 进行比较，得

$$D = S + \bar{R}Q^n \tag{5.5.15}$$

根据式 (5.5.15) 的关系，画出 D 触发器转换成 RS 触发器的逻辑图，如图 5.5.9 所示。

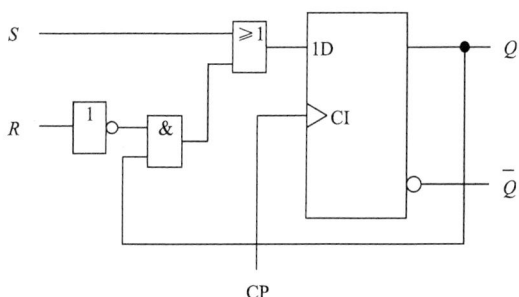

图 5.5.9　D 触发器转换成 RS 触发器

5.6　仿　真　实　验

实验　触发器功能仿真分析

1. 实验目的

(1) 掌握普通 RS、D、JK、T 触发器的基本功能和触发方式；
(2) 掌握触发器同步输入信号和异步输入信号的使用方法；
(3) 理解普通触发器的一般方法；
(4) 理解集成触发器的基本使用方法。

2. 实验环境

(1) 计算机；
(2) Multisim 电子电路仿真软件；
(3) Windows 操作系统。

3. 实验原理

触发器具备两个有别于门电路的基本特点：其一是触发器具有 0 和 1 这两个能够自行保

持的稳定状态;其二是触发器在输入信号的作用下能够置成 1 态或 0 态。

每个触发器均有两个状态互补的输出端 Q 和 $\overline{Q}$。触发器的状态是指 Q 端的状态。因为具有记忆功能,所以触发器的次态 Q^{n+1} 是现态 Q^n 和输入信号共同的逻辑函数。

1)功能分析

普通触发器的种类较多,常用的触发器有 RS、D、JK、T。表征触发器功能特性的常用方式有状态表、状态方程、状态转移图、逻辑符号等。由前面讨论的触发器可知,RS 触发器具有置 0、置 1、保持功能,当 $R=S=1$ 时出现逻辑混乱,被称为禁止(不允许)状态;D 触发器具有置 0、置 1 功能;JK 触发器具有置 0、置 1、保持、翻转四种功能;T 触发器仅具有保持、翻转功能。

JK 触发器的功能最全,且对输入信号没有约束条件。若令 $J=S$ 且 $K=R$,就构成 RS 触发器。若令 $J=D$ 且 $K=\overline{D}$ 就构成 D 触发器。若令 $J=K$ 就构成 T 触发器。

2)使用方法

触发器的状态转移表、状态方程、状态转移图均是在有效时钟 CP 的作用下发生作用的。因此,又称 R、S、D、J、K、T 是触发器的同步信号。

触发器的触发方式有时钟的高电平、时钟的低电平、时钟的上升沿、时钟的下降沿之分,这种区别体现在触发器的逻辑符号上。触发器的内部电路结构决定着触发器的触发方式。边沿触发器抗干扰能力强,应用较广。

为了便于控制,一些触发器还带有不受时钟限制的异步信号端口 R_D(或 $\overline{R}_D$)和 S_D(或 $\overline{S}_D$),用于触发器复位(置 0)、置位(置 1)。在触发器没有接受有效时钟和异步信号时处于保持状态。

触发器输入、输出端口对逻辑电平的要求与门电路一样,不再重复,使用时只注意 TTL器件与 CMOS 器件的区别。

触发器的时钟频率受传输延迟时间 t_{PHL} 和 t_{PLH} 的限制,不宜过高,否则将失去应有的逻辑功能特征。

4. Multisim 仿真分析

1)触发功能分析

(1)从元件库中调出 2 输入四或非门 74LS02,构成如图 5.6.1 所示的基本 RS 触发电路。控制单刀双掷开关 R、S,使触发电路的输入信号 R、S 依次取值 00→01→11→00,观察并记录实验结果于表 5.6.1 中。

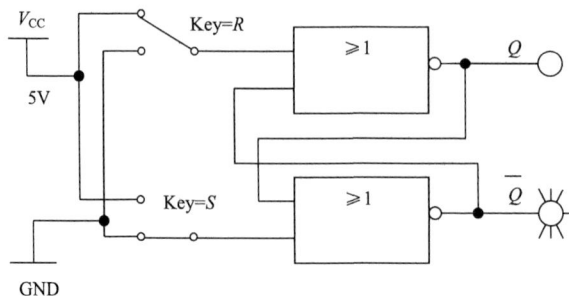

图 5.6.1　基本 RS 触发器功能分析仿真电路

表 5.6.1　RS 触发器实验结果

序号	R	S	Q	功能简述
0				
1				
2				
3				
4				
5				

（2）从 CMOS 元件库中调出双 D 触发器 CC4013，如图 5.6.2 所示。控制单刀双掷开关，时触发电路的 R、S、D、CP 信号依次为 $00 \times \times \rightarrow 10 \times \times \rightarrow 01 \times \times \rightarrow 0010 \rightarrow 001\uparrow \rightarrow 0000 \rightarrow 000\uparrow$，观察并记录实验结果于表 5.6.2 中（时钟的上升沿 ↑ 用开关 C 的状态模拟）。

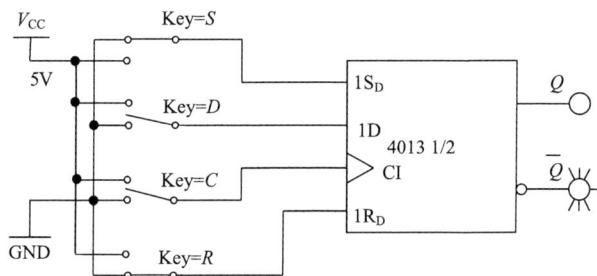

图 5.6.2　CMOSD 触发器分析仿真电路

表 5.6.2　D 触发器实验结果

序号	R_D	S_D	D	CP	Q	$\overline{Q}$	功能简述
0	0	0	0	$\times$	$\times$		
1	1	0	0	$\times$	$\times$		
2	0	1	1	$\times$	$\times$		
3	0	0	0	1	0		
4	0	0	0	1	$\uparrow$		
5	0	0	0	0	0		
6	0	0	0	0	$\uparrow$		

（3）从 TTL 元件库中调出 JK 双触发器 74LS112，如图 5.6.3 所示。控制单刀双掷开关，时触发电路的 $\overline{S_D}$、$\overline{R_D}$、J、K、CP 信号依次为 $11 \times \times \times \rightarrow 01 \times \times \times \rightarrow 10 \times \times \times \rightarrow 11101$ $\rightarrow 1110\downarrow \rightarrow 11011 \rightarrow 1101\downarrow \rightarrow 11001 \rightarrow 1100\downarrow \rightarrow 11111 \rightarrow 1111\downarrow$，观察并记录实验结果于表 5.6.3 中（时钟的下降沿 ↓ 用开关 C 的状态模拟）。

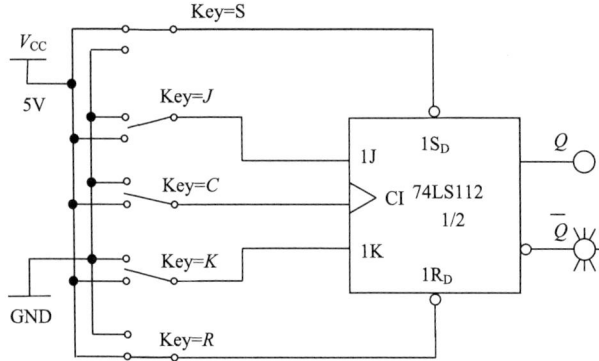

图 5.6.3　JK 触发器分析仿真电路

表 5.6.3　JK 触发器实验结果

序号	$\overline{S}_D$	$\overline{R}_D$	J	K	CP	Q	$\overline{Q}$	功能简述
0	1	1	×	×	×			
1	0	1	×	×	×			
2	1	0	×	×	×			
3	1	1	1	0	1			
4	1	1	1	0	↓			
5	1	1	0	1	1			
6	1	1	0	1	↓			
7	1	1	0	0	1			
8	1	1	0	0	↓			
9	1	1	1	1	1			
10	1	1	1	1	↓			

2)触发器应用电路分析

(1)依照 JK 触发器转换成 T 触发器图编辑仿真电路,如图 5.6.4 所示。用示波器观察并记录电路输入、输出波形间的关系。将结果记入自备表格中。

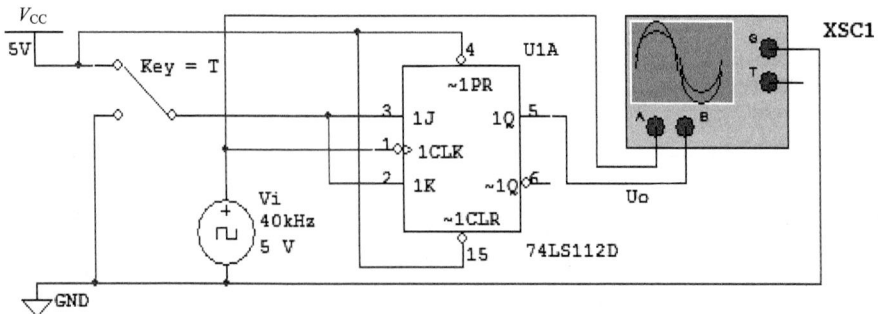

图 5.6.4　JK 触发器转换成 T 触发器仿真分析电路

(2)依照 D 触发器的功能编辑分频仿真电路,如图 5.6.5 所示。用示波器观察并记录电路输入、输出波形间的关系。分析并记录电路输入、输出信号间的频率关系。

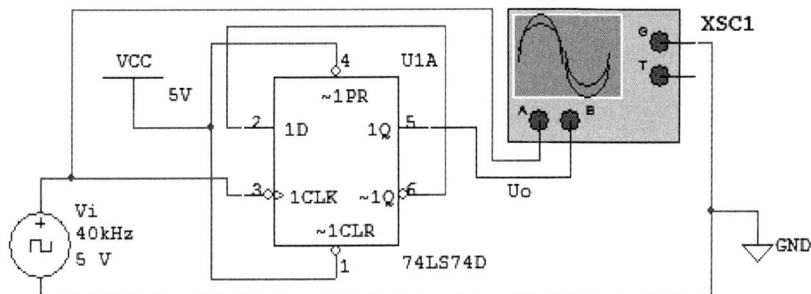

图 5.6.5　分频仿真电路

本 章 小 结

锁存器和触发器是都具有存储功能的逻辑电路，是构成时序电路的基本逻辑单元。每个锁存器和触发器都能存储 1 位二值信息，所以又称存储单元或记忆单元。

锁存器是对脉冲电平敏感的电路，在电平作用下改变状态。触发器是对时钟脉冲边沿敏感的电路，在时钟脉冲 CP 的上升沿触发或时钟脉冲 $\overline{\text{CP}}$ 的下降沿触发作用下改变状态。

触发器按逻辑功能分类有 D 触发器、JK 触发器、T 触发器、RS 触发器。它们的功能可以用特征表、特征方程和状态图来描述。

思考题与习题

思考题

5.1　数字电路的单稳态电路和双稳态电路，具有什么样的工作特点？区别是什么？

5.2　锁存器和触发器有什么区别？

5.3　什么叫做电平触发触发器？什么叫做边沿触发触发器？二者有什么不同？使用应注意哪些参数？

5.4　什么叫做主从触发器？主从触发器有什么特点？

5.5　触发器按其功能不同可分为几种类型？触发器的触发方式有哪几种？

5.6　触发器有几种触发方式？

5.7　钟控 RS 触发器与基本 RS 锁存器电路不同，但状态方程一致，为什么？

5.8　异步输入端与同步输入端概念是什么？

5.9　数字逻辑电路的触发信号有什么用途？

5.10　钟控触发器、门控 D 锁存器有什么区别？

5.11　触发器的状态转移图有什么作用？列出 RS、JK、D、T 的状态转移图。

5.12　或非门构成的基本 RS 锁存器和门控 RS 锁存器在电路结构、数据锁存上有什么区别？

5.13　为什么 RS 锁存器要有约束条件？

5.14　D 触发器要求时钟信号 CP 与输入信号 D 有什么样的定时关系？输出信号 Q 与时钟信号 CP 有什么样的定时关系？

5.15　集成触发器的电气特性参数中，输入信号的建立时间、保持时间、传输延迟时间在信息传输的作用是什么？

习题

5.16　电路及 $\overline{R}$、$\overline{S}$ 的波形如图题 5.16 所示，试画出 Q 端的波形。

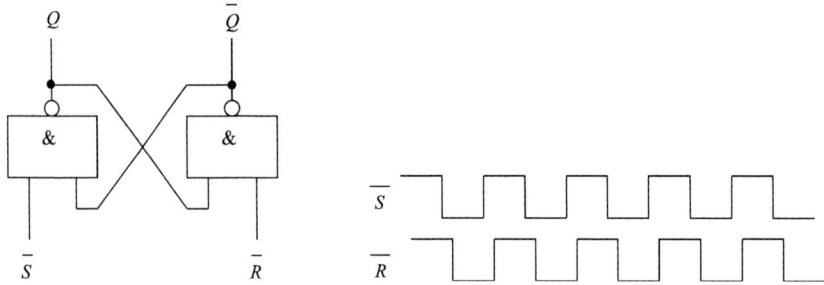

图题 5.16

5.17 分析图题 5.17 的钟控 RS 触发器逻辑时序关系。分析时钟脉冲信号 CP 与 R 和 S 输入信号关系? 分析时钟脉冲信号 CP 与 RS 触发器的输出状态 Q 和 $\overline{Q}$ 的工作关系。

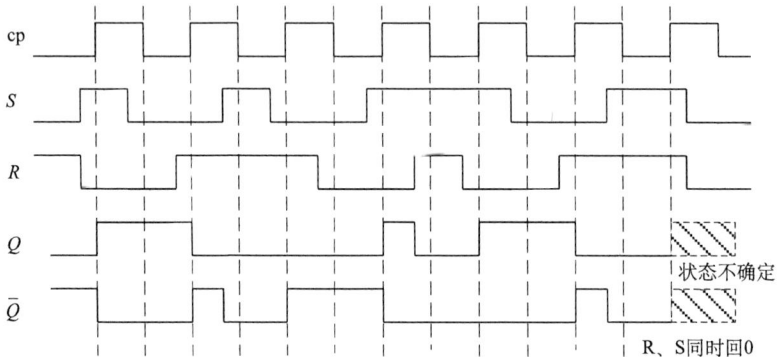

图题 5.17

5.18 图题 5.18 所示电路中,触发器为边沿 JK 触发器:(1)列写触发器控制端的逻辑函数式;(2)对应输入波形,画出输出信号的波形 (设触发器初态为 0) 。

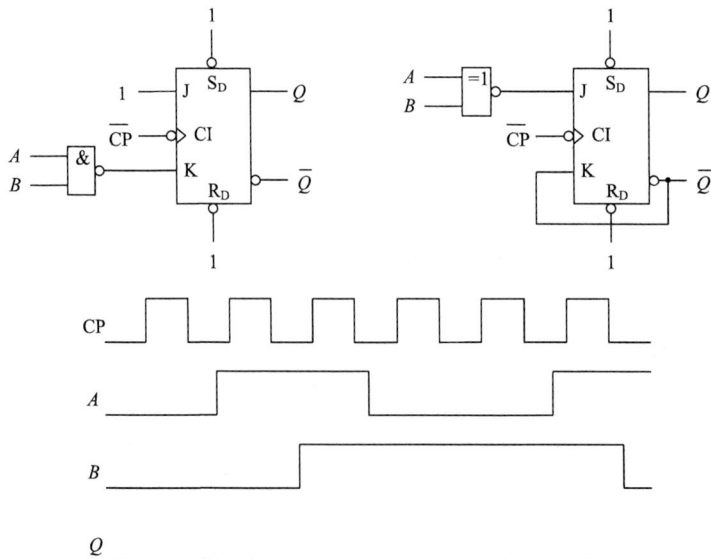

图题 5.18

5.19　图题 5.19 所示电路中，触发器为边沿 D 触发器：(1)列写触发器控制端的逻辑函数式；(2)对应输入波形，画出输出信号的波形 (设触发器初态为 0) 。

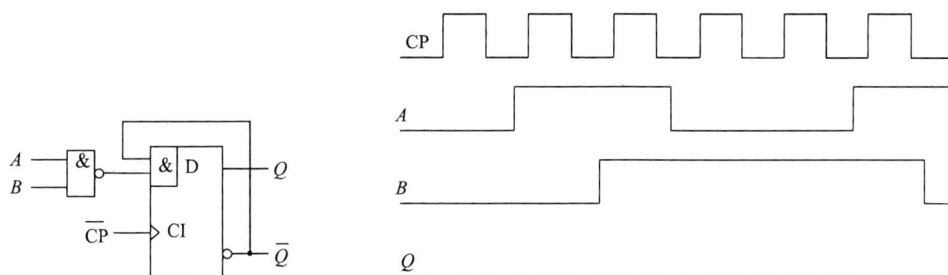

图题 5.19

5.20　请说明用 JK 触发器实现 D 触发器的逻辑功能的方法，并画出逻辑图。

5.21　由钟控 JK 触发器的状态转移图写出激励表。

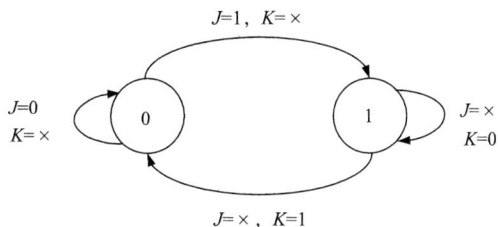

图题 5.21

5.22　由 D 触发器的状态转移图写出激励表。

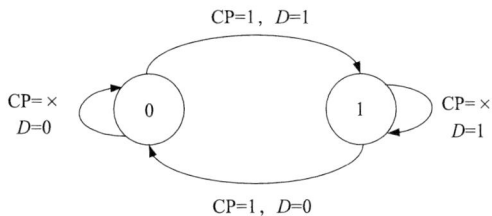

图题 5.22

5.23　试写出图题 5.23 中各电路的次态输出函数表达式，并画出给定输入作用下 Q_1、Q_2 的电压波形。设触发器的初态为 0。

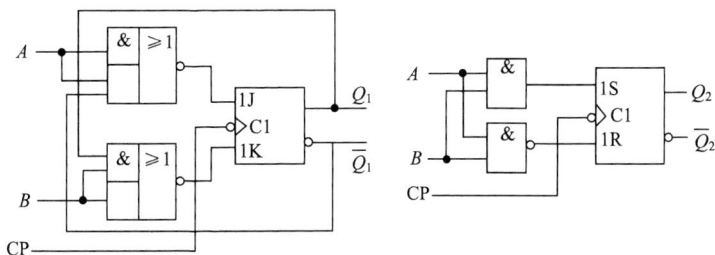

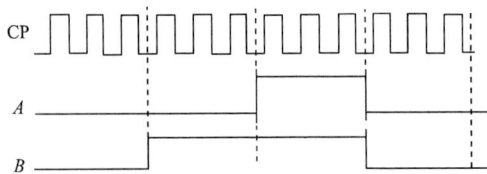

图题 5.23

5.24 请说明用 JK 触发器实现 D 触发器的逻辑功能的方法,并画出逻辑图。

5.25 由钟控 T 触发器的状态转移图写出激励表。

5.26 试画出如图题 5.26 所示电路中输出端 Q_2 的波形(触发器起始状态为零)。A 是输入端,比较 A 和 Q_2 的波形,说明此电路的功能。

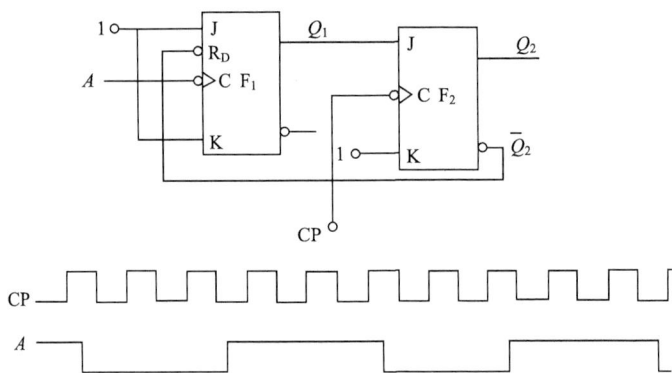

图题 5.26

5.27 试画出图题 5.27 所示电路中输出端 Q_1、Q_2 的波形(触发器起始状态为零)。

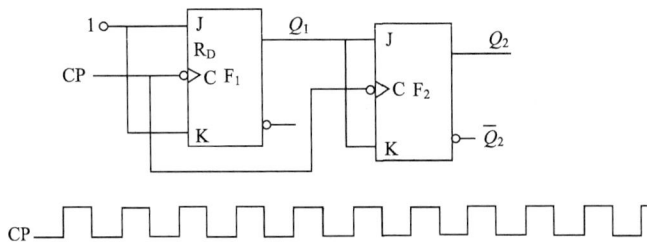

图题 5.27

5.28 试画出图题 5.28 所示电路中输出端 Q_1、Q_2 的波形(触发器起始状态为零)。

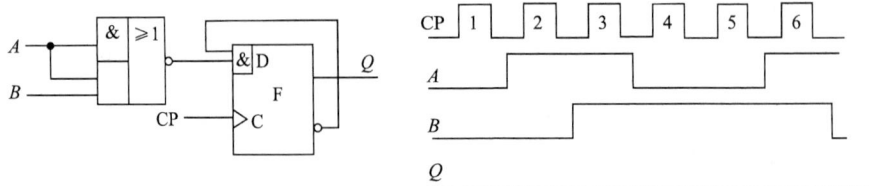

图题 5.28

5.29 给定电路如图题 5.29，写出各触发器的状态方程。

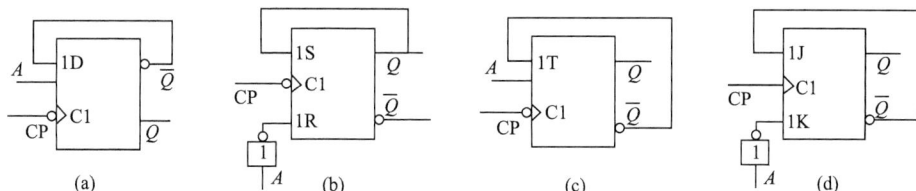

图题 5.29

5.30 试分析图题 5.30 电路逻辑功能，写出 Q_3、Q_4 表达式及电路的状态方程。

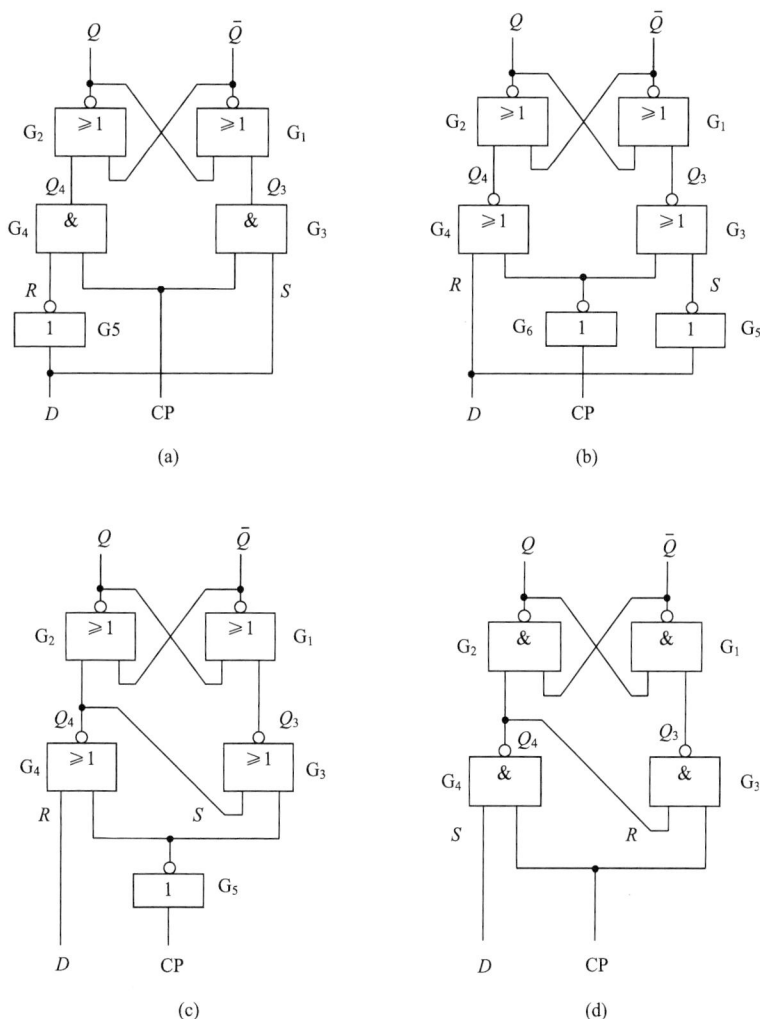

图题 5.30

5.31 证明：主从 JK 触发器在条件 $S = J\bar{Q}^n$、$R = KQ^n$ 下，满足 $RS=0$ 约束条件。

5.32 试画出图题 5.32 所示电路中输出端 Q_2 的波形(触发器起始状态为零)。A 是输入端，比较 A 和 Q_2

的波形，说明此电路的功能。

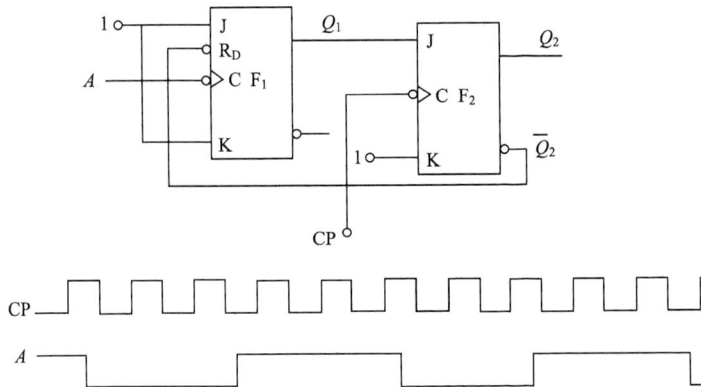

图题 5.32

5.33　试画出图题 5.33 所示电路中输出端 Q_1、Q_2 的波形(触发器起始状态为零)。

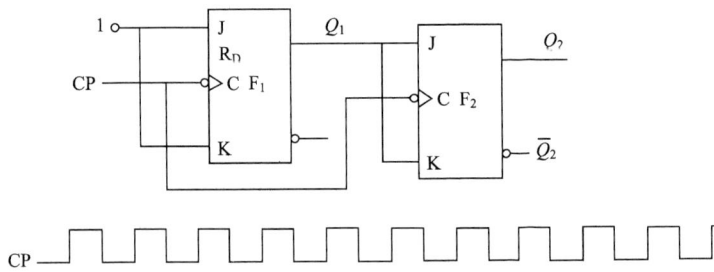

图题 5.33

5.34　分析钟控 RS 触发器逻辑时序。分析时钟脉冲信号 CP 与 R 和 S 输入信号，RS 触发器的输出状态 Q 和 $\bar{Q}$ 的工作关系。

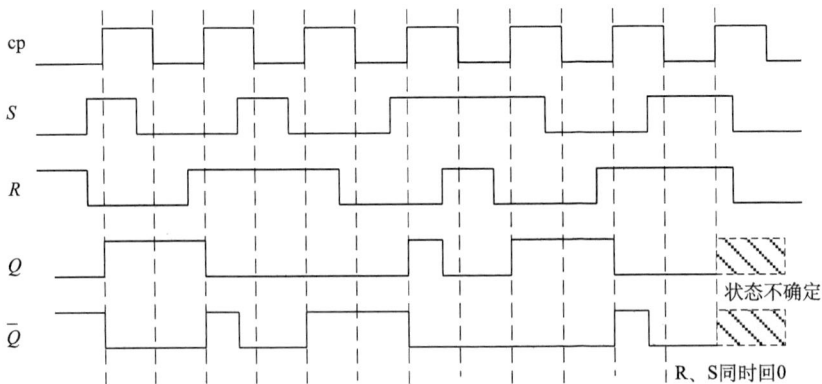

图题 5.34

5.35　图题 5.35 所示电路是逻辑门控 RS 锁存器。分析电路的工作原理。根据输入的波形，试画出 Q 和 $\bar{Q}$ 波形。

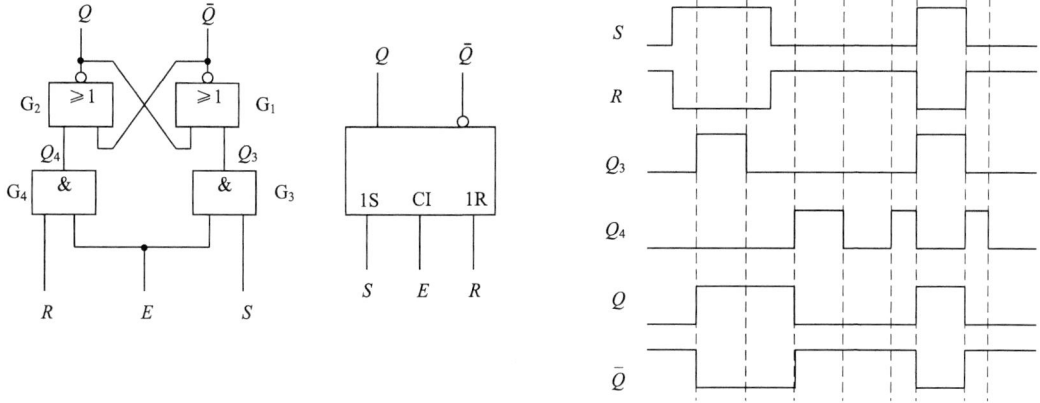

图题 5.35

5.36　图题 5.36 所示电路是逻辑门控 RS 锁存器。分析电路的工作原理。根据输入的波形,试画出 Q 和 $\bar{Q}$ 波形。

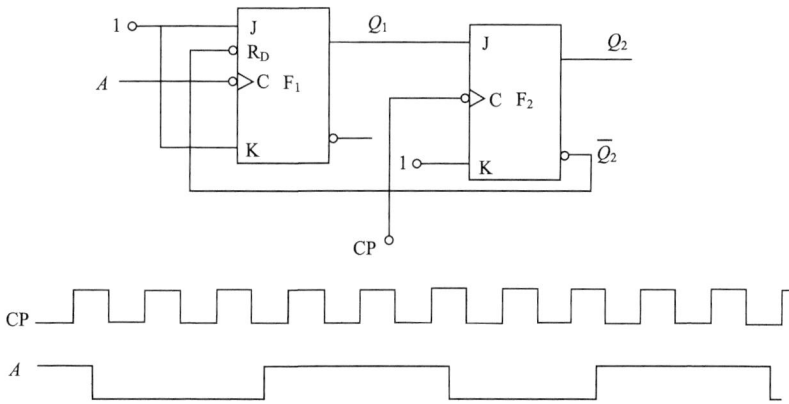

图题 5.36

5.37　试画出如图题 5.37 所示电路中输出端 Q_1、Q_2 的波形(触发器起始状态为零)。

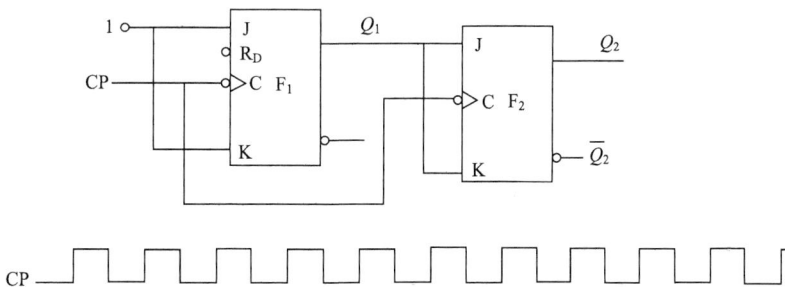

图题 5.37

5.38　试用 74LS74(双 D 触发器)和 4002(双 4 输入或非门)数字集成电路构成彩灯控制电路,并用 Multisim 软件仿真分析电路工作过程。

5.39　已知可逆计数器电路如图题 5.39 所示,试利用 Multisim 软件,仿真分析电路工作过程。

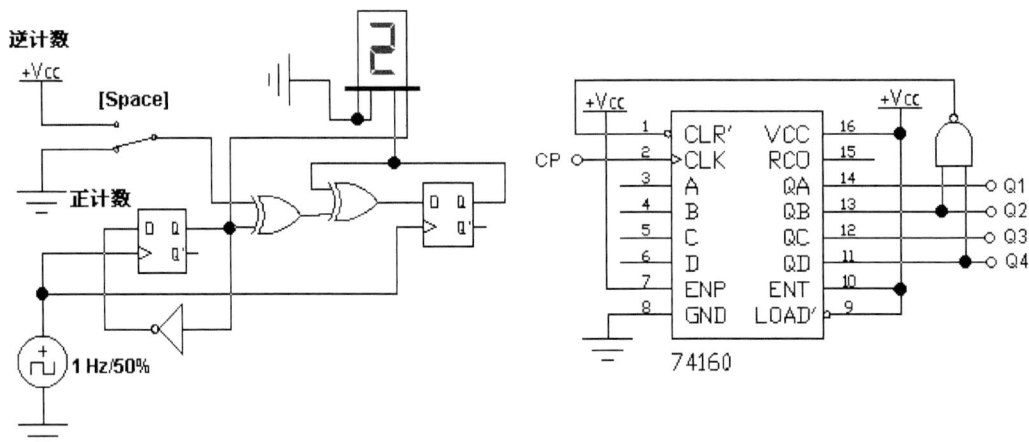

图题 5.39

5.40　已知同步时序电路如图题 5.37 所示,试求:

(1)仿真分析状态转移过程;

(2)已知输入为方波信号,观察输出 Q_1 和 Q_2 波形;

(3)列出该时序电路状态转移表。

5.41　试利用 74LS160 构成一个 6 进制计数器,并用 Multisim 软件,验证逻辑电路设计的正确性 (选作)。

第6章 时序逻辑电路

在组合逻辑电路中，任一时刻的输出信号仅取决于当时的输入信号，这也是组合逻辑电路在逻辑功能上的共同特点。本章要介绍另一种类型的逻辑电路，在这类逻辑电路中，任一时刻的输出信号不仅取决于当时的输入信号，而且还取决于电路原来的状态，或者说，还与以前的输入有关。具备这种逻辑功能特点的电路称为时序逻辑电路。

一般时序逻辑电路是由"组合逻辑电路"和"钟控触发电路"组成。

6.1 时序逻辑电路概述

6.1.1 时序逻辑电路的结构特点

首先，通过一个简单时序逻辑电路的分析，进一步了解时序逻辑电路的特点，电路如图 6.1.1(a) 所示。该电路由两部分组成：一部分是由 3 个与非门构成的组合电路；另一部分是由 T 触发器构成的存储电路，它的状态在 CP 脉冲的下降沿到达时刻发生变化。组合电路有 3 个输入信号 (X, CP 及 Q)，其中，X 和 CP 为外加输入信号，Q 为存储电路 T 触发器的输出；组合电路有两个输出信号 (Y 和 Z)，其中，Y 为组合电路的输出，Z 作为 T 触发器的输入，有时称它为内部输出。由此可以写出了触发器的状态方程和电路输出 Y 的函数表达式。

T 触发器状态方程：$Q^{n+1} = \left[T\bar{Q}^n + \bar{T}Q^n \right] \cdot \text{CP} \downarrow = \left[\bar{X}Q^n + XQ^n \right] \cdot \text{CP} \downarrow$

电路输出 Y 的函数表达式：$Y = \left[Q^n \cdot X \right] \cdot \text{CP}$

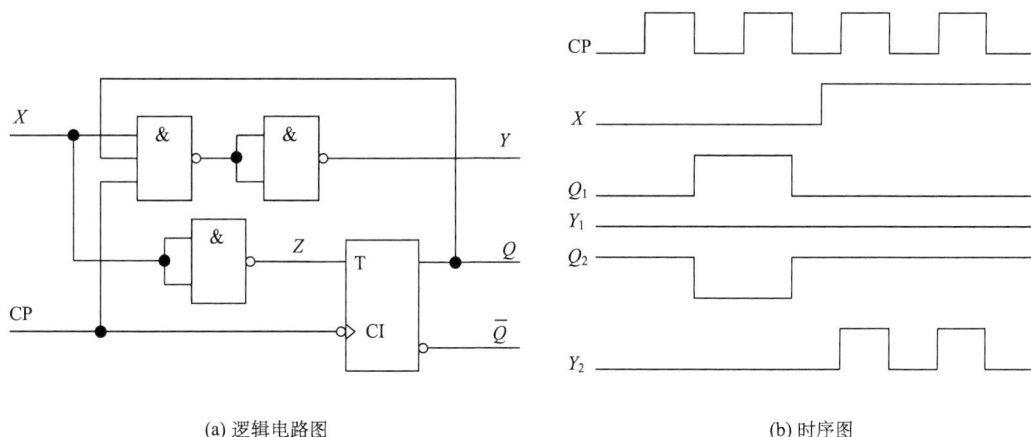

(a) 逻辑电路图   (b) 时序图

图 6.1.1 一个简单时序逻辑电路

由 T 触发器的状态方程和输出函数表达式，可以画出电路的工作波形，如图 6.1.1(b) 所示。图中，Q_1 和 Y_1 是 T 触发器原状态 $Q^n=0$ 时的工作波形，Q_2 和 Y_2 是 T 触发器原状态 $Q^n=1$ 时的工作波形。比较波形 Y_1 和 Y_2，它们都是电路输出 Y 的波形，虽然输入信号 X 和 CP 完全相同，但是由于 T 触发器的原状态不同，Y 输出也不相同。由此可见，时序电路的输出不仅取决于当时的输入信号 X 和 CP，还取决于电路内部存储电路(T 触发器)的原状态。

6.1.2　时序逻辑电路逻辑功能的描述方法

时序逻辑电路的逻辑功能可用逻辑表达式、状态表、状态图、时序图和逻辑图等方式表示。

1. 逻辑表达式

以上分析可以看出时序逻辑电路在结构上有两个特点。第一，时序逻辑电路包含组合电路和存储电路两部分。由于它要记忆以前的输入和输出情况，所以存储电路是不可缺少的。第二，组合电路至少有一个输出反馈到存储电路的输入端，存储电路的状态至少有一个作为组合电路的输入，与其他输入信号共同决定电路的输出。因此，时序逻辑电路的结构框图如图 6.1.2 所示。

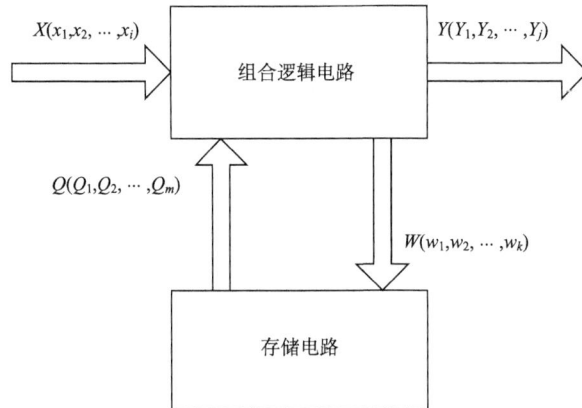

图 6.1.2　时序电路的结构框图

图中，$X(x_1, x_2, \cdots, x_i)$ 为输入信号，$Y(Y_1, Y_2, \cdots, Y_j)$ 为输出信号，$Q(Q_1, Q_2, \cdots, Q_m)$ 为存储电路输出信号，$W(w_1, w_2, \cdots, w_k)$ 为存储电路输入信号，这些信号之间的逻辑关系可用方程来描述：

$$Y_i = F_i\left(x_1, \ x_2, \cdots, \ x_p; \ Q_1^n, \ Q_2^n, \cdots, \ Q_q^n\right), \quad i = 1, 2, \cdots, m \tag{6.1.1}$$

$$W_i = G_j\left(x_1, \ x_2, \cdots, \ x_p; \ Q_1^n, \ Q_2^n, \cdots, \ Q_q^n\right), \quad j = 1, 2, \cdots, r \tag{6.1.2}$$

$$Q_k^{n+1}{}_i = H_k\left(W_1, \ W_2, \cdots, \ W_r; \ Q_1^n, \ Q_2^n, \cdots, \ Q_q^n\right), \quad k = 1, 2, \cdots, q \tag{6.1.3}$$

式 (6.1.1) 代表了电路输出信号的逻辑函数表达式，被称为时序电路的**输出方程**；式 (6.1.2) 代表了存储电路部分触发器输入端的逻辑函数表达式，被称为时序电路的**驱动方程或激励方程**；式 (6.1.3) 代表了存储电路部分触发器输出端次态与现态和触发器输入信号的逻辑函数表达式，因为触发器输出端 Q_1、Q_2，$\cdots$，Q_q 代表了存储电路的状态，故称时序电路的**状态方程**，并称 Q_1、Q_2，$\cdots$，Q_q 为电路的状态变量。

2. 时序图与状态图

在时序逻辑电路中，时序电路的现态与次态是由触发器的现态与次态来表示的，所以不难得到时序逻辑电路的状态表，以及对应的卡诺图、状态图和时序图。具体的做法，将在后面结合具体电路进行说明。

3. 逻辑图

由门电路和触发器等构成的时序逻辑电路图称为逻辑图。如果给出逻辑图，就可写出电路的驱动方程、状态方程、输出方程，列出状态表，最后可根据状态表分析出电路的逻辑功能。逻辑图又是时序逻辑电路硬件设计必不可少的设计过程。

6.1.3　时序逻辑电路的分类

时序逻辑电路一般有两大类：一类是同步时序逻辑电路；另一类是异步时序逻辑电路。

同步时序逻辑电路：在同步时序电路中各个触发器的 CP 端都是输入同一时钟脉冲，所以各个触发器状态的改变都受同一时钟脉冲控制，触发器状态的改变能够做到同步翻转。

异步时序电路：在时序逻辑电路中，触发器的状态改变有先有后，不同时发生，这种电路称为异步时序电路。在异步时序电路中各个触发器的 CP 端，有的是输入脉冲 CP，有的却是其他触发器的输出，故触发器状态的变化有先有后，不同时发生。

按电路输出信号的特性可将时序电路分为米利（Mealy）型时序电路和穆尔（Moore）型时序电路两类。

米利（Mealy）型时序电路：输出信号不仅取决于存储电路的状态，而且还取决于输入信号。

穆尔（Moore）型时序电路：输出信号仅仅取决于存储电路的状态，与输入信号无关。

时序逻辑电路从逻辑功能上可分为计数器、寄存器、顺序脉冲发生器等。

6.2　时序逻辑电路分析

6.2.1　同步时序电路的分析

时序逻辑电路的一般分析方法如下所示。

（1）仔细观察并分析电路，逐步写出以下方程。

驱动方程：各个触发器同步输入端信号的逻辑表达式；

输出方程：时序电路中各个输出信号的逻辑表达式（触发器的特性方程）。

（2）求状态方程。将驱动方程代入相应的特性方程中，求出时序电路的状态方程，也就是各个触发器次态输出的逻辑表达式。

（3）进行计算。将电路输入和现态的各种可能取值，代入状态方程和输出方程进行计算，求出相应的次态和输出，得到电路的状态转移表。

(4)根据状态转移表，画出状态转移图或时序图。

(5)根据状态转移图或时序图，分析并说明电路的逻辑功能。

例 6.2.1　分析图 6.2.1 所示时序逻辑电路的功能。

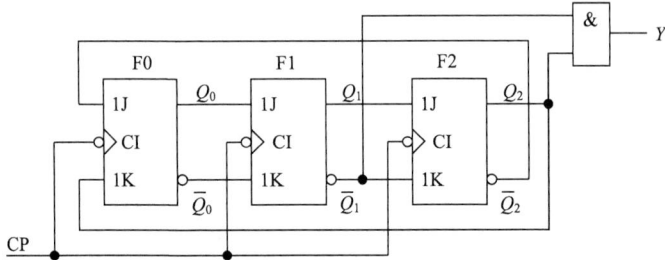

图 6.2.1　例 6.2.1 时序电路

解　图 6.2.1 所示电路为一个有 3 个 JK 触发器和与门构成的时序逻辑电路。由于三个触发器的触发输入端并联接到同一个 CP 触发脉冲，因此是同步触发器。

1)写方程式

(1)写出各级触发器的驱动方程(激励函数)

$$\begin{cases} J_0 = \bar{Q}_2^n, & K_0 = Q_2^n \\ J_1 = Q_0^n, & K_1 = \bar{Q}_0^n \\ J_2 = Q_1^n, & K_2 = \bar{Q}_1^n \end{cases} \tag{6.2.1}$$

(2)写出 J-K 触发器的特性方程为

$$Q^{n+1} = J\bar{Q}^n + \bar{K}Q^n$$

(3)输出方程为

$$Y = \bar{Q}_1^n Q_2^n \tag{6.2.2}$$

显然，该电路输出仅与电路现态有关，为穆尔型时序电路。

2)求状态方程

将各级触发器的驱动方程代入特性方程，可得到各级触发器的状态转移方程：

$$\begin{cases} Q_0^{n+1} = [J_0\bar{Q}_0^n + \bar{K}_0Q_0^n]\cdot CP\downarrow = [\bar{Q}_2^n\bar{Q}_0^n + \bar{Q}_2^nQ_0^n]\cdot CP\downarrow = [\bar{Q}_2^n]\cdot CP\downarrow \\ Q_1^{n+1} = [J_1\bar{Q}_1^n + \bar{K}_1Q_1^n]\cdot CP\downarrow = [Q_0^n\bar{Q}_1^n + Q_0^nQ_1^n]\cdot CP\downarrow = [Q_0^n]\cdot CP\downarrow \\ Q_2^{n+1} = [J_2\bar{Q}_2^n + \bar{K}_2Q_2^n]\cdot CP\downarrow = [Q_1^n\bar{Q}_2^n + Q_1^nQ_2^n]\cdot CP\downarrow = [Q_1^n]\cdot CP\downarrow \end{cases} \tag{6.2.3}$$

方程中 CP↓ 表示该触发器的状态是在 CP 时钟的下降沿到达时才发生转移，在没有 CP 的下降沿触发时，状态保持不变。当然，在同步时序逻辑电路中，如果明确各级触发器的状态转移是在 CP 时钟的下降沿(或上升沿)触发，在状态转移方程中不标注 $\overline{CP}$↓ 或 CP↑。

有了驱动方程、状态转移方程及输出函数表达式后，应该说，该时序逻辑电路的逻辑功能已经描述清楚了。但是，这一组方程不能使人们对该电路的功能一目了然。为了使人们能一目了然地知道在一系列时钟作用下电路状态转移的全过程，还采用状态转移表或状态转移图来描述时序逻辑电路的工作情况。

3）进行计算

假设电路现态的排列次序为 $Q_2^n Q_1^n Q_0^n$，将现态的各种可能取值，代入状态方程和输出方程进行计算，求出相应的次态和输出，结果如表 6.2.1 所示。

当各级触发器的初态为 $Q_2^n Q_1^n Q_0^n = 000$ 时，代入式（6.2.2）和式（6.2.3）可计算出，在 CP 下降沿触发下，各级触发器的次态为 $Q_2^{n+1} Q_1^{n+1} Q_0^{n+1} = 001$，输出 $Y=0$；将这一结果作为新的初态，即 $Q_2^n Q_1^n Q_0^n = 001$。再代入式（6.2.2）和式（6.2.3）进行计算，得到 CP 下降沿触发下各级触发器的次态为 $Q_2^{n+1} Q_1^{n+1} Q_0^{n+1} = 011$，输出 $Y=0$，如此继续进行；当 $Q_2^n Q_1^n Q_0^n = 100$ 时，代入式（6.2.3），可求得 $Q_2^{n+1} Q_1^{n+1} Q_0^{n+1} = 000$，返回到最初设定的初始状态。如果再继续计算，电路状态的转移和输出将按前面过程反复循环，这样，就得到如表 6.2.1 所示状态转移表。

表 6.2.1　例 6.2.1 的状态转移表

序号	现态			次态			输出
	Q_2^n	Q_1^n	Q_0^n	Q_2^{n+1}	Q_1^{n+1}	Q_0^{n+1}	Y
0	0	0	0	0	0	1	0
1	0	0	1	0	1	1	0
2	0	1	1	1	1	1	0
3	1	1	1	1	1	0	0
4	1	1	0	1	0	0	0
5	1	0	0	0	0	0	1
偏离	0	1	0	1	0	1	0
状态	1	0	1	0	1	0	1

在表 6.2.1 中，有 6 个状态反复循环，这 6 个状态为该时序电路的有效状态。然而，采用 3 级触发器，$Q_2^n Q_1^n Q_0^n$ 一共有 8 种状态组合，现在除 6 种有效状态外，还有两个状态（010,101）为无效状态，或称为偏离状态。

由状态转移表可以画出状态转移图（简称状态流图），状态转移图可以更直观地显示出时序电路的状态转移情况，如图 6.2.2 所示。

4）根据状态转移表，画出状态转移图如图 6.2.2

在状态转移图中，圆圈内标明电路的各个状态，箭头指示状态的转移方向，箭头旁标注状态转移前输入变量值 x 及输出值 y，通常将输入变量值写在斜线上方，输出值写在斜线下方。本例中因无外加输入变量，因此斜线上方没有标注。

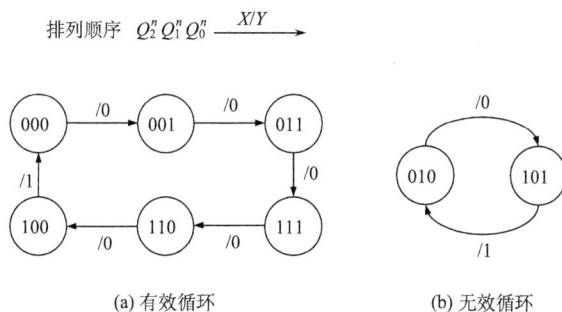

图 6.2.2　例 6.2.1 电路的状态转移图

5) 时序图

图 6.2.3 所示为例 6.2.1 电路的工作时序图。由图 6.2.3 可以看出在时钟脉冲 CP 序列作用下,电路的状态和输出随时间变化的波形。时序图用于在实验测试中检查电路的逻辑功能,也用于数字电路的计算机模拟。所有触发器状态的改变,都是在时钟脉冲 CP 的下降沿到达时才发生。

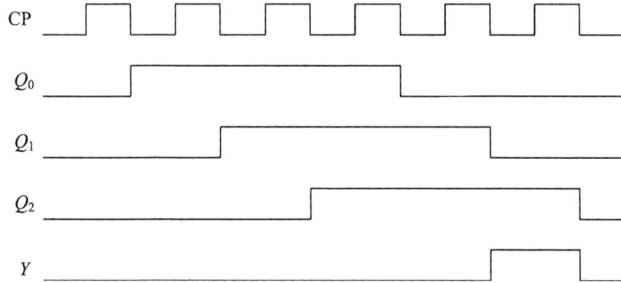

图 6.2.3　例 6.2.1 电路的时序图

6) 电路功能

从状态图与时序图可以看出,例 6.2.1 中的电路在时钟脉冲 CP 的作用下,有 6 个状态是按一定的规律依次出现的,这 6 个状态出现的次序为 $000 \rightarrow 001 \rightarrow 011 \rightarrow 111 \rightarrow 110 \rightarrow 100 \rightarrow 000$ $\rightarrow \cdots$。观察这 6 个状态的代码,正好是 $0 \sim 5$ 这 6 个十进制数字的格雷码,且是以递增的规律依次反复出现。每重复一次,电路输出一个 1。故该电路是一个用格雷码表示的 1 位六进制同步加法计数器,计满一次,计数器输出一进位标志 1。

在图 6.2.2 所示的状态图中,出现了两个循环。循环(a)是时序电路正常运行时,电路有关状态出现的循环,将其称为有效循环。在有效循环里出现的所有状态都称为有效状态。循环(b)中出现的所有状态则是时序电路正常运行时不可能出现的状态,称为无效状态。如果无效状态形成了循环,则这种循环称为无效循环。

如果时序电路的状态图中不存在无效状态,或虽然出现了无效状态,但无效状态未形成循环,这种电路它能够自动地从无效状态回到有效状态,并进入到有效循环中,称这种情况的电路能够自启动。相反,如果时序电路的状态图出现了无效状态,并且无效状态形成了循环,如本例题,则有一个无效循环,并不能够自启动,这种电路称为不能自启动的电路。电路出现的无效状态一般是由于干扰等原因引起的。

例 6.2.2　分析图 6.2.4 所示时序逻辑电路的功能。

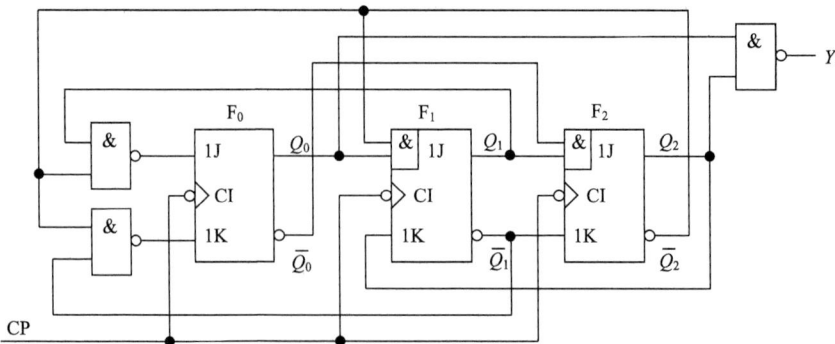

图 6.2.4　例 6.2.2 时序电路

解

由图 6.2.4 可见，该时序电路是由 3 个 JK 触发器和 3 个与非门构成。各级触发器受同一时钟 CP 控制，所以为同步时序逻辑电路。

根据时序电路分析步骤如下所示。

1）写方程式

（1）写出各级触发器的驱动方程（激励函数）

$$\begin{cases} J_0 = \overline{\overline{Q_2^n} Q_1^n}, & K_0 = \overline{Q_2^n \overline{Q_1^n}} \\ J_1 = \overline{Q_2^n} Q_0^n, & K_1 = Q_2^n \\ J_2 = Q_1^n \overline{Q_0^n}, & K_2 = \overline{Q_1^n} \end{cases} \tag{6.2.4}$$

（2）写出 JK 触发器的特性方程为

$$Q^{n+1} = J\overline{Q}^n + \overline{K}Q^n$$

（3）输出方程为

$$Y = \overline{Q_0^n Q_2^n} \tag{6.2.5}$$

2）求状态方程

将各级触发器的驱动方程代入特性方程，可得到各级触发器的状态转移方程：

$$\begin{cases} Q_0^{n+1} = \left(\overline{\overline{Q_2^n} Q_1^n} \cdot \overline{Q_0^n} + \overline{Q_2^n \overline{Q_1^n}} \cdot Q_0^n \right) \cdot \text{CP} \downarrow \\ Q_1^{n+1} = \left(\overline{Q_2^n} Q_0^n \overline{Q_1^n} + \overline{Q_2^n} Q_1^n \right) \cdot \text{CP} \downarrow \\ Q_2^{n+1} = \left(Q_1^n \overline{Q_0^n} \overline{Q_2^n} + Q_1^n Q_2^n \right) \cdot \text{CP} \downarrow \end{cases} \tag{6.2.6}$$

方程中 CP↓ 表示该触发器的状态是在 CP 时钟的下降沿到达时才发生转移，在没有 CP 的下降沿触发时，状态保持不变。

为了使人们能一目了然地了解在时钟作用下电路状态转移的全过程，采用状态转移表或状态转移图来描述时序逻辑电路的工作情况。

3）进行计算

假设电路现态的排列次序为 $Q_2^n Q_1^n Q_0^n$，将现态的各种可能取值，代入状态方程和输出方程进行计算，求出相应的次态和输出，结果如表 6.2.2 所示。

电路在没有外加的输入信号时，存储电路的次态和输出只取决于电路的初态。当各级触发器的初态为 $Q_2^n Q_1^n Q_0^n = 000$ 时，代入式（6.2.5）和式（6.2.6）可计算出，在 CP 下降沿触发下，各级触发器的次态为 $Q_2^{n+1} Q_1^{n+1} Q_0^{n+1} = 001$，输出 $Y=0$；将这一结果作为新的初态，即 $Q_2^n Q_1^n Q_0^n = 001$。再代入式（6.2.5）和式（6.2.6））进行计算，得到 CP 下降沿触发下各级触发器的次态为 $Q_2^{n+1} Q_1^{n+1} Q_0^{n+1} = 011$，输出 $Y=0$，如此继续进行，当 $Q_2^n Q_1^n Q_0^n = 101$ 时，代入式（6.2.6），可求得 $Q_2^{n+1} Q_1^{n+1} Q_0^{n+1} = 000$，返回到最初设定的初始状态。如果再继续计算，电路状态的转移和输出将按前面过程反复循环，这样，就得到如表 6.2.2 所示状态转移表。

表 6.2.2　例 6.2.2 的状态转移表

序号	现态			次态			输出
	Q_2^n	Q_1^n	Q_0^n	Q_2^{n+1}	Q_1^{n+1}	Q_0^{n+1}	Y
0	0	0	0	0	0	1	0
1	0	0	1	0	1	1	0
2	0	1	1	0	1	0	0
3	0	1	0	1	1	0	0
4	1	1	0	1	0	1	0
5	1	0	1	0	0	0	1
偏离	1	1	1	1	0	0	1
状态	1	0	0	0	0	1	0

在表 6.2.2 中，有 6 个状态反复循环，这 6 个状态为该时序电路的有效状态。然而，采用 3 级触发器，$Q_2^n Q_1^n Q_0^n$ 一共有 8 种状态组合，现在除 6 种有效状态外，还有两个状态(111,100)为无效状态，或称为偏离状态。为了了解该电路的全部工作状态转移情况，还必须将无效的偏离状态代入到式(6.2.5)和式(6.2.6)中进行计算，这样就得到表 6.2.2 所示的完整的状态转移表。

由状态转移表可以画出状态转移图(简称状态流图)，状态转移图可以更直观地显示出时序电路的状态转移情况，如图 6.2.5 所示。

4)根据状态转移表，画出状态转移图如图 6.2.5

在状态转移图中，圆圈内标明电路的各个状态，箭头指示状态的转移方向，箭头旁标注状态转移前输入变量值 x 及输出值 y，通常将输入变量值写在斜线上方，输出值写在斜线下方。本例中因无外加输入变量，因此斜线上方没有标注。

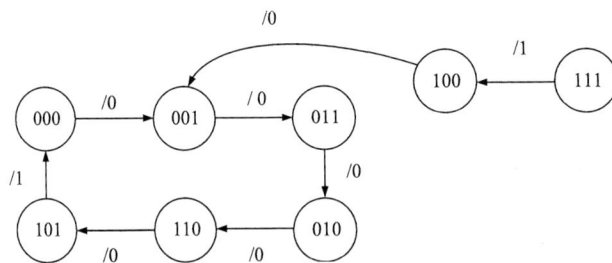

图 6.2.5　例 6.2.2 电路的状态转移图

5)画工作时序图

图 6.2.6 所示为例 6.2.2 电路的工作时序图。由图 6.2.6 可以看出在时钟脉冲 CP 序列作用下，电路的状态和输出随时间变化的波形。时序图用于在实验测试中检查电路的逻辑功能，也用于数字电路的计算机模拟。所有触发器状态的改变，都是在时钟脉冲 CP 的下降沿到达时才发生。

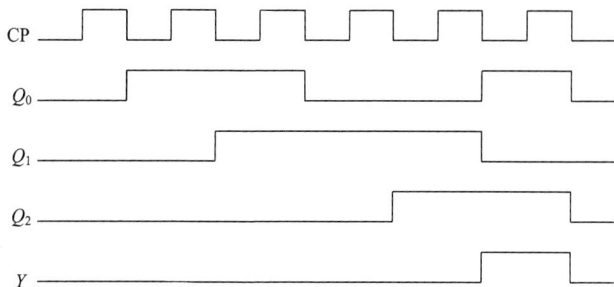

图 6.2.6　例 6.2.2 电路的时序图

6) 电路功能

从状态图与时序图可以看出，电路在时钟脉冲 CP 的作用下，有 6 个状态是按一定的规律依次出现的，这 6 个状态出现的次序为 000→001→011→010→110→101→000→···，还有一个 8 个状态出现的次序为 111→100→001→ →011→010→110→101→000→。

本电路出现了无效状态，但无效状态未形成循环，电路的状态自动地从无效状态回到有效状态，并进入到有效循环中，称这种电路具有自启动功能。

例 6.2.3　分析图 6.2.7 所示时序电路的功能。

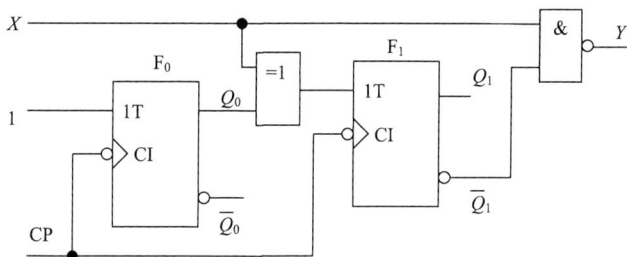

图 6.2.7　例 6.2.3 时序电路

解

由图 6.2.7 可见，该时序电路是由 2 个 T 触发器、1 个与非门和 1 个异或门构成。各级触发器受同一时钟 CP 控制，所以为同步时序逻辑电路。

根据时序电路分析步骤如下所示。

1) 写方程式

(1) 写出各级触发器的驱动方程(激励函数)：

$$\begin{cases} T_0 = 1 \\ T_1 = X\bar{Q}_0^n + \bar{X}Q_0^n = X \oplus Q_0^n \end{cases}$$

(2) 写出 T 触发器的特性方程为

$$Q^{n+1} = T\bar{Q}^n + \bar{T}Q^n = T \oplus Q^n$$

从图中很容易看出，该电路为同步时序电路，时钟下降沿 $\overline{CP}\downarrow$ 触发，故方程中省去不写 $\overline{CP}\downarrow$。

(3) 输出方程为

$$Y = \overline{X\overline{Q_1^n}} = \overline{X} + Q_1^n$$

该电路输出与输入信号有关,为米利型时序电路。

2)求状态方程

将各级触发器的驱动方程代入特性方程,可得到各级触发器的状态转移方程:

$$\begin{cases} Q_0^n = T_0 \oplus Q_0^n = 1 \oplus Q_0^n = \overline{Q_0^n} \\ Q_1^{n+1} = T_1 \oplus Q_1^n = X \oplus Q_0^n \oplus Q_1^n \end{cases}$$

3)进行计算

假设电路现态的排列次序为 $Q_1^n Q_0^n$,将现态与输入的各种可能取值,代入状态方程和输出方程进行计算,求出相应的次态和输出,并将结果填入表 6.2.3 中。

表 6.2.3　例 6.2.3 的状态表

输入	现态		次态		输出
X	Q_1^n	Q_0^n	Q_1^{n+1}	Q_0^{n+1}	Y
0	0	0	0	1	1
0	0	1	1	0	1
0	1	0	1	1	1
0	1	1	0	0	1
1	0	0	1	1	0
1	1	1	1	0	1
1	1	0	0	1	1
1	0	1	0	0	0

排列顺序　$Q_1^n Q_2^n \xrightarrow{X/Y}$

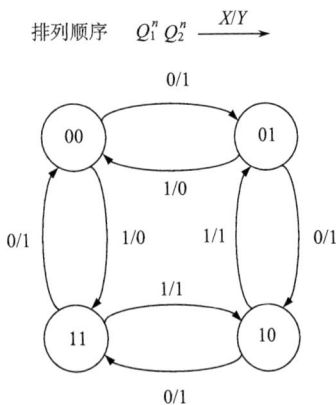

图 6.2.8　例 6.2.3 电路的状态转移图

4)根据状态转移表,画出状态转移图如图 6.2.8

在状态转移图中,有两个循环变化:一个是按递增规律循环变化,如图中顺时针方向;另一个按递减规律循环变化,如图中逆时针方向。

5)时序图

图 6.2.9 所示为例 6.2.3 电路的工作时序图。由图 6.2.9 可以看出在时钟脉冲 CP 序列作用下,电路的状态和输出随时间变化的波形。所有触发器状态的改变,都是在时钟脉冲 CP 的下降沿到达时才发生。

6)电路功能

由状态图可以看出,当输入 $X = 0$ 时,在时钟脉冲 CP 的作用下,电路的 4 个状态按递增规律循环变化,即: $00 \rightarrow 01 \rightarrow 10 \rightarrow 11 \rightarrow 00 \rightarrow \cdots$ 电路实现加计数;当 $X = 1$ 时,在时钟脉冲 CP 的作用下,电路的 4 个状态按递减规律循环变化,即: $00 \rightarrow 11 \rightarrow 10 \rightarrow 01 \rightarrow 00 \rightarrow \cdots$ 电路实现减计数。可见,该电路既具有递增计数功能,又具有递减计数功能,是一个 2 位二进制同步可逆计数器。

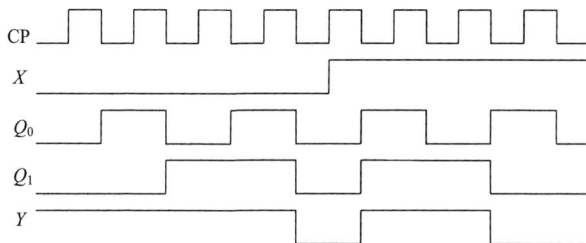

图 6.2.9 例 6.2.3 电路的时序图

6.2.2 异步时序电路的分析

异步时序电路的分析方法与同步时序电路的分析方法大体相同。只是由于异步时序电路不是由同一时钟控制，因此，还需写出各触发器的时钟方程，也就是状态方程有效的时钟条件。凡不具备时钟条件的，方程式无效，也就是说触发器的状态将保持不变。

例 6.2.4 分析图 6.2.10 所示时序电路的功能。

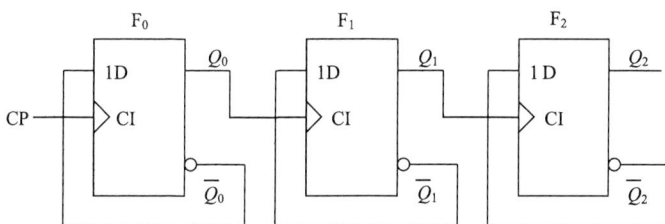

图 6.2.10 例 6.2.4 电路

解 图 6.2.10 所示电路为一个有 3 个 D 触发器构成的时序逻辑电路，由于三个触发器的触发输入端不是由同一个 CP 脉冲触发，所以为异步时序逻辑电路。

1) 写方程式

(1) 时钟方程： $CP_0 = CP, CP_1 = Q_0, CP_2 = Q_1$

(2) 驱动方程： $D_0 = \bar{Q}_0^n$, $D_1 = \bar{Q}_1^n$, $D_2 = \bar{Q}_2^n$

该电路没有单独的输出，为穆尔型时序电路，故无输出方程。

(3) 写出 D 触发器的特性方程为

$$Q^{n+1} = D$$

2) 求状态方程

将各级触发器的驱动方程代入特性方程，可得到各级触发器的状态转移方程：

$$\begin{cases} Q_0^{n+1} = D_0 = \bar{Q}_0^n, & CP\text{上升沿时刻有效} \\ Q_1^{n+1} = D_1 = \bar{Q}_1^n, & Q_0\text{上升沿时刻有效} \\ Q_2^{n+1} = D_2 = \bar{Q}_2^n, & Q_1\text{上升沿时刻有效} \end{cases}$$

3) 进行计算

假设电路现态的排列次序为 $Q_2^n Q_1^n Q_0^n$，将现态的各种可能取值，代入状态方程进行计算，求出相应的次态，并将结果填入 6.2.4 中。

表 6.2.4 例 6.2.4 的状态表

现态			次态			注
Q_2^n	Q_1^n	Q_0^n	Q_2^{n+1}	Q_1^{n+1}	Q_0^{n+1}	时钟条件
0	0	0	1	1	1	CP_0、CP_1、CP_2
1	1	1	1	1	0	CP_0
1	1	0	1	0	1	CP_0、CP_1
1	0	1	1	0	0	CP_0
1	0	0	0	1	1	CP_0 . CP_1、CP_2
0	1	1	0	1	0	CP_0
0	1	0	0	0	1	CP_0、CP_1
0	0	1	0	0	0	CP_0

4) 根据状态转换表，画出状态图见图 6.2.11(a)，时序图见图 6.2.11(b)。

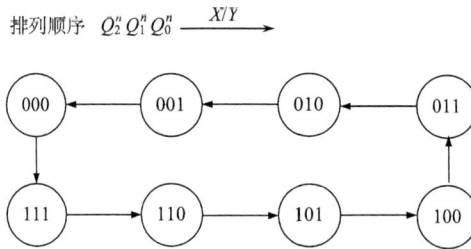

(a) 状态转换图

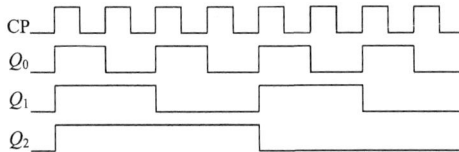

(b) 时序图

图 6.2.11 例 6.2.4 电路的状态图、时序图

5) 电路功能

由状态图可以看出，在时钟脉冲 CP 的作用下，电路的 8 个状态按递减规律循环变化，即：$000 \rightarrow 111 \rightarrow 110 \rightarrow 101 \rightarrow 100 \rightarrow 011 \rightarrow 010 \rightarrow 001 \rightarrow 000 \rightarrow \cdots$，电路具有递减计数功能，是一个 3 位二进制异步减法计数器。

6.3 常用时序逻辑器件

常用的时序逻辑器件有寄存器、移位寄存器、计数器等，下面分别分析它们的逻辑功能。

6.3.1　计数器

在数字系统中计数器是使用最多的时序电路，计数器可以用来对时钟脉冲计数，也可用来定时、分频和执行数字运算等。几乎每一种数字设备中都有计数器。

根据计数脉冲引入方式不同，计数器可以分为同步计数器和异步计数器两大类。根据计数器在计数过程中数字的增减趋势，又分为加法计数器、减法计数器及可逆计数器。根据计数器计数模值(数制)不同，计数器又可分为二进制计数器和非二进制计数器(常用的有二-十进制计数器)。下面介绍典型的计数器功能以及几种集成计数器的应用。

1. 同步计数器

同步计数器是将计数脉冲同时引入到各级触发器，当输入计数时钟脉冲触发时，各级触发器的状态同时发生转移。

例 6.3.1　分析图 6.3.1 所示同步二进制加法计数器电路的功能。

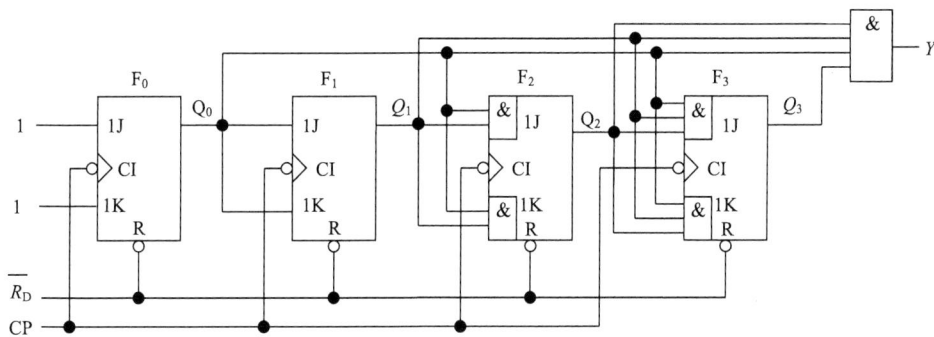

图 6.3.1　同步二进制加法计数器电路

解

图 6.3.1 所示电路为同步二进制加法计数器电路。它由 4 个 JK 触发器和与门构成。由于 4 个触发器的触发输入端并联接到同一个 CP 触发脉冲，当输入计数时钟脉冲触发时，各级触发器的状态同时发生转移。

1) 写方程式

(1) 驱动方程。由图 6.3.1 可写出各级触发器输入端的驱动方程：

$$\begin{cases} J_0 = K_0 = 1 \\ J_1 = K_1 = Q_0^n \\ J_2 = K_2 = Q_1^n Q_0^n \\ J_3 = K_3 = Q_2^n Q_1^n Q_0^n \end{cases} \tag{6.3.1}$$

(2) 写出 JK 触发器的特性方程为

$$Q^{n+1} = J\bar{Q}^n + \bar{K}Q^n$$

(3) 输出方程为

$$Y = Q_3^n Q_2^n Q_1^n Q_0^n \tag{6.3.2}$$

2) 求状态方程

将各级触发器的驱动方程代入特性方程，可得到各级触发器的状态转移方程：

$$
\begin{cases}
Q_0^{n+1} = \overline{Q_0^n} \\
Q_1^{n+1} = Q_0^n \overline{Q_1^n} + \overline{Q_0^n} Q_1^n \\
Q_2^{n+1} = Q_1^n Q_0^n \overline{Q_2^n} + \overline{Q_1^n Q_0^n} Q_2^n \\
Q_3^{n+1} = Q_2^n Q_1^n Q_0^n \overline{Q_3^n} + \overline{Q_2^n Q_1^n Q_0^n} Q_3^n
\end{cases}
\tag{6.3.3}
$$

从图中很容易看出，该电路为同步时序电路，时钟下降沿 CP↓触发，所以方程中省去不写 CP↓。

3) 进行计算

假设电路现态的排列次序为 $Q_3^n Q_2^n Q_1^n Q_0^n$，将现态的各种可能取值，代入状态方程进行计算，求出相应的次态，并将结果填入表 6.3.1 中。

表 6.3.1　4 位二进制加法计数器状态转移表

序号	现态				次态				输出
	Q_3^n	Q_2^n	Q_1^n	Q_0^n	Q_3^{n+1}	Q_2^{n+1}	Q_1^{n+1}	Q_0^{n+1}	Y
0	0	0	0	0	0	0	0	1	0
1	0	0	0	1	0	0	1	0	0
2	0	0	1	0	0	0	1	1	0
3	0	0	1	1	0	1	0	0	0
4	0	1	0	0	0	1	0	1	0
5	0	1	0	1	0	1	1	0	0
6	0	1	1	0	0	1	1	1	0
7	0	1	1	1	1	0	0	0	0
8	1	0	0	0	1	0	0	1	0
9	1	0	0	1	1	0	1	0	0
10	1	0	1	0	1	0	1	1	0
11	1	0	1	1	1	1	0	0	0
12	1	1	0	0	1	1	0	1	0
13	1	1	0	1	1	1	1	0	0
14	1	1	1	0	1	1	1	1	0
15	1	1	1	1	0	0	0	0	1

4) 根据状态转移表，画出状态图，如图 6.3.2 所示。

由状态图可以看出，在时钟脉冲 CP 的作用下，电路的 16 个状态按递增规律循环变化，即：0000→0001→0010→0011→…→1101→1110→1111→0000→，电路具有递增计数功能，是一个 4 位二进制同步加法计数器。

排列顺序 $Q_3^n Q_2^n Q_1^n Q_0^n \xrightarrow{X/Y}$

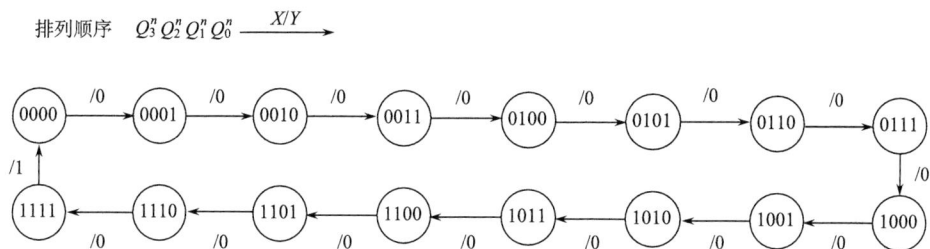

图 6.3.2 4位二进制加法计数器状态转移图

5) 电路功能

由表 6.3.1 可见，假设计数脉冲输入之前，由于清 0 信号 $\overline{R_D}$ 的作用，各级触发器均为 0 状态，如序号 "0" 所示，那么在第 1 个计数脉冲下降沿作用后，计数器状态转移到 0001 状态，表示已经输入了 1 个计数脉冲。在第 2 个计数脉冲到来之前，计数器稳定于状态 0001，如序号 "1" 所示。在第 2 个计数脉冲下降沿作用后，计数器状态由 0001 转移到 0010，表示已输入了 2 个计数脉冲。依次类推。在序号 "15" 时，计数器稳定状态为 1111，表示已输入了 15 个计数脉冲。当第 16 个计数脉冲输入后，计数器由 1111 转移到 0000，回到初始全 0 状态。这表示完成了一次状态转移的循环，输出端输出一个脉冲 Y，$Y = Q_3^n Q_2^n Q_1^n Q_0^n = 1$。以后每输入 15 个计数脉冲，计数器状态循环一次。很明显，图 6.3.1 电路具有同步加法计数功能、计数器从 0000 开始计数，到 1111 结束，状态转移到 0000，回到初始，完成一次状态转移的循环。计数器的进位输出信号为 $Y=1$。

例 6.3.2 利用 74LS161、74LS163 集成二进制同步加法计数器，构成一个十二进制计数器。

解

1) 介绍 74LS161、74LS163 集成计数器的引脚和逻辑功能

(1) 对 74LS161 集成计数器作简要说明。

74LS161 的引脚图与逻辑功能示意图，如图 6.3.3(a) 与 (b) 所示。

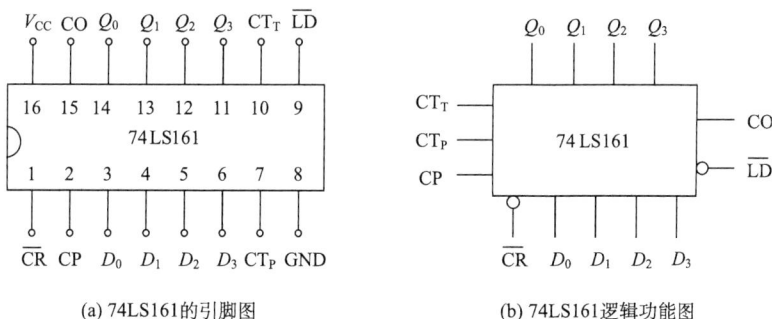

(a) 74LS161的引脚图   (b) 74LS161逻辑功能图

图 6.3.3 74LS161 的引脚排列图与逻辑功能示意图

① 74LS161 引出端介绍：在图 6.3.3 所示的逻辑功能示意图和引脚排列图中，CP 是输入计数脉冲，也就是加到各个触发器的时钟信号端的时钟脉冲；$\overline{CR}$ 是异步清零端，且低电平有效；$\overline{LD}$ 是置数控制端，也是低电平有效；CT_P 与 CT_T 是使能端，是计数器两个工作状态控制端；$D_3 \sim D_0$ 是并行数据输入端；CO 是进位信号输出端；$Q_3 \sim Q_0$ 是计数器状态输出端。

② 74LS161 状态表。

74LS161 功能状态如表 6.3.2 所示。

表 6.3.2　74LS161 状态表

输入									输出				
$\overline{\text{CR}}$	$\overline{\text{LD}}$	CT_P	CT_T	CP	D_3	D_2	D_1	D_0	Q_3^{n+1}	Q_2^{n+1}	Q_1^{n+1}	Q_0^{n+1}	CO
0	×	×	×	×	×	×	×	×	0	0	0	0	0
1	0	×	×	↑	d_3	d_2	d_1	d_0	d_3	d_2	d_1	d_0	
1	1	0	×	×	×	×	×	×	Q_3^n	Q_2^n	Q_1^n	Q_0^n	
1	1	×	0	×	×	×	×	×	Q_3^n	Q_2^n	Q_1^n	Q_0^n	0
1	1	1	1	↑	×	×	×	×	计　数				

从状态表可以清楚看出，集成的 4 位二进制同步加法器 74LS161 具有以下功能。

异步清零：当 $\overline{\text{CR}}$=0 时，计数器清零，与 CP 脉冲无关，所以称为异步清零。其他输入信号不起作用，计数器输出 $Q_3^n Q_2^n Q_1^n Q_0^n$ 立即为全"0"。

同步并行置数功能：当 $\overline{\text{CR}}$=1，$\overline{\text{LD}}$=0 时，在 CP 上刊沿到来时，并行输入数据 $d_3 \sim d_0$ 进入计数器，使 $Q_3^{n+1} Q_2^{n+1} Q_1^{n+1} Q_0^{n+1} = d_3 d_2 d_1 d_0$。由于置数发生在脉冲 CP 上升沿时刻，故称同步置数。此时输出端 CO 为 $\text{CO} = CT_T \cdot Q_3^n Q_2^n Q_1^n Q_0^n$。

保持功能：当 $\overline{\text{CR}} = \overline{\text{LD}}$=1 时，且 $CT_P \cdot CP_T$ = 0 时，则计数器将保持原来状态不变。此时，进位输出有两种情况，如果 CT_T = 0，那么 CO=0；如果 CT_P = 0，则 $\text{CO} = CT_T \cdot Q_3^n Q_2^n Q_1^n Q_0^n$。

二进制同步加法计数功能：当 $\overline{\text{CR}} = \overline{\text{LD}}$=1，$CT_P = CP_T$ = 1 时，计数器处于计数状态。在脉冲 CP 上升沿作用下计数器按 8421 码进行加法计数，每来一个 CP 脉冲，计数器加 1。当计数器加到 15 时，进位信号输出端 CO 为 $\text{CO} = CT_T \cdot Q_3^n Q_2^n Q_1^n Q_0^n$ =1。

综上所述，74LS161 是一个具有异步清零、同步置数、保持原来状态不变的 4 位同步加法计数器。一片 74LS161 可以组成 16 进制以下的任意进制分频器。

(2) 对 74LS163 集成计数器作简要说明。74LS163 的引脚图与逻辑功能示意图，如图 6.3.4(a) 与(b)所示。

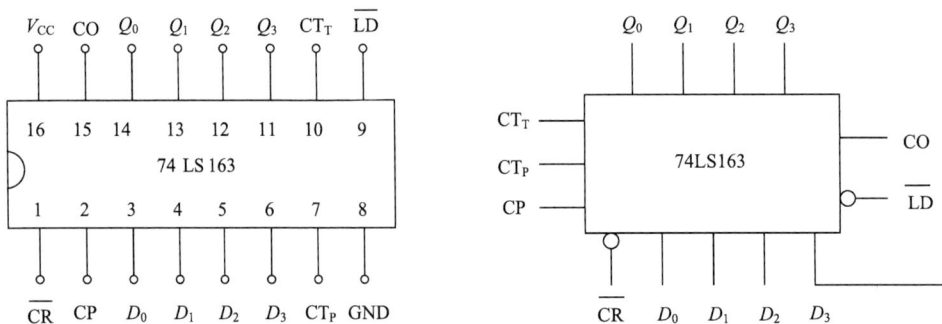

(a) 74LS163的引脚图　　　　(b) 74LS163逻辑功能图

图 6.3.4　74LS163 的引脚排列图与逻辑功能示意图

74LS163 除了采用的是同步清零方式外，其逻辑功能、计数工作原理和引脚排列均和 74LS161 相同。

① 74LS163 引出端介绍：在图 6.3.4 所示的逻辑功能示意图和引脚排列图中，CP 是输入计数脉冲，也就是加到各个触发器的时钟信号端的时钟脉冲；$\overline{CR}$ 是同步清零端，且低电平有效；$\overline{LD}$ 是置数控制端，也是低电平有效；CT_P 与 CT_T 是使能端，是计数器两个工作状态控制端；$D_3 \sim D_0$ 是并行数据输入端；CO 是进位信号输出端；$Q_3 \sim Q_0$ 是计数器状态输出端。

② 74LS163 状态表。74LS163 功能状态如表 6.3.3 所示。

表 6.3.3　　74LS163 状态表

输入									输出				
$\overline{CR}$	$\overline{LD}$	CT_P	CT_T	CP	D_3	D_2	D_1	D_0	Q_3^{n+1}	Q_2^{n+1}	Q_1^{n+1}	Q_0^{n+1}	CO
0	×	×	×	↑	×	×	×	×	0	0	0	0	0
1	0	×	×	↑	d_3	d_2	d_1	d_0	d_3	d_2	d_1	d_0	
1	1	0	×	↑	×	×	×	×	Q_3^n	Q_2^n	Q_1^n	Q_0^n	
1	1	×	0	X	×	×	×	×	Q_3^n	Q_2^n	Q_1^n	Q_0^n	0
1	1	1	1	↑	×	×	×	×	计　　数				

从状态表可以清楚看出，集成的 4 位二进制同步加法器 74LS161 具有以下功能。

同步清零：当 $\overline{CR}$ =0 时，在 CP 脉冲上升沿到来时，计数器清零，与 CP 脉冲有关，所以称为同步清零。其他输入信号不起作用，计数器输出 $Q_3^{n+1}Q_2^{n+1}Q_1^{n+1}Q_0^{n+1}$ 立即为全 "0"。

同步并行置数功能：当 $\overline{CR}$ =1，$\overline{LD}$=0 时，在 CP 上升沿到来时，并行输入数据 $d_0 \sim d_3$ 进入计数器，使 $Q_3^{n+1}Q_2^{n+1}Q_1^{n+1}Q_0^{n+1} = d_3 d_2 d_1 d_0$。由于置数发生在脉冲 CP 上升沿时刻，故称同步置数。此时输出端 CO 为 CO $= CT_T \cdot Q_3^n Q_2^n Q_1^n Q_0^n$。

保持功能：当 $\overline{CR}=\overline{LD}$=1 时，且 $CT_P \cdot CP_T$ = 0 时，则计数器将保持原来状态不变。此时，进位输出有两种情况，如果 CT_T = 0，那么 CO=0；如果 CT_P = 0，则 CO $= CT_T \cdot Q_3^n Q_2^n Q_1^n Q_0^n$。

二进制同步加法计数功能：当 $\overline{CR}=\overline{LD}$=1，$CT_P=CP_T$ = 1 时，计数器处于计数状态。在脉冲 CP 上升沿作用下计数器进行加法计数，每来一个 CP 脉冲，计数器加 1。当计数器加到 15 时，进位信号输出端 CO 为 CO $= CT_T \cdot Q_3^n Q_2^n Q_1^n Q_0^n$ =1。

综上所述，74LS163 是一个具有同步清零、同步置数、保持原来状态不变的 4 位同步加法计数器。一片 74LS163 可以组成 16 进制以下的任意进制分频器。

这里要注意同步清零与异步清零的区别。在同步清零的电路中，$\overline{CR}$ 出现低电平后还要等 CP 有效信号沿到达后才能将触发器清零。而在异步清零的电路中，只要 $\overline{CR}$ 出现低电平，触发器立刻被清零，不受 CP 脉冲的控制。

2）用 74LS163 构成一个 12 进制计数器（置 0 法）

（1）利用 74LS163 同步清零功能，构成一个 12 进制计数器（置 0 法）。

①电路结构。

根据 74LS163 的工作特性，只要令 74LS163 的同步清零输入端 $\overline{CR} = \overline{Q_3^n Q_1^n Q_0^n}$，其他输

入端子保证 74LS163 正常计数，即构成十二进制计数器。具体连线见图 6.3.5。

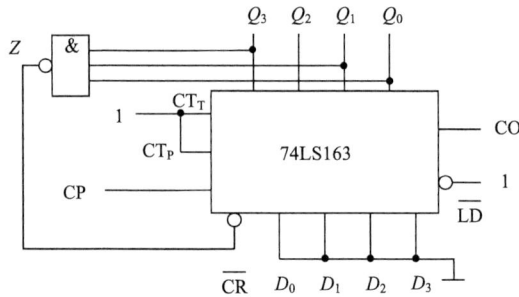

图 6.3.5　用 74LS163 清零功能构成 12 进制计数器(置 0 法)

②工作过程。

状态表 6.3.4 可以看出。当 $\overline{\text{CR}}=\overline{\text{LD}}=1$ ， $\text{CT}_P=\text{CP}_T=1$ 时，计数器处于计数状态。在脉冲 CP 上升沿作用下计数器进行加法计数，每来一个 CP 脉冲，计数器加 1。当计数器加到 11 时，计数器输出端 $Q_3^n Q_2^n Q_1^n Q_0^n=1011$，有 $Q_3^n=Q_1^n=Q_0^n=1$，与非门输出 $Z-\overline{Q_3^n Q_1^n Q_0^n}=0$，$Z$ 输入给计数器同步清零端，使 $\overline{\text{CR}}=Z=\overline{Q_3^n Q_1^n Q_0^n}=0$，在同步清零脉冲 CP 上升沿作用下，使计数器清零。这样，利用 74LS163 同步清零功能(置 0 法)，构成 12 进制计数器。74LS163 的状态转移表，如表 6.3.4 所示。

③根据状态转移表，画出状态图，如图 6.3.6 所示。

(2)利用 74LS163 同步并行置数功能构成一个 12 进制计数器。

根据 74LS163 的工作特性，用 74LS163 实现 12 进制计数器电路，具体连线图见图 6.3.7。

表 6.3.4　74LS163 状态表

输入								输出			
$\overline{\text{CR}}$	$\overline{\text{LD}}$	$\text{CT}_P=\text{CT}_T$	$D_3\sim D_0$	Q_3^n	Q_2^n	Q_1^n	Q_0^n	Q_3^{n+1}	Q_2^{n+1}	Q_1^{n+1}	Q_0^{n+1}
1	1	1	0	0	0	0	0	0	0	0	1
1	1	1	0	0	0	0	1	0	0	1	0
1	1	1	0	0	0	1	0	0	0	1	1
1	1	1	0	0	0	1	1	0	1	0	0
1	1	1	0	0	1	0	0	0	1	0	1
1	1	1	0	0	1	0	1	0	1	1	0
1	1	1	0	0	1	1	0	0	1	1	1
1	1	1	0	0	1	1	1	1	0	0	0
1	1	1	0	1	0	0	0	1	0	0	1
1	1	1	0	1	0	0	1	1	0	1	0
1	1	1	0	1	0	1	0	1	0	1	1
0	1	1	0	1	0	1	1	0	0	0	0

在脉冲 CP 上升沿作用下计数器进行加法计数，每来一个 CP 脉冲，计数器加 1。当计数器加到 11 时，计数器的输出 $Q_3^n Q_2^n Q_1^n Q_0^n$=1011有 $Q_3^n = Q_1^n = Q_0^n = 1$，与非门输出 $Z = \overline{Q_3^n Q_1^n Q_0^n} = 0$，$Z$ 输入给计数器的允许输入信号端，使 $\overline{LD} = \overline{Q_3^n Q_1^n Q_0^n} = \overline{111} = 0$，在同步脉冲 CP 上升沿作用下，数据 $D_0 D_1 D_2 D_3$=0000 送到计数器中，使计数器输出为 $Q_3^n Q_2^n Q_1^n Q_0^n$=0000。这样完成一次 12 的计数，且回到初态，74LS163 全部清零，继续重复计数。

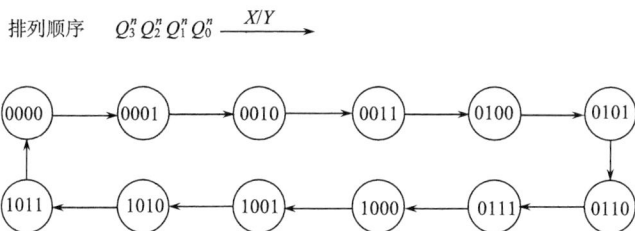

图 6.3.6　74LS163 构成 12 进制计数器状态转移图

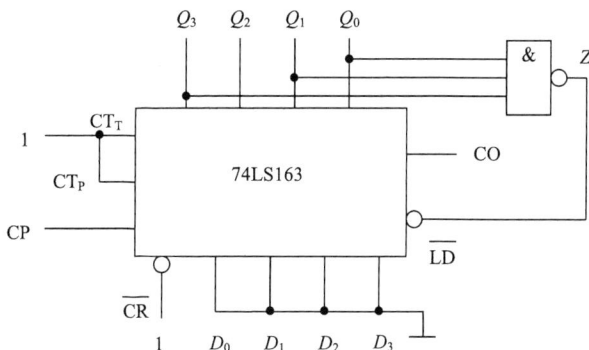

图 6.3.7　用 74LS163 置数功能构成 12 进制计数器

3）用 74LS161 构成一个 12 进制计数器

（1）用 74LS161 同步并行置数功能构成一个 12 进制计数器。根据 74LS161 的工作特性，用 74LS161 实现 12 进制计数器电路，具体连线图见图 6.3.8(a)。在脉冲 CP 上升沿作用下计数器进行加法计数，每来一个 CP 脉冲，计数器加 1。当计数器加到 11 时，计数器的输出 $Q_3^n Q_2^n Q_1^n Q_0^n$=1011，有 $Q_3^n = Q_1^n = Q_0^n = 1$，与非门输出 $Z = \overline{Q_3^n Q_1^n Q_0^n} = 0$，$Z$ 输入给计数器的允许输入信号端，使 $\overline{LD} = \overline{Q_3^n Q_1^n Q_0^n} = \overline{111} = 0$，在同步脉冲 CP 上升沿作用下，数据 $D_0 D_1 D_2 D_3$=0000 送到计数器中，使计数器输出为 $Q_3^n Q_2^n Q_1^n Q_0^n$=0000。这样完成一次 12 的计数，且回到初态，74LS161 全部清零，继续重复计数。

（2）用 74LS161 异步清零功能构成一个 12 进制计数器。根据 74LS161 的工作特性，用 74LS161 实现 12 进制计数器电路，具体连线图见图 6.3.8(b)。图中，在脉冲 CP 上升沿作用下计数器进行加法计数，每来一个 CP 脉冲，计数器加 1。当计数器加到 12 时，计数器的输出 $Q_3^n Q_2^n Q_1^n Q_0^n$=1100，有 $Q_3^n = Q_2^n = 1$，与非门输出 $Z = \overline{Q_3^n Q_2^n} = 0$，将 Z 输入给计数器的异步清零端 $\overline{CR} = \overline{Q_3^n Q_2^n} = \overline{11} = 0$，使计数器输出 $Q_3^n Q_2^n Q_1^n Q_0^n$=0000。这样完成一次 12 的计数，且回到初态，74LS161 全部清零，继续重复计数。

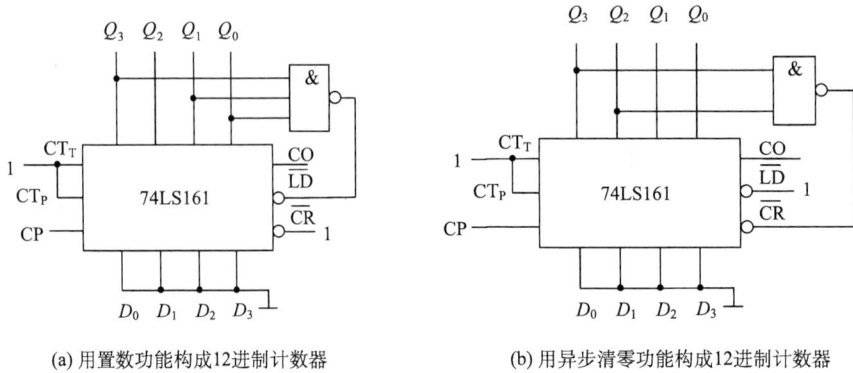

(a) 用置数功能构成12进制计数器　　　　　　　(b) 用异步清零功能构成12进制计数器

图 6.3.8　用 74LS161 构成一个 12 进制计数器

注意：

异步置 0 实现十二进制计数器：在计数器的状态为 12 时输出一个复位信号 1100，使计数器复位归 0;

同步置 0 实现十二进制计数器：在计数器的状态为 11 时输出一个允许输入信号 1011，将 $D_0 \sim D_3$ 全为 0 的数送到计数器中并输出。

例 6.3.3　用 74LS161 构成 60 进制计数器。

解　74LS161 的最大计数模值为 16，需要两片 74LS161 才能构成六十进制计数器。74LS161 计数器具有异步清零功能和同步置数功能，所以可采用整体清零或整体置数的方式构成 60 进制计数器，构成 60 进制计数器具体连线图如图 6.3.9 所示。图中，一片控制个位，为十进制；另一片控制十位，为六进制。若采用整体清零法，则 Q 状态为全 0 状态，应在 60 状态时产生有效的异步清零信号。在脉冲 CP 上升沿作用下计数器进行加法计数，每来一个 CP 脉冲，计数器加 1。当计数器加到 60 时，计数器的输出 $Q_3'Q_2'Q_1'Q_0'Q_3Q_2Q_1Q_0 = 00111100$

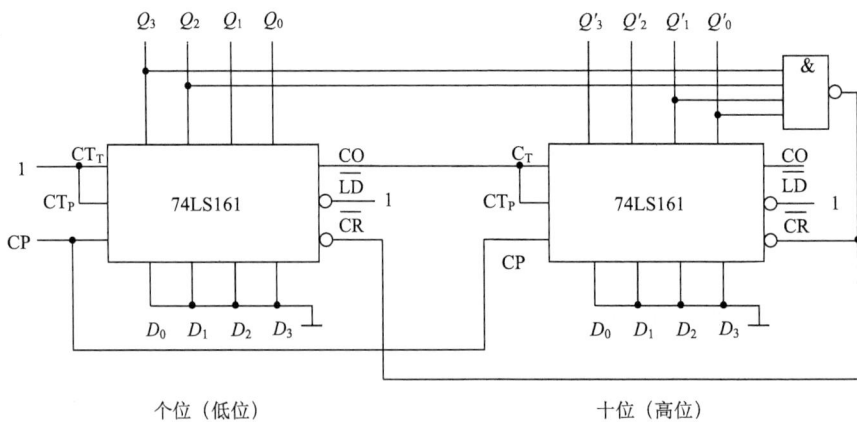

个位（低位）　　　　　　　　　　　　　　十位（高位）

图 6.3.9　74LS161 构成 60 进制计数器

(1) 60 状态的二进制代码：$Q_3'Q_2'Q_1'Q_0'Q_3Q_2Q_1Q_0 = 00111100$。

(2) 清零信号的逻辑表达式：$\overline{CR} = \overline{Q_1'Q_0'Q_3Q_2}$，当计数器计到 60 时，此时异步清零信号 $\overline{CR} = \overline{Q_1'Q_0'Q_3Q_2} = \overline{1111} = 0$，两片 74LS161 立即清零，回到全 0 状态。这样完成一次 60 的计数，

且回到初态，74LS161 全部清零，因此 60 状态为过渡状态。

(3) 图中，两片 74LS161 采用并行进位方式进行级联，低位片始终处于计数工作模式，并由低位片的进位输出来提供高位的计数控制信号，使其处于计数或保持工作模式。

此题还有其他解题方式，至于其他解题连接方式，请大家自行画出。

2. 异步计数器

构成异步计数器中的各级触发器的时钟脉冲，不一定都是计数输入时钟脉冲，各级触发器的状态转移不是在同一时钟作用下同时发生转移。因此，在分析异步计数器时，必须注意各级触发器的时钟信号。

例 6.3.4 分析图 6.3.10 所示的异步计数器电路。

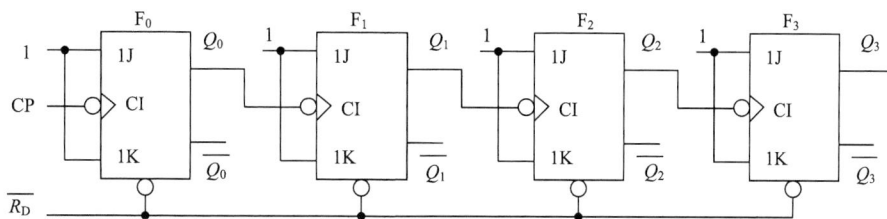

图 6.3.10　异步计数器电路

解　由图 6.3.10 可知，本例异步计数器电路是由 4 级 JK 触发器构成，触发器 F_0 的时钟是计数输入时钟脉冲 CP，触发器 F_1 的时钟是 Q_0，触发器 F_2 的时钟是 Q_1，触发器 F_3 的时钟是 Q_2，各级触发器的激励输入 J=K=1。触发器下降沿触发有效，因此，各级触发器的状态转移方程为

$$\begin{cases} Q_0^{n+1} = J_0\overline{Q_0^n} + \overline{K_0}Q_0^n = \overline{Q_0^n} \\ Q_1^{n+1} = J_1\overline{Q_1^n} + \overline{K_1}Q_1^n = \overline{Q_1^n} \\ Q_2^{n+1} = J_2\overline{Q_2^n} + \overline{K_2}Q_2^n = \overline{Q_2^n} \\ Q_3^{n+1} = J_3\overline{Q_3^n} + \overline{K_3}Q_3^n = \overline{Q_3^n} \end{cases} \tag{6.3.4}$$

由式 (6.3.4) 可以作出状态转移表，如表 6.3.5 所示。表中有*的状态，表示在时钟作用后，当状态发生转移时，产生下降沿，触发下一级触发器。例如，当状态处于 $Q_3Q_2Q_1Q_0$=0111 时，在下一个计数脉冲输入后，第 F_0 级触发器状态 Q_0 由 1 变为 0，Q_0 产生一个下降沿，触发第 F_1 级触发器，使第 F_1 级触发器 Q_1 由 1 变 0，Q_1 产生一个下降沿，触发第 F_2 级触发器，使第 F_2 级触发器 Q_2 由 1 变为 0，Q_2 产生一个下降沿，触发第 F_3 级触发器，使第 F_3 级触发器状态由 0 变为 1。这样，使触发器状态由 0111 转移到 1000。而当各级触发器状态处于 1111 时，在下一个计数脉冲作用下，各级触发器状态依次由 1 转至 0，完成一次状态转移循环。

异步计数器的特点是电路结构简单，但速度慢，随着位数的增加，计数器从受时钟触发到稳定状态的建立，时延也大大增加。

表 6.3.5 状态转移表

序号	Q_3^n	Q_2^n	Q_1^n	Q_0^n	Q_3^{n+1}	Q_2^{n+1}	Q_1^{n+1}	Q_0^{n+1}
0	0	0	0	0	0	0	0	1
1	0	0	0	1*	0	0	1	0
2	0	0	1	0	0	0	1	1
3	0	0	1*	1*	0	1	0	0
4	0	1	0	0	0	1	0	1
5	0	1	0	1*	0	1	1	0
6	0	1	1	0	0	1	1	1
7	0	1*	1*	1*	1	0	0	0
8	1	0	0	0	1	0	0	1
9	1	0	0	1*	1	0	1	0
10	1	0	1	0	1	0	1	1
11	1	0	1*	1*	1	1	0	0
12	1	1	0	0	1	1	0	1
13	1	1	0	1*	1	1	1	0
14	1	1	1	0	1	1	1	1
15	1	1*	1*	1*	0	0	0	0

例 6.3.5 分析图 6.3.11 所示异步计数器电路。

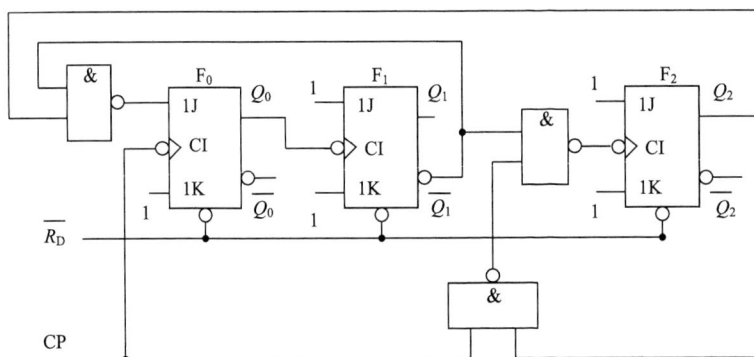

图 6.3.11 异步计数器电路

解 由图 6.3.11 可以看出，异步计数器电路由 3 级 JK 触发器构成，触发脉冲为下降沿触发，各级触发器的激励方程为

$$J_0 = \overline{Q_2^n \, \overline{Q_1^n}}, \quad K_0 = 1, \quad CP_0 = CP \downarrow$$

$$J_1 = 1, \quad K_1 = 1, \quad CP_1 = Q_0 \downarrow$$

$$J_2 = 1, \quad K_2 = 1, \quad CP_2 = \overline{\overline{Q_2^n \cdot CP \cdot \overline{Q_1^n}}} \downarrow$$

JK 触发器状态方程为

$$Q^{n+1} = J\overline{Q^n} + \overline{K}Q^n$$

将各级触发器的激励方程，代入各级触发器状态转移方程为

$$Q_0^{n+1} = \left[\overline{\overline{Q_2^n \overline{Q_1^n}}\ \overline{Q_0^n}}\right] \cdot \text{CP}\downarrow$$

$$Q_1^{n+1} = \left[\overline{Q_1^n}\right] \cdot Q_0 \downarrow$$

$$Q_2^{n+1} = \left[\overline{Q_2^n}\right] \cdot \left[Q_2^n \cdot \text{CP} + Q_1^n\right]\downarrow$$

由状态转移方程可作出状态转移表，如表 6.3.6 所示，工作波形如图 6.3.12(a)所示。假设当前状态为 $Q_2^n Q_1^n Q_0^n = 011$，则在计数脉冲作用下 $Q_0^{n+1}=0$，Q_0 由 1→0，产生一个下降沿触发 Q_1，使 Q_1 由 1→0,使得 $\text{CP}_2 = \overline{\overline{Q_2^n \cdot \text{CP} \cdot \overline{Q_1^n}}}\downarrow =0$ 产生一个下降沿作用于触发器 F$_2$，使 $Q_2^{n+1}=1$，Q_2 由 0→1，因此，计数器状态由 011 转移到 100。当前状态为 $Q_2^n Q_1^n Q_0^n = 100$ 时，在下一个时钟脉冲 CP 的下降沿作用下，$Q_0^{n+1} = \overline{\overline{Q_2^n \overline{Q_1^n}}\ \overline{Q_0^n}} = \overline{1 \cdot \overline{0}} \cdot \overline{0} = 0$，$Q_0$ 没有下降沿产生，所以触发器 F$_1$ 没有受到时钟作用，维持原状态 0 不变。在时钟脉冲 CP 下降沿到达之前，$\text{CP}_2 = Q_2^n \cdot \text{CP} + Q_1^n = (1 \cdot \text{CP} + 0) = \text{CP}$，因此，在 CP 下降沿到达时，$\text{CP}_2$ 也产生一个下降沿作用到第 F$_2$ 级触发器，使 Q_2 由 1 转移至 0。表 6.3.6 还列出了偏离状态的转移情况，其状态转移图如图 6.3.12(b)所示。

表 6.3.6　状态转移表

序号	Q_2^n	Q_1^n	Q_0^n	Q_2^{n+1}	Q_1^{n+1}	Q_0^{n+1}
0	0	0	0	0	0	1
1	0	0	1	0	1	0
2	0	1	0	0	1	1
3	0	1	1	1	0	0
4	1	0	0	0	0	0
偏离状态	1	0	1	0	1	0*
	1	1	0	1	1	1
	1	1	1	0	0	0*

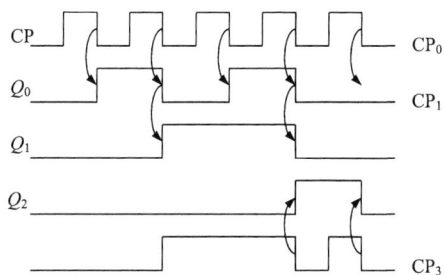

(a) 工作波形图

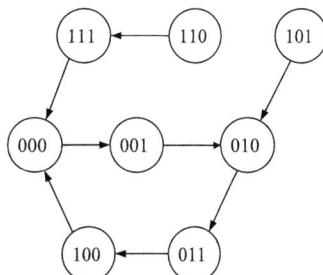

(b) 状态转移图

图 6.3.12　工作波形和状态转移图

　　从上面分析可以看出，图 6.3.12 所示电路有 5 个有效序列产生循环，且偏离状态能自动转移到有效序列中，所以这是一个具有自启动特性的异步计数器。

　　由以上两例可以看出，异步计数器的分析与同步计数器分析的方法、步骤相同，但由于异步计数器各级触发器的时钟不同，在描述各级触发器状态转移方程时，最好将时钟信号标出，对于同步计数器，由于时钟信号都是计数输入脉冲，所以可以不标。

例 6.3.6　用集成 74LS197 计数器来构成一个十二进制计数器。

解

1) 介绍 74LS197 集成计数器的引脚和逻辑功能

　　74LS197 为集成的 4 位二进制异步计数器，是按 8421 编码进行加法运算的电路，其引脚排列图、逻辑功能示意图和内部结构示意图见图 6.3.13(a)、(b)、(c)。74LS197 内部有一个 1 位二进制计数器 FF_0，由 $\overline{CP}_0$ 触发，构成模二计数器(二分频时钟)，下降沿有效；一个 3 位二进制计数器 FF_1，由 $\overline{CP}_1$ 触发，构成模五计数器(五分频时钟)，下降沿有效。其结构图 6.3.13(d)所示。

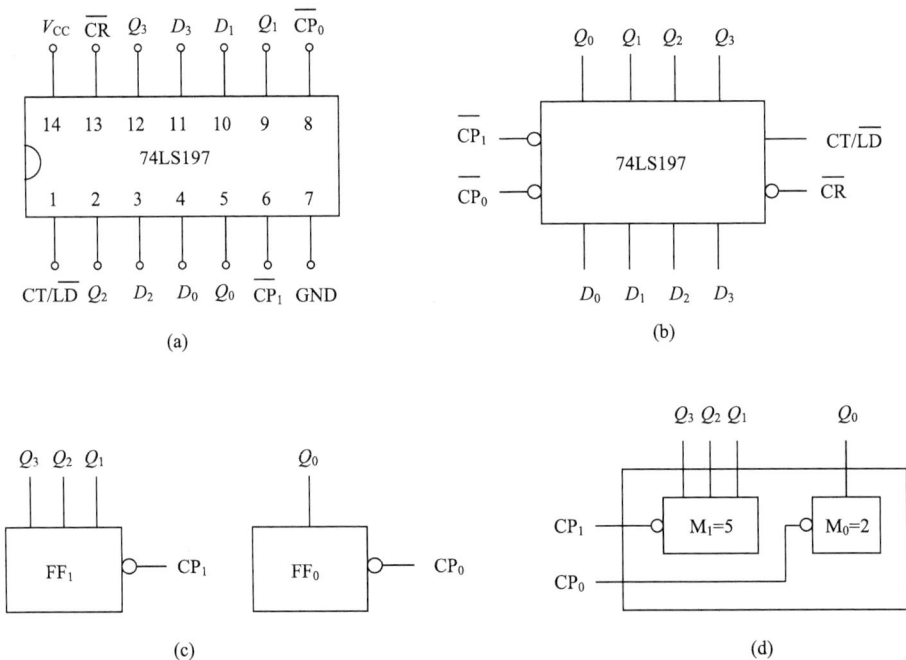

图 6.3.13　集成 4 位二进制异步计数器 74LS197

下面对 74LS197 作一些说明。

(1) 74LS197 引出端介绍：在图 6.3.13(a)所示的逻辑功能示意图和引脚排列图中：

$\overline{CR}$ 是异步清零端；

$CT/\overline{LD}$ 是计数和置数控制端；

$\overline{CP}_0$ 是触发器 FF_0 时钟输入端，二分频时钟输入端，下降沿有效；

$\overline{CP}_1$ 是触发器 FF_1 时钟输入端，五分频时钟输入端，下降沿有效；

$D_0 \sim D_3$ 是并行数据输入端；

$Q_0 \sim Q_3$ 是计数器状态输出端。

（2）74LS197 的状态表，如表 6.3.7 所示。

表 6.3.7　74LS197 状态表

输　入							输　出				注
$\overline{CR}$	CT/$\overline{LD}$	CP	D_0	D_1	D_2	D_3	Q_0^{n+1}	Q_1^{n+1}	Q_2^{n+1}	Q_3^{n+1}	
0	×	×	×	×	×	×	0	0	0	0	异步清零
1	0	×	d_0	d_1	d_2	d_3	d_0	d_1	d_2	d_3	异步并行置数
1	1	↓	×	×	×	×	加计数				$CP_0 = CP\ CP_1 = Q_0$

从状态表可以清楚看出，集成的 4 位二进制异步加法器 74LS197 具有以下功能。

① $\overline{CR}$ =0 时，计数器异步清零。其他输入信号不起作用。

② 异步并行置数功能。

当 $\overline{CR}$ =1，　CT/$\overline{LD}$ =0 时，计数器异步并行置数，从 $D_0 \sim D_3$ 并行输入数据 $d_0 \sim d_3$ 进入计数器，使 $Q_3^{n+1}Q_2^{n+1}Q_1^{n+1}Q_0^{n+1} = d_3d_2d_1d_0$。

③ 二进制异步加法计数功能。

当 $\overline{CR}$ =1 时，CT/$\overline{LD}$ =1 时，计数器异步加法计数。这里要说明的是：若将输入时钟脉冲 CP 加在 CP_0 端，把 Q_0 与 CP_1 连接起来，则构成 4 位二进制即 16 进制异步加法计数器；若将 CP 加在 CP_1 端，则构成 3 位二进制即 8 进制计数器，FF_0 不工作；如果只将 CP 加在 CP_0 端，CP_1 接 0 或 1，则形成 1 位二进制即二进制计数器。因此，把 74LS197 称为二-八-十六进制计数器。

属于二-八-十六进制的计数器芯片还有 74LS177、74LS293 等。属于双 4 位二进制异步加法器的计数器芯片有 74LS393 等。

2）用 74LS197 来构成一个十二进制计数器（置 0 法）

根据 74LS197 的工作特性，只要令 74LS197 的异步清零输入端 $\overline{CR} = \overline{Q_3^n Q_2^n}$，其他输入端子保证 74LS197 按 16 进制正常计数即可。具体连线图见图 6.3.14。

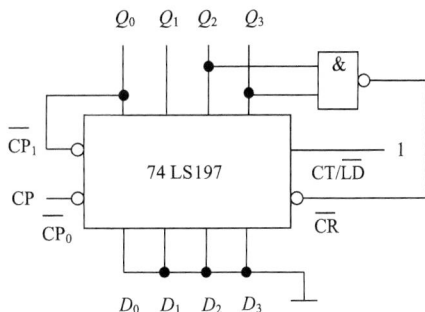

图 6.3.14　74LS197 构成 12 进制计数器（置 0 法）

例 6.3.7　74LS160 集成十进制同步加法计数器 74LS160。

解

1）介绍 74LS160 集成计数器的引脚和逻辑功能

74LS160 的引脚排列图与逻辑功能示意图，如图 6.3.15 所示。

74LS160 的引脚排列图与逻辑功能示意图与 74LS161、74LS163 相同，见图 6.3.15（a）与（b）。不同的是，74LS160 是十进制同步加法计数器，而 74LS161 和 74LS163 是 4 位二进制（16 进制）同步加法计数器。74LS160 的状态表如表 6.3.8 所示。

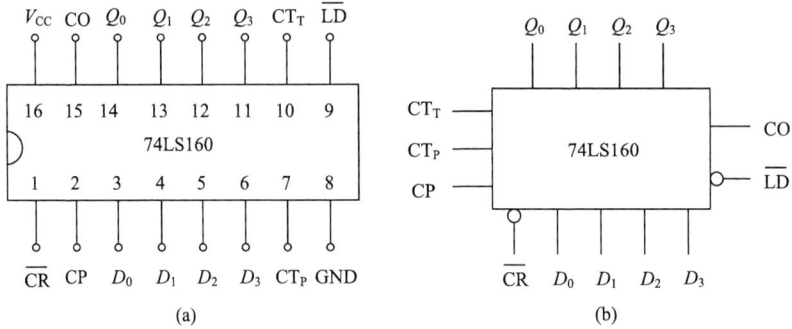

图 6.3.15　74LS160 的引脚排列图与逻辑功能示意图

表 6.3.8　74LS160 状态表

输入									输出					功能
$\overline{\text{CR}}$	$\overline{\text{LD}}$	CT_P	CT_T	CP	D_0	D_1	D_2	D_3	Q_0^{n+1}	Q_1^{n+1}	Q_2^{n+1}	Q_3^{n+1}	CO	
0	×	×	×	×	×	×	×	×	0	0	0	0	0	异步清零
1	0	×	×	↑	d_0	d_1	d_2	d_3	d_0	d_1	d_2	d_3		同步并行置数 $CO = CT_T \cdot Q_3^n Q_0^n$
1	1	0	×	×	×	×	×	×	保持					$CO = CT_T \cdot Q_3^n Q_0^n$
1	1	×	0	×	×	×	×	×	保持				0	
1	1	1	1	↑	×	×	×	×	计数					$CO = CT_T \cdot Q_3^n Q_0^n$

从状态表可以清楚看出，74LS160 具有以下功能。

(1) $\overline{\text{CR}}$ =0 时，计数器异步清零。其他输入信号不起作用。

(2)同步并行置数功能。

当 $\overline{\text{CR}}$ =1，$\overline{\text{LD}}$ =0 时，在 CP 上升沿到来时，并行输入数据 $d_0 \sim d_3$ 进入计数器，使 $Q_3^{n+1} Q_2^{n+1} Q_1^{n+1} Q_0^{n+1} = d_3 d_2 d_1 d_0$，此时进位信号输出端 CO 为 $CO = CT_T \cdot Q_3^n Q_0^n$。

(3)保持功能。

当 $\overline{\text{CR}} = \overline{\text{LD}} = 1$ 时，若 $\text{CT}_P \cdot \text{CT}_T = 0$，则计数器将保持原来状态不变。此时，进位输出有两种情况，如果 $\text{CT}_T = 0$，那么 CO=0；如果 $\text{CT}_P = 0$，则 $CO = CT_T \cdot Q_3^n Q_0^n$。

(4)同步加法计数功能

当 $\overline{\text{CR}} = \overline{\text{LD}} = 1$ 时，若 $\text{CT}_P = \text{CT}_T = 1$，则计数器将对 CP 脉冲信号按 8421BCD 码形式进行同步加法计数。此时进位信号输出端 CO 为 $CO = Q_3^n Q_0^n$。

2)用 74LS160 来构成一个十四进制计数器(置 0 法)

解　方案 1：根据 74LS160 的工作特性，借助"异步清零"功能，将两片 74LS160 按图 6.3.16 所示电路方式级联，构成十四进制计数器。个位片 F_0 的 CP 端与计数脉冲相连，十位片 F_1 的 CP 端与片 F_0 的进位端 CO 相连。将个位的 Q_2 和十位的 Q_0 与与非门相连，送至两片 74LS160 的清零复位端(CR)。一旦计数到 00010100，电路立刻复位，所以 00010100 为瞬态，在电路中实际不会出现 00010100 状态。

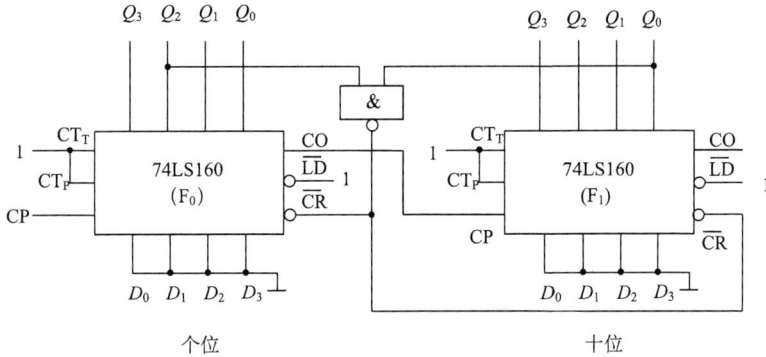

图 6.3.16 借助异步清零功能用两片 74LS160 构成一个十四进制计数器

方案 2：根据 74LS160 的工作特性，借助同步置数功能(置 0 位)构成十四进制计数器，如图 6.3.17 所示。F_0 片输出 Q_1Q_0 与 F_1 片输出 Q_0 同时为 1 时，与非门输出送至两片的 LD 端，产生置数信号，并行数据输入 $D_3D_2D_1D_0=0000$ 在脉冲信号作用下，使计数器的输出为 $Q'_3Q'_2Q'_1Q'_0Q_3Q_2Q_1Q_0 = 00000000$。

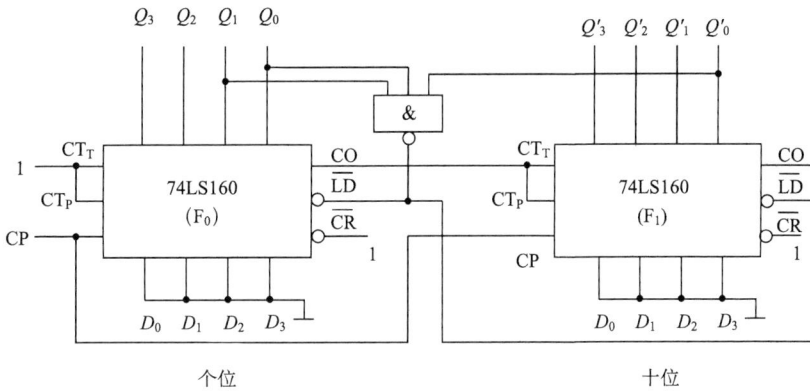

图 6.3.17 借助同步置数功能用两片 74LS160 构成一个十四进制计数器

集成计数器还有很多不同功能的芯片，但其应用与上述几种典型芯片大同小异。使用者可根据芯片的功能表，分析出芯片的功能，正确设置各管脚的电平并根据需要正确连线即可。

6.3.2 寄存器

寄存器是数字系统中用来存储二进制数据的逻辑部件。由于触发器具有记忆的功能，因而可以作为数码寄存器电路。1 个触发器可存储 1 位二进制数据，存储 n 位二进制数据的寄存器需要用 n 个触发器组成。下面介绍数码寄存器、移位寄存器和集成移位寄存器。

1. 数码寄存器

图 6.3.18(a)所示为由 D 触发器实现寄存 1 位数码的寄存单元。若输入信息 $D=0$ 时，在存数指令的作用下，$Q^{n+1}=0$；若输入信息 $D=1$ 时，在存数指令的作用下，$Q^{n+1}=1$；这样，在存数指令的作用下，将输入信息的数码 D 存入到 D 触发器中。

图 6.3.18(b)所示为由 4 个 D 触发器组成的 4 位数码寄存器，在存数指令脉冲作用下，输入的并行 4 位数码将同时存入到 4 级 D 触发器中。

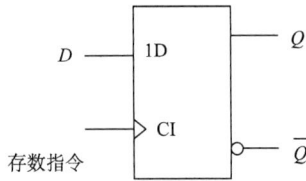

(a) 1位数寄存单元

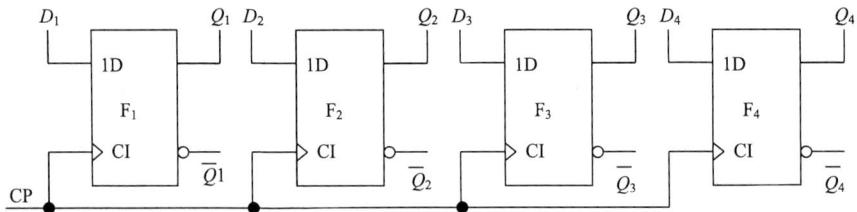

(b) 4位数寄存器

图 6.3.18   数码寄存器

2. 移位寄存器

如图 6.3.19 所示为由 4 级 D 触发器串联构成的四位右移的移位寄存器，由电路图和 D 触发器状态方程可得

$$Q_1^{n+1} = D_i , \qquad Q_2^{n+1} = Q_1^n$$
$$Q_3^{n+1} = Q_2^n , \qquad Q_4^{n+1} = Q_3^n$$

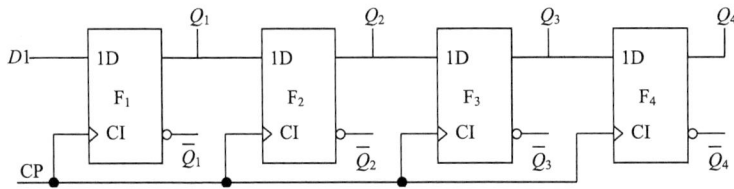

图 6.3.19   四位左移的移位寄存器

在脉冲作用下，输入的当前数值 D_i 存入到第 1 级触发器，使第 1 级触发器的状态变为 $Q_1^{n+1} = D_i$，第 1 级触发器的状态 Q_1^n 存入到第 2 级触发器，使第 2 级触发器的状态变为 $Q_2^{n+1} = Q_1^n$，依此类推，第 i–1 级触发器的状态存入到第 i 级触发器。这样就实现了数码在移存脉冲作用下，向右逐位移存。同理可以构成左移移位寄存器。

例 6.3.8   图 6.3.20 所示电路是一个五位移位寄存器电路，分析电路的工作原理和功能。

解   图 6.3.20(a)所示电路由两部分组成：一部分是由 D 触发器构成 5 位右移移位寄位器，另一部分是由与门组成的组合逻辑电路。D 触发器的工作原理是当 CP 上升沿到来时，从 D

触发器的输入端 D 读取一个新数据，然后从输出端 Q 输出。

串行输入五位数码为 $X_5X_4X_3X_2X_1$=10011（左边先入），由于五个 D 触发器采用串联结构，所以第一个 D 触发器在第一个 CP 上升沿到来时，从串行输入端上获取的第一个数据 X_5=1，要想在最后的一个寄存器输出，就需要有 5 个 CP 上升沿；而第一个 D 触发器在第二个 CP 上升沿所获取的数据 X_4=0，要想在第四个 D 触发器输出，需要 4 个 CP 上升沿；以此类推，在 5 个 CP 上升沿所采集的串行输入数据 $X_5X_4X_3X_2X_1$，就可分别在五个 D 触发器的输出端有 $Q_5Q_4Q_3Q_2Q_1$=10011 输出。在并行输出指令 Y=0 时，$D_5D_4D_3D_2D_1$=00000；并行输出指令 Y=1 时，$D_5D_4D_3D_2D_1$= $X_5X_4X_3X_2X_1$=10011。在第 6 个时钟脉冲作用之前，并行输出指令脉冲作用于输出与门，因而在 5 个输出与门的输出端就输出并行的 5 位数码"10011"。其波形如图 6.3.20（b）所示。本电路最大特点是数据串联输入并联输出。

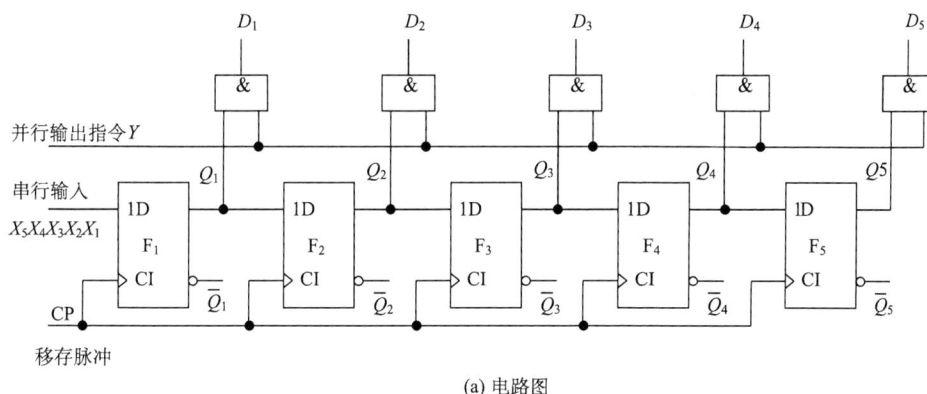

(a) 电路图

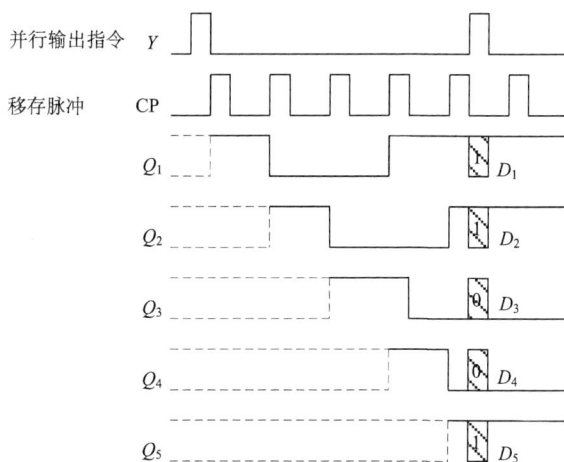

(b) 时序图

图 6.3.20　电路图和时序图

例 6.3.9　图 6.3.21 所示电路是用移位寄存器实现环形计数器，分析电路的工作原理和功能。

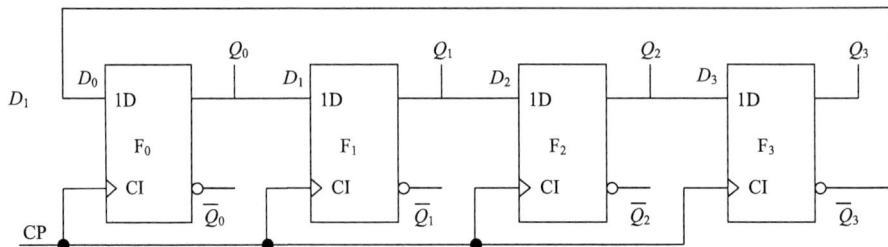

图 6.3.21　移位寄存器实现环形计数器

解

图 6.3.21 所示的电路，是把一个 4 位右移移位寄存器的最右边触发器的输出接至最左边触发器的输入端，这样连接以后，触发器构成了环形，故称环形计数器。它实际上是一个自循环的移位寄存器。

由图得 D 触发器驱动方程：

$$D_0 = \overline{Q_3^n}, \quad D_1 = Q_0^n, \quad D_2 = Q_1^n, \quad D_3 = Q_2^n$$

根据 D 触发器状态方程，得 4 位右移移位寄存器状态方程：

$$Q_0^{n+1} = \overline{Q_3^n}, \quad Q_1^{n+1} = Q_0^n, \quad Q_2^{n+1} = Q_1^n, \quad Q_3^{n+1} = Q_2^n$$

根据寄存器状态方程得状态转换图，见图 6.3.22。

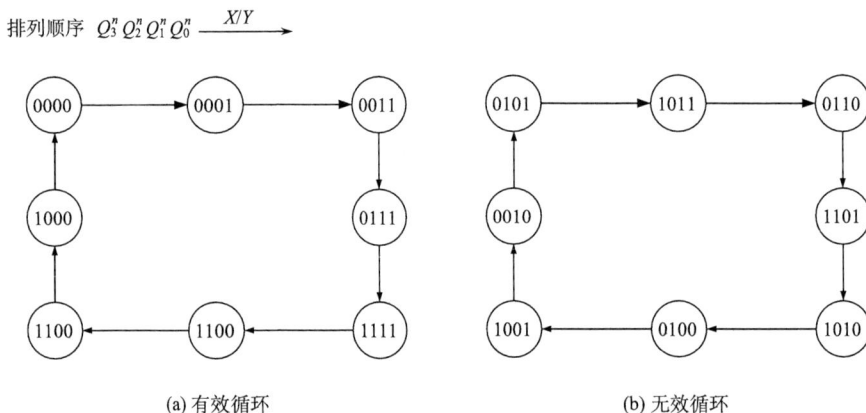

图 6.3.22　4 位环形计数器的状态转换图

从状态转换图可以看出，起始状态设置为 0000，在输入计数脉冲 CP 的作用下，移位寄存器实现环形计数器有两个循环，1 个是有效循环，见图 6.3.22(a)；另 1 个是无效循环，见图 6.3.22(b)。

另外，从状态图可知：这种计数器不能自启动。倘若由于信号干扰等原因，使电路进入无效状态，计数器就将一直工作在无效循环，只有重新启动，才能回到有效状态。为了使用方便，在许多场合均需要计数器能自启动，即万一计数器进入了任何一种无效状态，电路都能在时钟信号的作用下，自动回到有效循环中去。通过在输出与输入之间接入适当的反馈逻辑电路，就可以将不能自启动的电路修改为能自启动的电路。

3. 集成移位寄存器

集成移位寄存器是在移位寄存器的基础上附加了一些控制电路，以扩展其功能和应用范围。

集成的移位寄存器产品较多，常见的有 4 位双向移位寄存器 74LS194 和 8 位单向移位寄存器 74LS164。这里以 74LS194 为例简单介绍集成的移位寄存器的逻辑功能。

1) 74LS194 的引脚图、逻辑符号示意图

74LS194 的引脚图、逻辑符号示意图，如图 6.3.23(a) 与 (b) 所示。

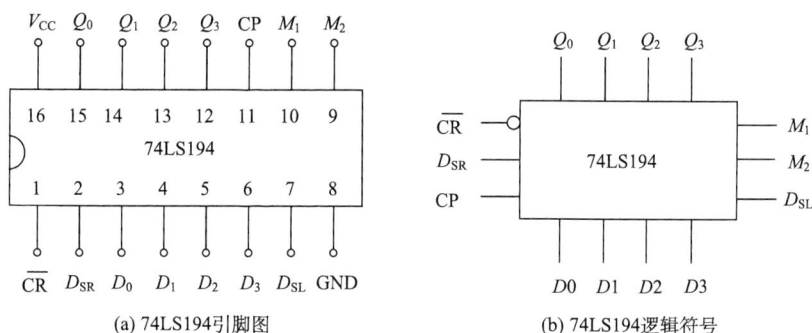

(a) 74LS194引脚图　　　　　　　(b) 74LS194逻辑符号

图 6.3.23　74LS194 集成移位寄存器

在图 6.3.23 中，$\overline{CR}$ 是异步清零端；M_0、M_1 为操作模式控制端；D_{SR} 和 D_{SL} 分别为右移和左移的串行数据输入端；$D_0 \sim D_3$ 是并行数据输入端；$Q_0 \sim Q_3$ 是并行数据输出端；CP 为输入时钟脉冲。

2) 74LS194 集成移位寄存器的逻辑功能表。

74LS194 的逻辑功能表，如表 6.3.9 所示。

表 6.3.9　974LS194 的逻辑功能

$\overline{CR}$	M_1	M_0	D_{SR}	D_{SL}	CP	D_0	D_1	D_2	D_3	Q_0^{n+1}	Q_1^{n+1}	Q_2^{n+1}	Q_3^{n+1}	注
0	×	×	×	×	×	×	×	×	×	0	0	0	0	异步清零
1	×	×	×	×	0	×	×	×	×	Q_0^n	Q_1^n	Q_2^n	Q_3^n	保　持
1	1	1	×	×	↑	d_0	d_1	d_2	d_3	d_0	d_1	d_2	d_3	并行输入
1	0	1	1	×	↑	×	×	×	×	1	Q_0^n	Q_1^n	Q_2^n	右移输入 1
1	0	1	0	×	↑	×	×	×	×	0	Q_0^n	Q_1^n	Q_2^n	右移输入 0
1	1	0	×	1	↑	×	×	×	×	Q_1^n	Q_2^n	Q_3^n	1	左移输入 1
1	1	0	×	0	↑	×	×	×	X	Q_1^n	Q_2^n	Q_3^n	0	左移输入 0
1	0	0	×	×	×	×	×	×	X	Q_0^n	Q_1^n	Q_2^n	Q_3^n	保　持

表 6.3.9 十分清晰地反映了 74LS194 具有以下的逻辑功能。

(1) 清零功能。

当 $\overline{CR}=0$ 时，双向移位寄存器异步清零。

（2）保持功能。

当 $\overline{CR}$=1 时，若 CP=0 或 $M_1=M_0$=0，双向移位寄存器保持原来状态不变。

（3）并行送数功能。

当 $\overline{CR}$=1、$M_1=M_0$=1 时，在 CP 的上升沿可将加在并行输入端 D_0~D_3 的数据或代码 d_0~d_3 并行送入寄存器中。

（4）右移串行送数功能。

当 $\overline{CR}$=1、M_1=0、M_0=1 时，在 CP 的上升沿的操作下，可依次将加在右移串行输入端 D_{SR} 的数据或代码从触发器串行送入寄存器中。

（5）左移串行送数功能。

当 $\overline{CR}$=1、M_1=1、M_0=0 时，在 CP 的上升沿的操作下，可依次将加在左移串行输入端 D_{SL} 的数据或代码从触发器串行送入寄存器中。

综上所述，74LS194 除了具有异步清零、保持等功能外，还可完成数据或代码的串行入–串行出、串行入–并行出、并行入–串行出、并行入–并行出等功能。

例 6.3.10　如果把移位寄存器的输出，以一定的方式反馈到串行输入端，就可以得到一些电路连接十分简单、编码别具特色且用途极为广泛的移位寄存器型计数器。分析用 74LS194 右移移位寄存器型构成的 4 位环形计数器，如图 6.3.24 所示电路。

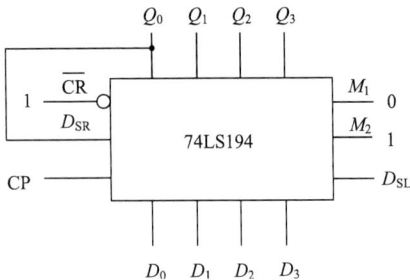

图 6.3.24　用 74LS194 右移移位寄存器型构成的 4 位环形计数器

解

将 74LS194 移位寄存器的输出 Q_0 反馈到它的串行输入端 D_{SR} 就可以构成 4 位环形计数器。

设初态为 $Q_3Q_2Q_1Q_0$=1000，则在 CP 作用下，当 $\overline{CR}$=1、模式设为右移 M_1=0、M_0=1 时，输出状态依次为 1000→0100→0010→0001→1000。根据右移移位寄存器的工作原理，结合图 6.3.22 所示电路的连接，很容易画出环形计数器的状态转换图，图 6.3.25 所示。

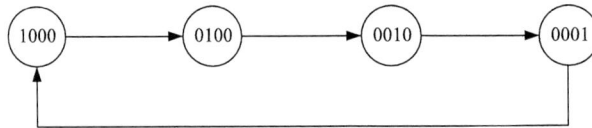

图 6.3.25　4 位环形计数器的状态转换图

6.4　时序逻辑电路设计方法

时序逻辑电路的设计，可以使用集成器件设计时序逻辑电路，也可以使用基本数字器件设计时序逻辑电路。

6.4.1 同步时序逻辑电路设计方法

1. 同步时序逻辑电路系统设计的基本步骤

同步时序电路系统的基本特点是，系统具有统一的时钟信号。因此，同步时序逻辑电路系统设计中认为系统所有的变化都是在时钟有效的前提下进行的。时序逻辑电路的设计步骤如下。

(1)根据设计要求确定系统逻辑状态和输出，画出原始状态转换表和状态转换图。

(2)根据逻辑状态及其控制要求，确定时序的类型(同步还是异步)。

(3)根据确定的逻辑状态和所选定的时序电路类型，对状态进行化简。

(4)根据逻辑系统状态化简的结果，进行状态设计(包括选择状态电路结构，即选择使用触发器还是功能模块，如果使用触发器，触发器的类型以及数量等)。

(5)根据逻辑系统状态设计的结果，设计相应的组合电路(设计触发器或功能模块激励信号)。

(6)检查设计结果(做全状态转换表，画全状态转换图，检查电路能否自启动。进行仿真分析，消除毛刺的影响)。

例 6.4.1 用 JK 触发器设计一个模 5 同步计数器电路。

解 (1)分析题意，确定系统状态和输出，画出原始状态转换表和状态转换图。状态转换图和状态转换表是设计时序电路的依据，其他各个设计步骤都是在状态转换图和状态转换表的基础上进行的。状态转换图和状态转换表必须能完全正确地反映设计要求，不能发生遗漏和错误。

在建立状态转换图、状态转换表时，如不能确定最少的状态数目和状态顺序，则可用任意字母或数字表示状态，如用文字 A、B…描述电路的状态，并假定某个状态为初始状态。再根据输入条件确定次态，依此类推，直到所有现态到次态的转换关系都被确定。

从计数器的介绍可知，模 5 计数器应该有 5 个状态，设为 A、B、C、D、E，经过 5 个计数脉冲为一次循环，设用输出 Y 为逻辑 1 表示循环一次结束。由此，可画出如图 6.4.1 所示的状态转换图和表 6.4.1 状态转换表。

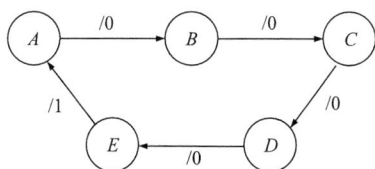

图 6.4.1 状态转换图

表 6.4.1 状态转换表

现态	次态	输出
A	B	0
B	C	0
C	D	0
D	E	0
E	A	1

(2)确定时序类型。根据设计要求，本例属于同步时序电路设计问题。因此，每个触发器的时钟输入信号都为外部总时钟输入信号。

(3)状态化简。根据分析题意和设计要求可知，本例不需要进行状态化简。

(4)状态设计。状态设计是指根据前面所设计的状态用具体的时序电路来实现。实现同步时序电路最核心的就是选择触发器或时序功能模块。

选什么类型的触发器，首先从系统所用器件统一化考虑，再者从所设计电路最简角度考虑。从电路最简出发，如果电路属于计数器型，一般选用 T、JK 触发器；如果电路属于寄存器类型，选用 D、RS、JK 触发器。根据本题要求，使用 JK 触发器。

选择触发器之后，还需要确定触发器的数量。本例有 5 个状态，需要使用 3 个触发器，设其状态变量为 Q_2、Q_1、Q_0。

接着，还应将最简化状态转换表中用字母或数字表示的状态用各触发器的状态组合编码来代替，称为状态分配，或者称为状态编码。本例 5 种状态可由 3 个触发器产生 3 位二进制数码表示，它们可以组成 8 种二进制数 000、001、010、011、100、101、110、111。究竟用哪个二进制数码代替哪一个状态，可以有许多种方案。但是编码的方案不同，所得到的电路结构也不同，其复杂程度也不相同。状态分配是以有利于触发器控制函数的简化为原则的。但是尚没有可以遵循的基本规则。

在此，设 $A=000$、$B=001$、$C=010$、$D=011$、$E=100$。由此，可得到二进制数表示的状态转换表，如表 6.4.2 所示。

表 6.4.2　二进制数状态转移表

现态			次态			输出
Q_2^n	Q_1^n	Q_0^n	Q_2^{n+1}	Q_1^{n+1}	Q_0^{n+1}	Y
0	0	0	0	0	1	0
0	0	1	0	1	0	0
0	1	0	0	1	1	0
0	1	1	1	0	0	0
1	0	0	0	0	0	1

(5)组合设计。组合设计就是设计时序电路激励信号和输出信号与系统输入、现态的关系，即写激励方程和输出方程。本例的组合设计是设计系统输出端和 3 个触发器的 J、K 输入端。

由于使用的是 JK 触发器，根据 JK 触发器的特征方程 $Q^{n+1} = J\bar{Q}^n + \bar{K}Q^n$，可以得到 JK 触发器的激励表 6.4.3。

表 6.4.3　触发器的激励表

Q^n	Q^{n+1}	J	K
0	0	0	×
0	1	1	×
1	0	×	1
1	1	×	0

根据表 6.4.2 和表 6.4.3 所示的状态转换表和激励表,可以得到整个系统的激励和输出表,如表 6.4.4 所示。

表 6.4.4　整个系统的激励和输出

现态			次态			激励			输出
Q_2^n	Q_1^n	Q_0^n	Q_2^{n+1}	Q_1^{n+1}	Q_0^{n+1}	J_2K_2	J_1K_1	J_0K_0	Y
0	0	0	0	0	1	0 ×	0 ×	1 ×	0
0	0	1	0	1	0	0 ×	1 ×	× 1	0
0	1	0	0	1	1	0 ×	× 0	1 ×	0
0	1	1	1	0	0	1 ×	× 1	× 1	0
1	0	0	0	0	0	× 1	0 ×	0 ×	1
1	0	1	×	×	×	× ×	× ×	× ×	0
1	1	0	×	×	×	× ×	× ×	× ×	0
1	1	1	×	×	×	× ×	× ×	× ×	0

由于 3 个触发器可以表示 8 种状态,而本例设计要求只需使用 5 种。由表 6.4.4 可以列出每个触发器 J、K 输入端和输出端的卡诺图,如图 6.4.2 所示。

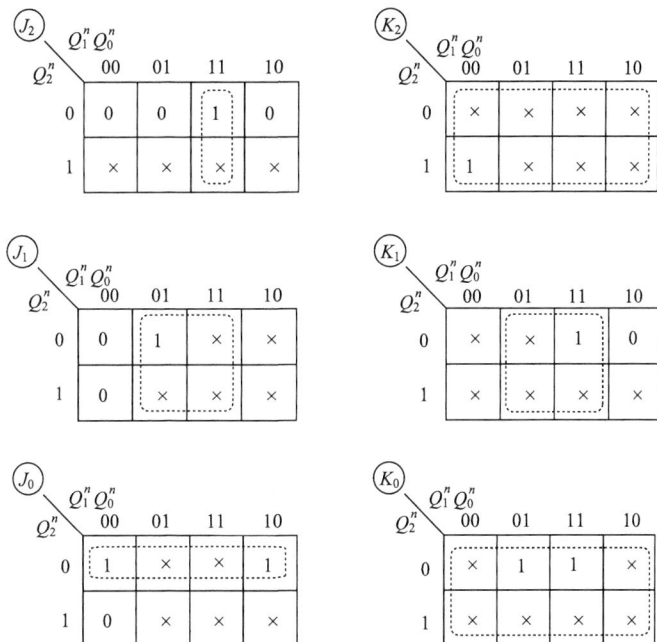

图 6.4.2　卡诺图

利用卡诺图化简法可以得到以下逻辑表达式:

$$J_2 = Q_1^n Q_0^n, \qquad K_2 = 1$$
$$J_1 = K_1 = Q_0^n$$

$$J_0 = \bar{Q}_2^n, \qquad K_0 = 1$$

$$Y = Q_2^n \bar{Q}_1^n \bar{Q}_0^n$$

由此可得到模 5 同步计数器的逻辑图。但是，由于在卡诺图化简过程中，将激励信号作为逻辑 0 和逻辑 1 处理，可能会对状态的转换产生影响，因此必须根据激励值重新检验系统的状态转换图，以防所设计电路的状态转换不满足设计要求。

（6）检查设计结果。本例由于存在不确定状态，所以应该做全状态转换表，画全状态转换图，检查电路能否自启动。

代入 J、K 值后的状态转换表 6.4.5 和状态状转换图 6.4.3 所示。

表 6.4.5　代入 JK 值后的整个系统的激励和输出

现态			次态			激励			输出
Q_2^n	Q_1^n	Q_0^n	Q_2^{n+1}	Q_1^{n+1}	Q_0^{n+1}	J_2K_2	J_1K_1	J_0K_0	Y
0	0	0	0	0	1	0 1	0 0	1 1	0
0	0	1	0	1	0	0 1	1 1	1 1	0
0	1	0	0	1	1	0 1	0 0	1 1	0
0	1	1	1	0	0	1 1	1 1	1 1	0
1	0	0	0	0	0	0 1	0 0	0 1	1
1	0	1	0	1	0	0 1	1 1	0 1	0
1	1	0	0	1	0	0 1	0 0	0 1	0
1	1	1	0	0	0	1 1	1 1	0 1	0

排列顺序　$Q_2^n Q_1^n Q_0^n \xrightarrow{X/Y}$

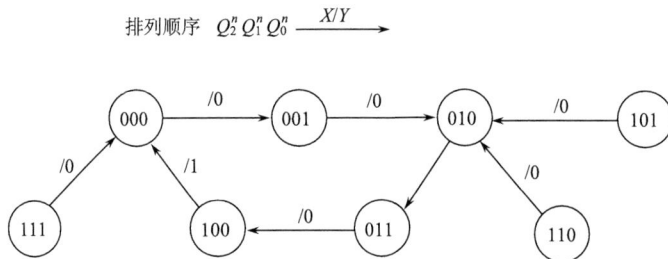

图 6.4.3　代入 JK 值后的状态转换图

根据题目要求，通过分析表 6.4.5 和图 6.4.3 可以看出，对激励信号的化简处理并没有影响模 5 计数器的基本功能。并且，如果系统在启动时进入了 101、110 和 111 三种状态，经过一个计数脉冲之后可以自动进入到正常的五进制计数中，这种系统称为自启动系统。如果设计结果使得系统不能自启动，则必须修改激励卡诺图中对任意项的处理，以达到自启动目的。从而得到最终的逻辑图如图 6.4.4 所示。

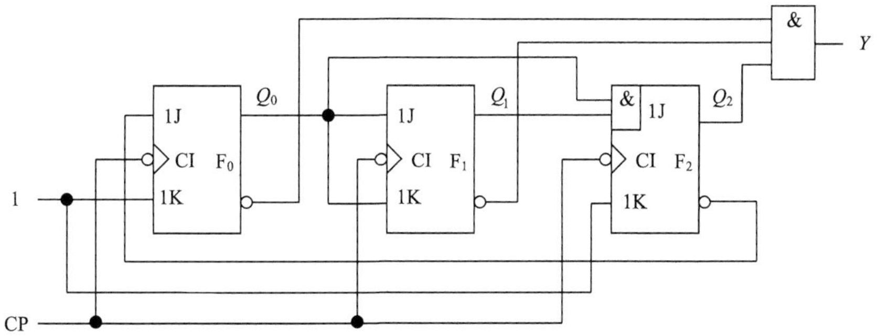

图 6.4.4 模 5 同步计数器

2. 同步时序逻辑电路系统设计实例

实际工程中的同步时序逻辑电路系统很多，如模数计数器、序列信号发生器等。下面通过几个简单的设计例子，让大家加深同步时序逻辑电路设计的方法和步骤。

例 6.4.2 用 D 触发器实现一个模 5 环形同步计数器。

解 (1)分析题意，确定系统状态和输出，画出原始状态转换表和状态转换图。所谓环形计数器是指每个输出端轮流出现 1(或 0)。模 5 环形计数器则必须有 5 位，每一个计数脉冲到来时只有 1 位为 1(或 0)，根据这一原理，可以直接得到用二进制数表示的状态转换图 6.4.5 和状态转换表 6.4.6 所示。

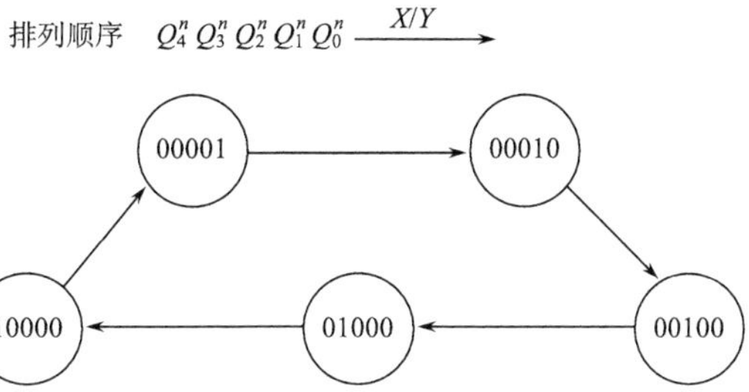

图 6.4.5 模 5 环形计数器的状态转换图

表 6.4.6 模 5 环形计数器的状态转换表

计数脉冲	现态					次态				
	Q_4^n	Q_3^n	Q_2^n	Q_1^n	Q_0^n	Q_4^{n+1}	Q_3^{n+1}	Q_2^{n+1}	Q_1^{n+1}	Q_0^{n+1}
0	0	0	0	0	1	0	0	0	1	0
1	0	0	0	1	0	0	0	1	0	0
2	0	0	1	0	0	0	1	0	0	0
3	0	1	0	0	0	1	0	0	0	0
4	1	0	0	0	0	0	0	0	0	1

(2)确定时序类型。根据设计要求，本例属于同步时序电路设计问题。因此，不需要设计时钟输入信号。

(3)状态化简。由设计要求可知，本例不需要进行状态化简。

(4)状态设计。根据设计要求，使用 D 触发器。本例需要 5 个 D 触发器，状态分配情况如状态转换图 6.4.5 和状态转换表 6.4.6 所示。

(5)组合设计。本例的组合设计是设计系统 5 个 D 触发器的 D 输入端。

从状态转换图和状态转换表可以看出，各触发器之间形成了移位关系。这样可以直接将 D 触发器的输入端 D_4、D_3、D_2、D_1 分别与 Q_3、Q_2、Q_1、Q_0 相连，形成移位关系，而只需要设计移位起点 D_0 触发器输入端在每个时钟脉冲到来时置入的数据。

根据本设计的要求，如果初始状态在状态转换表 6.4.6 中，而且只有当状态为 10000 时，在下一次状态变化使 $D_0=1$，而其他状态下 $D_0=0$。由于 5 个触发器共有 32 种状态，如果初始状态不在转换表 6.4.6 中，为了达到每个状态只有一个 1 的目的，需要使 $D_0=0$，则经过多个移位脉冲之后，$Q_4Q_3Q_2Q_1Q_0=00000$，这时必须使 $D_0=1$ 才能进入正常的环形计数状态。根据以上分析，可列出本设计的 D 的激励表 6.4.7。

表 6.4.7　关于输入 D 的激励表

现态					次态					激励				
Q_4^n	Q_3^n	Q_2^n	Q_1^n	Q_0^n	Q_4^{n+1}	Q_3^{n+1}	Q_2^{n+1}	Q_1^{n+1}	Q_0^{n+1}	D_4	D_3	D_2	D_1	D_0
0	0	0	0	1	0	0	0	1	0	0	0	0	Q_0^n	0
0	0	0	1	0	0	0	1	0	0	0	0	Q_1^n	0	0
0	0	1	0	0	0	1	0	0	0	0	Q_2^n	0	0	0
0	1	0	0	0	1	0	0	0	0	Q_3^n	0	0	0	0
1	0	0	0	0	0	0	0	0	1	0	0	0	0	Q_4^n
0	0	0	0	0	0	0	0	0	1	0	0	0	0	1
其他					移位				0					0

由表 6.4.7 可以列出 D_0 输入端的卡诺图，化简后可以得到以下逻辑表达式：

$$D_0 = \overline{Q_3^n}\,\overline{Q_2^n}\,\overline{Q_1^n}\,\overline{Q_0^n}, \quad D_1 = Q_0^n, \quad D_2 = Q_1^n, \quad D_3 = Q_2^n, \quad D_4 = Q_3^n$$

D 触发器的状态方程：

$$Q^{n+1} = D$$

根据以上分析，可以得全状态转换图 6.4.6。

由此可得到本例最终的逻辑图，如图 6.4.7 所示。

例 6.4.3　用集成芯片 74LS161 实现一个模 13 同步加计数器。

解

从前文可知集成芯片 74161 是一个异步复位的十六进制同步计数器，具有置入、复位功能。使用反馈清零法和反馈预置法都可以实现任意进制计数器。

排列顺序　$Q_4^n Q_3^n Q_2^n Q_1^n Q_0^n$

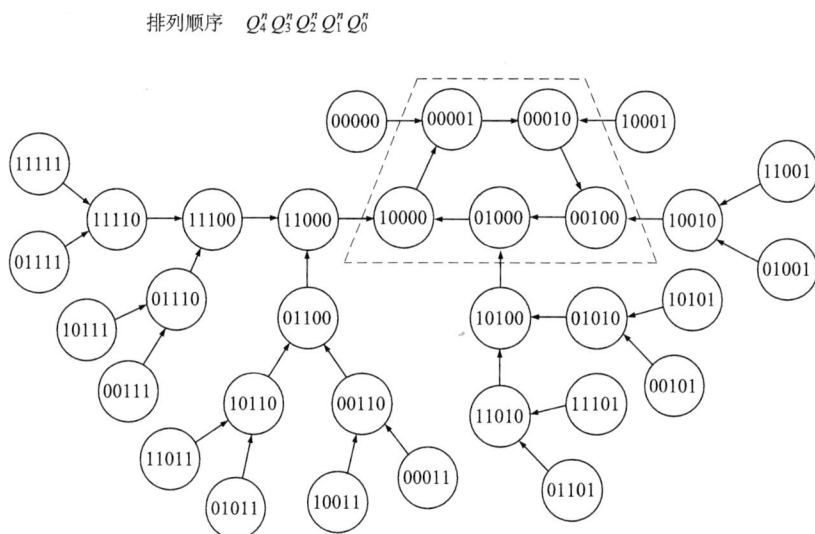

图 6.4.6　全状态转换图

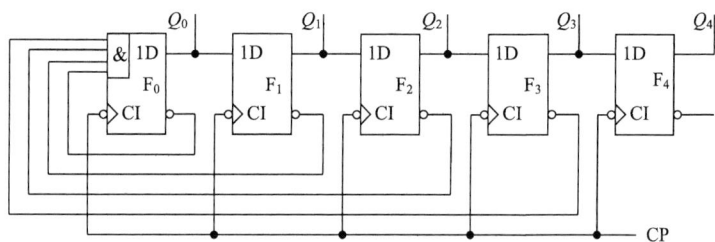

图 6.4.7　模 5 环形同步计数器

根据 74161 的计数原理，在正常计数状态下，74161 从 0000~1111 顺序计数。要实现模 13 计数，必须让 74161 计数到某一个值时返回到初始状态，利用反馈清零或反馈预置能实现这一目的，所以对于本例题来说有三种实现方案。

第 1 方案：利用 74161 的复位功能，以 0000 为计数的初始状态。本方案的状态转换表、状态转换图和电路如图 6.4.8(a)、(b) 和 (c) 所示。

第 2 方案：利用 74161 的预置功能，以 0000~1111 任意 13 个状态为模 12 计数器的计数状态。图 6.4.9(a)、(b) 和 (c) 所示为以 0010~1110 为计数状态方案的状态转换表、状态转换图和电路图。

第 3 方案：也是利用 74161 的预置功能，但利用 74161 的计数满输出信号作为反馈信号，该方案的状态转换表、状态转换图和电路图如图 6.4.10(a)、(b) 和 (c) 所示。

通过对比这三种方案可以看出，反馈清零方案存在暂态 1101，可能使 74LS161 的状态输出端出现毛刺。第二、三种方案不存在暂态，不会出现毛刺。

计数脉冲	现态				次态			
	Q_D^n	Q_C^n	Q_B^n	Q_A^n	Q_D^{n+1}	Q_C^{n+1}	Q_B^{n+1}	Q_A^{n+1}
0	0	0	0	0	0	0	0	0
1	0	0	0	0	0	0	0	1
2	0	0	0	1	0	0	1	0
3	0	0	1	0	0	0	1	1
4	0	0	1	1	0	1	0	0
5	0	1	0	0	0	1	0	1
6	0	1	0	1	0	1	1	0
7	0	1	1	0	0	1	1	1
8	0	1	1	1	1	0	0	0
9	1	0	0	0	1	0	0	1
10	1	0	0	1	1	0	1	0
11	1	0	1	0	1	0	1	1
12	1	0	1	1	1	1	0	0
13	1	1	0	0	1	1	0	1
	1	1	0	1	0	0	0	0

(a) 状态表

排列顺序　$Q_D^n Q_C^n Q_B^n Q_A^n$　$\xrightarrow{X/Y}$

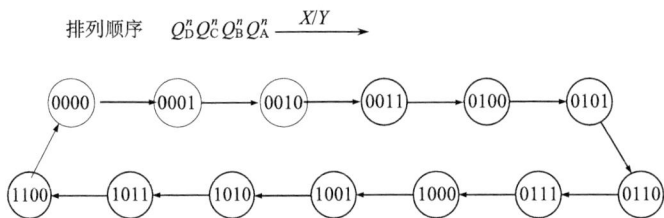

(b) 状态图

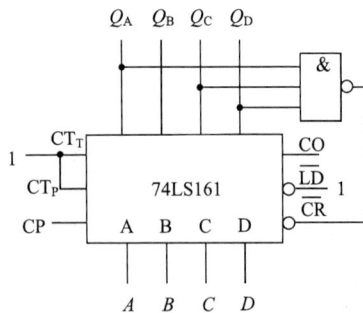

(c) 电路图

图 6.4.8　实现方案之一的状态表、状态图和电路图

计数脉冲	现态				次态			
	Q_D^n	Q_C^n	Q_B^n	Q_A^n	Q_D^{n+1}	Q_C^{n+1}	Q_B^{n+1}	Q_A^{n+1}
0	0	0	0	0	0	0	0	0
1	0	0	0	0	0	0	0	1
2	0	0	0	1	0	0	1	0
3	0	0	1	0	0	0	1	1
4	0	0	1	1	0	1	0	0
5	0	1	0	0	0	1	0	1
6	0	1	0	1	0	1	1	0
7	0	1	1	0	0	1	1	1
8	0	1	1	1	1	0	0	0
9	1	0	0	0	1	0	0	1
10	1	0	0	1	1	0	1	0
11	1	0	1	0	1	0	1	1
12	1	0	1	1	1	1	0	0
13	1	1	0	0	1	1	0	1
14	1	1	0	1	1	1	1	0
15	1	1	1	0	0	0	0	0

(a) 状态表

排列顺序　　$Q_D^n Q_C^n Q_B^n Q_A^n \xrightarrow{X/Y}$

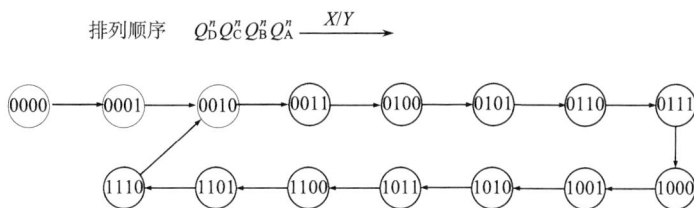

(b) 状态图

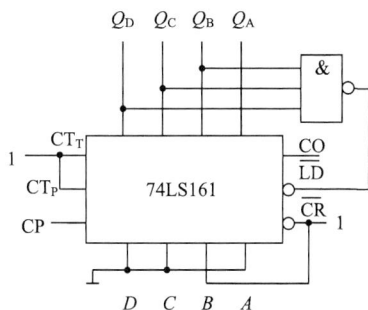

(c) 电路图

图 6.4.9　实现方案之二的状态表、状态图和电路图

计数脉冲	现态				次态			
	Q_D^n	Q_C^n	Q_B^n	Q_A^n	Q_D^{n+1}	Q_C^{n+1}	Q_B^{n+1}	Q_A^{n+1}
0	0	0	0	0	0	0	0	0
1	0	0	0	0	0	0	0	1
2	0	0	0	1	0	0	1	0
3	0	0	1	0	0	0	1	1
4	0	0	1	1	0	1	0	0
5	0	1	0	0	0	1	0	1
6	0	1	0	1	0	1	1	0
7	0	1	1	0	0	1	1	1
8	0	1	1	1	1	0	0	0
9	1	0	0	0	1	0	0	1
10	1	0	0	1	1	0	1	0
11	1	0	1	0	1	0	1	1
12	1	0	1	1	1	1	0	0
13	1	1	0	0	1	1	0	1
14	1	1	0	1	1	1	1	0
15	1	1	1	0	1	1	1	1
16	1	1	1	1	0	0	1	1

(a) 状态表

排列顺序　　$Q_D^n Q_C^n Q_B^n Q_A^n \xrightarrow{X/Y}$

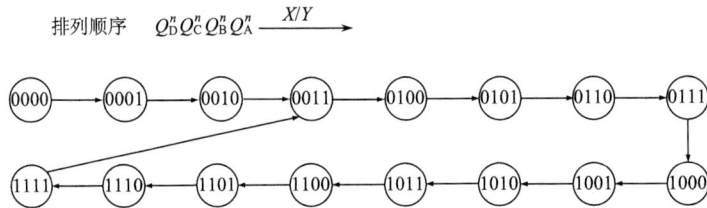

(b) 状态图

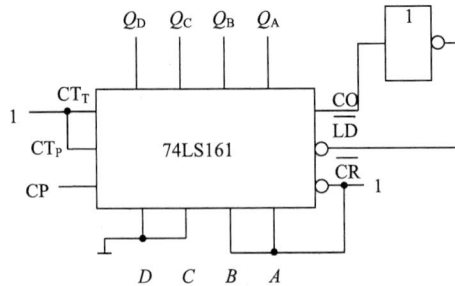

(c) 电路图

图 6.4.10　实现方案之三的状态表、状态图和电路图

6.4.2　异步时序逻辑电路设计方法

脉冲异步时序电路系统的设计方法与同步时序电路设计基本相同。不同之处如下。

(1)脉冲异步电路中的每一个触发器的触发信号都必须被看成是系统中组合网络的控制函数，也就是各记忆组件的激励信号。

(2)因为脉冲异步电路要求同时只有一个输入信号发生变化，如果系统有 N 个输入信号，则在列写激励表时，只需列出 N 种输入状态。

(3)在列写状态转换表时必须考虑触发器各自的时钟。

下面举例说明脉冲异步时序电路的基本设计步骤。

例 6.4.4　试设计一个 8421 码异步五进制计数器(模 5 计数器)。

解　(1)分析题意，确定系统状态和输出，画出原始状态转换表和状态转换图。由于设计电路要求实现的逻辑功能是 8421 码异步五进制计数器，因此，电路的输入信号是计数脉冲 X，输出是进位输出端 Y，共有 5 个状态设为 A、B、C、D、E，经过 5 个计数脉冲为一次循环，设输出 Y 用逻辑 1 表示。由此，可画出如图 6.4.11 所示的状态转换图和状态转换表。

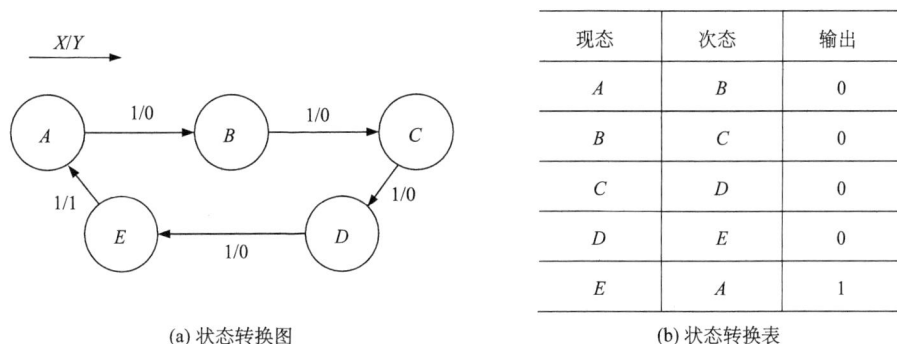

现态	次态	输出
A	B	0
B	C	0
C	D	0
D	E	0
E	A	1

(a) 状态转换图　　　　　　　　　　(b) 状态转换表

图 6.4.11　状态转换图和状态转换表

(2)确定时序类型。根据设计要求，本例属于异步时序电路设计问题。因此，必须设计时钟输入信号。

(3)状态化简。由设计要求可知，本例不需要进行状态化简。

(4)状态设计。本例使用 JK 触发器。因为有 5 个状态变量，需要使用 3 个触发器，设其状态变量为 Q_2、Q_1、Q_0。由于要求设计 8421 码计数器，因此状态分配是明确的，因此设 $A=000$、$B=001$、$C=010$、$D=011$、$E=100$。由此，可得到状态编码后的状态转换图和状态转换表，如图 6.4.12 所示。

(5)组合设计。本例的组合设计是设计系统输出端 Y、3 个触发器的 J、K 输入端以及时钟脉冲输入端 CP_2、CP_1、CP_0。在确定 J、K 和 CP 信号的状态时要综合考虑，其原则如下。

首先，触发器的状态改变必须加时钟脉冲；其次，应兼顾 J、K 和 CP 的逻辑表达式的简化。无输入脉冲时，触发器不翻转，这时 J、K 的取值可作任意项处理，有利于 J、K 表达式的简化，但 $CP=0$ 项的增加，又可能不利于 CP 表达式的化简。总之，设计时应注意选用多输入端 JK 触发器，应尽可能使计数器只由触发器组成，而不附加门电路。综合考虑列出异步五进制计数器的激励表，如表 6.4.8 所示。

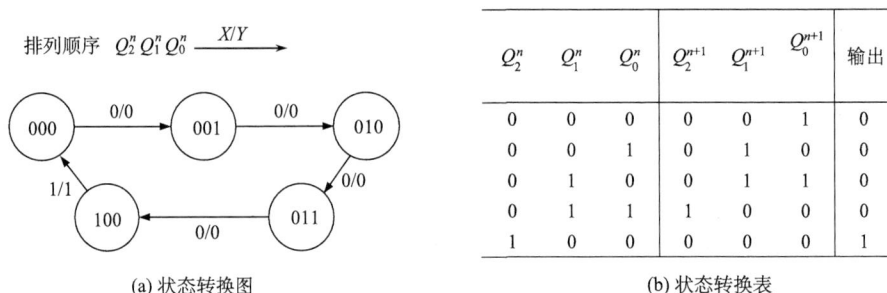

Q_2^n	Q_1^n	Q_0^n	Q_2^{n+1}	Q_1^{n+1}	Q_0^{n+1}	输出
0	0	0	0	0	1	0
0	0	1	0	1	0	0
0	1	0	0	1	1	0
0	1	1	1	0	0	0
1	0	0	0	0	0	1

(a) 状态转换图　　　　　　　　　　　(b) 状态转换表

图 6.4.12　状态分配后的状态转换图和状态转换表

表 6.4.8　异步五进制计数器的激励表

脉冲	现态			次态			激励									输出
X	Q_2^n	Q_1^n	Q_0^n	Q_2^{n+1}	Q_1^{n+1}	Q_0^{n+1}	\multicolumn{3}{c}{$J_2K_2CP_2$}	\multicolumn{3}{c}{$J_1K_1CP_1$}	\multicolumn{3}{c}{$J_0K_0CP_0$}			Y
1	0	0	0	0	0	1	0	×	1	x	×	0	1	×	1	0
1	0	0	1	0	1	0	0	×	1	1	×	1	×	1	1	0
1	0	1	0	0	1	1	0	×	1	×	×	0	1	×	1	0
1	0	1	1	1	0	0	1	×	1	×	1	1	×	1	1	0
1	1	0	0	0	0	0	×	1	1	×	×	0	0	×	1	1
1	1	0	1	×	×	×	×	×	×	×	×	×	×	×	×	0
1	1	1	0	×	×	×	×	×	×	×	×	×	×	×	×	0
1	1	1	1	×	×	×	×	×	×	×	×	×	×	×	×	0

作各个触发器 J、K 和 CP 函数的卡诺图，并进行化简。由表 6.4.8 可看出：

$$CP_0=CP_2=K_0=J_1=K_1=K_2=1$$

因此，只需作出 J_0、J_2 和 CP_1 的卡诺图，如图 6.4.13 所示。

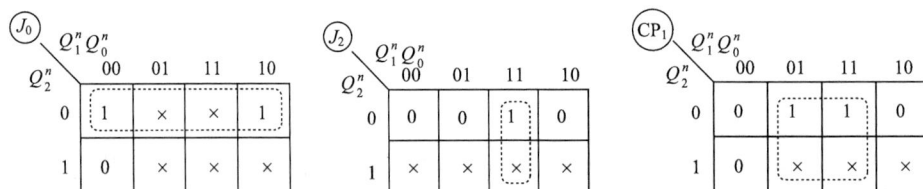

图 6.4.13　卡诺图

由卡诺图化简得

$$J_0 = \overline{Q}_2, \qquad\qquad J_2 = Q_1^n Q_0^n$$
$$CP_1 = Q_0^n, \qquad\qquad Y = Q_2^n \overline{Q}_1^n \overline{Q}_0^n$$

由此可得到异步五进制计数器的逻辑图。

(6)检查设计结果。本例由于存在不确定状态，所以应该做全状态转换表，画全状态转换图，检查电路能否自启动。将 J、K 值代入 J-K 触发器状态方程 $Q^{n+1} = J\bar{Q}^n + \bar{K}Q^n$，得状态转换表，如表 6.4.9 所示，状态状转换图如图 6.4.14 所示。

表 6.4.9　异步五进制计数器的激励及全状态转换表

脉冲	现态			次态			激励			输出
X	Q_2^n	Q_1^n	Q_0^n	Q_2^{n+1}	Q_1^{n+1}	Q_0^{n+1}	$J_2K_2CP_2$	$J_1K_1CP_1$	$J_0K_0CP_0$	Y
1	0	0	0	0	0	1	0　1　1	1　1　0	1　1　1	0
1	0	0	1	0	1	0	0　1　1	1　1　1	1　1　1	0
1	0	1	0	0	1	1	0　1　1	1　1　0	1　1　1	0
1	0	1	1	1	0	0	1　1　1	1　1　1	1　1　1	0
1	1	0	0	0	0	0	0　1　1	1　1　0	0　1　1	1
1	1	0	1	0	1	0	0　1　1	1　1　1	0　1　1	0
1	1	1	0	0	1	0	0　1　1	1　1　0	0　1　1	0
1	1	1	1	0	0	0	1　1　1	1　1　1	0　1　1	0

排列顺序　$Q_2^n Q_1^n Q_0^n$ $\xrightarrow{X/Y}$

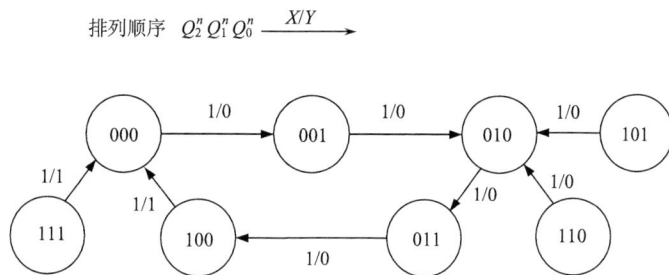

图 6.4.14　代入 J、K 值后的全状态转换表和状态转换图

从图 6.4.14 可以看出，对激励信号的化简处理并没有影响模 5 计数器的基本功能。并且，如果系统在启动时进入了 101、110 和 111 三种状态，经过一个计数脉冲之后可以自动进入到正常的五进制计数中，因此本设计是自启动系统。

(7)画出逻辑图。根据表达式画出 8421 码异步五进制计数器逻辑电路图，逻辑电路图如图 6.4.15 所示。

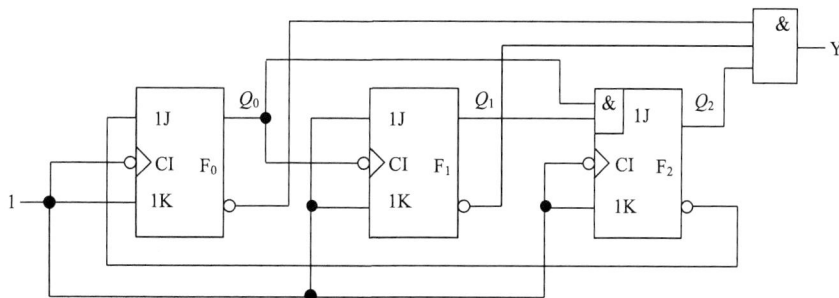

图 6.4.15　8421 码异步五进制计数器电路图

6.5　仿真实验

实验　时序逻辑电路仿真分析和设计

1. 实验目的

(1)掌握利用 Multisim 电子电路仿真软件进行时序逻辑电路仿真分析的一般方法;

(2)掌握 MultiSim 电子电路仿真软件提供的字信号发生器、逻辑分析仪、示波器等使用方法;

(3)掌握 MSI 同步计数器的基本工作原理和使用方法,并理解 MSI 同步计数器的基本工作特性;

(4)掌握用 MSI 同步计数器实现任意进制计数器的基本方法;

(5)基本掌握中规模数字集成电路的使用方法。

2. 实验环境

(1)计算机;

(2)Multisim 电子电路仿真软件;

(3)Windows 或 XP 操作系统。

3. 实验原理

1)基本特征

同步计数器是指电路中的各个触发器在同一时钟的作用下改变状态或向高位发出进位(借位)信号,即同步计数器中的触发器并行工作,计数速度快,输出信号不易出现竞争冒险现象,设计同步电路的方法成熟,思路清晰。不足之处是,随着计数器位数的增加,各触发器的驱动电路将逐渐复杂,且时钟脉冲的负担也要逐渐加重。

常用的 TTL 同步计数器有:①具有同步复位、置数功能的 4 位二进制加法计数器 74L3163;②具有异步复位、同步置数功能的 4 位二进制加法计数器 74LS161 和十进制加法计数器 74LS160;③具有异步置数功能的 4 位二进制可逆计数器 74LS191 和十进制可逆计数器 74LS190 等多种。

2)主要应用

(1)计数器的级联。计数器的级联就是扩展。计数器位扩展的基本思路与计数规则一致,即只有在各低位全部计满的的条件下才发出进位信号,如计数"100"的基本条件是各低位已计满"99"。在同步计数器中,芯片进位(借位)输出信号成立的基本条件是计数使能信号有效。因此,可以将低位芯片的进位(借位)输出信号作为高位芯片的计数使能信号或计数脉冲。

①采用并行进位方式,以低位芯片的输出作为高位芯片的计数使能信号。

②采用串行进位方式,以低位芯片的输出作为高位芯片的计数时钟。

(2)实现任意进制计数。实现任意进制计数的方法多种多样,如下所示。

①采用反馈归零法,利用电路的同步复位或置数信号终止计数器原有的计数进程,使之

归零重新计数。

②采用反馈置数法,利用电路的同步置数或进位(借位)信号终止计数器原有的计数进程,使之启用输入数据 $DCBA$ 归零重新计数,以 $DCBA$ 为初状态重新进入计数循环。

4. Multisim 仿真

1)4 位二进制加法计数器 74LS163 的应用

(1)4 位二进制加法计数器 74LS163 基本功能分析:4 位二进制加法计数器 74LS163 仿真电路如图 6.5.1 所示。改变开关 P、T 的状态,观察记录显示,并分析计数规则。

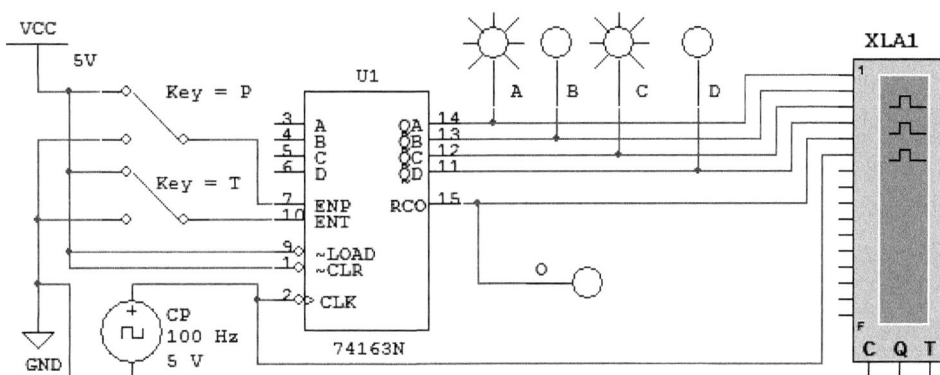

图 6.5.1　4 位二进制加法计数器 74LS163 仿真电路

(2)试用 74LS163 构成 8 位二进制计数器,编辑如图 6.5.2 所示的仿真电路,观察记录输出状态 $Q_0 \sim Q_7$ 的波形,并分析进位方式和计数规则。

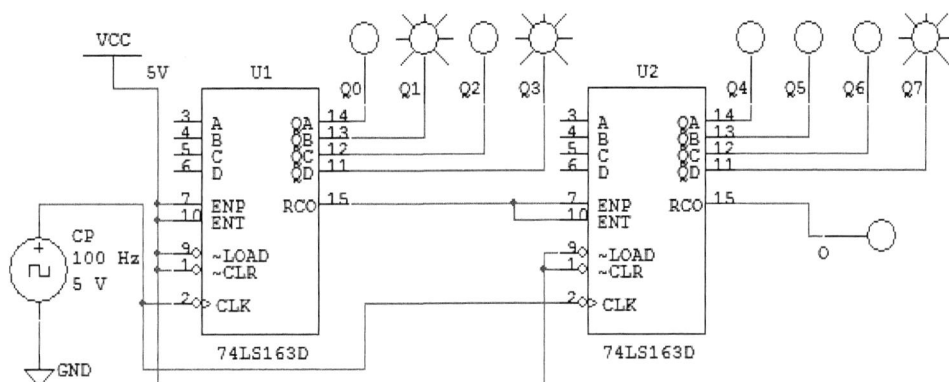

图 6.5.2　74LS163 仿真电路

(3)试用 74LS163 构成 8 位二进制计数器,编辑如图 6.5.3 所示的仿真电路,观察记录输出状态 $Q_0 \sim Q_7$ 的波形,并分析进位方式和计数规则。

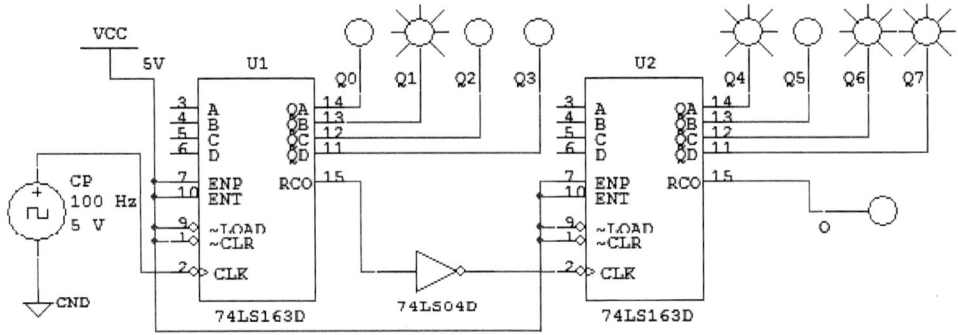

图 6.5.3　74LS163 仿真电路

2)十进制可逆计数器 74LS190 的应用

编辑用可逆计数器电路,如图 6.5.4 所示。单时钟可逆计数器 74LS190 和 74LS191 的基本功能、引脚排序均相同,不同之处仅在于前者为 1 位十进制计数,后者为 4 位二进制计数,另外还有进位/借位输出信号 MAX/MIN 和用于串行级联输出的使能端 RCD。按动 K 键,分析 74LS190 实现可逆计数器的基本条件。

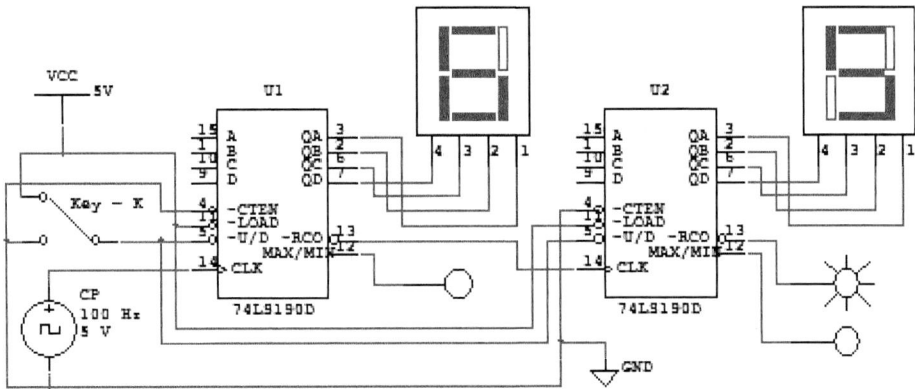

图 6.5.4　74LS190 仿真电路

本 章 小 结

本章主要讨论有关时序逻辑电路的基本概念、电路的结构、电路的功能及应用,讨论时序逻辑电路系统的设计方法。

思考题与习题

思考题

6.1　时序逻辑电路与组合逻辑有何不同?

6.2　时序逻辑电路的结构特点是什么?

6.3　同步时序逻辑电路的特点是什么?异步时序逻辑的特点是什么?

6.4　什么叫做寄存器？工程中对寄存器有哪些要求？

6.5　什么叫做移位寄存器？移位寄存器有哪些基本特点？

6.6　在什么情况下并行输入移位寄存器的输入端需要使用三态门？

6.7　什么叫做计数器？计数器电路的基本特点是什么？

6.8　移位寄存器有哪些用途？

6.9　如果使用集成数字电路器件设计计数器，应当主要注意哪些问题？

6.10　时序逻辑电路设计中，应当如何分析设计结果？

6.11　时序逻辑电路设计的基本方法有几种？

6.12　有人说计数器与定时器完全相同，对吗？

6.13　在对中规模计数器进行位数扩展时，选用并行进位或串行进位方式，哪种计数速度快些？

6.14　四位二进制加法计数器 74LS160 的有效计数时钟是上升沿、还是下降沿？

6.15　4 位移位寄存器 74LS194 的有效时钟是边沿还是电平？若是边沿时钟，是上升沿有效还是下降沿有效？若是电平时钟，是高电平有效还是低电平有效？

习题

6.16　指出下列各种触发器中、哪些可以用来构成移位寄存器和计数器，哪些不能，凡能者在()内打√，不能者打×。

(1)基本 RS 触发器(　)；(2)同步 RS 触发器(　)；(3)同步 D 触发器(　)；(4)主从 RS 触发器(　)；(5)主从 JK 触发器(　)；(6)边沿 D 触发器(　)；(7)边沿 JK 触发器(　)。

6.17　分析图题 6.17 时序电路。画出在时钟 CP 的作用下 Q_2 的输出波形(设初态全为 0)，并说明 Q_2 输出与时钟 CP 之间的关系。

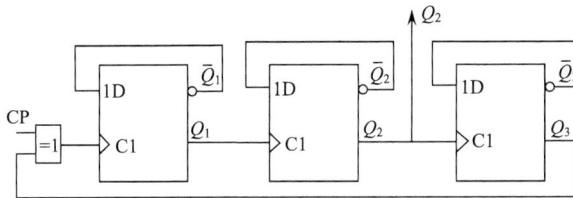

图题 6.17

6.18　用图题 6.18 给定的 4 位移位寄存器，设计一个具有同步计数功能的数字逻辑电路系统，该系统能记录并显示移位周期(提示：利用所选择的数据，以及该数据移位所形成的状态，通过译码器把移位周期记录下来) 。

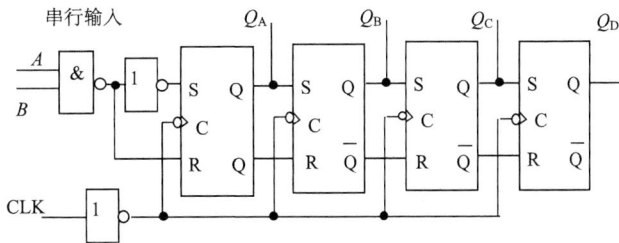

图题 6.18

6.19 设计一个同步时序电路，实现图题 6.19 所示的系统，用 Verilog 语言编制该电路的描述模块，并用逻辑仿真验证设计结果。

排列顺序 $Q_2^n Q_1^n Q_0^n \xrightarrow{\quad X/Y \quad}$

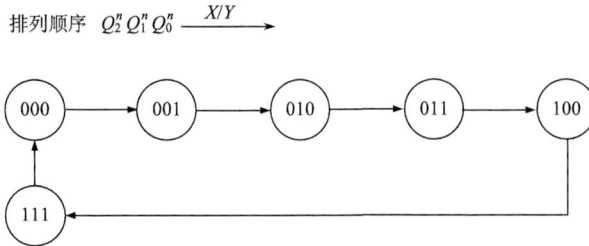

图题 6.19

6.20 分析电路如图图题 6.20 的功能。

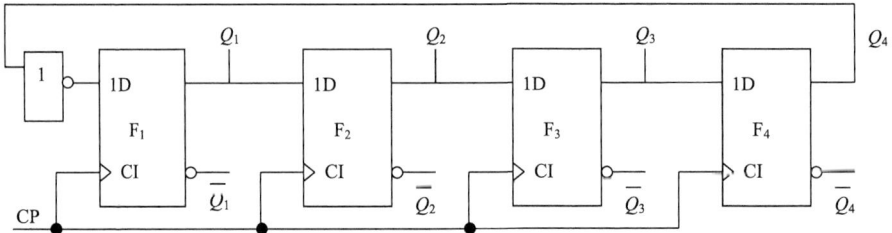

图题 6.20

6.21 画出图题 6.21 所示数字逻辑系统的逻辑图。

A	B	C	D	F
0	0	0	0	0
0	0	0	1	0
0	0	1	0	0
0	0	1	1	0
0	1	0	0	0
0	1	0	1	1
0	1	1	0	1
0	1	1	1	1
1	0	0	0	1
1	0	0	1	1

图题 6.21

6.22 分析电路如图图题 6.22 的功能。

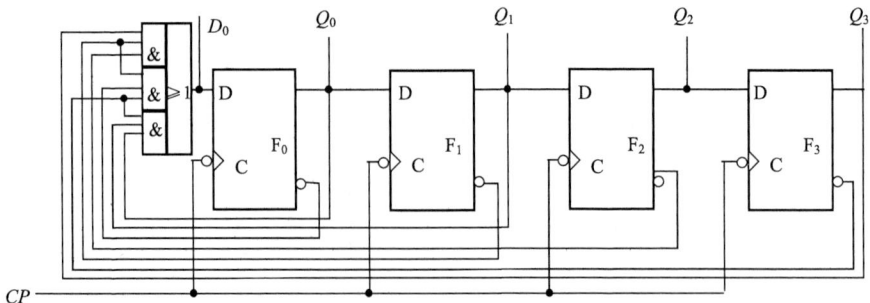

图题 6.22

6.23　设计一个十字路口交通灯控制系统，要求亮灯顺序为红、黄、绿、黄、红…红、绿灯点亮时间是黄灯的 10 倍，用 Multisim 仿真软件验证设计结果。

6.24　设计一个交通灯控制逻辑系统，设计要求请参考街头的交通灯工作顺序和规则。

6.25　设计一个定时控制电路，可以设定定时时间长短。

6.26　如何用十进制加法计数器 74LS160 实现十进制可逆计数器？画出原理图。

6.27　设计一个模 9 异步计数器。

6.28　分析图题 6.28 电路功能。

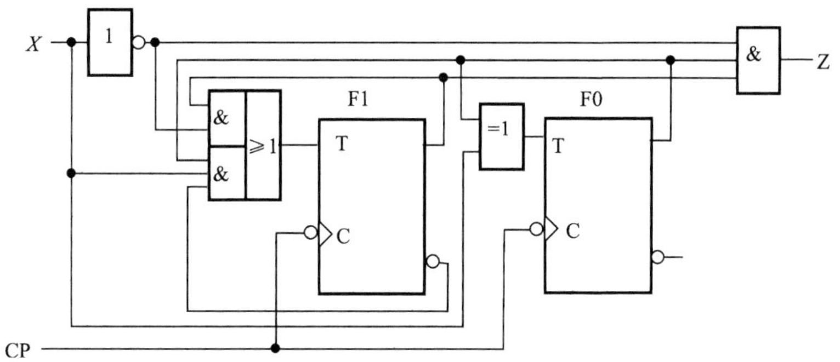

图题 6.28

6.29　分析图题 6.29 电路功能。电路用 74LS161 构成计数器。

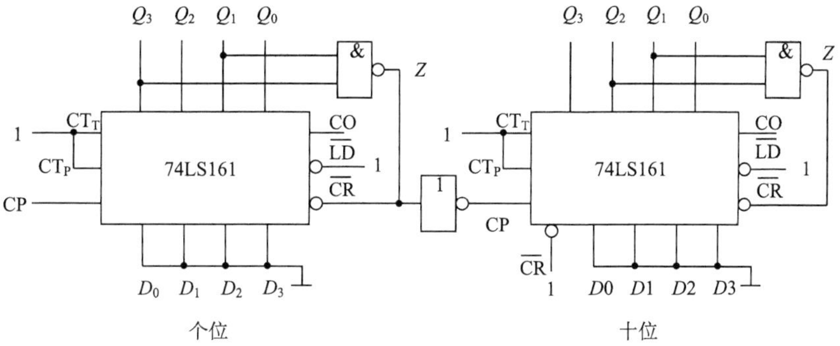

图题 6.29

6.30　分析图题 6.30 所示的异步计数器电路功能。

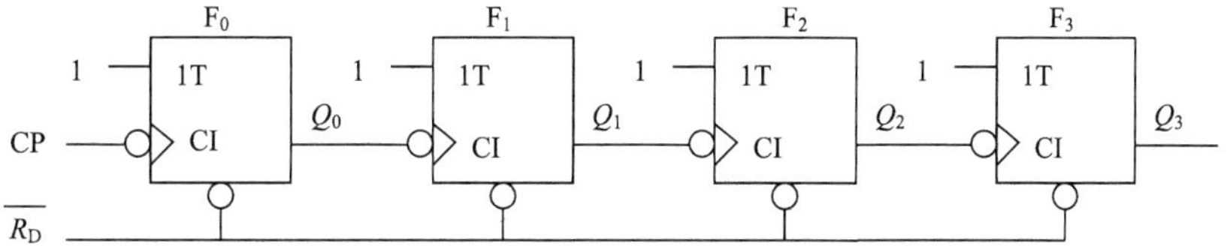

图题 6.30

6.31　用 D 触发器实现一个模 8 同步可逆计数器。

6.32　用 D 触发器设计一个产生 1111000100 的序列码发生器。

6.33　用集成芯片 74161 设计一个产生 1111000100 的序列码发生器。

第 7 章　半导体存储器

在当今的数字电路系统中，需要对大量的数据进行存储。因此，半导体存储器几乎是这些数字系统不可缺少的组成部分。本章系统地讲述半导体存储器分类方法、电路结构、工作原理和扩展方法。

7.1　半导体存储器的基本概念

7.1.1　半导体存储器的分类

1. 按照集成电路制造工艺分类

半导体存储器可分为双极型存储器和 CMOS 存储器两大类。双极型存储器的存取速度快，但集成度低，一般用于要求工作速度高的场合。CMOS 存储器的存取速度相对较慢，但功耗低、集成度高、制作工艺简单，主要用于需要存储大量信息的场合。

随着半导体制造工艺技术的发展，CMOS 存储器的存储速度有了很大的提高，已经成为最基本的存储器件。

2. 按照数据的存取功能分类

根据存取信息方式的不同，半导体存储器可分为三大类：顺序存取存储器、随机存取存储器和只读存储器，其分类如图 7.1.1 所示。

图 7.1.1　存储器分类树图

顺序存取存储器(Sequential Access Memory，SAM)是指数据的写入或读出是按顺序进行的，即先进先出(FIFO)或先进后出(FILO)。

随机存取存储器(Random Access Memory，RAM)是指数据可以在任何时间写入到存储器的任意单元，或者可以在任何时间从存储器的任意单元读取数据。根据实现 RAM 的电路结构的不同，RAM 又可分为 SRAM(静态随机存储器)和 DRAM(动态随机存储器)。DRAM 存储单元的电路结构比较简单，集成度高、价格便宜，但需要刷新电路，大部分 PC 机的存储器都是 DRAM。SRAM 存储单元的电路结构复杂，集成度不高，但不需要刷新电路、速度快、使用简单。

只读存储器(Read-Only Memory,ROM)是指任何时候只能从存储器的任意单元中读出数据。而存储器中的数据则是在存储器生产时确定的,或是事先用特殊工具写入的。对于 ROM,数据写入后可以长期保留在器件中,断电也不会消失。而随机存取存储器既可读又可写,但掉电后数据消失。

只读存储器中的数据如果由生产厂家一次写入,用户只能读出,这种存储器称为固定只读存储器(掩模 ROM)。如果数据可以由用户通过特殊的写入器写入,这种存储器称为可编程存储器,简称 PROM。

如果可对 PROM 进行多次写入,就必须能把存储器中的数据擦除,这称为可擦除可编程只读存储器 EPROM,例如,可在紫外线照射下擦除数据的存储器叫做 UVEPROM。如果存储器中的数据可在一定的电压条件下擦除,则称为电可擦除的可编程存储器,简称 EEPROM。另外,近几年来利用 MOS 管的一种新结构还制成了新一代的 EEPROM,即快闪存储器(Flash Memory)。

7.1.2　半导体存储器的基本原理

存储器实现数据存取的基本原理示意图,如图 7.1.2 所示。从图中可以看到,存储器就像有很多格子的容器,数据放在格子里。这些格子称为存储单元,而每个格子都有自己的编号 W_0、W_1、$\cdots$、W_N,这些编号称为存储地址(也称为字线)。存储地址和存储单元一一对应,各存储单元组成了存储矩阵 W_{00}、W_{01}、$\cdots$、W_{nn}。存储在存储单元中的数据由多位二进制数组成,存储器实际是按位存取数据的,数据位的输入、输出线称为位线(称为位线),如 B_0、B_1、$\cdots$、B_M。因此,存储器主要由存储矩阵、存储地址和读/写控制三大部分组成。

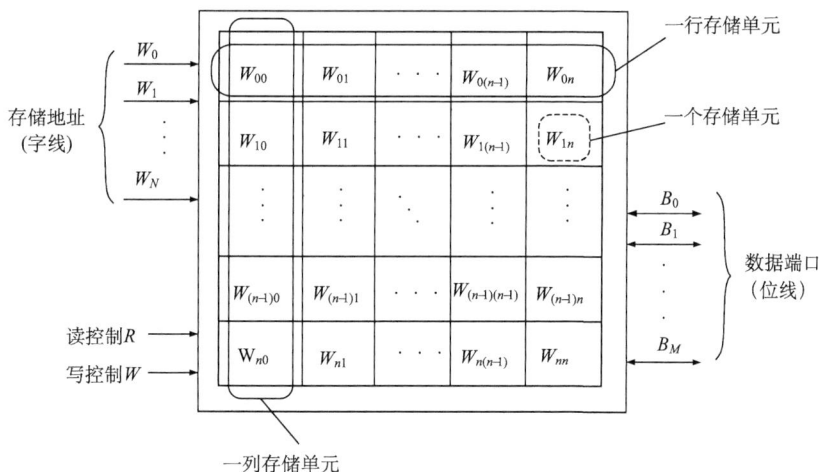

图 7.1.2　存储器的基本原理示意图

图 7.1.3 给出了列存储单元,下面介绍存储器的基本工作原理。

对于图 7.1.3(a)而言,数据是事先存好的,当读控制信号 R 有效时,根据当前指定的存储地址,对应存储单元中的数据将按位输出到数据端口。

对于图 7.1.3(b)而言,数据随时可写入或读出。当读控制信号 R 有效而写控制信号 W 无效时，根据当前指定的存储地址，对应存储单元中的数据将按位输出到数据端口。当写控制信号 W 有效而读控制信号 R 无效时，根据当前指定的存储地址，数据端口上的数据按位将写入到对应的存储单元。

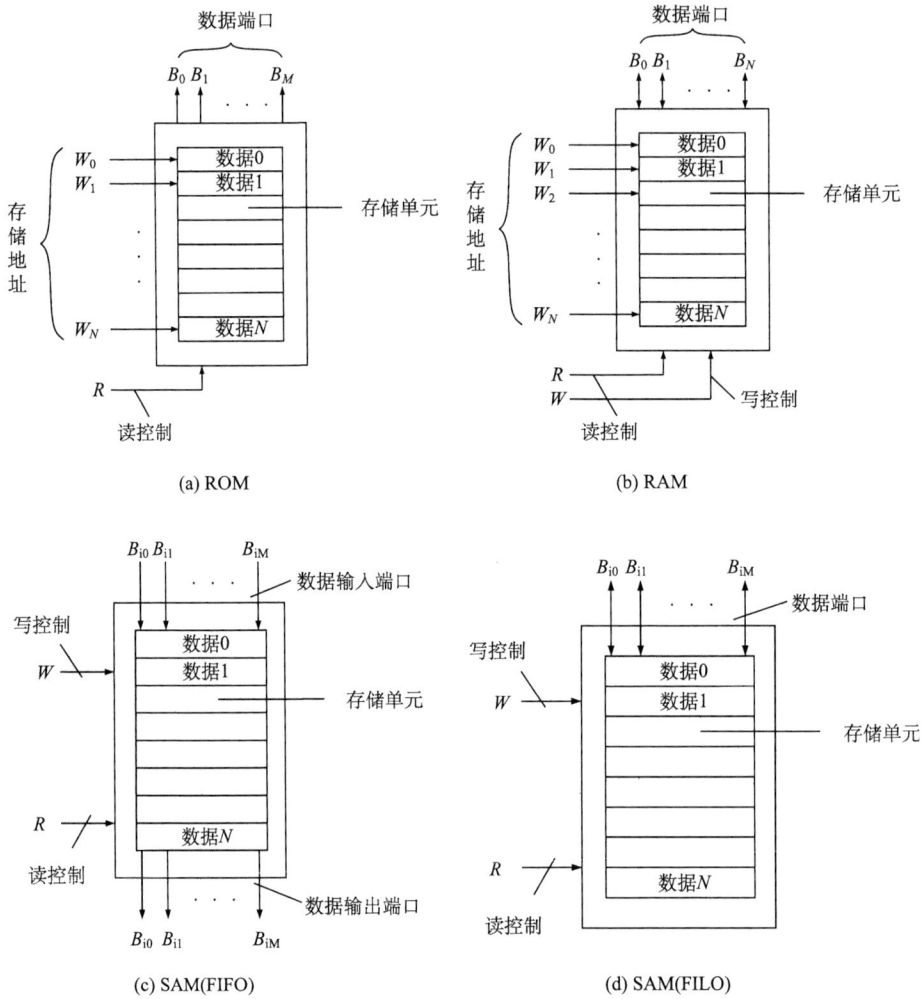

图 7.1.3 存储器数据存取原理

对于图 7.1.3(c)而言，数据随时可写入或读出，但是必须顺序写入或读出。当读控制信号 R 有效而写控制信号 W 无效时，最下面一个有数存储单元内的数据将输出到数据端口。当写控制信号 W 有效而读控制信号 R 无效时，数据端口上的数据将写入到最上面的一个空存储单元中。

对于图 7.1.3(d)而言，数据也随时可写入或读出，但是必须顺序写入或读出。当读控制信号 R 有效而写控制信号 W 无效时，最新存放的数据将输出到数据端口。当写控制信号 W 有效而读控制信号 R 无效时，数据端口上的数据将写入到最上面的一个空存储单元中。

由以上分析可以看出，SAM 没有存储地址线引脚，但并不意味着 SAM 没有存储地址。SAM 的存储地址隐含在存储器中，每当读出或写入数据后，内部的地址指针自动移动，指向下一次要读出或写入的存储单元。

7.1.3　半导体存储器技术指标

衡量存储器性能的技术指标主要有：存储容量和存取时间。

1. 存储容量

存储容量是指存储器的存储矩阵中能存放的数据的多少。存储器中存储单元的数量(字数)，以及每个数据的长度(位数)与存储容量有关。存储器容量可用字数×位数表示，也可只用位数表示。在数字系统中，存储器最小基本单位就是 1 个 bit 位，在这 1bit 上只能存二进制中的一位逻辑"1"或逻辑"0"。

例如，一个存储器能存放 256 个数据，每个数据有 8 位，则该存储器的存储容量等于 256字×8 位=2048=2K bit(1K=1024)。一般把 8 个 bit 位称为 1 字节，即也可称该存储器的存储容量为 256 字节(简写 256B)。

2. 存取时间

存储器的存取时间一般用读(或写)周期来描述，连续两次读取(或写入)操作所间隔的最短时间称为读(或写)周期。读(或写)周期短，即存取时间短，存储器的工作速度就高。目前高速存储器的存取时间仅有 10ns 左右。

7.2　随机存储器 RAM

RAM 分为 SRAM 和 DRAM。在接通电源的条件下，SRAM 可以一直保存数据，但保存数据的单元电路结构比较复杂。而 DRAM 则需要不断地对电路保存的数据进行刷新，否则就会丢失数据，但保存数据的单元电路要简单得多，不过需要专门的刷新控制电路，目前，DRAM 的刷新电路一般都制作在 DRAM 器件内部。目前，RAM 主要利用 CMOS 电路结构保存数据。

7.2.1　随机存储器原理与结构

RAM 主要由存储矩阵、地址译码器和读/写控制电路三部分组成。图 7.2.1 所示的结构来说明这三部分的功能。

1. 存储矩阵

存储矩阵如图 7.2.1 虚线框所示。存储矩阵由许多存储单元组成，每个存储单元能存放一位二进制数据 0 或 1，在地址译码器和读/写控制电路作用下，进行读/写操作。存储单元可以是静态的(触发器)，也可以是动态的(动态 MOS 存储单元)，因此有静态 RAM 和动态 RAM之分。这些存储单元一般都按阵列形式排列，形成存储矩阵。此图是 16 行×16 列的存储矩阵。存储矩阵内共有 256 个存储单元。可以认为它能存储 256 个字。每字的字长为 1 位，存储容量为 256×1 位。

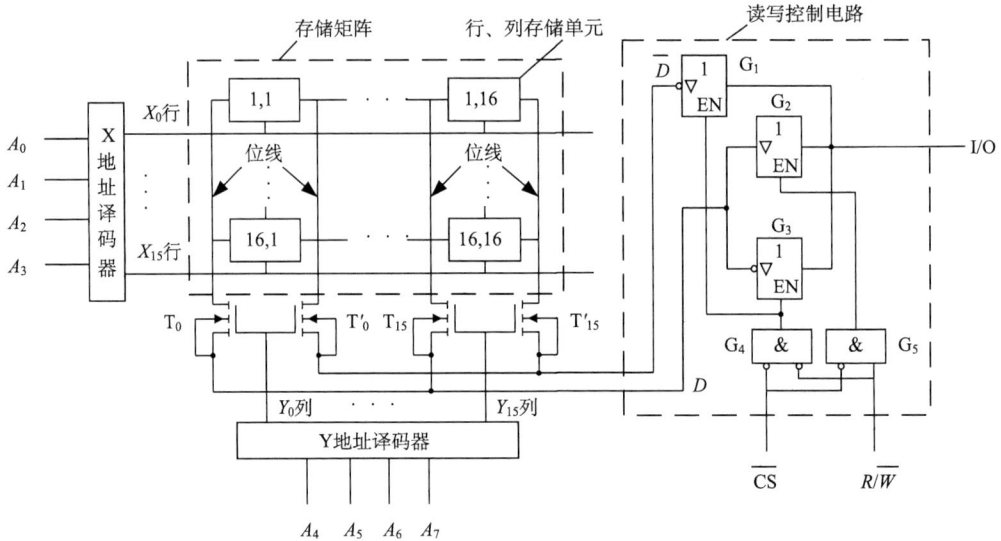

图 7.2.1　256×1 位 RAM 示意图

2. 地址译码器

上述 256 个存储单元可以比作一栋楼房的 256 个房间。为便于寻找，必须编有房间号码，即确定地址。同样也要对存储器中的 256 个存储单元进行编码，确定地址。8 位二进制数码恰好可以编出 $2^8=256$ 个地址码，即 $A_7A_6A_5A_4A_3A_2A_1A_0=00000000\sim11111111$。地址码 $A_7A_6A_5A_4A_3A_2A_1A_0$ 经行地址译码器(X 译码器)和列地址译码器译码(Y 译码器)后，就可使相应行线(X 线)和列线(Y 线)为高电平，从而选中该地址的存储单元，例如，$A_7A_6A_5A_4A_3A_2A_1A_0=00001111$，经行地址译码器译码后，$X_{15}$ 行线为高电平，Y_0 列线为高电平，即存储器只有存储单元(16,1)被选中导通，所以只对该单元进行读/写。表 7.2.1 是常用地址码位数与可寻址数的对照表。

表 7.2.1　地址码位数与可寻址数关系

地址码位数 n	可寻址数 2^n
10	1024　　(1K)
11	2048　　(2K)
12	4096　　(4K)
13	8192　　(8K)
14	16384　　(16K)
15	32768　　(32K)
16	65536　　(64K)
17	131072　(128K)
18	262144　(256K)
19	524288　(512K)
20	1048576 (1024K)

3. 控制电路

数字系统中的 RAM 一般要由多片组成，而系统每次读/写时，只针对其中的一片(或几片)。为此在每片 RAM 上均加选片控制端 $\overline{CS}$ 和读/写控制端 $R/\overline{W}$。

当 $\overline{CS}$=1 时，三态门 G_1、G_2、G_3 均为高阻态。不能对该片读/写，故未选中此片。

当 $\overline{CS}$=0 时，选中此片。若 $R/\overline{W}$=1，则 G_2 工作，G_1、G_3 呈高阻态阻断。若按上述给出地址码 $A_7A_6A_5A_4A_3A_2A_1A_0$=00001111，则(16,1)单元的数据即可经位线、T_0、G_2 读出到数据线，从而完成存储器的读操作。若 $R/\overline{W}$=0，则 G_1、G_3 工作，G_2 阻断，数据线的数据经 G_1、G_3、T_0、T_0' 位线写入(16,1)单元，从而完成存储器写操作。

7.2.2 随机存储器基本存储单元

RAM 主要利用 CMOS 电路结构保存数据。RAM 分为 SRAM(静态 RAM)和 DRAM(动态 RAM)。下面介绍 SRAM 和 DRAM 基本存储单元电路。

1. SRAM 的基本存储单元电路

SRAM 的基本存储单元电路如图 7.2.2 所示。电路由六只 CMOS 管 T_1、T_2、T_3、T_4、T_5 和 T_6 构成了一位数据的存储单元。其中，T_1 和 T_2、T_3 和 T_4 分别构成反相器，这两个反相器的输入、输出端再互相反馈连接，如 aa'、bb'，构成了基本双稳态触发器，既可以保存数据，也可以向外输出数据。T_5 和 T_6 是门控管，WL 为字线，是存储地址选通信号，用来控制 T_5 和 T_6 的导通或截止，以便控制基本触发器的输出与 BL 和 $\overline{BL}$ 两根互补位线(位线用于输入/输出数据中的位信息)的连接。使用两根互补位线的目的是提高电路的抗干扰能力，保证数据正确。

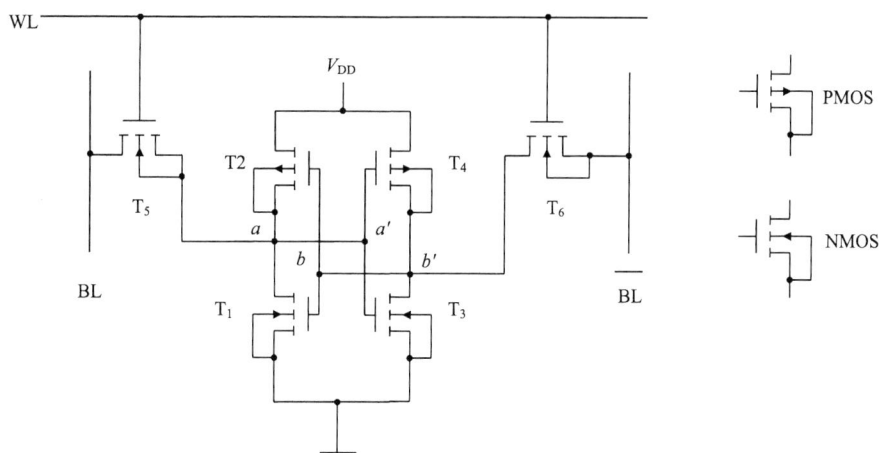

图 7.2.2 六只 CMOS 管存储 1 位二进制数的 SRAM 存储单元电路模块

电路的工作原理是：当 WL=1 时，T_5 和 T_6 导通，基本触发器的输出端 Q 和 $\overline{Q}$ 分别与位线 BL 和 $\overline{BL}$ 连通，再加上外围其他功能电路的作用，使得数据可以通过位线写入到触发器中保存，或者也可以将保存的数据通过位线读出。当 WL=0 时，T_5 和 T_6 截止，基本触发器的输出端 Q 和 $\overline{Q}$ 与位线 BL 和 $\overline{BL}$ 断开。

2. DRAM 的基本存储单元电路

DRAM 的存储单元主要是利用 MOS 管栅极电容具有暂时存储电荷的作用。但是由于漏电流的存在，栅极电容上存储的电荷易消失，为了避免数据信息的丢失，就需要定期给栅极电容补充电荷，称为刷新。常见的 DRAM 基本存储单元有四 MOS 管、三 MOS 管和单 MOS 管。

1) 单管 DMOS 存储单元电路

单管 DRAM 存储单元电路如图 7.2.3 所示。

单管 DRAM 存储单元由一只 NMOS 管 T_1 和一个电容 C_1 组成，C_B 是位线上的分布电容。当字线 WL=1 时，T_1 导通，数据 D 由位线经 T_1 存入电容 C_1，执行写操作，或经 T_1 把数据从 C_1 取出，传送到位线，执行读操作。为了节省芯片面积，存储电容 C_1 做得不很大，而位线上连接的元器件很多，所以它的分布电容 $C_B > C_1$，读出时 C_1 与 C_B 并联，如果并联之前 C_1 存有足够电荷，电容 C_1 上的电压为 v_1、电容 C_B 内无电荷，C_B 上的电压为 $v_B=0$，并联后 C_1 内的电荷将向 C_B 转移，转移后位线上读得的电压为 v_R。因 C_1 与 C_B 并联，故有 $v_1 C_1 = v_R(C_1 + C_B)$，由于 $C_B \gg C_1$，所以读出电压很小，$v_R \ll v_1$，例如，在读出之前 $v_1 = 5\text{V}$；$C_1/C_B = 1/50$，则读出时的电压 v_R 将仅有 0.1V，所以位线上的读出电压信号是很小的，需用高灵敏度读出放大器，对输出信号 v_R 放大。同时，由于 C_1 上的电荷的减少，也破坏了原存信息，故每次读出后都要立即对该单元刷新，以保留原存信息。

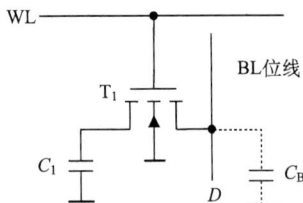

图 7.2.3　单管 DRAM 存储单元电路

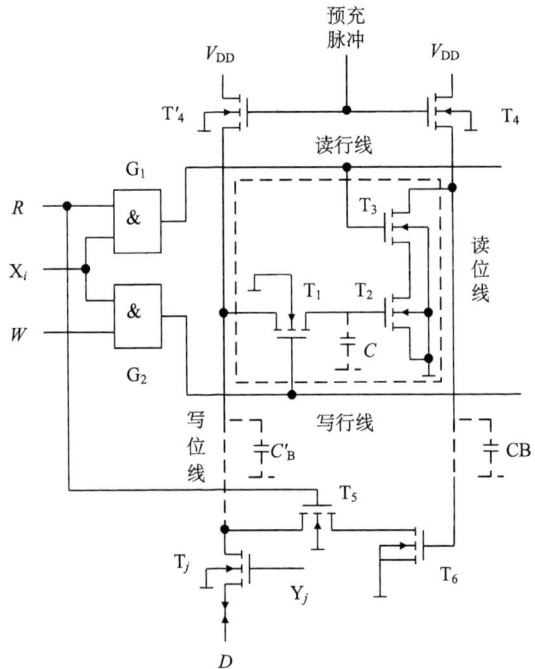

图 7.2.4　三管 DMOS 存储单元电路

2) 三管 DMOS 存储单元电路

(1) 电路结构。三管 DMOS 存储单元电路如图 7.2.4 的虚线框内，图中 T_2 的栅电容 C 用来暂存数据。T_4'、T_4、T_5、T_6、T_j 为列公用；G_1、G_2 为行公用。读行线控制 T_3 管的开关状态，

写行线控制 T_1 管的开关状态。

（2）工作。

预充电：在读操作之前，预充脉冲使 T_4'、T_4 导通，电源对读、写位的分布电容 C_B'、C_B 进行充电，在预充脉冲消失后，C_B'、C_B 上的高电平暂时维持。

读出：当行地址线 X_i 和读控制 R 都为 1 时，读行线为 1，说明本行被选中，可进行读操作。对于该单元来说，若 C 已存有 1（充有足够的电荷），则 T_2 导通，T_3 也因读行线为 1 而导通，分布电容 C_B 上的电荷经 T_3、T_2 放掉，使读位线为低电平 0，T_2 截止，所以分布电容 C_B' 上的电荷不能通过 T_5、T_6 泄漏到地，故写位线保持高电平 1。若列地址线 Y_j 也为 1，则 T_j 导通，说明选中本列，因此本单元存储的数据 1 就由写位线经 T_j 输出到 D 端。到此读 1 操作完毕。若 C 存 0，则 T_2 截止，C_B 不能发电，读位线保持 1，它使 T_6 导通，C_B' 经 T_5、T_6 放电，将写位线降为低电平，又 $Y_j=1$，经 T_j 将 0 送到 D 端，完成读 0 操作。

写入：若 $X_i=Y_j=1$，数据通过 T_j 送到写位线上，因写控制端 W 也为 1，使写行线为 1，T_1 导通，数据通过 T_1 送入 C 暂存，完成写入操作。

（3）刷新。在不对本单元读、写时，为长期保存数据，必须不断刷新。刷新的方法是：先使 $Y_j=0$，再经预充电，然后通过对 X_i 行的读操作，将 C 中的信息读到写位线上，再由写操作，将信息重新写入 C 中。这样经内部的连续读、写操作，就可使 C 中的信息因不断刷新而长期保持。

3. 对比 SRAM 和 DRAM

对比 SRAM 和 DRAM 存储单元的电路结构可以看出。SRAM 存储单元使用较多的 MOS 管，集成度较低，但由于使用触发器结构保存数据，因而不易丢失，不需要刷新电路，外围电路简单、使用方便；单管 DRAM 存储单元的优点是电路结构很简单、存取时间较长，易于高集成度。但是每一次读操作对存储 C_1 都起破坏作用，因此每次读数据之后都必须刷新。这种电路的缺点就是外围的刷新电路较复杂。表 7.2.2 列出了常用 SRAM 和 DRAM 芯片。

表 7.2.2 常见的存储器器件

器件类型		器件名	容量
RAM	SRAM	2114	1K×4
		2128	2K×8
		6264	8K×8
	DRAM	2164	64K×1
		2186	8K×8

7.2.3 随机存储器系统

当一片 RAM 集成芯片不能满足存储容量的要求时，可以用若干片 RAM 做拼接，从而组成一个存储容量更大的满足要求的 RAM 系统。扩大存储容量的方法，通常有位扩展和字扩展两种。接下来以 6264 芯片为单元进行扩展存储容量说明。

6264 芯片是 CMOS 静态 RAM，采用六管静态存储单元，存储容量 8K×8 位，存取时间 100ns，电源电压+5V，工作电流 40mA，维持电流 2μA。图 7.2.5 是 6264 芯片的管脚排列图。其工作状态如表 7.2.3 所示。

因存储字数达 8K=2^{13}，所以有 13 条地址线 A_0 到 A_{12}，而每字有 8 位，因此有 8 条数据线 $I/O_0 \sim I/O_7$，它还有 4 条控制线：$\overline{CS_1}$、CS_2、$R/\overline{W}$、$\overline{OE}$。当片选 $\overline{CS_1}$ 和 CS_2 都有效选中该片时，芯片处于工作状态，可以读/写；$\overline{CS_1}$ 和 CS_2 都无效时，使该片处于维持状态，不能读/写，数据线呈高阻浮置态，但可以维持原存数据不变，这时的电流只有 2μA，称为维持电流。$\overline{OE}$ 为输出使能端，$\overline{OE}$ 有效时内部数据可以被读出；$\overline{OE}$ 无效时数据线对外呈高阻浮置态。

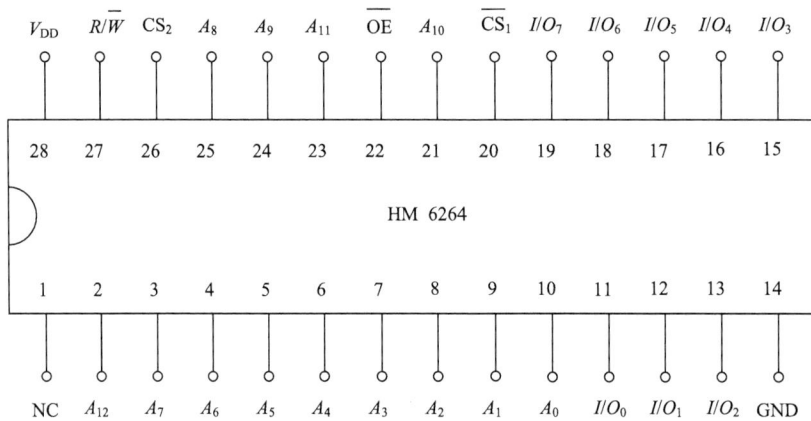

图 7.2.5　6264 芯片的管脚排列图

表 7.2.3　HM6264 工作状态

工作状态	$\overline{CS_1}$	CS_2	$\overline{OE}$	$R/\overline{W}$	I/O
读(选中)	0	1	0	1	输出数据
写(选中)	0	1	×	0	输入数据
维持(未选中)	1	×	×	×	高阻浮置
维持(未选中)	×	0	×	×	高阻浮置
输出禁止	0	1	1	1	高阻浮置

1. 位扩展

如果一片 RAM 中的字数已经够用，而每字的位数不够时，可用位扩展方法将多片 RAM 连接成位数更多的存储器。

例 7.2.1　用 6264 型 RAM 实现 8K×16 位的存储器。

解　用 6264 型 RAM 实现 8K×16 位的存储器，要求字数为 8K，位数为 16 位。6264 型存储器有 8K 个字，字数正够用，但因每片 6264 的字长只有 8 位，所以需用两片 6264 构成 16 位字长。第 I 片实现数据字中的高 8 位 $D_{15} \sim D_8$，第 II 片实现低 8 位 $D_7 \sim D_0$，并将两片

6264 的地址线和控制线并联，如图 7.2.6 所示。

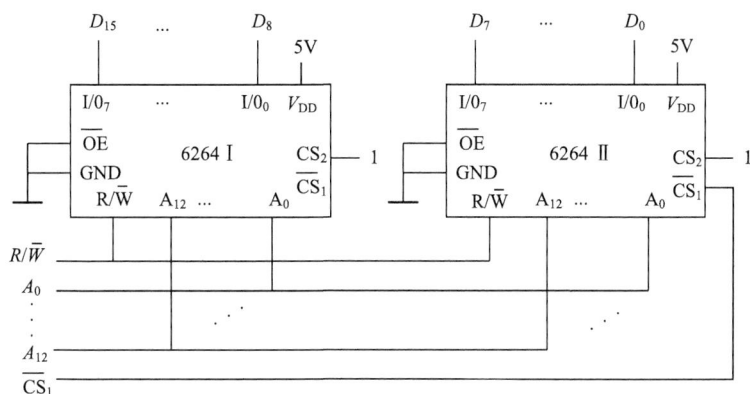

图 7.2.6　RAM 的位扩展

2. 字扩展

如果一片 RAM 的位数已经够用，但字数不够时，可采用字扩展方法。

例 7.2.2　用 6264 型 RAM 构成存储容量为 32K×8 位的存储器。

解　用 6264 型 RAM 实现 32K×8 位的存储器，要求字数为 32K，位数为 8 位。

6264 型 RAM 的位数为 8 位，满足字长要求，但 6264 型 RAM 字数只有 8K 个，一片不够，需要字扩展。因要求字数为 32K=4×8K 个，所以需用 4 片 6264。因 $32K=2^5×2^{10}=2^{15}$，故需 15 条地址线 A_0 到 A_{14}，其中地址线 A_0 到 A_{12} 以及 CS_2、$R/\overline{W}$、$\overline{OE}$ 与 4 片 6264 的相应地址线直接并接，A_{13}、A_{14} 经 2 线-4 线译码器 T4139 译码后的输出控制各片的片选端 $\overline{CS_1}$，如图 7.2.7 所示。各片所占用的地址范围如表 7.2.4 所示。

表 7.2.4　各片所占用的地址范围

地址范围						$\overline{CS_1}$ 有效的片子
A_{14}	A_{13}	A_{12}	A_{11}	···	A_0	
0	0	0	0000	0000	0000	I
				⋮		
		1	1111	1111	1111	
0	1	0	0000	0000	0000	II
				⋮		
		1	1111	1111	1111	
1	0	0	0000	0000	0000	III
				⋮		
		1	1111	1111	1111	
1	1	0	0000	0000	0000	IV
				⋮		
		1	1111	1111	1111	

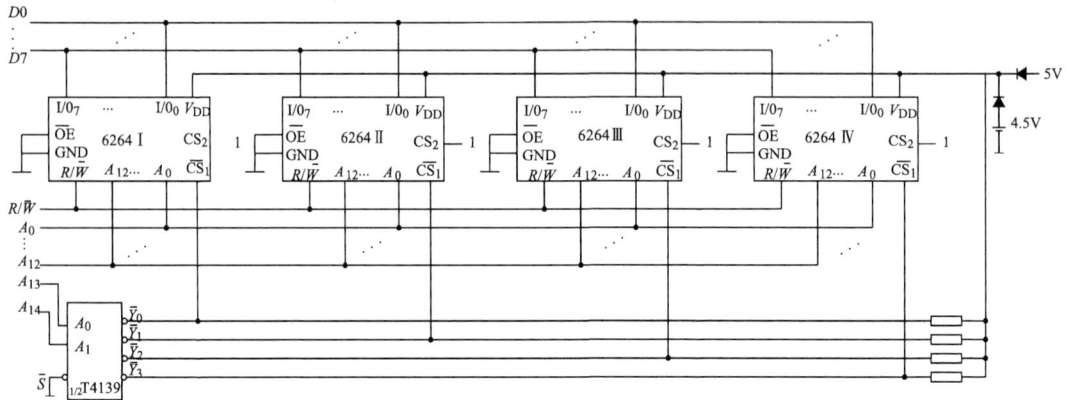

图 7.2.7　RAM 的字扩展

根据电路的连接关系，可以看出，当 $CS_2 = 1$、$\overline{OE} = 0$ 时，I/O 端的三态缓冲器只受 $\overline{CS_1}$ 端控制，只有 $\overline{CS_1} = 0$ 的片子 I/O 端才能对外输入/输出，否则处于高阻浮置态。图 7.2.7 中的 4 个 $\overline{CS_1}$ 在同一时刻只有一个为 0，所以可以将 4 片的 I/O 端子分别并接，作为整个存储器的 8 个 I/O 端子。由于 6264 数据端带有三态缓冲器，所以互相不受影响。

7.3　只读存储器 ROM

只读存储器简称 ROM，是一种固定存储器，它把需要长期存放的数据固定在这种存储器内，在断电时也不丢失。在正常工作时只能读出，不能写入。ROM 种类很多，可以按所用器件类型分，有二极管 ROM、双极型三极管 ROM 和 MOS 管 3 种 ROM；按数据的写人方式分，有以下 4 类。

(1)固定 ROM：只读存储器中的内容是由生产厂制造时，就把需要存储的内容用电路结构固定下来。使用时无法再改变。

(2)可编程 ROM(PROM)：这种 ROM 的内容是由用户自己根据需要写入，但一经写入就不能再修改。

(3)可擦除可编程 ROM(EPROM)：这种存储的内容可以由用户写入，还能擦去重写，但擦除时需用紫外光对芯片照射。这种 ROM 有较大的使用灵活性。

(4)电可擦可编程 ROM(EEPROM 或 E²PROM)：由于它可以用电脉冲对芯片进行擦除，所以又比 EPROM 有更大的使用灵活性，可用它进行不脱机改写。

7.3.1　ROM 的存储单元

1. 固定 ROM 的存储单元

ROM 基本存储单元的电路结构如图 7.3.1 所示。

二极管存储单元电路如图 7.3.1(a)所示。当二极管正向导通时，BL=1。也就是说，如果字线与位线之间连接了二极管，当字线选通(WL=1)时，就可以从位线上读出 1。如果字线与位线之间没有连接二极管，当字线选通时，从位线上读出的数据始终为 0。因此，如果字线与位线之间是否连接了二极管，可以判断出此存储单元中存储的数据是 1，否则是 0。

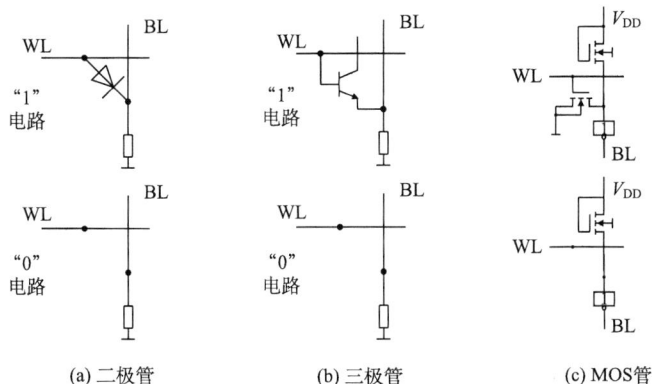

图 7.3.1　ROM 基本存储单元的电路结构

三极管存储单元电路如图 7.3.1(b) 所示。当 WL=1 时，三极管处于导通状态，使得 BL=1。如果字线与位线之间没有连接三极管，当字线选通(WL=1)时，从位线上读出的数据始终为 0。因此，如果字线与位线之间连接了三极管，可以判断出此存储单元中存储的数据是 1，否则是 0。

MOS 管存储单元电路如图 7.3.1(C) 所示。位线上 NMOS 管的栅极和漏极连接在一起构成了一个有源电阻。如果字线与位线之间没有连接 MOS 管，构成有源电阻的 MOS 管始终处于导通状态，使得 BL=0。如果字线与位线之间连接 MOS 管，当字线选通(WL=1)时，字线与位线之间的 MOS 管导通，使得 BL=1。因此，如果字线与位线之间连接了 MOS 管，可以判断出此存储单元中存储的数据是 1，否则是 0。

从图 7.3.1 可以看出，ROM 存储单元的电路结构非常简单，通过字线与位线之间是否连接二极管、三极管或 MOS 管可以决定存储单元中存储的数据。由于 ROM 通过相应的电路制作而成，所以一旦电路制作结束，ROM 中所保存的数据也就不能再改变了。

例 7.3.1　图 7.3.2 所示电路为二极管存储单元构成的 ROM 的存储器，试分析各存储单元中存储的数据。

解　二极管存储单元构成的 ROM 与 RAM 类似，电路由三部分组成:地址译码器、存储矩阵和输出电路。根据 ROM 存储单元的电路结构特点，对于二极管存储单元而言，如果字线和位线之间有二极管，则该数据位上存储的是 1，否则是 0。

图 7.3.2 所示电路中虚线框是 4×4 位二极管固定 ROM 存储矩阵电路图，存储矩阵由 16 个存储单元组成，每个"十字交叉点"代表一个存储单元，交叉处有二极管的单元，代表存储数据 1；无二极管的单元代表存储数据 0。其存储容量是 4×4 位，它表示在该 ROM 中固定存储了字长为 4 位的 4 个字，需要时可按地址提取。地址线 A_1 和 A_0 通过 2 线-4 线地址译码器输出为 W_3、W_2、W_1、W_0，W_3、W_2、W_1、W_0 是 4 条字线，表示该存储矩阵能够存储 4 个数据。图中，存储矩阵下面的虚线框是输出电路，它由 4 个三态门和 4 个负载电阻 R 组成。在输出控制端 $\overline{\text{EN}}$=0 时，4 条位线上的数据可经三态门由 D_3、D_2、D_1、D_0 输出。D_3、D_2、D_1、D_0 是 4 条位线，表示该存储矩阵中每个数据有 4 位，则该存储矩阵的存储容量=4×4。

根据电路图，可以看出 A_0 和 A_1，每次选不同的地址，W_0、W_1、W_2、W_3 只有一条字线为高电平。当 A_1A_0=01 时，$W_3W_2W_1W_0$ 为 0001，在位线上出现 $D_3D_2D_1D_0$=0001；当 A_1A_0=10 时，$W_3W_2W_1W_0$ 为 0100，在位线上出现 $D_3D_2D_1D_0$=1110；当 A_1A_0=11 时，$W_3W_2W_1W_0$ 为 1000，在位线上出现 $D_3D_2D_1D_0$=1111。根据这个原理，可以得到这个 ROM 在生成时生产商把逻辑真值表 7.3.1 已经做在了电路里面。

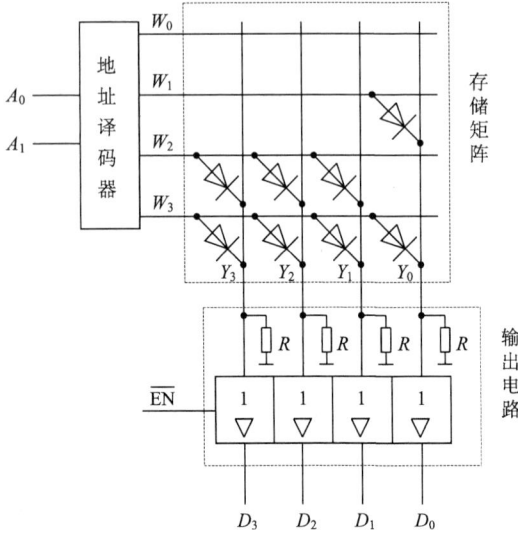

图 7.3.2　4×4 位二极管固定 ROM

表 7.3.1　4×4 位二极管固定 ROM 地址码输出关系

A_1	A_0	D_3	D_2	D_1	D_0
0	0	0	0	0	0
0	1	0	0	0	1
1	0	1	1	1	0
1	1	1	1	1	1

　　例 7.3.2　图 7.3.3 所示电路为 MOS 管存储单元构成的 ROM 的存储器，试分析各存储单元中存储的数据。

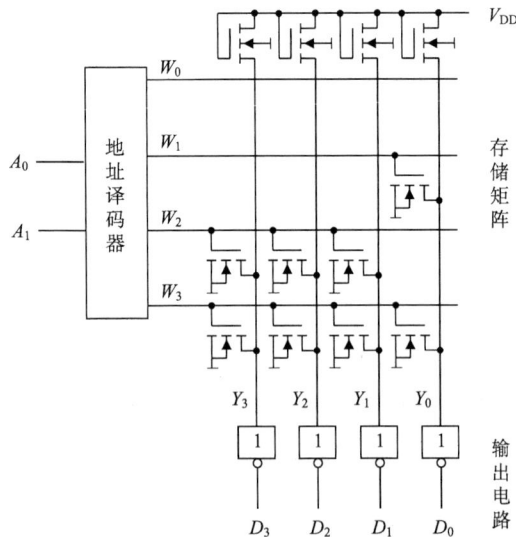

图 7.3.3　4×4 位 MOS 管固定 ROM

　　解　根据电路图，可以看出该存储矩阵的存储容量为 4×4。在地址译码器的输出字线 W_3、W_2、W_1、W_0 中，有一条线为高电平时，接在这条字线上的 NMOS 管导通，这些导通的

NMOS 管将位线下拉到低电平，经输出电路反相，使其输出为 1；没有导通的 NMOS 管的位线仍然为高电平，使其输出为 0。

根据电路图，可以看出 A_0 和 A_1，每次选不同的地址，W_0、W_1、W_2、W_3 只有一条字线为高电平。当 $A_1A_0=01$ 时，$W_3W_2W_1W_0$ 为 0001，在位线上出现 $D_3D_2D_1D_0=0001$；当 $A_1A_0=10$ 时，$W_3W_2W_1W_0$ 为 0100，在位线上出现 $D_3D_2D_1D_0=1110$；当 $A_1A_0=11$ 时，$W_3W_2W_1W_0$ 为 1000，在位线上出现 $D_3D_2D_1D_0=1111$。根据这个原理，可以得到 MOS 管的 ROM 逻辑真值与表 7.3.1 相同。

通过例 7.3.2 可以看出，在 D_0 位线上可以输出 W_1 或 W_3 的值，由于 W_1 和 W_2 同时只能有一个有效，因此 D_0 的值就是 W_1 和 W_2 或运算的结果，即 $D_0= W_1+W_2$。同理，$D_1=W_1+W_2+W_3$，$D_2=W_0+W_2+W_3$，$D_3=W_2+W_3$。为了简化起见，常在位线和字线的交叉点上用实心圆点表示其连接关系，这样每条位线上的圆点之间具有或逻辑关系，在位线上用或逻辑的符号表示，称为阵列图。阵列图如图 7.3.4 所示。

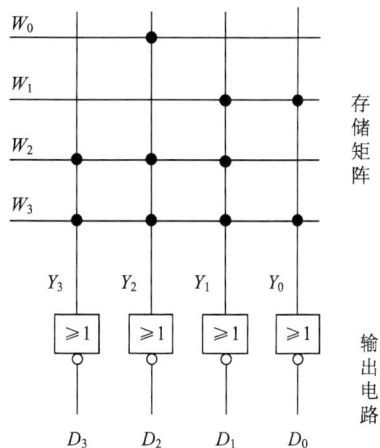

图 7.3.4　阵列图

2. PROM 的存储单元

ROM 的存储单元在生产完成之后，其所保护的信息就已经固定下来了，这给使用者带来了不便。为了解决这个矛盾，设计制造了一种可以由用户通过简易设备写入信息的 ROM 器件，即可编程的 ROM，称 PROM。

PROM 的类型有多种，以二极管破坏型 PROM 为例来说明其存储原理。

这种 PROM 存储器在出厂时，存储体中每条字线和位线的交叉处都是两个反向串联的二极管的 PN 结，字线与位线之间不导通，此时，意味着该存储器中所有的存储内容均为 1。如果用户需要写入程序，则要通过专门的 PROM 写入电路，产生足够大的电流把要写入 1 的那个存储位上的二极管击穿，造成这个 PN 结短路，只剩下顺向的二极管跨连字线和位线，这时，此位就意味着写入了 1。读出的操作同掩模 ROM。

除此之外，还有一种熔丝式 PROM，用户编程时，靠专用写入电路产生脉冲电流，来烧断指定的熔丝，以达到写入 1 的目的。

对 PROM 来讲，这个写入的过程称为固化程序。由于击穿的二极管不能再正常工作，烧断后的熔丝不能再接上，所以这种 ROM 器件只能固化一次程序，数据写入后，就不能再改变。

除以上外，还有浮栅 MOS 管、叠栅注入 MOS 管、浮栅隧道氧化层 MOS 管、快闪存储单元式 PROM，这样可以得到的 PROM 和 EPROM 存储 1 位二进制数的基本结构，如图 7.3.5 所示。

可编程逻辑器件的与或阵列结构利用的是与 PROM 相同的数据写入技术，即生产厂家在制造器件时，把与、或结构中的电路全部或部分制作成 1 电路，并连接一个起开关作用的元件。用户可通过编程的方法断开这些起开关作用的连接元件，使器件具有不同的功能。根据用户编程范围的大小，可分为与或阵列均可编程，与阵列可编程而或阵列不可编程、与阵列不可编程而或阵列可编程三类。PROM 器件与阵列不可编程而或阵列可编程一类，FPAL 属于与或阵列均可编程一类，PAL、GAL、CPLD 属于与阵列可编程而或阵列不可编程一类。PROM 存储单元中字线和位线的可编程连接关系用×表示，如图 7.3.6 所示。

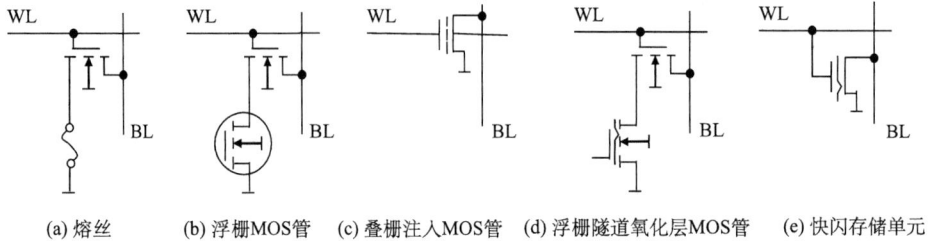

(a) 熔丝　　　(b) 浮栅MOS管　　(c) 叠栅注入MOS管　(d) 浮栅隧道氧化层MOS管　　(e) 快闪存储单元

图 7.3.5　PROM 的存储单元电路结构

图 7.3.6　PROM 存储单元的简化表示

7.3.2　只读存储器实现组合逻辑电路

ROM 除用作存储器外，还可以用来实现各种组合逻辑函数。因为 ROM 中的地址译码器实际上是个与阵列，若把地址线当做逻辑函数的输入变量，则可在地址译码器的输出端对应产生全部最小项；而存储矩阵是个或阵列，可把有关最小项相或后获得输出变量，ROM 有几个数据输出端，就可得到几个逻辑函数的输出，所以可以用 ROM 实现任何组合逻辑函数。实现方法很简单，只要列出该函数的真值表，以最小项相或的原则，即可直接画出存储矩阵的阵列图。下面举例说明。

例 7.3.3　三人表决电路，当输入变量 A、B、C 中有两个或两个以上取值为 1 时，输出 Y 为 1；否则，输出 Y 为 0。用二极管固定 ROM 来实现三人表决电路功能。

解　在之前的学习中，知道它的逻辑表达式和真值表。

$$Y(A,B,C) = \overline{A}BC + A\overline{B}C + AB\overline{C} + ABC = m_3 + m_5 + m_6 + m_7$$

根据题意，选用输入地址为 3 位 A、B、C 和输出数据为 1 位 D_0 的 8×1 位的二极管固定 ROM 来实现三人表决电路功能，其电路如图 7.3.7 所示。三人表决真值表如表 7.3.2 所示。

从例 7.3.3 可以看出，地址线与字线之间的关系就是输入变量与最小项之间的关系。而字线与位线之间是或逻辑关系，因此，地址线和位线之间就构成了与或逻辑关系。这正是实现逻辑函数最基本的运算关系。所以，PROM 器件可以用来实现逻辑函数。由于地址线与字线的关系在 PROM 器件中是固定的，所以用实心圆点表示。

例 7.3.4　设某一 PROM 的存储容量为 4×4，试确定需要多少位地址线才能满足寻址要求，并且列出对应的码表。

解　根据题意，$N=4$，则 $\log_2 N = \log_2 4 = 2$。因此，共需要使用两条地址线。

地址线与字线的对应码表如表 7.3.3 所示。其中 A_0、A_1 为地址线，W_0、W_1、W_2、W_3 为字线。

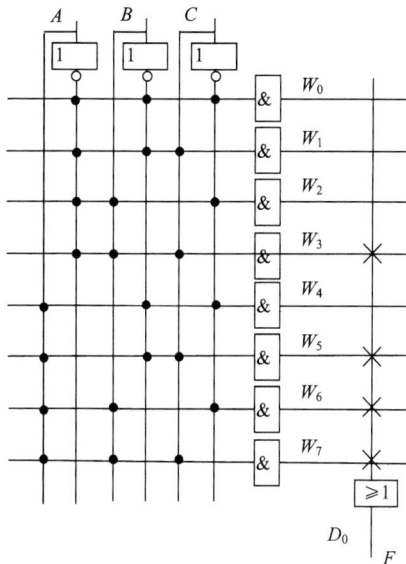

图 7.3.7　二极管固定 ROM 来实现三人表决电路

表 7.3.2　三人表决真值表

A	B	C	Y
0	0	0	0
0	0	1	0
0	1	0	0
0	1	1	1
1	0	0	0
1	0	1	1
1	1	0	1
1	1	1	1

可以得

$$W_0 = \overline{A_1}\,\overline{A_0}, \qquad W_1 = \overline{A_1}A_0, \qquad W_2 = A_1\overline{A_0}, \qquad W_3 = A_1A_0$$

仿照图 7.3.4 所示或运算的简化阵列图，可以将与运算电路用类似的阵列图表示，如图 7.3.8 所示。

表 7.3.3　例 7.3.4 的码表

A_1	A_0	W_0	W_1	W_2	W_3
0	0	1	0	0	0
0	1	0	1	0	0
1	0	0	0	1	0
1	1	0	0	0	1

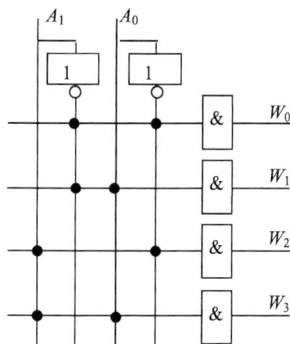

图 7.3.8　例 7.3.4 的与阵列图

例 7.3.5　试写出图 7.3.9 所示与或阵列所实现的逻辑功能。

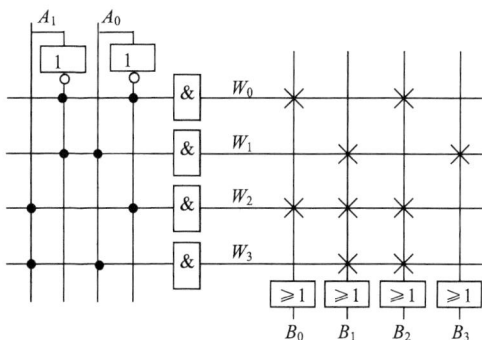

图 7.3.9　例 7.3.5 的与或阵列图

解　根据与、或阵列所表示的逻辑关系可得

$$W_0 = \overline{A_1}\,\overline{A_0}, \qquad W_1 = \overline{A_1}A_0, \qquad W_2 = A_1\overline{A_0}, \qquad W_3 = A_1A_0$$

$$B_0 = W_0 + W_2, \qquad B_1 = W_1 + W_2 + W_3, \qquad B_2 = W_0 + W_2 + W_3, \qquad B_3 = W_1$$

所以得

$$B_0 = W_0 + W_2 = \overline{A_1}\,\overline{A_0} + A_1\overline{A_0}$$

$$B_1 = W_1 + W_2 + W_3 = \overline{A_1}A_0 + A_1\overline{A_0} + A_1A_0$$

$$B_2 = W_0 + W_2 + W_3 = \overline{A_1}\,\overline{A_0} + A_1\overline{A_0} + A_1A_0$$

$$B_3 = W_1 = \overline{A_1}A_0$$

可见，图 7.3.9 所示的与或阵列实现了 4 个简单的逻辑函数。

例 7.3.6　简要说明 FPAL 器件的电路结构。用 FPAL 器件实现数字逻辑函数 $F = A\overline{B} + AC$。如图 7.3.10 所示。

解　图 7.3.10 所示电路是生产厂家在制造器件时，把与、或结构中的电路全部或部分制作成 1 电路。并连接一个起开关作用的元件。用户可通过编程的方法断开这些起开关作用的连接元件。

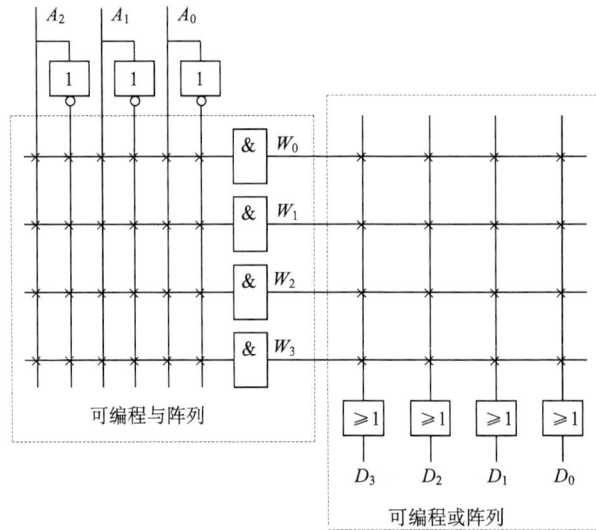

图 7.3.10　FPAL 器件的电路结构

FPAL 属于与或阵列均可编程器件，所以用户可以通过对与阵列和或阵列编程，来实现逻辑函数 $F = A\overline{B} + AC$。根据逻辑函数可得数字逻辑电路结构，如图 7.3.11(a)所示。

由图 7.3.11(a)得

$$W_0 = A\overline{B}$$

$$W_1 = AC$$

所以：

$$F_0 = A\overline{B} + AC$$

对逻辑函数分析后，可得满足逻辑函数 $F = A\overline{B} + AC$ 的与或逻辑阵列的逻辑结构，如图 7.3.11（b）所示。其中包括与门阵列和或门阵列。与门阵列用来实现所有的与项，或门阵列用来实现所有与项的或运算。

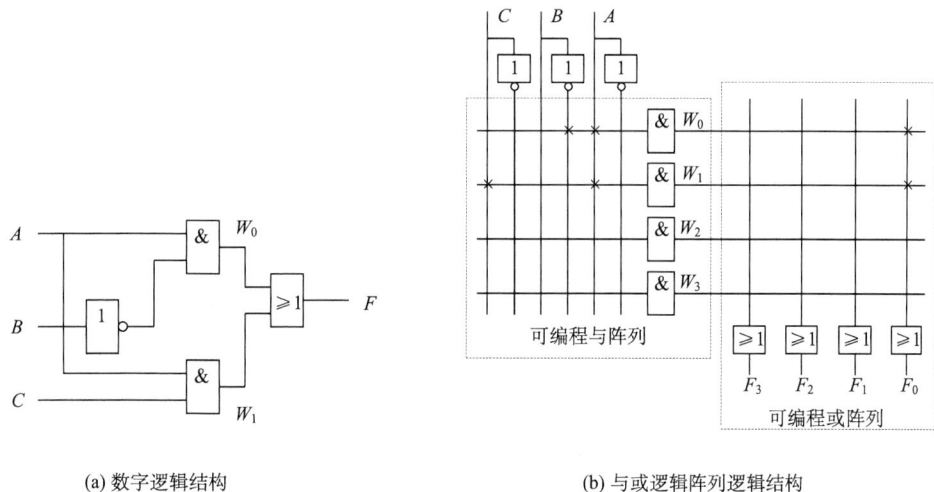

(a) 数字逻辑结构   (b) 与或逻辑阵列逻辑结构

图 7.3.11 例 7.3.6 的逻辑图和阵列图

利用 FPAL 器件可以实现逻辑函数，但由于其内部没有触发器，因此只能实现组合逻辑电路，不能实现时序逻辑电路。

7.3.3 典型只读存储器芯片

Intel 2716 是一种 2K×8=16K 只读存储器 EPROM 芯片。芯片是双列直插式封装，24 个引脚。断电后数据不会丢失，在微机系统的运行过程中，只能对其进行读操作，而不能进行写操作，用于存储固定数据。Intel 2716-EPROM 集成芯片的主要参数：电源电压 V_{CC}=+5V，编程高电压 V_{PP}=+25V，工作电流最大值 100mA，维持电流最大值 25 mA，最大读取时间 450ns，存储容量 2K×8 位。2716 的外引线有地址线 A_0 到 A_{10}；数据线 D_0 到 D_7；控制线 $\overline{CE}/PGM$、$\overline{OE}$ 以及电源 V_{CC}、V_{PP} 和地 GND 等，如图 7.3.12 所示。

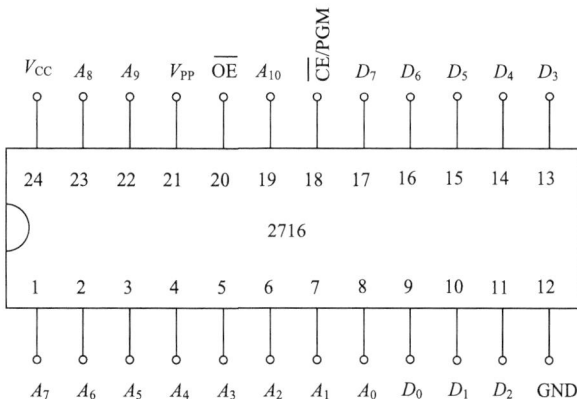

图 7.3.12 2716 外引线排列图

引脚说明, Intel 2716 有 24 个引脚, 各引脚的功能如下。

$A_0 \sim A_{10}$: 地址信号输入引脚, 可寻址芯片的 2K 个存储单元;

$D_0 \sim D_7$: 双向数据信号输入输出引脚;

$\overline{CE}$: 片选信号输入脚, 低电平有效;

$\overline{OE}$: 数据输出允许控制信号引脚, 低电平有效;

PGM: 固化电平的正脉冲;

V_{CC}: +5V 电源, 用于在线的读操作;

V_{PP}: +25V 电源, 用于在专用装置上进行写操作;

GND: 地。

Intel 2716 的工作方式如下。

(1)读方式: 当片选/编程 $\overline{CE}$ / PGM=0、输出允许 $\overline{OE}$=0, 并输入地址码时, 可从 $D_0 \sim D_7$ 读出该地址单元的数据。

(2)维持方式: 当 $\overline{CE}$ / PGM=1, $D_0 \sim D_7$ 呈高阻浮置态, 芯片进入维持状态, 电源电流下降到维持电流 25 mA 以下。

(3)编程方式: 使 V_{PP}=+25V, $\overline{OE}$=1, 当地址码和需要存入该地址单元的数据稳定送入之后, 在 $\overline{CE}$ / PGM 端送入 50ms 宽的 TTL 电平的正脉冲, 数据立即被固化到这个地址单元中。

(4)编程禁止方式: 当对多片 2716 编程时, 除 $\overline{CE}$ / PGM 端外, 各片其他同名端子都接在一起。对某一片编程时, 可使该片的 $\overline{CE}$ / PGM 端加编程正脉冲, 其他各片因 $\overline{CE}$ / PGM = 0 而禁止数据写入, 即这些片处于编程禁止状态。

(5)编程检验方式: 使 V_{PP}=+25V, 再按"读方式"操作, 即可读出已编程固化好的内容, 以便校对。

将以工作方式归纳于表 7.3.4 内。

表 7.3.4 EPROM2716 工作方式

工作方式	$\overline{CE}$ / PGM	$\overline{OE}$	V_{PP}	输出 D
读出	0	0	+5V	数据输出
维持	1	×	+5V	高阻浮置
编程	⊓	1	+25V	数据写入
编程禁止	0	1	+25V	高阻浮置
编程检验	0	0	+25V	数据输出

例 7.3.7 用 2K×8 的 2716 存储器芯片组成 8K×8 的存储器系统。

解 分析: 由于每个芯片的字长为 8 位, 故满足存储器系统的字长要求。但由于每个芯片只能提供 2K 个存储单元, 需要用 4 片这样的芯片, 以满足存储器系统的容量要求。这种扩展存储器的方法就称为字扩展, 图 7.3.13 用 2716 组成 8K×8 的存储器。

设计要点如下。

(1)先将每个芯片的 11 位地址线按引脚名称——并联, 然后按次序逐个接至系统地址总线的低 11 位；

　　(2)将每个芯片的 8 位数据线依次接至系统数据总线的 $D_0 \sim D_7$；

　　(3)芯片的 $\overline{OE}$ 端并在一起后接至系统控制总线的存储读信号(这样连接的原因同位扩充方式)；

　　(4)它们的 $\overline{CE}$ 引脚分别接至地址译码器的不同输出，地址译码器的输入则由系统地址总线的高位来承担。

　　当存储器工作时，根据高位地址的不同，系统通过译码器分别选中不同的芯片，低位地址码则同时到达每一个芯片，选中它们的相应单元。在读信号的作用下，选中芯片的数据被读出，送到系统数据总线，产生一个字节的输出。

　　这种扩展存储器的方法就称为字扩展，它同样可以适用于多种芯片，如可以用 8 片 27128(16K×8)组成一个 128K×8 的存储器等。

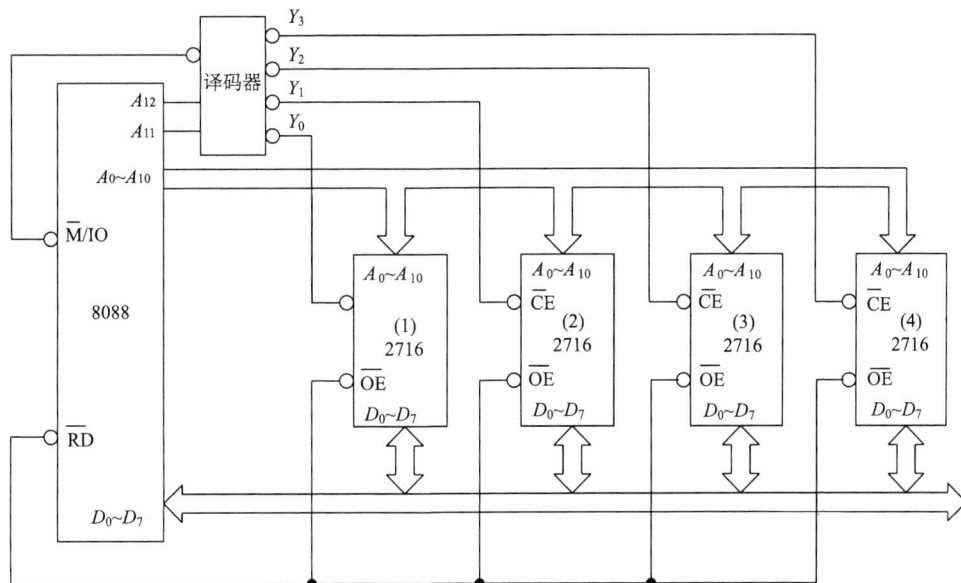

图 7.3.13　用 2716 组成 8K×8 的存储器

7.4　顺序存储器 SAM

　　SAM 是顺序读取存储器，顺序读取意味着其中的存储单元不仅要保存数据，而且还能动态移位，使得数据能依次写入或读出。因此，SAM 的存储单元是动态移位寄存单元。

　　动态移位寄存单元有多种不同的结构，图 7.4.1 所示为其中一种。主要原理是在时钟信号下，控制各 MOS 管的导通和截止时间，在电容中以电荷形式暂存数据，并随着电容中电荷的消失以及刷新工作，使得数据从串联的各存储单元依次传递。

　　SAM 由动态移存器组成。动态移存器电路简单，适合大规模集成。它利用 MOS 管栅极和基片之间的输入电容(栅电容)来暂存信息。由于 MOS 管的输入电阻极大，在栅电容上充入电荷后，电荷经输入电阻的自然泄漏(放电)比较缓慢，至少可以保持几毫秒，如果移位脉冲(CP)的周期在微秒数量级，则在一个周期内栅电容上的电荷基本不变，栅极电位也基本不变。若长时间没有移位脉冲的推动，存放在栅电容上的信息就会随着电荷的泄漏而消失。所以它只能在移位脉冲的推动下，也就是在动态中运用。故称它为动态移存器，其最小单元电路如图 7.4.1 所示。

图 7.4.1 由主从两个部分构成，虚线左为主，虚线右为从，且两部分电路完全一样。T_1 和 T_2 构成传输门，T_3 和 T_4 构成反相器，C_1 为 MOS 管栅极寄生电容。其工作原理与主从 D 触发器相似。

当 CP=1 时，主传输门导通，输入数据存入栅电容 C_1；从传输门关断，栅电容 C_2 上的信息保持不变。这时主反相器接收信息；从动态反相器保持原存信息。CP=0 时，主传输门关断，封锁了输入信号；从传输门导通，C_1 上的信息经过主反相后传输到 C_1，再经从反相输出。这时主动态反相器保持原存信息；从动态反相器随主动态反相器变化。如此经过一个 CP 的推动数据即可向右移动一位。

SAM 便于顺序存取，但若要从中任意存取一个数据，则很费时间而且不方便，所以这种存储器已经慢慢被随机存取存储器所取代。

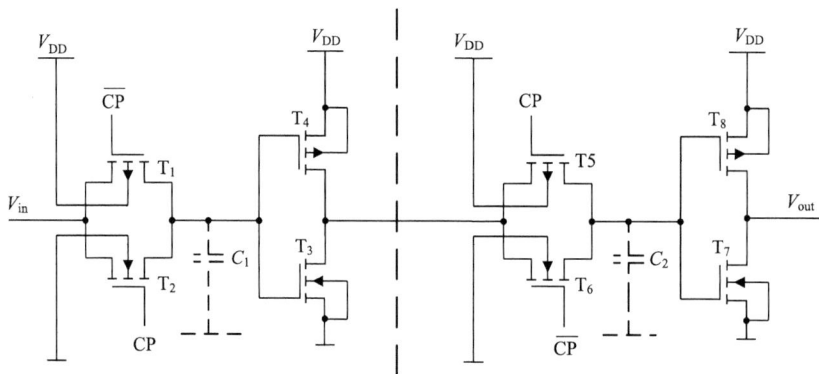

图 7.4.1　SAM 的移位存储器基本单元

7.5　仿真实验

实验　时序逻辑电路仿真分析和设计

1. 实验目的

1)掌握移位寄存器的主要功能和基本工作特性。
2)理解 MSI 移位寄存器的基本使用方法。
3)能够用移位寄存器设计并调试简单的应用电路。
4)掌握逻辑器件库调用和使用方法。
5)基本掌握中规模数字集成电路的使用方法。

2. 实验环境

1)计算机；

2) Multisim 电子电路仿真软件；

3) Windows 或 XP 操作系统。

3. 实验原理

1) 基本功能

移位寄存器是在基本寄存器的基础上增添了"移位"功能，它可以在移位信号的控制下，让所存的多位数码以时钟脉冲为节拍依次左移或右移。既能够左移又能够右移的寄存器称为双向移位寄存器。根据存取信息的不同方式(并行输入、并行输出、串行输入、串行输出)移位寄存器又可以分为串入串出、串入并出、并入串出、并入并出四种形式。

2) 主要应用

(1) 用于算是运算。做乘法运算时将部分积右移。做除法运算时把余数左移。

(2) 用于信息传输。

(3) 用于逻辑判断与控制。

(4) 用于构成各种环形、扭环形计数器。

(5) 用于产生顺序脉冲。

(6) 用于生成序列信号。

4. Multisim 仿真分析

1) 4 位双向移位寄存器 74LS194 功能分析

从 TTL 元器件库调出 4 位双向移位寄存器 74LS194，编辑如图 7.5.1 所示的功能分析仿真电路。74LS194 的移位功能体现在选择端 S_0 和 S_1 的状态上，见表 7.5.1。此处暂令并行输入数码 ABCD=1001，改变各开关状态，仿真分析 74LS194 的基本功能。

表 7.5.1 双向移位寄存器 74LS194 功能简表

输入				输出				工作状态
CLK	$\overline{\text{CLK}}$	S_1	S_0	Q_A^{n+1}	Q_B^{n+1}	Q_C^{n+1}	Q_D^{n+1}	
×	0	×	×	0	0	0	0	清零
↑	1	1	1	A	B	C	D	置数
↑	1	0	1	SR	Q_A^n	Q_B^n	Q_C^n	右移
↑	1	1	0	Q_B^n	Q_C^n	Q_D^n	SL	左移
×	1	0	0	Q_A^n	Q_B^n	Q_C^n	Q_D^n	保持

2) 4 位双向移位寄存器 74LS194 的应用

(1) 74LS194 容量扩展。扩展 74LS194 的容量，只要将各芯片的时钟和全部控制端并接在一起，即可得到满意的效果，如图 7.5.2 所示。

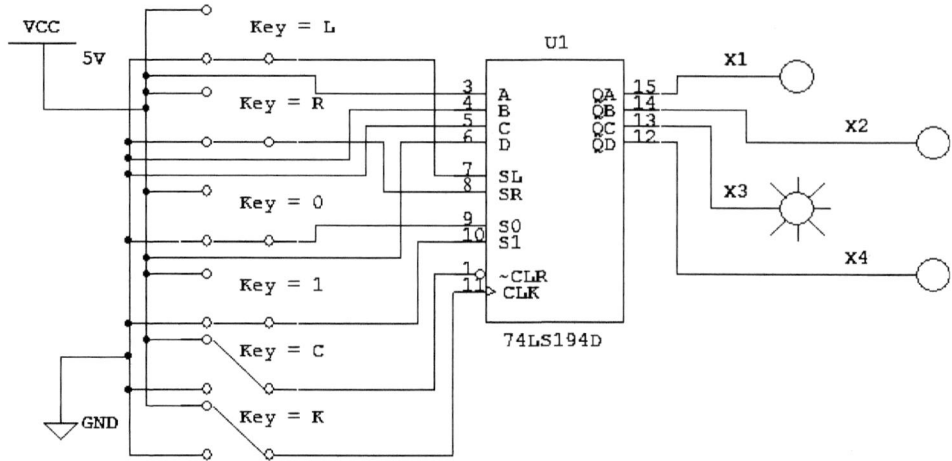

图 7.5.1　4 位双向移位寄存器 74LS194 仿真电路

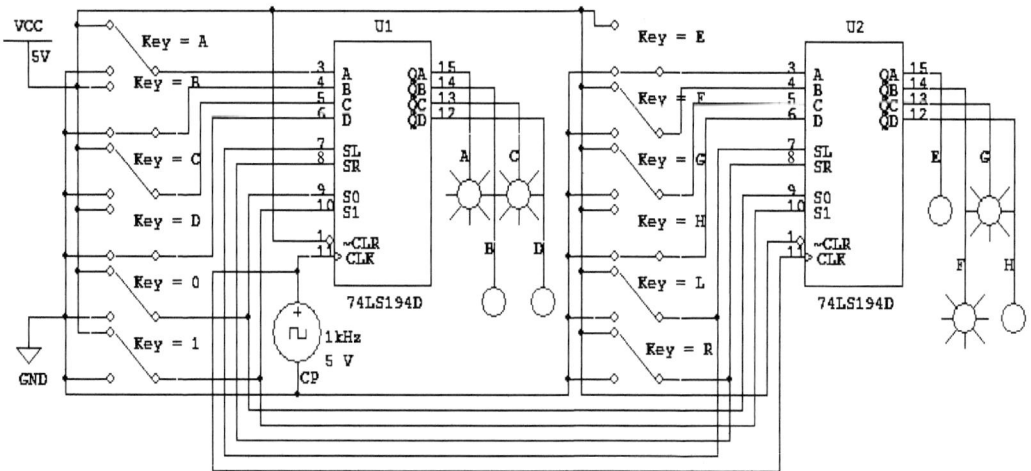

图 7.5.2　两片 74 LS194 仿真电路

(2)7 位数码串行输入/并联输出转换。编辑 7 位串行/并行转换电路如图 7.5.3 所示。图中 S_0 接高电平，S_1 受 X_7 控制，两片寄存器接成串行输入右移工作模式。当 $X_7=1$ 时，使 $S_1S_0=01$，电路为串入右移工作方式。当 $X_7=0$ 时，使 $S_1S_0=11$，串入右移工作模式结束。串入的 7 位数据转为并行输出。在下一个有效时钟到来时，电路回到初始状态 $X_0X_1X_2X_3X_4X_5X_6X_7=01111111$，为再一次串行输入做准备。记录电路的输出波形。

(3)产生顺序脉冲。编辑 4 位顺序脉冲产生电路，如图 7.5.4 所示。图中 $SL=Q_A$，实为环形计数电路。首先通过 0 按键令 $S_1S_0=11$，并行置入数据 $ABCD=1000$。然后令 $S_SS_0=10$，启动左移输入方式，则电路即为在时钟脉冲的作用下生成高电平顺序脉冲。记录电路的输出波形。

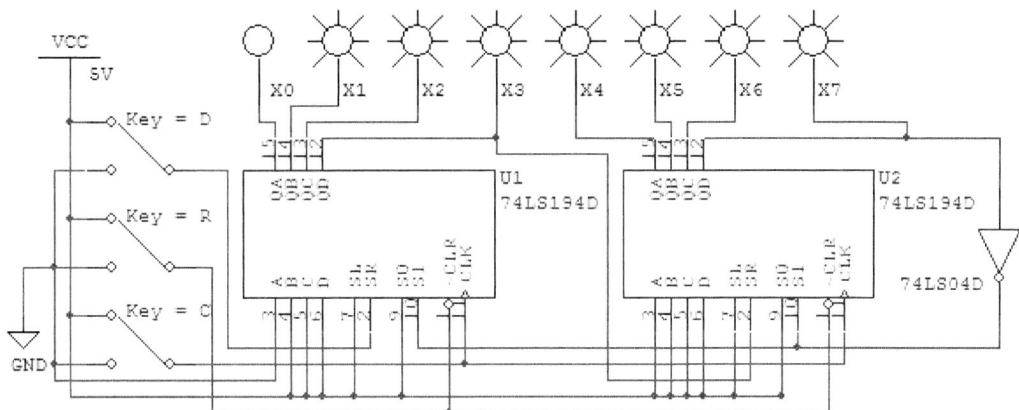

图 7.5.3　7 位数码串行输入/并联输出转换仿真电路

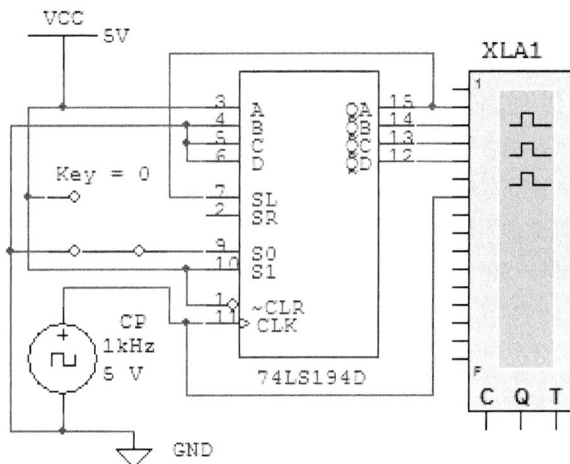

图 7.5.4　4 位顺序脉冲产生仿真电路

5. 思考题

(1) 4 位移位寄存器 74LS194 的清零信号是高电平有效还是低电平有效？是异步信号还是同步信号？

(2) 4 位移位寄存器 74LS194 的有效时钟是边沿还是电平？若是边沿时钟，是上升沿有效还是下降沿有效？若是电平时钟，是高电平有效还是低电平有效

(3) 4 位移位寄存器 74LS194 有几种清零方式？有几种保存数码方式？

(4) 如何将图所示的 7 位数码串行右移输入改为串行左移输入？如何将电路的初始状态码改为？

本 章 小 结

本章所学的各种半导体存储器汇总如下。

功能分类
- 随机存储器RAM
  - 静态存储器SRAM（六管MOS静态存储单元）
  - 动态存储器DRAM（单管、三极管MOS静态存储单元）
- 只读存储器ROM
  - 掩模ROM（二极管、MOS管）
  - 可编程ROM(PROM)（三极管+熔丝）
  - 可擦除可编程ROM(EPROM)
- 顺序存储器SAM——动态移存单元

思考题与习题

思考题

7.1　数字电路中的存储器有哪些特征？

7.2　RAM 存储器的基本电路功能是什么？

7.3　ROM 与 RAM 之间的技术差别是什么？

7.4　使用存储器能够实现组合逻辑系统，其基本原理是什么？

7.5　根据电路和数字逻辑系统的应用特点，存储器可以分为几种类型？

7.6　什么样的数字电路器件叫做 PLD 器件？什么叫做 FPGA 器件？FPGA 器件的特点是什么？

7.7　什么叫做与或逻辑阵列电路？

7.8　简述 SAM、SRAM 和 DRAM 工作的特点和三者的区别。

7.9　总结固化 ROM 的分类和特点。

7.10　"ROM 是只读存储器" 这种说法正确吗？正确的说法应该怎样？

习题

7.11　图题 7.11 是一个与或逻辑阵列，如果要实现 $F=ABC+CD$，试连接与阵列和或阵列(标记连接点)。

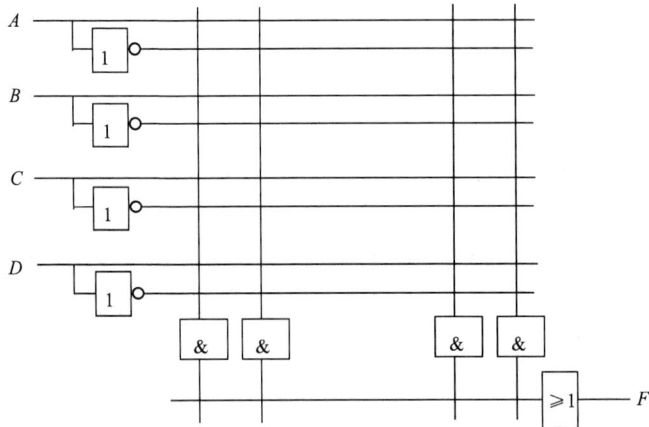

图题 7.11

7.12　图题 7.12 是一个与或逻辑阵列，如果要实现 $F_1=ABC+CD$，$F_2=AC+BD$，试连接与阵列和或阵列

（标记连接点）。

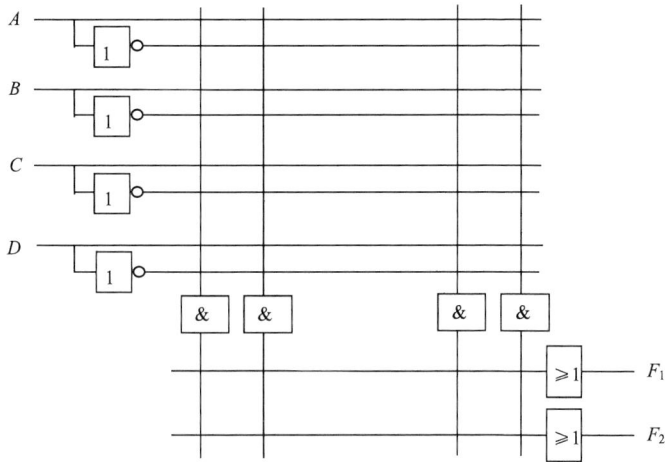

图题 7.12

7.13　用 2716 型 EPROM 实现两位 8421 BCD 码到 7 位二进制码的转换。指出输入变量、输出变量、选用地址范围，列出简化的 EPROM 存储内容表，并画出 2716 的外引线连接图。

7.14　试用 8×2 的 PROM 实现逻辑函数 $F = A\bar{B}C + A\bar{B}\bar{C} + \bar{A}B\bar{C} + \bar{A}BC$。

7.15　写出图题 7.15 的逻辑表达式。

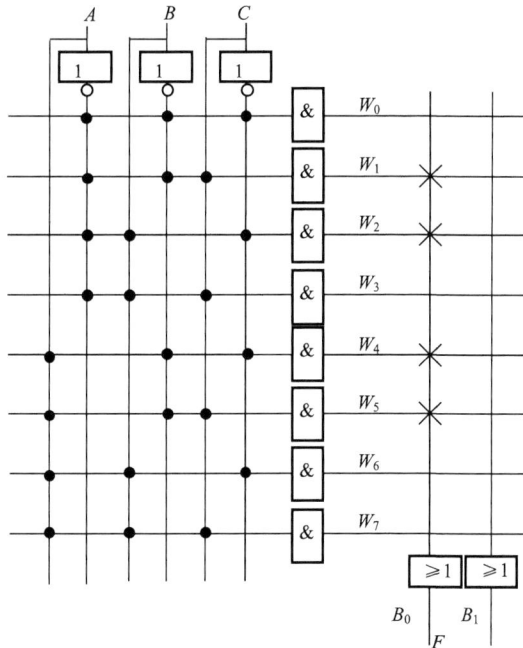

图题 7.15

7.16　图题 7.16 是一个宏单元，根据宏单元的连接关系，列写 D 触发器输出端的逻辑方程。如果电路初始时 D 触发器输出为 1，输入信号组合为 101、110、111、000、001、010，绘制出六个时钟周期的波形，并进行仿真观察。

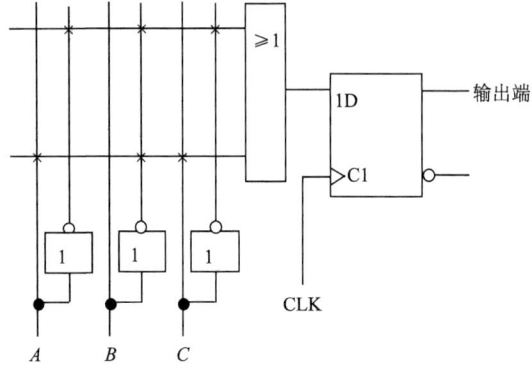

图题 7.16

7.17　用 2716 型 RAM 构成一个 16K×16 位的存储器，并画出电路图。

7.18　用 1K×4 的 2114 存储器芯片组成 1K×8 的存储器系统。

7.19　试画出容量为 2K×8 的 RAM 连接图(RAM 用 2114,地址区为 0800H～0 FFFH)。

7.20　试画出容量为 8K×8 的 ROM 连接图(ROM 用 2716,地址区为 4000H 开始)。

第8章 脉冲电路

在数字电路中常常需要各种脉冲波形,这些脉冲波形的获取,通常有两种方法:一种是将已有的非脉冲波形通过波形变换电路获得;另一种则是采用脉冲信号产生电路直接得到。

本章主要介绍由集成门构成的施密特触发器、单稳态触发器、多谐振荡器及555定时器的组成原理和应用。

8.1 脉冲信号与脉冲电路

8.1.1 脉冲信号

凡不具有连续正弦波形状的信号,几乎都可以通称为脉冲信号。如图 8.1.1 所示的各种脉冲波形:(a)是方波;(b)是矩形波;(c)是尖顶脉冲;(d)是锯齿波;(e)是钟形脉冲。这些脉冲波形都是时间函数,但它们的幅值变化有的有突变点,有的有缓慢变化部分和快速变化部分。有的有变化部分和不变部分。

理想的方波和矩形波突变部分是瞬时的,不占用时间。但实际中,脉冲电压从零值跃升到最大值时,或从最大值降到零值时,都需要经历一定的时间。图 8.1.2 所示为矩形脉冲信号的实际波形图。

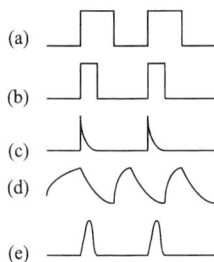

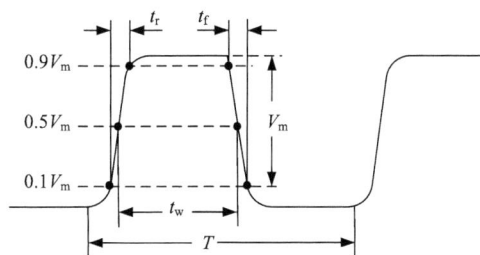

图 8.1.1　脉冲波形　　　　　图 8.1.2　实际的矩形脉冲信号波形

脉冲周期 T:周期性重复的脉冲序列中,两个相邻脉冲之间的时间间隔。有时也使用频率,$f=1/T$ 表示单位时间内脉冲重复的次数。

脉冲幅度 V_m:脉冲电压的最大变化幅度,其数值等于脉冲电压的最大值减去最小值。

上升时间 t_r:指脉冲信号由 $0.1V_m$ 升至 $0.9V_m$ 所经历的时间,又称为前沿。

下降时间 t_f:指脉冲信号由 $0.9V_m$ 降至 $0.1V_m$ 所经历的时间,又称为后沿。

脉冲宽度 t_w:从脉冲前沿到达 $0.5V_m$ 起,到同一个脉冲后沿到达 $0.5V_m$ 为止的一段时间。

占空比 q:脉冲宽度与脉冲周期的比值,亦即 t_w/T。

此外,在具体的应用时,还可能有一些特殊的要求,如脉冲周期和幅度的稳定性等。这时还需要增加一些相应的性能参数来说明。

8.1.2　脉冲电路

脉冲电路可以用分立晶体管、场效应管作为开关和 RC 或 RL 电路构成，也可以由集成门电路或集成运算放大器和 RC 充、放电电路构成。脉冲电路是用来产生和处理脉冲信号的电路，常用的电路有双稳态触发器、单稳态触发器、自激多谐振荡器、射极耦合双稳态触发器(施密特电路)及锯齿波电路。

8.2　常用脉冲电路

8.2.1　施密特触发器

施密特触发器不同于前面所讲述的各类触发器，在工程实际应用中常用来完成波形变换，主要用于把非正常的逻辑信号或模拟信号整理成数字电路所需要的逻辑电平信号。施密特触发器的一个重要特点就是，触发器具有滞后特性，这是一般逻辑门电路所不具备的。它具有以下工作特点。

(1) 电路的触发方式属于电平触发，对于缓慢变化的信号仍然适用，当输入电压达到某一定值时，输出电压会发生跳变。由于电路内部正反馈的作用，输出电压波形的边沿很陡直。

(2) 在输入信号增加和减少时，施密特触发器有不同的阈值电压，正向阈值电压 V_{T+} 和负向阈值电压 V_{T-}。正向阈值电压与负向阈值电压之差，称为回差电压，用 ΔV_T 表示($\Delta V_T = V_{T+} - V_{T-}$)。根据输入相位、输出相位关系的不同，有同相输出和反相输出两种电路形式，其电压传输特性曲线及逻辑符号分别如图 8.2.1 所示。根据传输特性曲线的输入输出关系，每一个施密特触发器都是由两个部分组成：第一部分输出从高电平翻转为低电平；第二部分，输出从低电平翻转为高电平。此曲线就作为施密特触发器的标志。

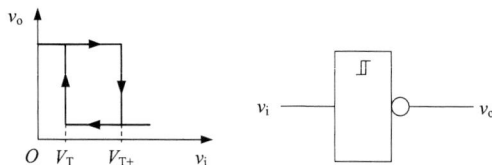

(a) 反相输出施密特电路的传输特性及逻辑符号

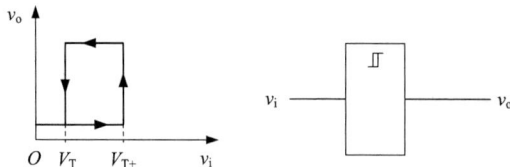

(b) 同相输出施密特电路的传输特性及逻辑符号

图 8.2.1　施密特电路的传输特性

1. 用两级 CMOS 反相器构成的施密特触发器

两级 CMOS 反相器构成的施密特触发器电路，如图 8.2.2(a)所示。

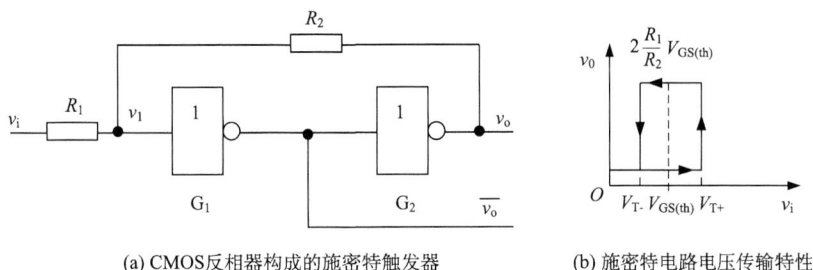

(a) CMOS反相器构成的施密特触发器   (b) 施密特电路电压传输特性

图 8.2.2　两级 CMOS 反相器构成的施密特触发器

图中，G_1、G_2 是 CMOS 反相器，输入 v_i 通过电阻 R_1、R_2 分压来控制反相门 G_1、G_2 的状态。

当输入 $v_i=0$ 时，门 G_1 的输出逻辑电平为高电平，输出电压为 $\bar{v}_o = V_{DD}$，由于门 G_2 的输入电平为高电平，则 G_2 的输出逻辑电平为低电平，输出电压为 $v_o = 0$，这是施密特触发器的第一种稳定状态。

当输入 v_i 逐步上升时，$v_1 = \dfrac{R_1}{R_1 + R_2} v_i$ 也逐步上升，只要 $v_1 < V_{GS(ts)}$，电路保持在 $v_o=0$ 的稳定状态。

当输入 v_i 上升至使 $v_1 \geqslant V_{GS(ts)}$ 时，则门 G_1 的输出逻辑电平为低电平，输出电压为 $\bar{v}_o = 0$，门 G_2 的输入电平为低电平，则 G_2 的输出逻辑电平是高电平，输出电压为 $v_o = V_{DD}$，这是施密特触发器的第二种稳定状态。此时，输入值 v_i 为施密特触发器的上限触发电平 V_{T+}。

$$v_{T+} = \frac{R_1 + R_2}{R_2} V_{GS(th)} = (1 + \frac{R_1}{R_2}) V_{GS(th)} \tag{8.2.1}$$

只要满足 $v_1 > V_{GS(ts)}$，电路就保证稳定在 $v_o = V_{DD}$ 的状态。后若 v_i 由最大值逐步下降时，则

$$v_1 = (V_{DD} - v_i) \frac{R_1}{R_1 + R_2} + v_i \tag{8.2.2}$$

随 v_i 下降而减少。

当 v_i 继续下降，使 $v_1 \leqslant V_{GS(ts)}$ 时，则门 G_1 输出高电平，门 G_2 出输出低电平，输出电压为 $v_o = 0$，电路发生翻转，施密特触发器进入第一稳定状态。此时，输入值 v_i 为施密特触发器的下限触发电平 V_{T-}。只要电路满足：

$$v_1 = (V_{DD} - v_i) \frac{R_1}{R_1 + R_2} + v_i \leqslant V_{GS(ts)} \tag{8.2.3}$$

可得施密特触发器下限触发器电平为

$$v_{T-} = \frac{R_1 + R_2}{R_2} V_{GS(th)} - \frac{R_1}{R_2} V_{DD} \tag{8.2.4}$$

只要满足 $v_1 < V_{T-}$，触发器电路就稳定在 $v_o = 0$ 状态。

根据式(8.2.1)和式(8.2.4)可以画出电压传输特性曲线，如图 8.2.2(b)所示。

2. 集成施密特触发器

1)CMOS 集成施密特触发器 CC40106 的电路

图 8.2.3 所示电路为 CMOS 集成施密特触发器 CC40106 的电路图,图中(b)所示为传输特性曲线,图 8.2.3 右所示逻辑符号。电路由 3 部分组成,T_{P1}、T_{P2}、T_{P3} 及 T_{N1}、T_{N2}、T_{N3} 构成施密特触发器;T_{P4}、T_{P5} 及 T_{N4}、T_{N5} 构成两个首尾相连的反相器,用来改善输出波形(整形);T_{P6} 及 T_{N6} 组成输出缓冲级,以提高电路的带负载能力,同时起隔离作用。

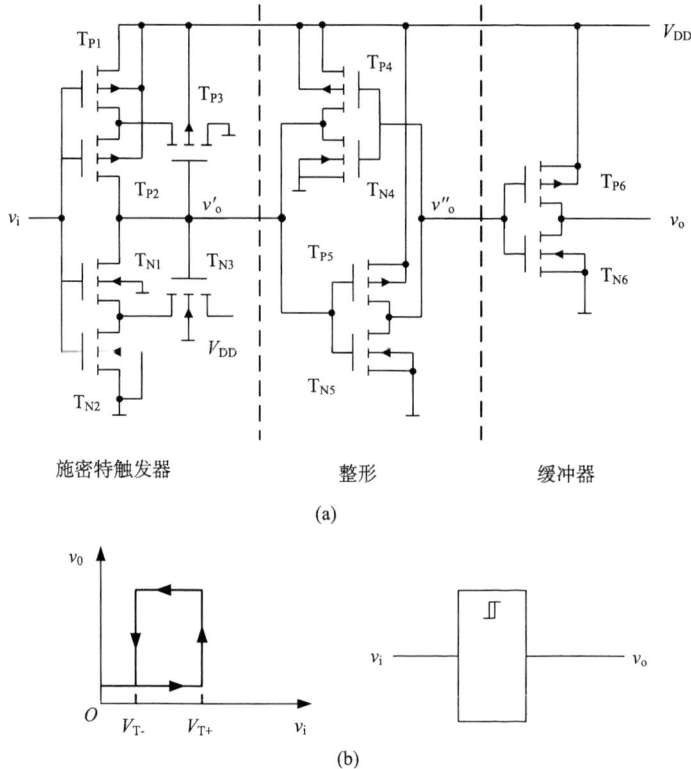

(a)

(b)

图 8.2.3　CMOS 集成施密特触发器 CC40106 的电路

当输入 $v_i=0V$ 时,T_{P1}、T_{P2} 导通,T_{N1}、T_{N2} 截止,输出 v'_o 为高电平,经 T_{P5}、T_{N5} 反相,v''_o 为低电平,v''_o 经 T_{P6}、T_{N6} 反相,使输出 $v_o=V_{OH}=V_{DD}$。v'_o 又作为 T_{P4}、T_{N4} 的输入,维持 v'_o 为高电平。当 v'_o 为高电平时,T_{P3} 截止,T_{N3} 导通,并工作于源极跟随器状态,使 T_{N1} 的源极(T_{N2} 的漏极)电位约为 $V_{DD}-V_{GS(th)N3}$。

v_i 逐步上升,当上升至 $V_{GS(th)N2}$ 以上时,T_{N2} 开始导通,这时 T_{N2} 和 T_{N3} 均处于导通状态,使 T_{N2} 的漏极电位约为 T_{N3} 和 T_{N2} 对 V_{DD} 的分压,近似认为 $\frac{1}{2}V_{DD}$,因此 T_{N1} 此时仍截止。当输入电压 v_i 继续上升,T_{P1}、T_{P2} 导通减弱,内阻增大,使得输出 v'_o 下降(即 T_{N1} 的源极电位下降),当达到 $V_{GSN1}>V_{GS(th)N1}$ 时,T_{N1} 开始导通,使得 v'_o 急剧下降。v'_o 的下降,使 T_{N1} 导通增强,形成正反馈,进而使 T_{P1}、T_{P2} 趋于截止,T_{N1}、T_{N2} 导通,使 v'_o 输出低电平,触发器发生翻转。

v'_0 为低电平时。T_{P3} 导通，T_{N3} 截止。T_{P3} 导通工作于源极输出跟随器状态。v'_0 输出低电平，经反相器 T_{P5}、T_{N5} 反相输出，v''_0 为高电平，经 T_{P6}、T_{N6} 反相，使输出 $v_0=V_{OL}=0V$。v''_0 又作为 T_{P4}、T_{N4} 的输入，维持认 v'_0 为低电平。

当 v'_0 逐步下降时，其工作过程与 v_i 逐步上升相类似。其上、下限触发电平 V_{T+} 和 V_{T-} 的典型数值如表 8.2.1 所示。

表 8.2.1　CC40106 阈值数值

参数名称	V_{DD}/V	最小值/V	最大值/V
V_{T+}	5	2.2	3.6
	10	4.6	7.1
	15	6.8	10.8
V_{T-}	5	0.3	1.6
	10	1.2	3.4
	15	1.6	5.0

2) 输入与非门施密特触发器

图 8.2.4 所示为 4 输入与非门 (TTL) 电路，图中 D_1、D_2、D_3、D_4 构成 4 输入二极管与门，T_1、T_2 构成射极耦合双稳态触发器 (施密特触发器) 电路形式，T_3、D_5 是射极跟随器，完成电平转移，T_4、T_5、T_6 构成推拉式输出电路。集成施密特触发器其上、下限触发电平 V_{T+} 和 V_{T-} 的典型数值如表 8.2.2 所示。

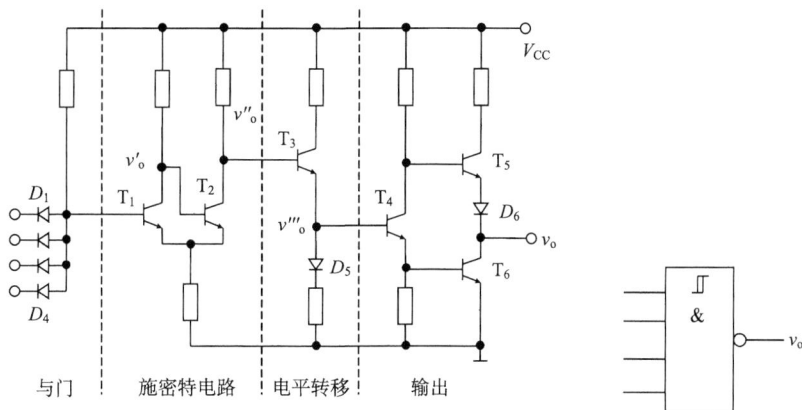

图 8.2.4　输入与非门施密特触发器

表 8.2.2　TTL 施密特触发器阈值数值

参数	CT5413/CT7413		CT5414/CT7414		CT54LS132/CT74LS132	
	最小值/V	最大值/V	最小值/V	最大值/V	最小值/V	最大值/V
V_{T+}	1.5	2	1.5	2	1.4	2
V_{T-}	0.6	1.1	0.6	1.1	0.5	1

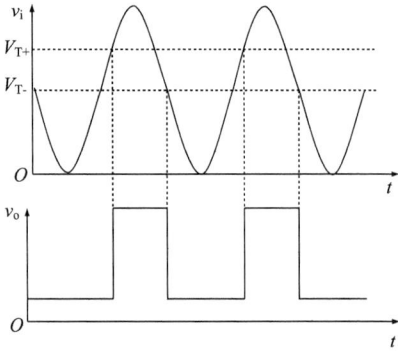

图 8.2.5　施密特触发器实现波形变换

3. 施密特触发器的应用

在数字电路中，施密特触发器常用于波形变换、脉冲整形及脉冲幅度鉴别等。它可以将正弦波形或三角波形变换为矩形波，也可将矩形波整形，并能有效地清除掉叠加在矩形脉冲高、低电平上的噪声等。

1) 波形变换

施密特触发器可以将输入正弦波、三角波、锯齿波等变换成矩形脉冲，如图 8.2.5 所示。将正弦波变换成矩形波。

2) 脉冲整形

在数字电路中，矩形脉冲经过传输后往往发生波形畸变。如 8.2.6 所示畸变波形。

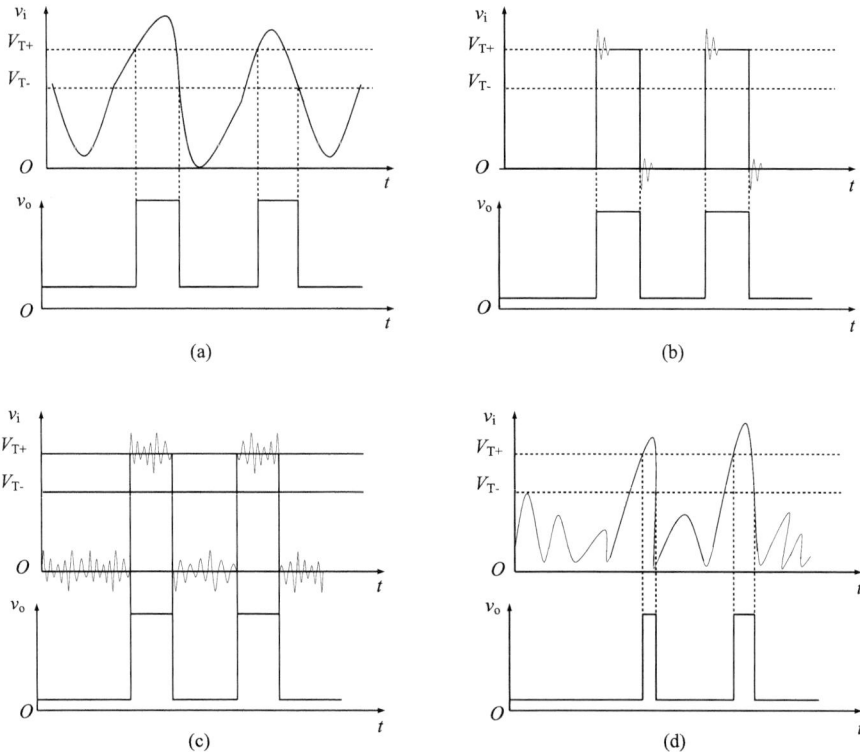

(a)

(b)

(c)

(d)

图 8.2.6　施密特触发器实现脉冲整形

当传输线上电容较大时，使波形的上升和下降沿明显变坏，如图(a)上部分所示；或者由于接收端阻抗与传输线阻抗不匹配时，在波形的上升沿和下降沿将产生振荡，如图(b)中上部分所示；或者在传输过程中接收干扰，在脉冲信号上叠加噪声，如图(c)上部分所示。不论哪一种情况，均使矩形脉冲经传输而发生波形畸变，都可以通过施密特触发器的整形而获得满意的矩形脉冲波，如图 8.2.6(d)下部分所示的波形。

若将一系列幅度各异的脉冲信号加到施密特触发器输入端，只有那些幅度大于上限触发

电平 V_{T+} 的脉冲才在输出端产生输出信号，因此可以选出幅度大于 V_{T+} 的脉冲，如图(d)所示，具有幅度鉴别能力。

8.2.2 单稳态触发器

单稳态触发器主要应用于脉冲整形、延时和定时的常用电路中。单稳态触发器有稳态和暂稳态两个不同的工作状态。在外界触发脉冲的作用下，能从稳定状态翻转到暂稳态，暂稳态维持一段时间后，电路又自动地翻转到稳态。暂稳态维持时间的长短取决于电路本身的参数，与外界触发脉冲无关。

由于单稳态触发器应用十分广泛，因此生产了单片集成单稳态触发器。集成单稳态触发器分为非可重触发和可重触发两种类型。单稳态触发器的逻辑符号如图 8.2.7 所示，图(a)为非可重触发单稳态触发器通用符号，图(b)为可重触发单稳态触发器通用符号。

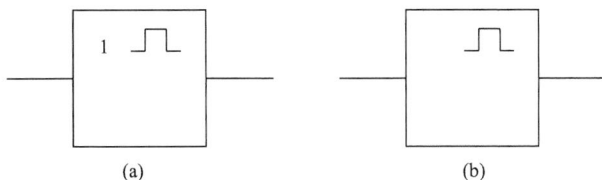

图 8.2.7 单稳态触发器通用逻辑符号

所谓非可重触发单稳态触发器，是指在暂稳态定时时间 t_w 之内，若有新的触发脉冲输入，电路不会产生任何响应。如图 8.2.8 所示，图中 A、B、C、D 为输入触发脉冲。在输入脉冲 A 作用后，电路进入暂稳态，如果在暂稳态持续时间 t_w 内，又有输入脉冲 B、C 来触发，则不会引起电路状态的改变，输出信号脉冲的宽度为 t_w 只有在电路返回到稳态后，电路才受输入脉冲信号作用，如输入脉冲 D 的触发。

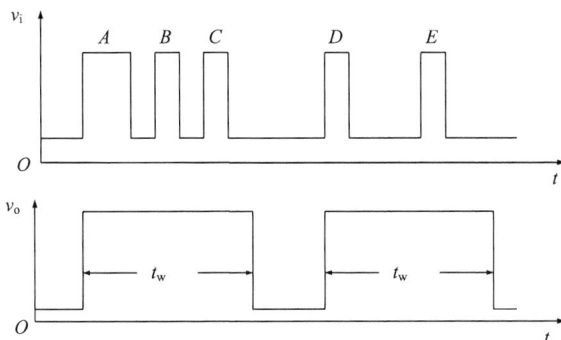

图 8.2.8 非可重触发单稳态触发器波形

所谓可重触发单稳态触发器，是指在暂稳态定时时间 t_w 之内，若有新的触发脉冲输入，可被新的输入脉冲重新触发，如图 8.2.9 所示。电路在受到 A 输入脉冲触发后，电路进入暂稳态。在暂稳态 t_w 期间，经 $(t_\Delta < t_w)$ 时间后，又受到 B 输入脉冲的触发，电路的暂稳态时间又将从受 B 脉冲触发开始，因此输出信号的脉冲宽度将为 $t_\Delta + t_w$。采用可重触发单稳态触发器，只要在受触发后输出的暂态持续期 t_w 结束前，再输入触发脉冲，就可方便地产生持续时间很长的输出脉冲。

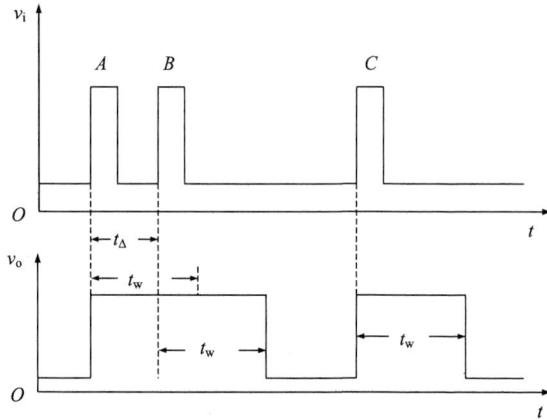

图 8.2.9 可重触发单稳态触发器波形

单稳态触发器电路有多种电路结构,如集成门构成的微分型单稳态触发器、集成门构成的积分型单稳态触发器、施密特触发器构成的单稳态触发器、TTL 集成单稳态触发器、CMOS 集成单稳态触发器等。

1. 集成门构成的积分型单稳态触发器

积分型单稳态触发电路如图 8.2.10 所示。图中有两个与非门电路 G_1、G_2,积分定时电路 RC 构成。

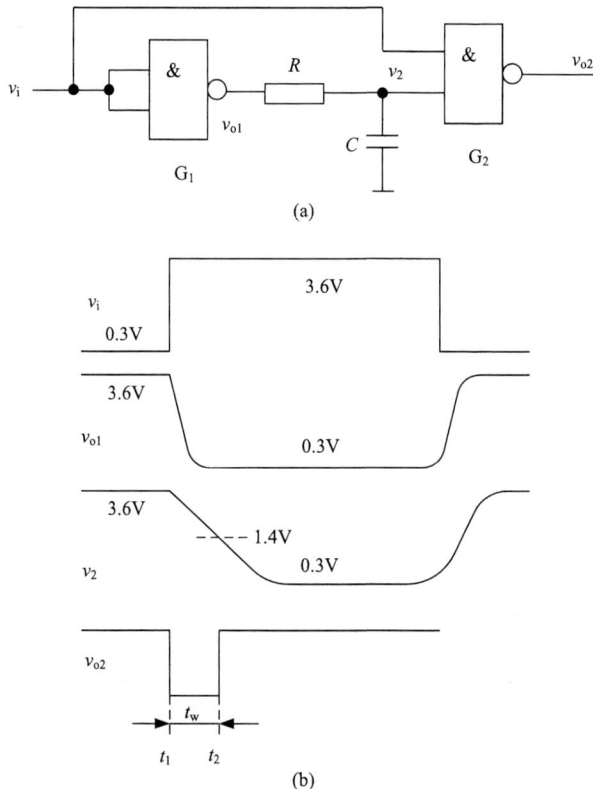

(a)

(b)

图 8.2.10 积分型单稳态触发电路及工作波形

稳定状态：在 $0 \sim t_1$ 稳定状态。这时的输入 v_i 为低电平，两个门的输出 v_{o1}、v_{o2} 为高电平。G_1 对电容充电，电容 C 充电结束，触发器处于稳定状态。

第一次触发翻转：当 $t= t_1$ 时，触发器输入 v_i 上跳变，两个门的输出 v_{o1}、v_{o2} 均下跳变为低电平。触发器翻转一次，从而进入暂稳定。

暂稳定状态：在 $t_1 \sim t_2$ 暂稳定状态。触发器输入 v_i 为高电平，v_{o1} 输出为低电平，电容 C 通过 R 及 G_1 输出端放电。随着放电的进行，电压 v_2 呈指数下降。

触发器自动翻转：当 $t= t_2$ 时，v_2 下降至 V_{th}，G_2 状态发生翻转，v_{o2} 上跳至高电平，触发器自动翻转一次。

当触发器输入 v_i 下跳后，电容 C 重新充电，充电完成后，触发器才回到稳定状态。

要注意在暂态期间，电容 C 放电未达到阈值电压 V_{th} 之前，触发器输入 v_i 不能由高电平下跳，否则 G_2 将因 v_i 的下跳提前翻转，达不到由 RC 电路控制定时的目的。所以要求输入 v_i 比 v_{o2} 脉冲宽。如果要求在输入窄的触发器脉冲时能够得到较宽的输出脉冲，可以采用图 8.2.11 所示电路。该电路的分析与图 8.2.10 的分析方法类似。

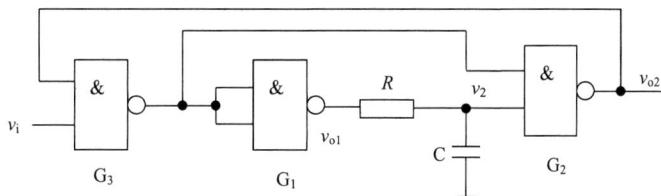

图 8.2.11　宽脉冲输出电路

除集成门构成的积分型单稳态触发器外，还有集成门构成的微分型单稳态触发器，如图 8.2.12 所示。读者根据以上所学的分析方法分析微分型单稳态触发器。

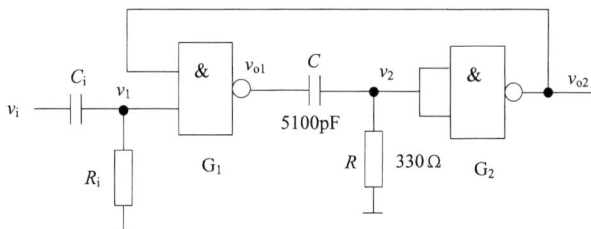

图 8.2.12　微分型单稳态触发器

2. 施密特触发器构成的单稳态触发器

利用施密特触发器构成的单稳态触发器电路如图 8.2.13（a）所示，工作波形如图 8.2.13（b）所示。

当输入电压 $v_i=0$ 时，输出电压 $v_o=V_{OL}=0V$，这是稳定状态。

当输入电压 v_i 正向触发脉冲加到输入端时，v_A 也随着上跳，当上跳的幅度大于 V_{T+}，则输出 $v_o=V_{DD}$，触发器发生一次翻转，由稳定状态进入到暂稳定状态。

随着电容 C 充电，v_A 电位按指数下降，在达到 V_{T-} 之前，电路维持 $v_o=V_{DD}$ 不变。一旦当

v_A 下降至 V_T 时，施密特触发器电路发生自动翻转，$v_o=V_{OL}=0V$，由暂稳态反回至稳定状态。暂稳态维持时间为

$$t_W = RC \ln \frac{V_{IH}}{V_{T-}} \tag{8.2.5}$$

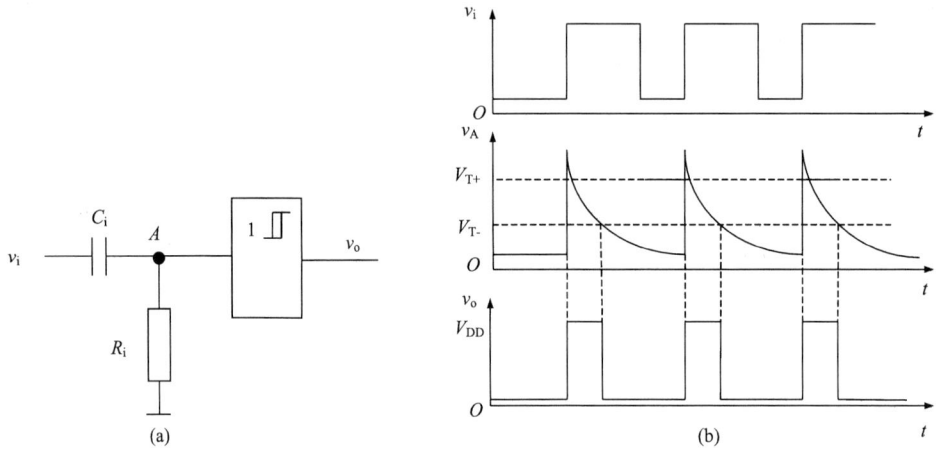

图 8.2.13　施密特触发器构成的单稳态触发器及工作波形

3. CMOS 集成单稳态触发器

常用的 CMOS 集成单稳态触发器有可重触发单稳态触发器 CC14528、CC14538 及非可重触发单稳态触发器 CC74HC123 等。

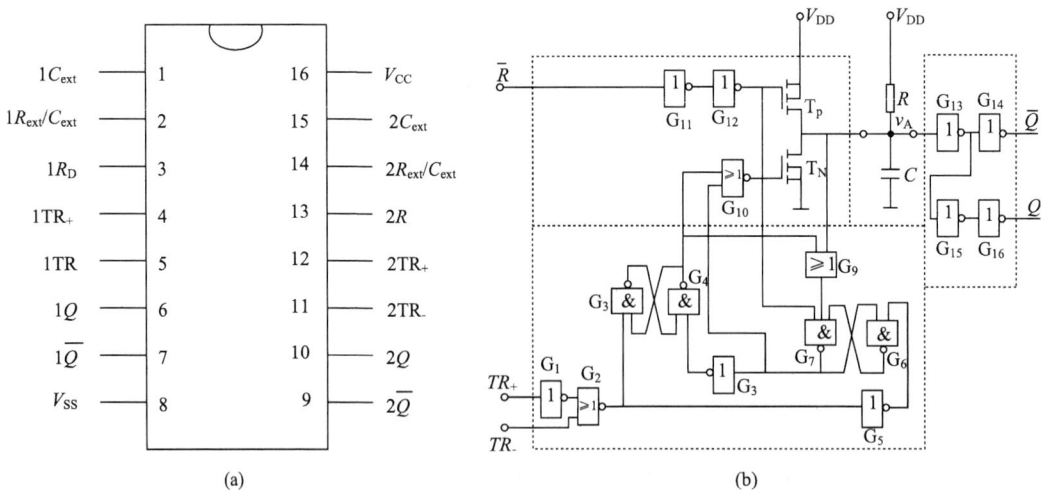

图 8.2.14　CC14528 可重触发单稳态触发器

图 8.2.14(a) 所示为 CC14528 可重触发单稳态触发器的外引线排列图(内部有两个可重触发单稳态触发器)，右为内部逻辑电路。由图可见，除外接电阻 R、C 外，CC14528 由 3 部分组成，门 $G_1 \sim G_9$ 组成输入控制电路；门 $G_{10} \sim G_{12}$ 及 TP、TN 组成三态门；门 $G_{13} \sim G_{16}$ 组成

输出缓冲电路。该电路是由 RC 积分电路、三态门及控制三态门的门 G_3 和门 G_4 组成基本 RS 触发器构成积分型单稳态触发器，TR_+ 为正跳变脉冲上升沿触发，TR_- 为负跳变下降沿触发，并带有异步清 0 端 $\overline{R}$。其功能表如表 8.2.3 所示。当异步清 0 端 $\overline{R}=0$ 时，触发器输出 $Q=0$，$\overline{Q}=1$，为稳定状态；当异步清 0 端 $\overline{R}=1$ 时，受到 TR_+ 或 TR_- 触发后，触发器进入暂态，暂态时间：

$$t_\mathrm{w} \approx RC\ln\frac{V_\mathrm{DD}-V_\mathrm{th9}}{V_\mathrm{DD}-V_\mathrm{th13}} \tag{8.2.6}$$

式中，V_th9 和 V_th13 分别为 G_9 和 G_{13} 的阈值电压。

如果在受第一次触发后经历 t_Δ 时间再次受触发，电路又重新开始进入暂态。则其暂态时间为 $t'_\mathrm{w}=t_\mathrm{w}+t_\Delta$，图 8.2.15 所示为 CC14528 可重触发单稳态触发器工作波形。

表 8.2.3　CC14528 功能表

输入		输出		
$\overline{R}$	TR_+	TR_-	Q	$\overline{Q}$
0	×	×	0	1
×	1	×	0	1
×	×	0	0	1
1	1	⌐	⊓	⊔
1	⌐	0	⊓	⊔

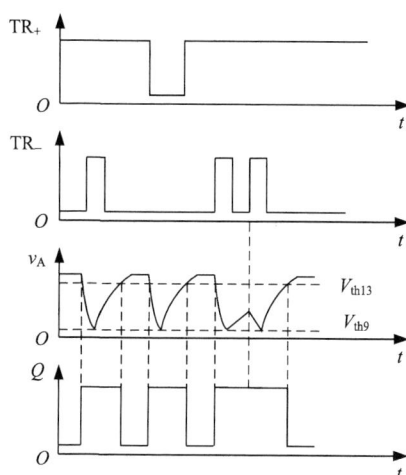

图 8.2.15　CC14528 可重触发单稳态触发器工作波形

由上述可见，对于可重触发单稳态触发器，在暂稳态持续期 t_w 结束前，再来触发脉冲，就可以方便地使输出脉冲宽度加大。

8.3　多谐振荡器脉冲电路

多谐振荡器产生的矩形波形中含有丰富的高次谐波，所以称为多谐振荡器。多谐振荡器是一种自激振荡器，在接通电源后，不需要外加触发信号，能自动地产生矩形脉冲。它是常用的矩形脉冲产生电路。

1. 电容正反馈多谐振荡器

电容正反馈多谐振荡器基本电路如图 8.3.1 左所示。它是两级 TTL 与非门由电容 C 构成正反馈。

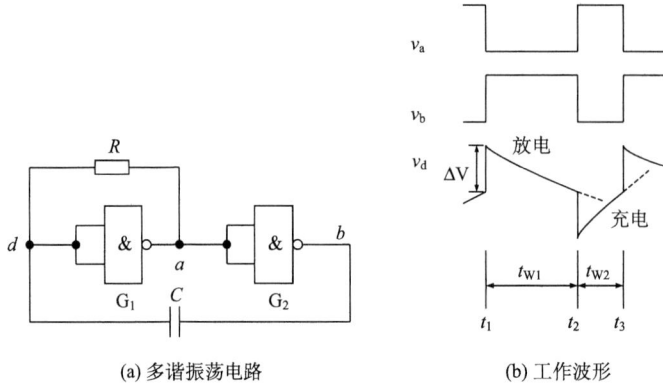

(a) 多谐振荡电路　　　　　　　　(b) 工作波形

图 8.3.1　电容正反馈多谐振荡电路

由图 8.3.1(a)可知，多谐振荡器工作过程中，电容 C 的充、放电，将引起 d 点电位 V_d 的变化，当 V_d 达到 TTL 门的阈值电压 V_{th} 时，引起与非门状态的翻转。假设某时刻由于电容 C 的充电，使 V_d 逐渐上升，当 V_d 上升至 $V_d \geqslant V_{th}$ 时，与非门 G_1 将输出 V_a 由高电平下跳至低电平，与非门 G_2 输出 V_b 由低电平上跳至高电平。由于电容 C 端电压不能突变，使 d 点电位 V_d 也随 V_b 的上跳而上跳，维持与非门 G_1 处于低电平，与非门 G_2 处于高电平，如图 8.3.1(b)中 t_1 时刻所示。

电容 C 开始放电。随着电容 C 的放电，V_d 电位逐渐下降。在 V_d 下降至 V_{th} 之前，这段时间称为暂态 I，其工作波形如图 8.3.1(b)中 $t_1 \sim t_2$ 期间的波形所示。

当 V_d 随 C 放电下降至阈值电压 V_{th} 时，即 $V_d \leqslant V_{th}$ 时，与非门 G_1 的输出 V_a 由低电平上跳至高电平，使与非门 G_2 的输出 V_b 由高电平下跳至低电平。电路一次自动翻转，如图 8.3.1(b)中 t_2 时刻所示。

由于电容 C，使 V_d 随 V_b 的下跳而下跳，维持与非门 G_1 高电平，与非门 G_2 低电平。

当与非门 G_1 处于高电平，与非门 G_2 处于低电平后，电容 C 充电。随着电容 C 充电，V_d 点电位逐渐上升，在 V_d 上升至 V_{th} 之前，这段时间称为暂态 II，其波形如图 8.3.1 中 $t_2 \sim t_3$ 期间的波形所示。

当 V_d 上升至 V_{th} 时，与非门 G_1 又由高电平变为低电平，与非门 G_2 由低电平变为高电平，再次进入暂态 I。以后不断重复上述过程，从而形成周期振荡。

$$暂态 \text{ I } 时间：t_{w1} = (R_o + R) C \ln\left(1 + \frac{V_{OH}}{V_{th}}\right)$$

式中，R_o 为 G_2 输出电阻。

$$暂态 \text{ II } 时间：t_{w2} = \left[(R_o + R) // R_i\right] C \ln\left(\frac{2V_{OH} - V_{th}}{V_{OH} - V_{th}}\right)$$

式中，R 为 G_1 输入电阻。

$$振荡周期：T = t_{w1} + t_{w2}$$

2. 带有 RC 定时电路的环形振荡器

带有 RC 定时电路的环形振荡器电路如图 8.3.2(a)所示。R_S 为隔离电阻，R 和 C 为定时元件。其基本工作原理是利用电容 C 的充、放电过程，控制电压 v_3，从而控制与非门的自动开闭，形成多谐振荡。其工作波形如图 8.3.2(b)右所示。

1) $t_1 \sim t_2$ 暂稳态

假设 $t < t_1$ 时，与非门 G_1 处于开态，与非门 G_2 和 G_3 处于关态，输出 v_o 为高电平。由于 v_2 为高电平，而 v_1 为低电平，电容 C 充电。充电路径为：$v_2 \rightarrow R \rightarrow C \rightarrow v_1$。随着 C 的充电，电压 v_3 指数上升。

当 $t = t_1$ 时，v_3 上升到与非门 G_3 的阈值电平 V_{th}，与非门 G_3 发生翻转，输出 v_o 由高电平下跳至低电平，与非门 G_1 发生翻转，v_1 由低电平上跳至高电平。通过电容 C 的耦合，v_3 也随 v_1 上跳。这样，振荡器自动翻转一次，进入 $t_1 \sim t_2$ 暂稳态 I 。

当 $t \geqslant t_1$ 时，由于 v_1 为高电平。而 v_2 为低电平，电容 C 开始放电，放电路径：$v_1 \rightarrow C \rightarrow R \rightarrow v_2$。随着 C 的放电，电压 v_3 指数下降，只要电压 v_3 未下降到与非门的阈值电平，暂稳态就维持不变。

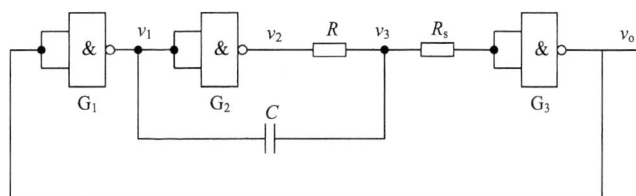

(a)

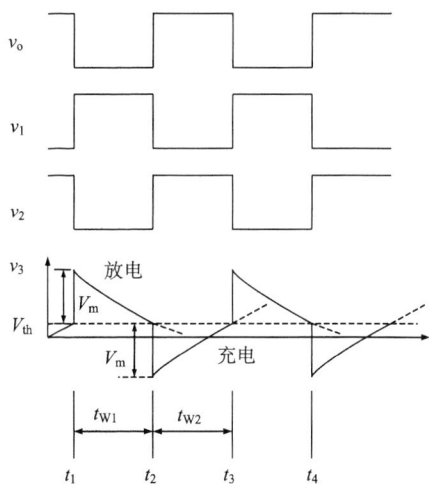

(b)

图 8.3.2 RC 定时电路的环形振荡器及工作波形

2) $t_2 \sim t_3$ 暂稳态

当 $t = t_2$ 时，v_3 降到与非门阈值电平，与非门 G_3 输出，v_o 上跳为高电平，与非门 G_1 输出由高电平下跳为低电平，与非门 G_2 输出由低电平上跳为高电平。v_1 的下跳经电容 C 耦合，使 v_3 也跟随下跳。这样，振荡器又自动翻转一次，进入 $t_2 \sim t_3$ 暂稳态 II 。

当 $t > t_2$ 时，与 $t < t_1$ 的状态相同，电容 C 充电。电压 v_3 指数上升，只要电压 v_3 未上升到

阈值电平,暂稳态维持不变。

当 $t=t_3$ 时,又重复 $t=t_1$ 时的过程。从而,上述过程自动周期重复,形成多谐振荡。

暂态 I 时间:$t_{w1} \approx 0.98\left(R_1 // R\right)C$

暂态 II 时间:$t_{w2} = 1.26RC$

振荡周期:$T = t_{w1} + t_{w2}$

3. 晶体稳频的多谐振荡器

在要求振荡器的频率稳定度较高的情况下,采用晶体稳频的多谐振荡器的电路,如图 8.3.3 所示。

图中与非门 G_1 和 G_2 构成多谐振荡器,与非门 G_3 作为整形电路。这个多谐振荡器与一般两级反相器组成的多谐振荡器的主要区别是在一条耦合支路中串入了石英晶体。

石英晶体具有一个极其稳定的串联谐振频率。在这频率的两侧,晶体的电抗值迅速增大。所以,把晶体串入二级正反馈电路的反馈支路中,则振荡器只有在这个频率时满足起振条件而起振。振荡的波形经过与非门 G_3 整形后即输出矩形脉冲波。所以,晶体稳频的多谐振荡器的振荡频率由晶体的振荡频率所决定,这就是晶体的稳频作用。

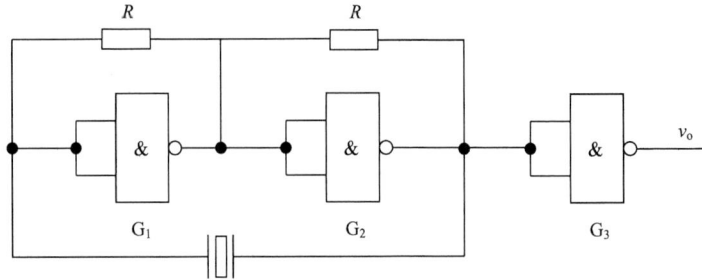

图 8.3.3　晶体稳频的多谐振荡器

4. 由施密特触发器构成的多谐振荡器

用施密特触发器构成的多谐振荡器电路如图 8.3.4 左所示,当接通电源时,由于 v_c 电位较低,所以输出 v_o 为高电平。此后 v_o 通过 R 对 C 充电,v_c 电位逐步上升,当 $v_c \geqslant V_{T+}$ 时,施

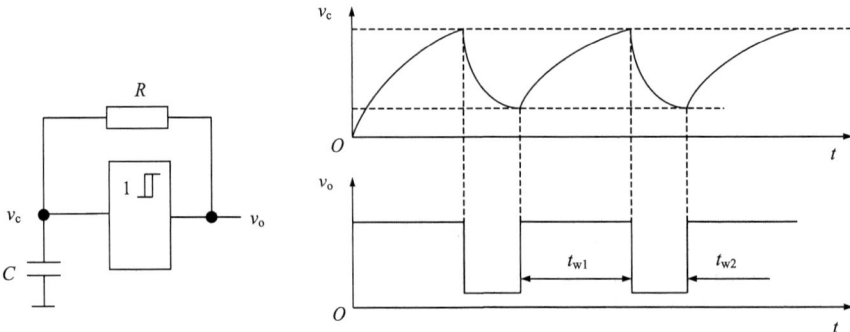

图 8.3.4　施密特触发器构成的多谐振荡器电路及工作波形

密特触发器输出由高电平变为低电平。v_c 又经 R 通过 v_o 放电，v_c 电位逐步下降，当 v_c 下降至 $v_c \leqslant V_T$ 时，施密特触发器状态又发生变化，v_o 由低电平变为高电平。这样 v_o 又通过 R 对 C 充电，使 v_c 又逐步上升，如此反复，形成多谐振荡。工作波形如图 8.3.4 右所示。

若采用 CMOS 施密特触发器，则

$$t_{w1} = RC \ln\left(\frac{V_{DD} - V_{T-}}{V_{DD} - V_{T+}}\right) \qquad\qquad t_{w2} = RC \ln\frac{V_{T+}}{V_{T-}}$$

$$T = t_{w1} + t_{w2}$$

8.4 555 定时器及其应用

555 定时器是一种多用途的中规模集成电路，在外围配以少量的电阻、电容元件就可以方便地构成施密特触发器、单稳态触发器和多谐振荡器等功能电路，在数字系统的脉冲产生与变换等方面具有广泛的应用。

8.4.1 555 定时器电路结构及工作原理

555 定时器是一种模拟电路和数字电路相结合的器件，其内部电路结构如图 8.4.1 所示，芯片引脚编号及功能名称已标于图中。555 定时器内部电路是由电压比较器 C_1 和 C_2、基本 RS 触发器和放电三极管 T_D 三部分组成。

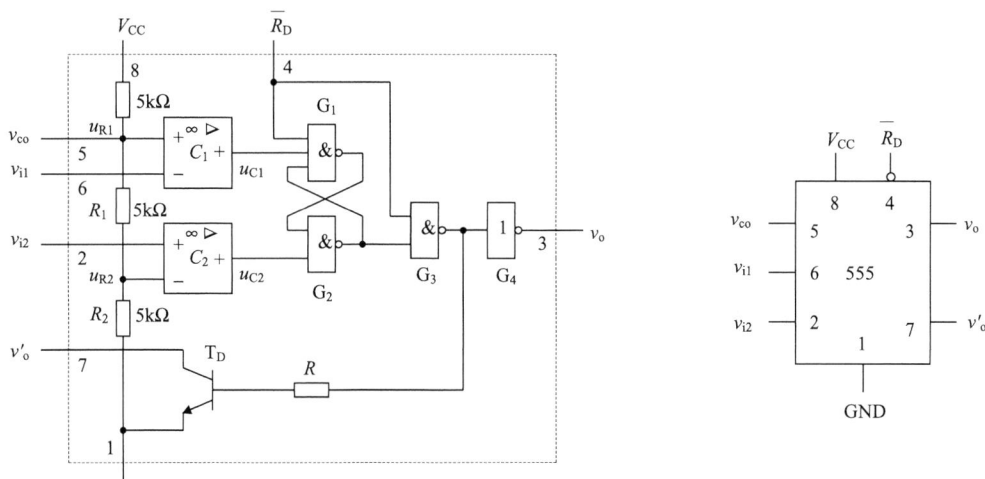

图 8.4.1 555 定时器内部电路结构及逻辑符号

v_{i1} 是比较器 C_1 的输入端，v_{i2} 是比较器 C_2 的输入端。C_1 和 C_2 的参考电压(电压比较器的基准) u_{R1} 和 u_{R2} 是经三个 $5k\Omega$ 电阻分压给出。在控制电压输入端 v_{co} 悬空时，$u_{R1} = \frac{2}{3}V_{CC}$，$u_{R2} = \frac{1}{3}V_{CC}$。如果 v_{co} 外接固定电压，则 $u_{R1} = v_{co}, u_{R2} = \frac{1}{2}v_{co}$。

$\overline{R}_D$ 是置零输入端。只要在 $\overline{R}_D$ 端加上低电平，输出端 u_o 便立即被置成低电平，不受其他输入端状态的影响。正常工作时必须使 $\overline{R}_D$ 处于高电平。图中的数码 1~8 为器件引脚的编号。

由图可知，当 $v_{i1}>u_{R1}$、$v_{i2}>u_{R2}$ 时，比较器 C_1 的输出 $u_{C1}=0$、比较器 C_2 的输出 $u_{C2}=1$，基本 RS 触发 v_{i1} 器被置 0,T_D 导通，同时 v_o 为低电平。

当 $v_{i1}<u_{R1}$、$v_{i2}>u_{R2}$ 时,$u_{C1}=1$, $u_{C2}=1$,触发器的状态保持不变，因而 T_D 和输出的状态也维持不变。

当 $v_{i1}<u_{R1}$、$v_{i2}<u_{R2}$ 时,$u_{C1}=1$, $u_{C2}=0$,故触发器被置 1, v_o 为高电平，同时 T_D 截止。

当 $v_{i1}>u_{R1}$、$v_{i2}<u_{R2}$ 时, $u_{C1}=0$、$u_{C2}=0$,触发器两个输出端均为高电平, v_o 为高电平，同时 T_D 截止。

这样就得到了表 8.4.1 所示的 555 定时器的功能表。

为了提高电路的带负载能力，还在输出端设置了缓冲器 G_4。555 定时器能在很宽的电源电压范围内工作. 并可承受较大的负载电流。国产定时器 CB555 的电源电压范围为 5~16 V,最大的负载电流达 200mA。

表 8.4.1　555 定时器的功能表

输入			输出	
v_{i1}	v_{i2}	$\overline{R}_D$	v_o	放电管(T_D)
×	×	0	0	导通
$<\dfrac{2}{3}V_{CC}$	$<\dfrac{1}{3}V_{CC}$	1	1	截止
$>\dfrac{2}{3}V_{CC}$	$>\dfrac{1}{3}V_{CC}$	1	0	导通
$<\dfrac{2}{3}V_{CC}$	$>\dfrac{1}{3}V_{CC}$	1	不变	不变
$>\dfrac{2}{3}V_{CC}$	$<\dfrac{1}{3}V_{CC}$	1	1	截止

8.4.2　555 定时器应用

1. 用 555 定时器构成施密特触发器

用 555 定时器构成施密特触发器电路如图 8.4.2(a)所示。图中 v_{co} 接 0.01μF 电容，起滤波作用，以提高比较器参考电压的稳定性。$\overline{R}$ 清 0 端接高电平 V_{CC}。将两比较器输入端 v_{i1} 和 v_{i2} 连在一起，作为施密特触发器的输入端。其工作波形如图 8.4.2(b)所示。为便于分析画出其原理电路图如图(c)所示。

当 $v_i<\dfrac{1}{3}V_{CC}$ 时，对于比较器 C_1，由于 $v_{i1}<u_{R1}$，因此比较器输出 u_{C1} 为高电平；对于比较器 C_2，由于 $v_{i2}<u_{R2}$，因此比较器输出 u_{C2} 为低电平。这样，使基本触发器与非门 G_1 输出为低电平，输出 v_o 为高电平。

当 $\dfrac{1}{3}V_{CC}<v_i<\dfrac{2}{3}V_{CC}$ 时，对于比较器 C_1 和 C_2 都存在 $v_+>v_-$ 的关系，所以 u_{C1} 和 u_{C2} 都为高

电平，状态保持不变。

当 $v_i \geqslant \dfrac{2}{3} V_{CC}$ 时，对于比较器 C_1，由于 $v_{i1} > u_{R1}$，所以输出 u_{C1} 为低电平；对于比较器 C_2，由于 $v_{i2} > u_{R2}$，所以输出 u_{C2} 为高电平，这样，使输出 v_o 为低电平，状态发生一次翻转。

v_i 由最大值逐步下降，当 v_i 下降至 $v_i \leqslant \dfrac{1}{3} V_{CC}$ 时，比较器 C_2 输出 u_{C2} 为低电平，使输出 v_o 为高电平，状态又发生一次翻转。

由图 8.4.2(b) 分析可见，该电路可以完成波形变换等功能，其上限触发电平为 $V_{T+} = \dfrac{2}{3} V_{CC}$，下限触发电平为 $V_{T-} = \dfrac{1}{3} V_{CC}$，回差为 $\Delta V_T = V_{T+} - V_{T-} = \dfrac{1}{3} V_{CC}$。

图 8.4.2(d) 是图 8.4.2(c) 电路的电压传输特性，它是一个典型的反相输出的施密特触发特性。

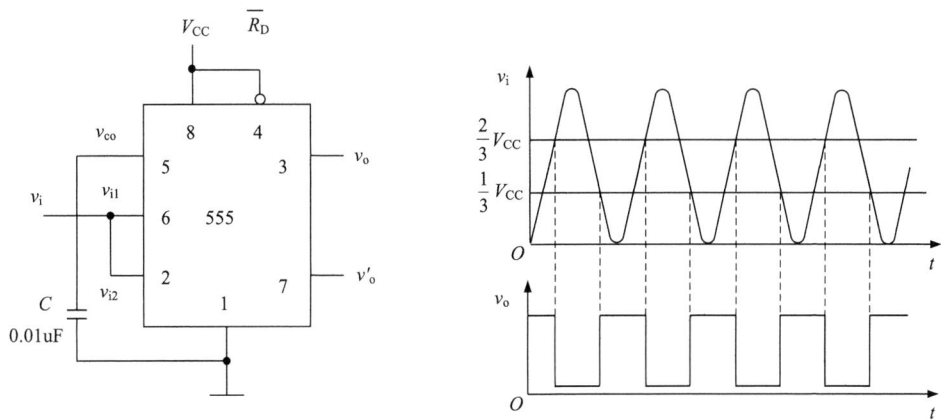

(a) 555定时器构成的施密特触发器

(b) 工作波形

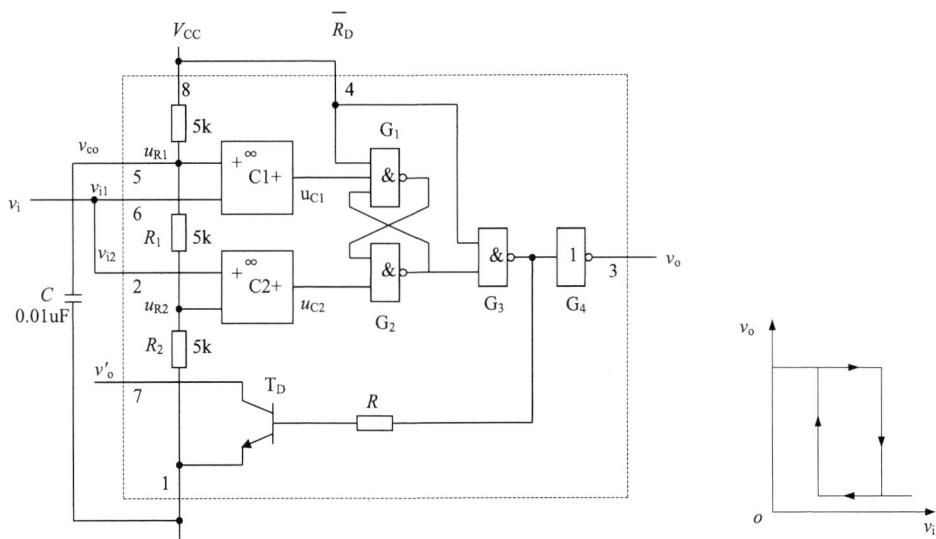

(c) 555定时器构成的施密特触发器电路

(d) 电路的电压传输特性

图 8.4.2 555 定时器构成的施密特触发器及工作波形

2. 用 555 定时器构成单稳态触发器

图 8.4.3(a)所示电路是用 555 定时器构成积分型单稳态触发器,其工作波形如图 8.4.3(b)所示。

当输入信号 $v_i = V_{CC}$ 时,比较器 C_2 的输入端有 $v_+ > v_-$,所以输出 u_{C2} 高电平。电源 V_{CC} 通过电阻 R 对 C 充电,使 v_{i1} 电位上升。当 v_{i1} 充电至大于 $\frac{2}{3}V_{CC}$ 时,则对比较器 C_1,就出现 $v_+ < v_-$,所以比较器 C_1 输出 u_{C1} 低电平,使与非门 G_1 输出高电平,则输出 v_o 为低电平。同时,与非门 G_3 输出高电平,使 T_D 导通,电容 C 通过 T_D 放电,当放电至小于 $\frac{2}{3}V_{CC}$ 时,比较器 C_1 输出为高电平,最后电容 C 放电至0,这是稳定状态。

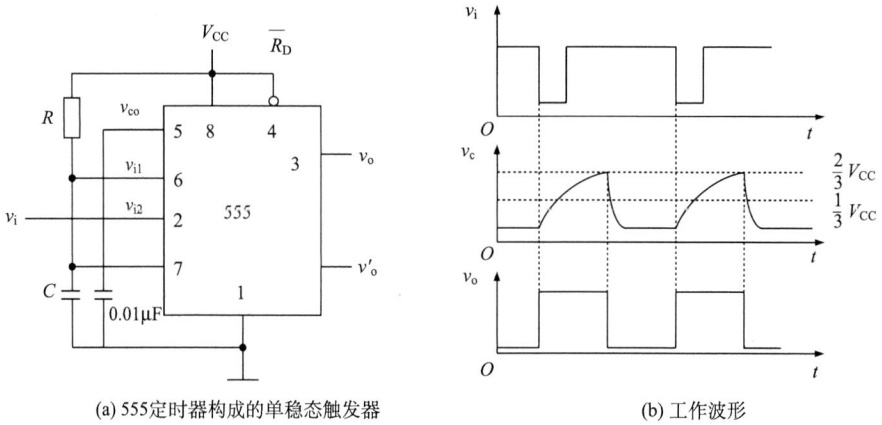

(a) 555定时器构成的单稳态触发器　　　　(b) 工作波形

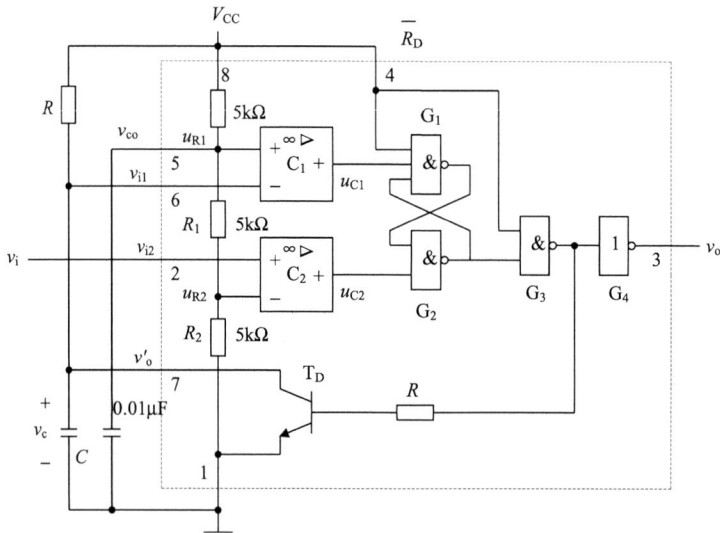

(c) 555定时器构成的单稳态触发电路

图 8.4.3　555 定时器构成的单稳态触发器及工作波形

当输入信号 v_i 下降沿到达 $v_i=0$ 时，使得比较器 C_2 出现 $v_+ < v_-$，比较器 C_2 输出低电平，与非门 G_2 输出高电平。与非门 G_3 输出低电平，这样使输出 v_o 为高电平。电路受触发发生一次翻转。

同时，由于与非门 G_3 输出低电平，使 T_D 截止，则 V_{CC} 通过 R 对电容 C 充电，电路进入暂稳态。由于电容 C 的充电，使 v_{i1} 电位逐步上升。当 $v_{i1} \geqslant \frac{2}{3} V_{CC}$ 时，比较器 C_1 出现 $v_+ < v_-$ 的输入情况，比较器 C_1 输出 u_{c1} 为低电平，这样使与非门 G_1 输出为高电平；同时，比较器 C_2 出现 $v_+ > v_-$ 的输入情况，比较器 C_2 输出 u_{c2} 为高电平，与非门 G_3 输出为低电平，电路输出 v_o 为低电平，又自动发生一次翻转，暂稳态结束。同时，由于与非门 G_1 输出高电平，使三极管 T_D 导通，电容 C 很快通过 T_D 放电至 0，电路恢复到稳定状态。

由上分析可见，暂稳态的持续时间主要取决于外接电阻 R 和电容 C，不难求出输出脉冲的宽度：

$$t_w = RC \ln \left(\frac{V_{CC}}{V_{CC} - \frac{2}{3} V_{CC}} \right) = 1.1 RC$$

通常电阻 R 取值在几百欧至几兆欧范围内，电容取值在几百皮法至几百微法，所以 t_w 对应范围可在几微秒到几分钟。

3. 用 555 定时器构成多谐振荡器

图 8.4.4(a) 所示电路是用 555 定时器构成的多谐振荡器，其工作波形如图 8.4.4(b) 所示。

由图 8.4.4 可知将 v_{i1} 和 v_{i2} 连在一起，作为输入信号 v_i 的输入端，就构成施密特电路。将三极管 T_D 输出端通过电阻 R_1 接到电源 V_{CC}，T_D 就构成集电极开路门反相器的形式；其输出再通过 $R_1 C$ 积分电路反馈至输入 v_i，就构成了自激多谐振荡器。

在电路接通电源时，由于电容 C 还未充电，所以 v_{i1} 和 v_{i2} 为低电平，比较器 $C1$ 输出 u_{C1} 为高电平，比较器 C_2 的输出 u_{C2} 为低电平，与非门 G_2 输出为高电平，使非门 G_3 输出为低电平，电路输出 v_o 为高电平。由于与非门 G_3 输出为低电平，使三极管 T_D 截止，V_{CC} 通过电阻 (R_1+R_2) 对电容 C 充电，电路进入暂稳态。

在暂稳态期间，随着电容 C 的充电，v_{i1} 电位不断升高，当 $v_{i1} \geqslant \frac{2}{3} V_{CC}$ 时，比较器 C_1 输出 u_{C1} 为低电平，比较器 C_2 输出 u_{C2} 为高电平，使与非门 G_2 输出低电平，与非门 G_3 输出高电平，电路输出 v_o 翻转为低电平，电路发生一次自动翻转。

与此同时，由于与非门 G_3 输出高电平，使三极管 T_D 导通，电容 C 通过 R_2 和 T_D 放电，电路进入另一暂稳态。在这暂稳态期间，随着电容 C 的放电，v_{i1} 电位逐步下降，当 v_{i1} 下降至 $v_{i1} \leqslant \frac{1}{3} V_{CC}$ 时，比较器 C_2 输出 u_{C2} 为低电平，使得与非门 G_1 输出低电平，这使电路输出 v_o 翻转为高电平，电路又一次自动发生翻转。

此后，由于与非门 G_3 输出低电平，三极管 T_D 截止，电源 V_{CC} 又通过 (R_1+R_2) 对电容 C 充电。重复上述电容 C 的充电过程，如此反复，形成多谐振荡。其工作波形如图 8.4.4(b) 所示。由上述分析得如下结论。

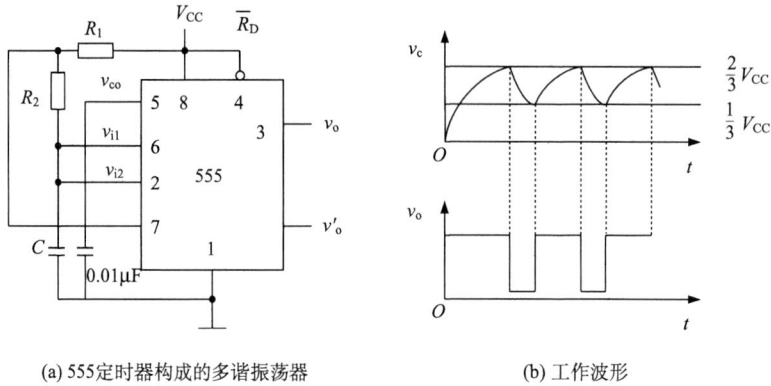

(a) 555定时器构成的多谐振荡器   (b) 工作波形

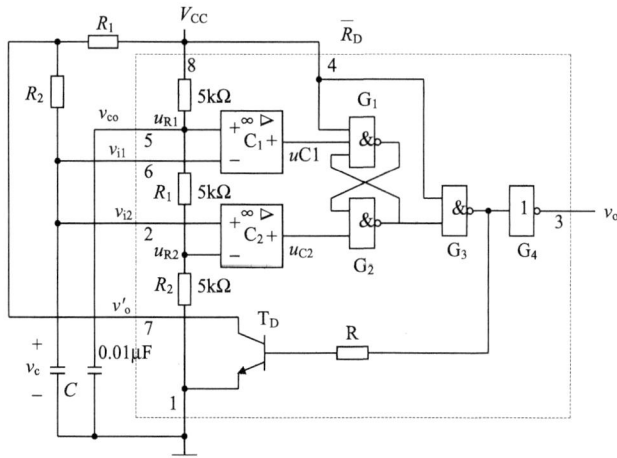

(c) 555定时器构成的多谐振荡电路

图 8.4.4   555 定时器构成的多谐振荡器及工作波形

在电容充电时，暂稳态持续时间为

$$t_{w1} = 0.7(R_1 + R_2)C$$

在电容放电时，暂稳态持续时间为

$$t_{w2} = 0.7R_2C$$

振荡周期为

$$T = t_{w1} + t_{w2} = 0.7(R_1 + 2R_2)C$$

占空比为

$$q = \frac{t_{w1}}{T} = \frac{R_1 + R_2}{R_1 + 2R_2}$$

8.5 仿 真 实 验

实验   555 定时器应用仿真分析

1. 实验目的

(1)掌握 555 定时器的主要功能和基本原理；

(2) 理解用 555 定时器构成施密特门电路、多谐振荡器和单稳态触发器的基本原理；

(3) 理解用 555 定时器构成施密特门电路、多谐振荡器和单稳态触发器的基本调试方法；

(4) 了解 555 定时器的主要用途；

(5) 了解排除 555 定时器应用电路中常见故障的基本方法。

2. 实验环境

(1) 计算机；

(2) Multisim 或 Multisim 电子电路仿真软件；

(3) Windows 2000 或 XP 操作系统。

3. Multisim 仿真分析

1) 555 施密特门电路分析

在仿真软件中实现 555 施密特电路原理图 8.4.2，将分析结果记入表 8.5.1 中。

表 8.5.1　555 施密特电路仿真实验结果记录

		V_{T+}/V	V_{T-}/V	ΔV_T/V	$v_0 = f(v_i)$
CO 端接通过 0.01μF 电容接地	估算值				波形
	仿真值				
CO 端接 4V 直流电压	估算值				波形
	仿真值				

2) 555 多谐振荡电路性能分析

(1) 在仿真软件中实现 555 多谐振荡电路原理图 8.4.2。将分析结果记入表 8.5.2 中。

表 8.5.2　555 多谐振荡电路仿真实验结果记录

	R_1/kΩ	R_2/kΩ	C/μF	$t_{充}$/ms	$t_{放}$/ms	T/ms	f/kHz
估算值	3	3	0.1				
仿真值	3	3	0.1				

(2) 编辑如图 8.5.1 所示的 555 占空比可调多谐振荡电路。此处利用二极管的单向导电特性，把定时电容 C 的充电和放电回路隔离开，即 $t_{充} \approx 0.7R_1C$，$t_{放} \approx 0.7R_2C$，则占空比 $q = \dfrac{R_1}{R_1 + R_2}$。调节电位器 R_P，使 $R_1 = R_2$，记录输出波形，并将输出频率记入表 8.5.3 中。

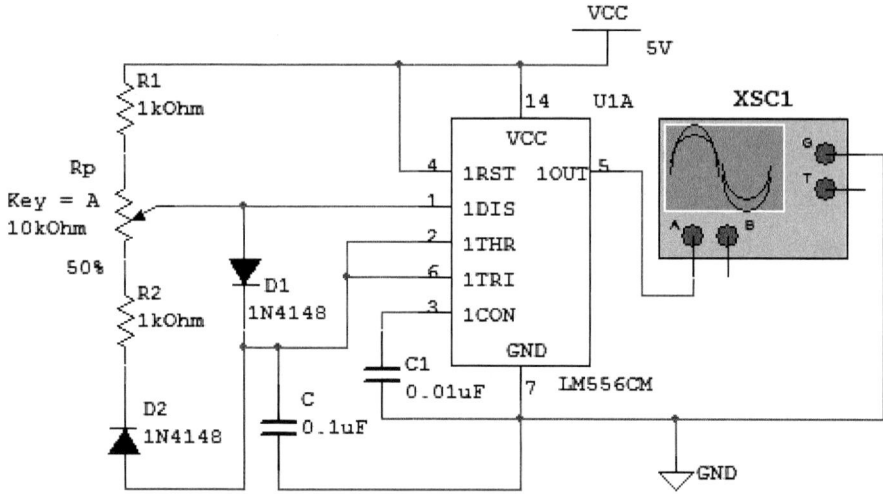

图 8.5.1   555 占空比可调多谐振荡仿真电路

表 8.5.3   555 占空比可调多谐振荡电路仿真实验结果记录

	$R_1/k\Omega$	$R_2/k\Omega$	$C/\mu F$	$t_充/ms$	$t_放/ms$	T/ms	f/kHz
估算值	6	6	0.1				
仿真值			0.1				

3)555 单稳态触发器性能分析

(1)编辑如图 8.5.2 所示的 555 基本单稳态触发电路，分析输入 2kHz 方波时的暂态时间 t_w，将结果记入表 8.5.4 中。

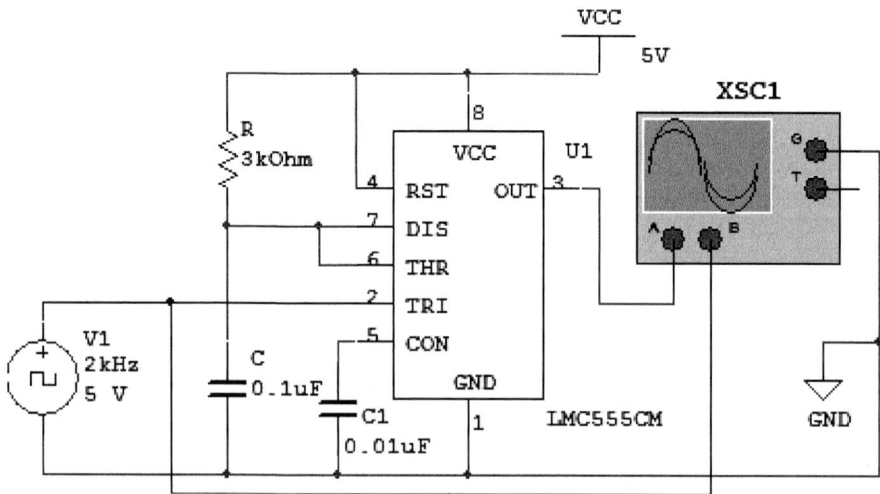

图 8.5.2   555 单稳态触发器仿真电路

(2)输入信号改为 1kHz 方波，并在触发信号源与图 8.5.2 所示的基本 555 单稳态触发电路间接入由电阻 R_{d1} 和电容 C_2 构成的微分环节，如图 8.5.3 所示，再此分析暂态时间 t_w，将结果记入表 8.5.4 中。

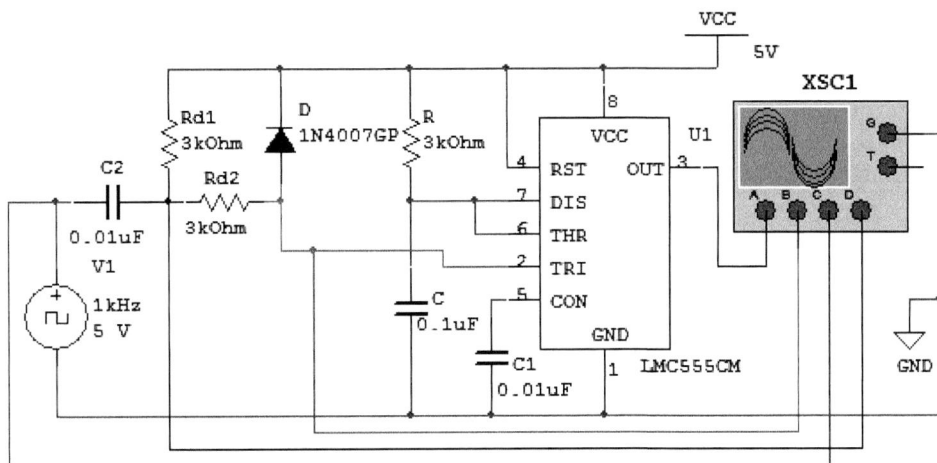

图 8.5.3 555 微分单稳态触发器仿真电路

表 8.5.4

	f_i= 2kHz		f_i=1kHz	
	估算值	仿真值	估算值	仿真值
T_w/ms				
波形分析				

本 章 小 结

(1)在数字电路中常常需要各种脉冲波形，这些脉冲波形的获取，通常有两种方法：一种是将已有的非脉冲波形通过波形变换电路获得；另一种则是采用脉冲信号产生电路直接得到。

将已有的非脉冲波形通过波形变换电路获得脉冲波形，如施密特触发器、单稳态触发器等。

采用脉冲信号发生电路直接产生脉冲波形，如多谐振荡器、555 组成的脉冲波形发生电路。

(2)介绍 555 定时器的电路结构及其应用：施密特触发器、单稳态触发器和多谐振荡器。

思考题与习题

思考题

8.1 与触发器相比较，单稳态触发器工作原理有什么特点？

8.2 集成单稳态分为哪两类？它们的区别是什么？

8.3 施密特触发器工作特点如何？它具有怎样的传输特性？

8.4　555 定时器具有哪些应用特点？其典型应用电路有哪几种？

8.5　用 555 定时器构成的施密特门电路与运算放大器构成的反相滞回比较器有何不同之处？

8.6　用 555 定时器构成的单稳态触发器和多谐振荡器电路结构特点是什么？

8.7　用 555 定时器构成单稳态触发器时，对触发信号有何特殊要求？

习题

8.8　由集成施密特 CMOS 与非门电路组成的脉冲占空比可调多谐振荡器，如图题 8.8 所示。已知电路中 R_1、R_2、C 及 V_{DD}、V_{T+}、V_{T-} 的值。分析：(1)定性画出 V_o 波形；(2)写出输出信号频率的表达式。

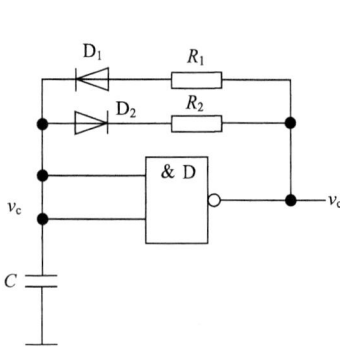 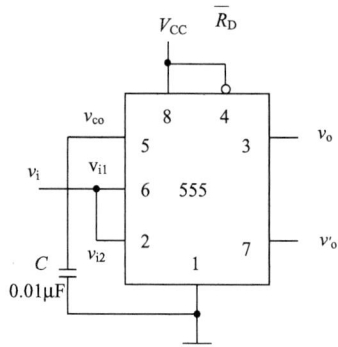

图题 8.8　　　　　　　　　　　图题 8.9

8.9　用 555 定时器接成的施密特触发器电路如图题 8.9 所示，试问：(1)当 $V_{CC}=12\ V$ 而且没有外接控制电压时，V_{T+}、V_{T-} 及 ΔV_T 各为多少？(2)当 $V_{CC}=9\ V$，控制电压 $v_{co}=5V$ 时，V_{T+}、V_{T-} 及 ΔV_T 各为多少？

8.10　试用 555 定时器设计一个多谐振荡器，要求输出脉冲的振荡频率 2kHz，占空比等于 75%。

8.11　用集成单稳 CT74121 产生输出脉宽等于 3ms 的脉冲信号，如选 $R=2k\Omega$(内部电阻)，试问外接电容 C_{ext} 应取何值？

8.12　能否通过外加连线的方法将 MC14528 改变为不可重复触发单稳态触发器？试画出电路并说明其工作原理。

8.13　用两级 CMOS 反相器构成的施密特触发器如图题 8.13 所示，试分析电路特性，输入正弦波，画输出波形。

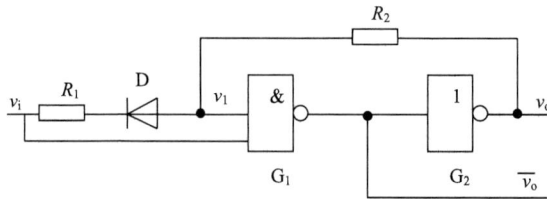

图题 8.13

8.14　用两级 CMOS 反相器构成的施密特触发器如图题 8.14 所示，试分析电路特性，输入正弦波，画输出波形。

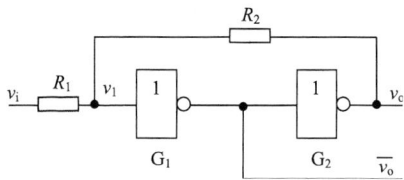

图题 8.14

8.15 微分型单稳态触发器，如图题 8.15 所示，试分析电路特性。

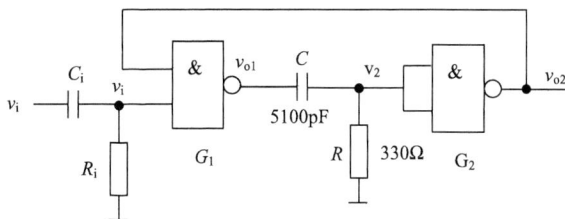

图题 8.15

8.16 根据 555 多谐振荡器的工作原理，分析图题 8.16 所示集成定时器构成的电路的功能，说明其特点。

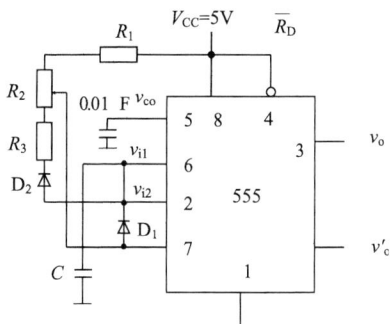

图题 8.16

8.17 555 集成定时器电路如图题 8.17 所示，图中 $R=50\text{k}\Omega$、$C=10\mu\text{F}$。输入信号 u_i 波形亦表示于图中，且 $T_2 \gg T_1$。画出相应的 u_c 及 u_o 波形，说明 u_o 的下降沿较 u_c 的下降沿延迟了多少时间。

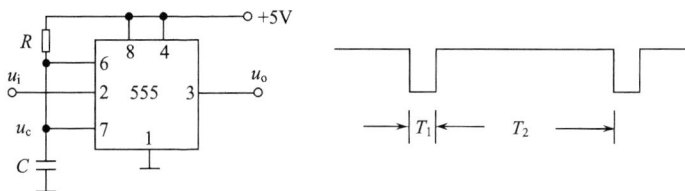

图题 8.17

8.18 用仿真软件分析图题 8.18 所示的电路，555 多谐振荡电路的可调占空，占空比 25%的矩形波，电阻 R_A 和 R_B 分别取多少合适？

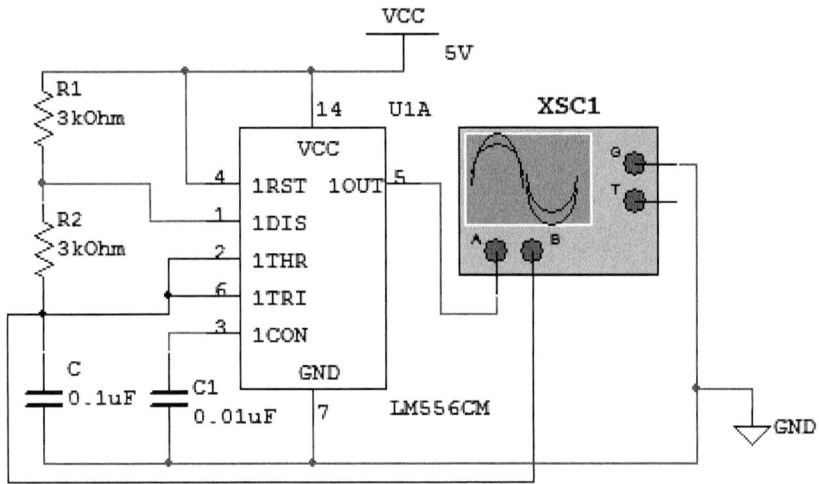

图题 8.18

第 9 章 DAC 和 ADC 转换器

实际信号大多是连续变化的模拟信号，因此，把这些模拟量转换成数字量才能进入数字系统内进行处理。这种将电模拟量转换成数字量的过程称为"模数转换"。完成模数转换的电路称为模数转换器，简称 ADC（Analog to Digital Converter）；相反，经数字系统处理后的数字量，有时又要求再转换成模拟量，以便实际使用，这种转换称为"数模转换"。完成数模转换的电路称为数模转换器，简称 DAC（Digital to Analog Converter）。显然 ADC 和 DAC 是数字系统的重要接口部件。本章介绍模数和数模转换的基本原理及其典型转换芯片。

9.1 概 述

一个典型的数字控制系统方框图，如图 9.1.1 所示。图中的非电模拟量通过传感器转换成电模拟量后，输入到 ADC，ADC 输出的数字量送入数字逻辑电路系统，经其处理后输出的数字量，再由 DAC 转换成模拟量，最后由执行单元完成相应的功能。

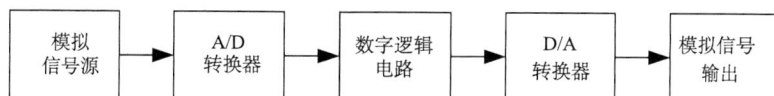

图 9.1.1 典型的数字控制系统方框

为了保证数据处理结果的准确性，ADC 转换器和 DAC 转换器必须有足够的转换精度。同时，为了适应数字系统快速过程的数据处理和控制的需要，ADC 转换器和 DAC 转换器还必须有足够快的转移速度。因此，转换精度和转换速度是衡量 ADC 转换器和 DAC 转换器性能优劣的主要标志。

目前常见的 DAC 转换器有，权电阻网络 DAC 转换器，倒梯形电阻网络 DAC 转换器、单值电流型网络 DAC 转换器等几种类型。

ADC 转换器的类型也有多种，如并联比较型 ADC、逐次逼近型 ADC、双积分式 ADC 等几种类型。

考虑到 DAC 转换器的工作原理比 ADC 转换器的工作原理简单，而且在有些 ADC 转换器中需要用 DAC 转换器作为内部的反馈电路，所以本章首先讨论 DAC 转换器。

9.2 DAC 转换器

9.2.1 数模转换器原理

从第 1 章数制的概念可知，一个二进制数据 $D_{n-1}D_{n-2}\cdots D_1D_0$ 可以通过按权展开法转换为十进制数，如下：

$$(D)_{10} = D_{n-1}2^{n-1} + D_{n-2}2^{n-2} + \cdots + D_1 2^1 + D_0 2^0$$

式中，2^{n-1}、2^{n-2}、$\cdots$、2^1、2^0 为权值。

　　对于模拟电路而言，电参量是电压和电流。如果用电压值作为直接的模拟输出量，则需要使用串联电阻电路来求电压之和。如果用电流值作为直接的模拟输出量，则需要使用并联电阻电路来求电流之和。在工程实际中，一般采用并联电阻网络求和的方式来进行 DAC 转换，如图 9.2.1 所示。

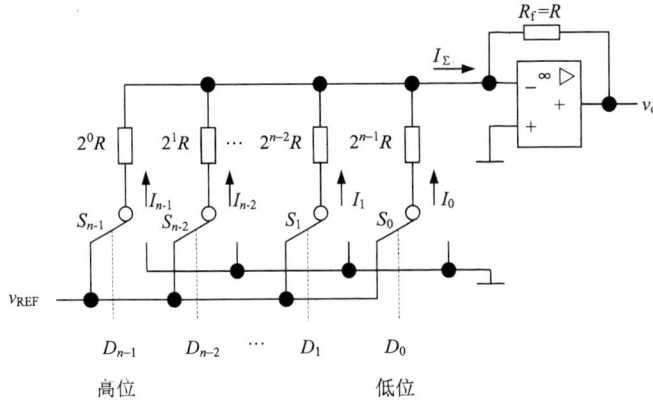

图 9.2.1　并联电阻电路

　　图 9.2.1 电路的基本工作原理：用并联电阻网络求和的方式来进行 DAC 转换，其电路的基本工作原理，是对电流求和，即并联电阻电路的总电流等于各支路电流之和。图 9.2.1 中，输入的数字信号是电子开关的控制信号(电子开关 S)，如果某一位为 1，则开关将对应支路接通(开关闭合)，使得总电流中包含此支路电流。如果为 0，则断开对应支路(开关断开)，总电流中不包含此支路的电流。这原理与二进制数按权展开的原理相同。

　　根据图 9.2.1 所示的电路，可得

$$I_0 = \frac{V_{\text{REF}} - V_-}{2^{n-1}R}D_0 = \frac{V_{\text{REF}}}{2^{n-1}R}D_0$$

$$I_1 = \frac{V_{\text{REF}}}{2^{n-2}R}D_1 = \frac{V_{\text{REF}}}{2^{n-1}R}D_1 2^1$$

$$\vdots$$

$$I_{n-2} = \frac{V_{\text{REF}}}{2^1 R}D_{n-2} = \frac{V_{\text{REF}}}{2^{n-1}R}D_{n-2}2^{n-2}$$

$$I_{n-1} = \frac{V_{\text{REF}}}{2^0 R}D_{n-1} = \frac{V_{\text{REF}}}{2^{n-1}R}D_{n-2}2^{n-1}$$

$$I_\Sigma = I_{n-1} + I_{n-2} + \cdots + I_1 + I_0$$

$$= \frac{V_{\text{REF}}}{2^{n-1}R}(D_{n-1}2^{n-1} + D_{n-2}2^{n-2} + \cdots + D_1 2^1 + D_0 2^0)$$

$$= \frac{V_{\text{REF}}}{2^{n-1}R}D$$

　　总电流 I_Σ 由 V_{REF} 和 R 确定，则二进制输入与并联电阻网络总电流之间的关系就是确定的。

例 9.2.1　设 $V_{\text{REF}}=+5\text{V}$，$R=1\text{k}\Omega$，现给图 9.2.1 所示的电路输入数据 1011，试问，当输入的二进制数是 4 位时，能得到多大的电流 I_{Σ}？当输入的二进制数是 8 位时，能得到多大的电流 I_{Σ}？求电流 I_{Σ} 通过运算放大器电路，输出电压 v_{o} 有多大？

解　根据题意，输入的二进制数是 4 位的，可以选择具有 4 条并联支路的电阻网络，取 $n=4$。则

$$I_{\Sigma} = I_3 + I_2 + I_1 + I_0 = \frac{V_{\text{REF}}}{2^{n-1}R}(D_3 2^3 + D_2 2^2 + D_1 2^1 + D_0 2^0)$$

$$= \frac{5V}{2^3 \times 1k\Omega}(1 \times 2^3 + 0 \times 2^2 + 1 \times 2^1 + 1 \times 2^0) = 6.875\text{mA}$$

如果给定的电阻网有 8 条支路，取 $n=8$，则应在高位添 0，即

$$I_{\Sigma} = I_7 + I_6 + I_5 + I_4 + I_3 + I_2 + I_1 + I_0$$

$$= \frac{V_{\text{REF}}}{2^{n-1}R}(D_7 2^7 + D_6 2^6 + D_5 2^5 + D_4 2^4 + D_3 2^3 + D_2 2^2 + D_1 2^1 + D_0 2^0)$$

$$= \frac{5V}{2^7 \times 1k\Omega}(1 \times 2^3 + 1 \times 2^1 + 1 \times 2^0) \approx 0.43\text{mA}$$

一般情况下，需要输出电压信号，可以用运算放大器电路实现电流-电压转换，图 9.2.1 所示电路可得输出电压 v_{o}，根据理想运算放大器概念得

$$v_{\text{o}} = -I_{\Sigma}R_{\text{f}} = -\frac{V_{\text{REF}}R_{\text{f}}}{2^{n-1}R}(D_{n-1}2^{n-1} + D_{n-2}2^{n-2} + \cdots + D_1 2^1 + D_0 2^0)$$

$$= -\frac{V_{\text{REF}}}{2^{n-1}}\frac{R_{\text{f}}}{R}\sum_{i=0}^{n-1}D_i 2^i = -\frac{V_{\text{REF}}}{2^{n-1} \times R}D \times R_{\text{f}} = -6.875\text{mA} \times 1\text{k}\Omega \qquad (9.2.1)$$

$$= -6.875\text{V}$$

如果取 $R_{\text{f}}=R/2$，则得

$$V_{\text{o}} = -\frac{V_{\text{REF}}}{2^n}\sum_{i=0}^{n-1}D_i 2^i = -\frac{V_{\text{REF}}}{2^n}D \qquad (9.2.2)$$

根据对例 9.2.1 分析可知，转换后的电流、电压值都与输入数字信号成正比，实现了从数字量到模拟量的转换。因此，D/A 转换的基本原理，如图 9.2.2 所示 D/A 转换原理框图。

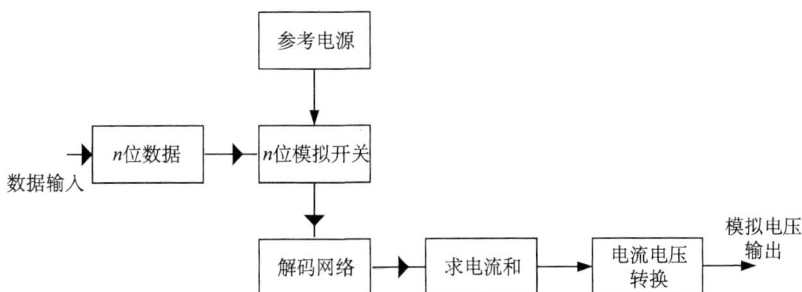

图 9.2.2　D/A 转换原理框图

9.2.2 电阻型网络 DAC

1. T 形电阻网络 DAC 转换电路

T 形电阻网络 DAC 电路如图 9.2.3 所示,由基准电压源提供基准电压 V_{REF}。存于数字寄存器的数码,作为输入数字量 $D_0 \sim D_{n-1}$ 分别控制 n 个模拟电子开关 $S_0 \sim S_{n-1}$,例如,当 $D_{n-1}=0$ 时,电子开关 S_{n-1} 掷向右边,使电阻接地;$D_{n-1}=1$ 时,S_{n-1} 掷向左边,使 R 与 V_{REF} 接通。构成权电阻网络的 n 个电阻值是 R,$2R$,$\cdots$,$2^{n-2}R$,$2^{n-1}R$ 称为权电阻,电阻的排序是以 S_{n-1} 对应的电阻值 R 为基数,依次以 2 的幂数递增。再由运算放大器把权电阻的电流求和,并转换成对应的电压值,作为模拟量输出。

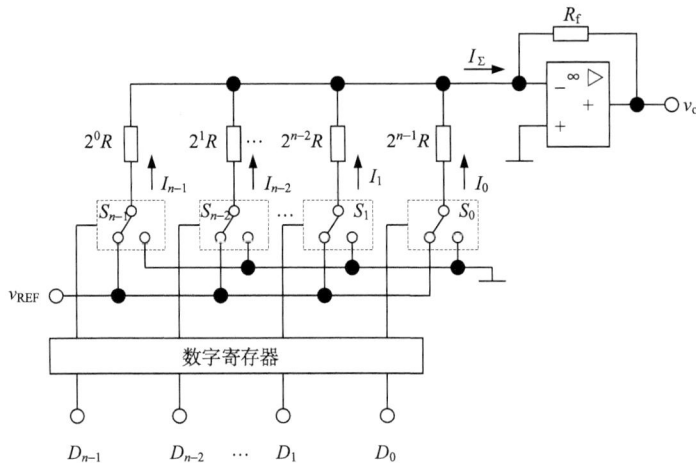

图 9.2.3 T 形电阻网络 D/A 转换电路的原理图

根据电路图分析,知道运算放大器的负端是虚地,该点电位总是近似为零。n 位二进制数 $D_0 \sim D_{n-1}$,去控制电子开关,当 $D_0 \sim D_{n-1}$ 使开关 S_i 处在左边,R 与 V_{REF} 接通,此时,T 形电阻网络总电流的和为式(9.2.3);再根据运算放大器特点计算输出电压如式(9.2.4)所示。

$$I_{\Sigma} = \sum_0^{n-1} I_i = \frac{V_{REF}}{2^{n-1}R} \sum_{i=0}^{n-1} \left(D_i \times 2^i \right) \tag{9.2.3}$$

$$v_o = -I_{\Sigma} R_F = -\frac{V_{REF} R_F}{2^{n-1}R} \sum_{i=0}^{n-1} \left(D_i \times 2^i \right) \tag{9.2.4}$$

从图 9.2.3 还可以看出,T 形电阻网络 DAC 转换电路的结构简单。但是,所用的电阻阻值相差很悬殊,要保证阻值的精确性很难,尤其是在做成集成电路时难度较大。

例 9.2.2 4 位 DAC 如图 9.2.4 所示,设基准电压 $V_{REF}=-8V$,$2R_f=R$,试求输入二进制数 $D_3D_2D_1D_0=1101$ 时输出的电压值,求最大输入数字量($D_3D_2D_1D_0=1111$)的最大电压输出值及最小输入数字量($D_3D_2D_1D_0=0001$)的最小电压输出值,求输出电压范围。

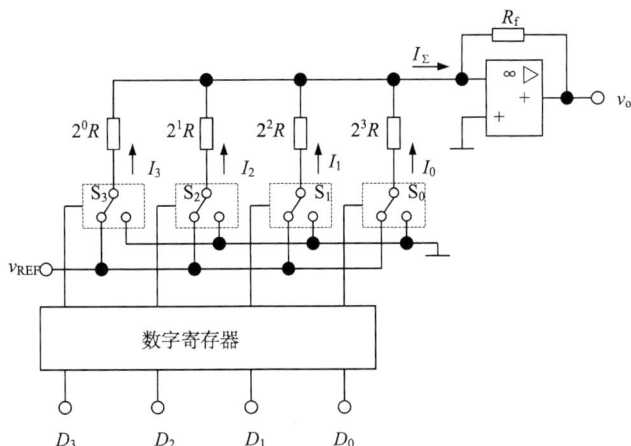

图 9.2.4　例 9.2.2 图

解　将 $D_3D_2D_1D_0$=1101 代入式（9.2.4），得

$$v_o = -I_\Sigma R_F = -\frac{V_{REF}R_F}{2^{n-1}R}\sum_{i=0}^{n-1}\left(D_i \times 2^i\right) = -\frac{V_{REF}}{2^n}\sum_{i=0}^{n-1}\left(D_i \times 2^i\right)$$

$$= -\frac{-8V}{2^4} \times \left(1 \times 2^3 + 1 \times 2^2 + 0 \times 2^1 + 1 \times 2^0\right) = 6.5V$$

最小电压输出值，将 $D_3D_2D_1D_0$=0001 代入式（9.2.4），得

$$v_o = -I_\Sigma R_F = -\frac{-8V}{2^4} \times \left(0 \times 2^3 + 0 \times 2^2 + 0 \times 2^1 + 1 \times 2^0\right) = 0.5V$$

最大电压输出值，将 $D_3D_2D_1D_0$=1111 代入式（9.2.4），得

$$v_o = -I_\Sigma R_F = -\frac{-8V}{2^4} \times \left(1 \times 2^3 + 1 \times 2^2 + 1 \times 2^1 + 1 \times 2^0\right) = 7.5V$$

输出电压范围是 0～7.5V。

例 9.2.3　3 位 DAC 如图 9.2.5 所示，本电路具有双极性输出电压特性。设基准电压 V_{REF}=-8V，V_B=-V_{REF}=8V，$2R_f$=R。要求当 $D_2D_1D_0$=100 时，输出 v_o=0V，求 R_B 值；并列出所有输入 3 位二进制数码所对应的输出电压值。

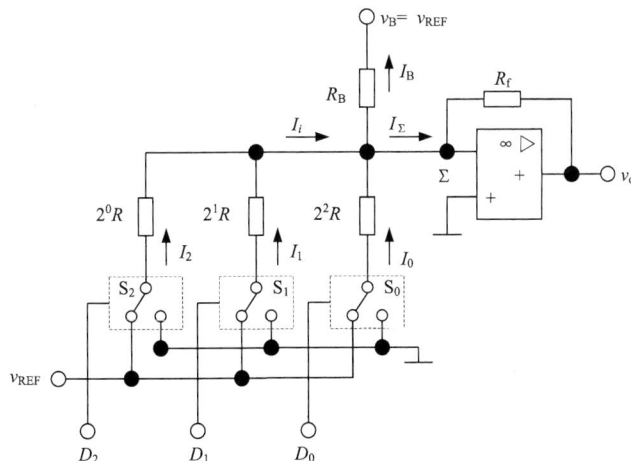

图 9.2.5　具有双极性输出的权电阻网络 DAC

解 双极性输出电压电路是在图 9.2.5 基础上，增加 v_B 和 R_B 组件的偏离电路，偏离电压 $V_B = -V_{REF} = 8V$。

由图 9.2.5 可见，$I_\Sigma = I_i - I_B$，由于 Σ 点为虚地，因此 $I_B = \dfrac{-v_B}{R_B}$，所以

$$I_\Sigma = \frac{V_{REF}}{2^{n-1}R}\sum_{i=0}^{n-1}(D_i \times 2^i) - \frac{-v_B}{R_B}$$

输出电压为

$$v_o = -I_\Sigma \cdot R_f = -\left[\frac{V_{REF}}{2^{n-1}R}\sum_{i=1}^{n-1}(D_i \times 2^i) - \frac{-v_B}{R_B}\right] \times R_f \tag{9.2.5}$$

为使 $D_2D_1D_0 = 100$ 时，输出 $v_o = 0V$，即要求 $I_i = I_B$ ($I_\Sigma = 0$)，所以应有

$$\frac{V_{REF}}{R} = \frac{-v_B}{R_B} = \frac{V_{REF}}{R_B}$$

得 $R_B = R$；R_B、V_{REF} 及 R_f 代入式(9.2.5)，得

$$v_o = -\left[\frac{V_{REF}}{2^{n-1}R}\sum_{i=1}^{n-1}(D_i \times 2^i) - \frac{-v_B}{R_B}\right] \times R_f = -\left[\frac{-8}{2^3}\sum_{i=0}^{n-1}(D_i \times 2^i) + \frac{8}{2}\right]V$$

将所有输入 3 位二进制数码 $D_2D_1D_0$ 代入上式，得输入与输出的对应关系，填入表 9.2.1 中。

表 9.2.1 输入 3 位二进制数码所对应的输出电压值

D_2	D_1	D_0	v_o/V
0	0	0	−4
0	0	1	−3
0	1	0	−2
0	1	1	−1
1	0	0	0
1	0	1	1
1	1	0	2
1	1	1	3

2. R-2R 倒 T 形电阻网络 DAC 转换电路

从图 9.2.3 还可以看出，T 形电阻网络 DAC 转换电路的结构简单。但是，所用的电阻阻值相差很悬殊，要保证阻值的精确性很难，尤其是在做成集成电路时难度较大。

为了解决 T 形电阻网络 D/A 转换电路中电阻值相差悬殊的问题，又产生了如图 9.2.6 所示的倒 T 形电阻网络 D/A 转换电路。图 9.2.6 是 4 位倒 T 形电阻网络 DAC 的电路原理图，图中的位权网络是倒 T 形电阻网络。每个开关都串联一个 $2R$ 电阻，开关与开关之间用 R 电阻连接，最后在 D_0 节点上用一个 $2R$ 电阻接地。

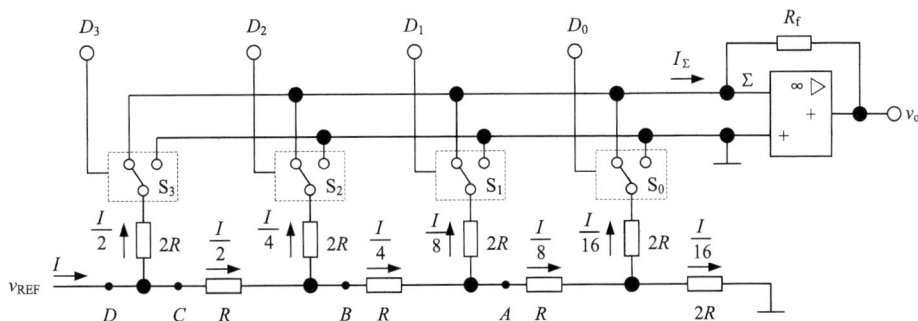

图 9.2.6　R-$2R$ 倒 T 形电阻网络 DAC 转换电路

　　因运算放大器的负端为虚地，不论输入数字量 D 为何值，也就是不论电子开关掷向左边还是右边，对于倒 T 形电阻网络来说，各 $2R$ 电阻的上端都相当于接地，所以在网络的 A、B、C 点分别向右看的对地电阻都为 $2R$，D 点向右看的对地电阻为 R，因此，点基准电源 V_{REF} 流出的总电流 $I=V_{\text{REF}}/R$，每经过一个 $2R$ 电阻就被分流一半，这样流过 4 个 $2R$ 电阻的电流分别是 $I/2$、$I/4$、$I/8$、$I/16$，所以在网络中的电流分配应该如图中的标注。流过电阻 $2R$ 的电流是流向地，还是流向运算放大器，由输入数字量 D 所控制的电子开关 S 决定。故流向运算放大器的总电流是

$$I_\Sigma = \frac{I}{2}D_3 + \frac{I}{4}D_2 + \frac{I}{8}D_1 + \frac{I}{16}D_0$$

基准电源 V_{REF} 流出的总电流 $I=V_{\text{REF}}/R$，代入上式，得

$$I_\Sigma = \frac{V_{\text{REF}}}{2^4 R}\left(2^3 D_3 + 2^2 D_2 + 2^1 D_1 + 2^0 D_0\right)$$

输出电压：

$$v_{\text{o}} = -I_\Sigma R_{\text{f}} = -\frac{V_{\text{REF}} R_{\text{f}}}{2^4 R}\left(2^3 D_3 + 2^2 D_2 + 2^1 D_1 + 2^0 D_0\right)$$

当 DAC 为 n 位时，有

$$v_{\text{o}} = -I_\Sigma R_{\text{f}} = -\frac{V_{\text{REF}} R_{\text{f}}}{2^4 R}\left(2^{n-1} D_{n-1} + 2^{n-2} D_{n-2} + \cdots + 2^1 D_1 + 2^0 D_0\right)$$
$$= -\frac{V_{\text{REF}} R_{\text{f}}}{2^n R}\sum_{i=0}^{n-1}\left(D_i \times 2^i\right) \tag{9.2.6}$$

　　由于模拟电子开关在状态改变时，都设计成按"先通后断"的顺序工作，使 $2R$ 电阻的上端总是接地或接虚地，而没有悬空的瞬间，即 $2R$ 电阻两端的电压及流过它的电流都不随开关掷向的变化而改变，故不存在对网络中寄生电容的充、放电现象，而且流过各 $2R$ 电阻的电流都是直接流入运算放大器输入端的，所以提高了工作速度。和 T 形电阻网络比较，由于它只有 R 和 $2R$ 两种阻值，从而克服了 T 形电阻阻值多且阻值差别大的缺点。

　　因此对于电阻网络 DAC 中，倒 T 形电阻网络 DAC 是工作速度较快、应用较多的一种。采用倒 T 形电阻网络的 DAC 集成芯片种类也较多, 如 AD7524、DAC 0832、5G7520、AD7 534、AD7546 等。

9.2.3　电流型网络 DAC

1. 单值电流型网络 DAC

电阻型两种 DAC 都为电压型，它们都是利用电子开关将基准电压接到电阻网络中去的，由于电子开关存在导通电阻和导通压降，而且各开关的导通电阻和导通压降值也各不相同，不可避免要引起转换误差。而电流型 DAC 则是将恒流源切换到电阻网络中，恒流源内阻极大，相当于开路，所以连同电子开关在内，对它的转换精度影响都比较小，又因电子开关大多采用非饱和型的开关电路，使这种 DAC 可以实现高速转换。

图 9.2.7 所示电路为 4 位单值电流型网络 DAC 的原理电路图。当数字量中的某一位 $D_i=1$ 时，模拟电子开关 S_i 使恒流源 I 与电阻网络的对应结点接通；$D_i=0$ 时，开关使恒流源接地。各位恒流源的电流相同，都为 I，所以称为单电流型网络。

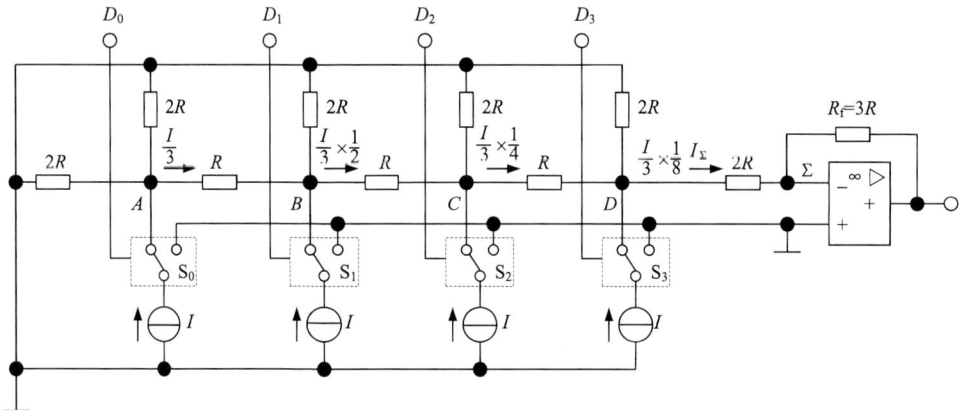

图 9.2.7　单值电流型网络 DAC

电阻网络的任一个结点，其 3 个支路的对地电阻值均为 $2R$，所以某一结点接通恒流源时，电流都会被 3 个支路三等分，即支路电流为 $I/3$，此电流不断向右传递，每经过一个结点又被二等分，所以当只有 S_0 使恒流源与结点 A 接通时，电阻网络的电流分配如图所注，同理，当只有 S_1 或 S_2 或 S_3 使恒流源分别与结点 B、C、D 接通时，利用叠加原理，在输入任意数字量时，总电流为式(9.2.7)，电压输出为式(9.2.8)。

$$I_\Sigma = \frac{I}{2^{n-1} \times 3} \sum_{i=0}^{n-1} \left(D_i \times 2^i \right) \tag{9.2.7}$$

$$v_o = -\frac{RI}{2^{n-1}} \sum_{i=0}^{n-1} \left(D_i \times 2^i \right) \tag{9.2.8}$$

2. 权电流型 DAC 转换电路

从单值电流型网络 DAC 电路来看，还是存在各支路电阻的精度有一定误差，从而难以保证转换精度。为了保证各支路电流的恒定，采用如图 9.2.8 所示，从图中可看出虽然减少了电阻，但增加了电流源设计的难度。其电流为式(9.2.9)，输出电压为式(9.2.10)。

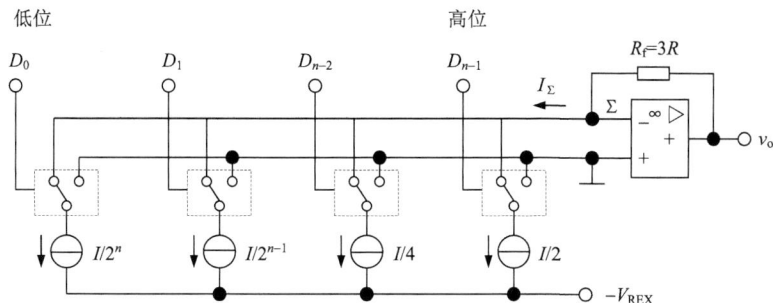

图 9.2.8　权电流型 DAC 转换电路

$$i_\Sigma = \frac{I}{2^n} \sum_{i=0}^{n-1} 2^i D_i \tag{9.2.9}$$

$$v_o = R_f i_\Sigma = \frac{I R_f}{2^n} \sum_{i=0}^{n-1} 2^i D_i \tag{9.2.10}$$

9.2.4　DAC 技术指标

从对 DAC 转换基本原理的分析可知，DAC 转换的结果不仅与数字量的大小 D 有关，还与数字量的位数 n 和参考电源 V_{REF} 有关。在参考电压 V_{REF}、数字量 D 大小一定的情况下，如果数字量的位数 n 越多，则 DAC 转换能分辨的最小电压越小，分辨率越高。但位数越多，电阻网越大，硬件的开销越大。另外，在数字量 D 和数字量的位数 n 一定的情况下，参考电压 V_{REF} 越大，输出电压值越大，更能适应大电压输出的需要。但是，输出电压的大小还有受运算放大器性能指标以及电阻、模拟开关等参数误差的限制。因此，主要用转换精度、转换速度来衡量 DAC 转换的性能

1）转换精度

DAC 转换电路的转换精度包括两个方面的内容：一是分辨率，二是转换误差。

分辨率主要反映 DAC 转换电路对输入微小数字量的敏感程度，也就是最大与最小输出模拟量之间可以分成多少个数。一般用输入数字量的位数 n 来表示。n 越大，输出模拟量可分离数越多，分辨率越高。另外，还可以用能分辨的最小电压（LSB）与最大电压（满量程 FSR）之商来表示分辨率。对于 n 位 DAC 转换电路，其分辨率可以表示为 $\dfrac{1}{2^n - 1}$。

由于 DAC 转换的输出与电阻网络、模拟开关、参考电源、运算放大器等很多环节有关，这些环节各有性能上的差异，造成输出模拟电压存在误差，称为转换误差。如图 9.2.9 所示。

转换误差分为绝对误差和相对误差。绝对误差是指实际输出电压与理想输出电压之间

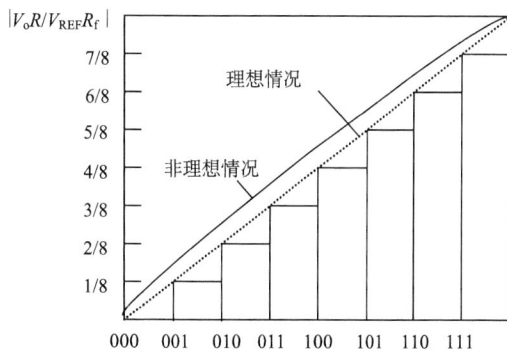

图 9.2.9　3 位 D/A 转换输入、输出关系示意

的差值，通常用 LSB 的多少倍表示。例如 $\pm\dfrac{1}{2}$LSB 表示实际输出电压与理想输出电压之间相差最小输出电压的一半。相对误差则是指绝对误差与满量程输出电压(FSR)之间的比值。

理想情况下，输出模拟电压与参考电压、电阻有着线性关系，得到图 9.2.9 中的连接坐标原点和满量程输出值的直线，图中的曲线则表示实际可能的 DAC 转换特性。转换误差就是实际输出模拟电压与理想输出模拟电压之间的最大偏差，其中包含三种误差：增益误差、非线性误差和漂移误差。

增益误差是指由于参考电源 V_{REF} 和运算放大器增益不稳定等带来的误差。

非线性误差没有一定的变化规律，引起非线性误差的因素很多，如模拟开关在不同的位置，其导通电阻和导通电压不一定完全相同，电阻网络中各支路电阻也存在误差。

漂移误差主要指运算放大器的零点漂移引起的误差，这种误差与输入数字量无关，将使 DAC 转换的理想特性曲线发生平移。

从以上分析可以看出，如果要获得高精度的 DAC 转换效果，应该选择位数多、参考电源 V_{REF} 稳定以及增益稳定且漂移小的运算放大器等。

2) 转换速度

转换速度通常用输入数字量给出的时刻到输出模拟电压进入稳定值要求的范围内时所需要的时间来衡量，这个时间称为建立时间。一般获得建立时间，采用让 DAC 输入从全 0 变为全 1 开始，到输出电压稳定在 FSR±(1/2)LSB 范围内为止，这段时间称为建立时间。它是 DAC 的最大响应时间，所以用它来衡量 DAC 转换器速度的快慢。

9.2.5 DAC0832 集成芯片

DAC0832 是采用倒 T 形电阻网络的 8 位 DAC 转换器，其功能框图如图 9.2.10 所示。图中 AGND 表示模拟地，DGND 表示数字地。实际中为了减少数字信号对模拟信号的干扰，应将模拟信号地接到 AGND，而数字信号的地均接到 DGND。

可以看出，DAC0832 有一个 8 位的数据输入口 D_7, D_6, D_5, D_4, D_3, D_2, D_1, D_0，其电平与 TTL 系列以及 5V 的 CMOS 系列兼容，还可以直接与 8 位微机直接接口，是一种广泛使用的 DAC 转换器件。

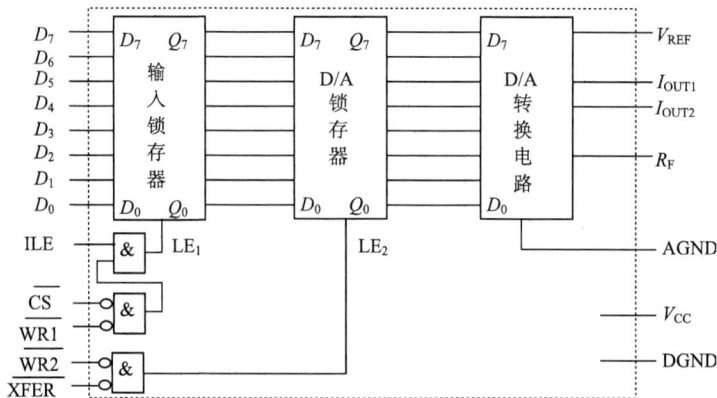

图 9.2.10　DAC0832 的内部功能框图

1. DAC0832 的输入模式

根据 DAC0832 内部有两个锁存器的特点,可以构成对 DAC0832 输入数据的不同控制方式。

(1)无缓冲输入方式。无缓冲是指输入数据不需要任何控制,直接可以送到 DAC 转换电路的输入端。要实现无缓冲方式,必须让两个锁存器的使能信号一直有效,使两个锁存器都处于常通状态,其连接方式如图 9.2.11 所示。

(2)单缓冲输入方式。单缓冲是指输入数据只有一个锁存器的锁存,另一个锁存器处于常通状态。或两个锁存器同时锁存或打开。在单缓冲方式下,输入数据只能在控制信号有效期通过受控制的锁存器,其连接方式如图 9.2.12 所示。在图 9.2.12 所示的单缓冲输入模式下,只有当 $\overline{\text{CS}}$ 和 $\overline{\text{WR}}$ 均为低电平时,输入数据进入到 DAC 转换电路的输入端。

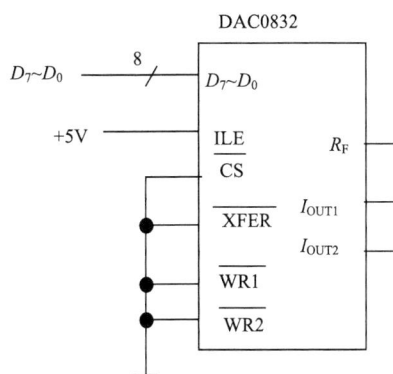

图 9.2.11 DAC0832 的无缓冲输入模式

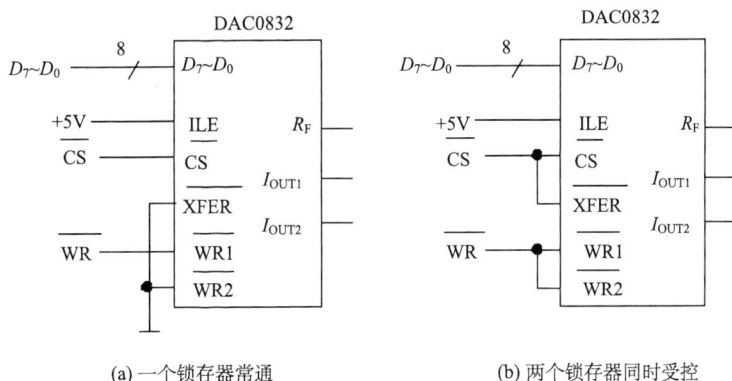

(a)一个锁存器常通   (b)两个锁存器同时受控

图 9.2.12 DAC0832 的单缓冲输入模式

(3)双缓冲输入方式。双缓冲是指输入数据受两个锁存器分别锁存。在双缓冲方式下,输入数据只能在两个锁存器的控制信号均有效期间才能进入到 DAC 转换电路的输入端,其连接方式如图 9.2.13 所示。在图 9.2.13 所示的双缓冲输入模式下,当 $\overline{\text{CS}}$ 为低电平且 ILE 为高电平时,输入数据通过第一个锁存器进入到第二个锁存器的输入端。这时,如果 $\overline{\text{WR}}$ 为低电平,则已经通过第一个锁存器的数据通过第二个锁存器进入到 DAC 转换电路的输入端。

2. DAC0832 的转换电路

DAC0832 的 DAC 转换电路采用的是倒 T 形电阻网络结构,如图 9.2.14 所示。从图 9.2.14 中可以看出,DAC0832 没有集成运算放大器,是电流输出的,电流值为 $I_{\text{OUT1}} = \dfrac{V_{\text{REF}}}{2^8 R} \displaystyle\sum_{i=0}^{7} 2^i D_i$,

$I_{OUT2} = \dfrac{V_{REF}}{2^8 R} \displaystyle\sum_{i=0}^{7} 2^i \overline{D_i}$ 。由于 DAC0832 的模拟开关可以进行双向电流传输,允许参考电压 V_{REF} 为正或为负。当参考电压 V_{REF} 为正时,电流从 V_{REF} 经过电阻网络流向 I_{OUT1} 和 I_{OUT2}。当参考电压 V_{REF} 为负时,电流从 I_{OUT1} 和 I_{OUT2} 经过电阻网络流向 V_{REF}。

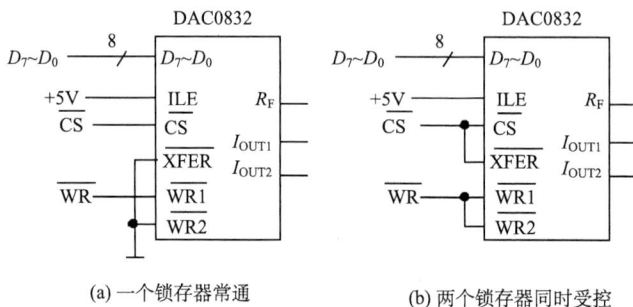

(a) 一个锁存器常通　　　　　　(b) 两个锁存器同时受控

图 9.2.13　DAC0832 的双缓冲输入模式

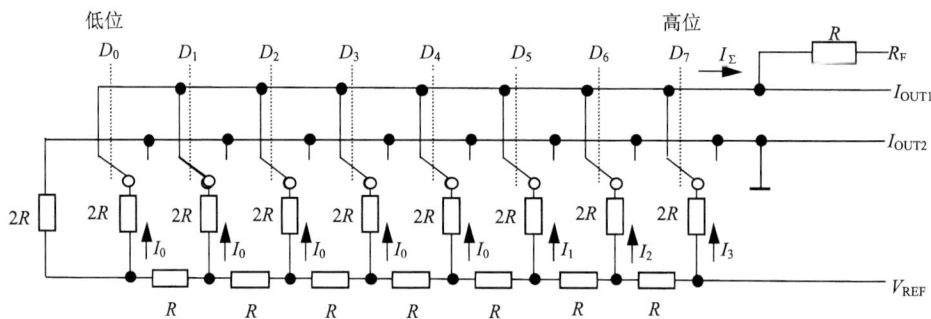

图 9.2.14　DAC0832 中的倒 T 形电阻网络 D/A 转换电路

要将 I_{OUT1} 和 I_{OUT2} 转换为电压,必须外接运算放大器。由于运算放大器的反馈电阻已经集成在 DAC0832 中,因此可以直接连接到运算放大器的输出端。典型的连接电路如图 9.2.15 所示。根据图 9.2.15 的连接电路,可以得到输出电压的值为 $V_O = -I_{OUT1} R_F = -\dfrac{V_{REF}}{256} \displaystyle\sum_{i=0}^{7} 2^i D_i$。

可以看出,无论参考电压 V_{REF} 为正还是为负,电路只能得到单极性的输出电压。要得到双极性的输出电压,必须给运算放大器加偏移电流。

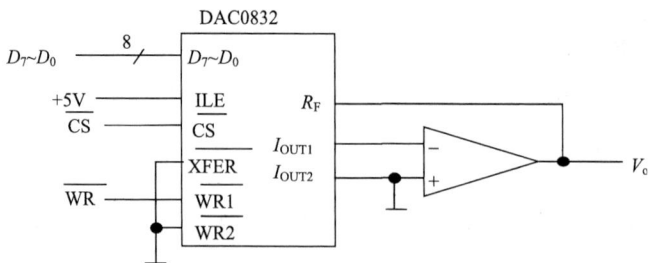

图 9.2.15　DAC0832 的电压输出电路

3. DAC0832 的性能指标

DAC 转换电路的性能指标主要包括转换精度和转换速度。其中转换速度主要取决于运算放大器的工作速度，而 DAC0832 内部没有集成运算放大器，因此它本身的速度是很高的，具体指标取决于各生产厂家，如美国国家半导体公司 DAC0832 的转换速度为 1µs。而电压输出的速度则主要取决于外接运算放大器的速度。

DAC 转换电路的转换精度取决于多种因素，具体指标因生产厂家而异，如美国国家半导体公司 DAC0832 的转换精度为 ±0.2%FSR。

9.3　ADC 转换器

ADC 转换电路的功能，是在规定的时间内(转换时间)把模拟电信号在时刻 t 的幅度值(电压值)转换为一个相应的数据。

9.3.1　模数转换器原理

ADC 转换是将时间和数值上都是连续的模拟信号，转换成时间上是间断的，幅值变化有阶跃的数字信号。

ADC 转换的过程是，首先将连续时间的模拟电压值通过取样，变成时间离散的模拟电压值，取样电路之后必须加保持电路，保证在规定时间内该模拟电压值稳定不变，然后将取样的模拟信号过程量化和编码后变成数字量。ADC 转换电路中必然包括有模拟电路和数字逻辑电路两部分，也就是说 ADC 转换电路是一种模拟-数字混合电路。通常 ADC 转换都要经过取样、保持、量化和编码这四个过程来实现。如图 9.3.1 所示。

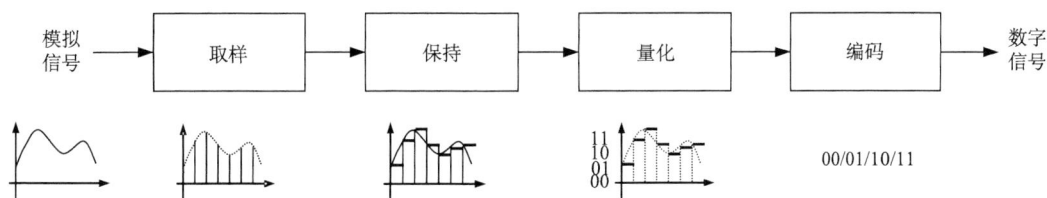

图 9.3.1　ADC 转换过程示意图

1. 取样与保持

取样就是将输入的连续时间模拟信号转变为离散时间的模拟信号。取样的过程就是在取样脉冲的控制下，在取样脉冲有效的时间内让输入的模拟信号通过某一开关，在取样脉冲无效期间，开关断开，输入信号不能通过开关输出。如图 9.3.2 所示。

由于取样脉冲的有效期有一定的时间宽度，输出的离散时间信号也有一定的宽度。但取样时间与取样间隔时间相比一般很小，所以图 9.3.1 和图 9.3.2 中忽略了取样时间(取样时间为 0)。

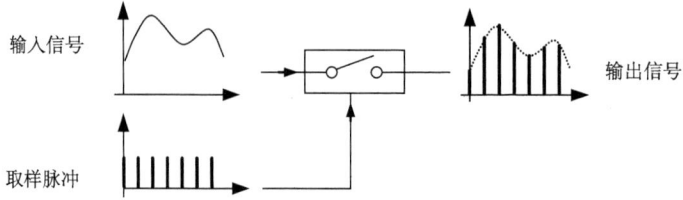

图 9.3.2　取样原理示意图

从图 9.3.2 可见，取样实际是对输入信号进行周期性的提取，得到的离散时间信号在幅值上仍然是模拟信号(如电压信号)。另外，取样点的多少取决于取样脉冲的频率。如果频率越高，在一定时间内的取样点越多，这些取样点形成的包络线越接近于实际的连续时间信号。但取样点多过，会使转换后的数据存储、处理任务增加。取样频率过低，取样点形成的包络线与实际的信号线相差较大，不能反映实际的信号。为了合理地选择取样速率，可以根据取样定理来进行：取样信号的频率 f_S 不能小于输入信号频谱中最高频率 f_{imax} 的 2 倍，即 $f_S \geq 2f_{imax}$。

例 9.3.1　据统计，人类语音的频率范围为 300～3400Hz，问要把模拟的语音信号变成数字信号必须按多大的频率取样才能保证语音不失真？

解　根据取样定理，输入信号的频率约为 300～3400Hz，其中最高的频率为 3400Hz。要保证取样数据能正确反映原始输入信号，取样频率必须大于或等于 2×3400=6400Hz。因此，一般通信系统的话音取样率为 8kHz。

由于取样需要一定的时间，当输入信号变化较快时，在取样期间信号会发生变化，使得后续量化工作不能对一个固定值进行。为了保证后续的量化工作对一固定值进行，必须保持取样数据。

对变化较快的输入模拟信号，为保证在量化期间信号不发生变化，在进行量化之前一般要加取样和保持电路。根据前面对取样和保持功能的分析可知，取样可通过模拟开关实现，而保持则利用电容充放电功能实现，基本电路如图 9.3.3 所示。

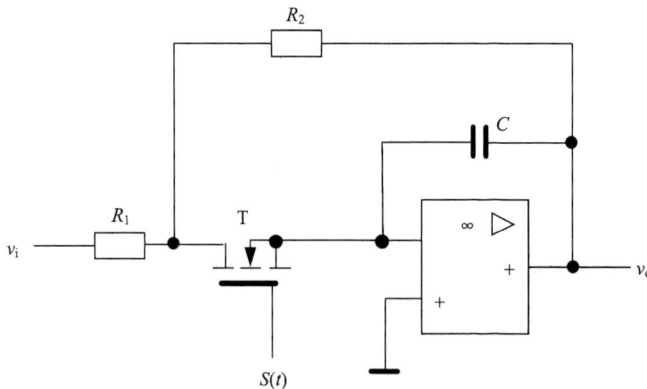

图 9.3.3　取样-保持电路的基本结构

图中 MOS 管 T 起开关作用，实现取样功能；$S(t)$ 是取样脉冲，当 $S(t)$ 为高电平期间，由于理想运算放大器 $V_- = V_+ = 0V$，使得 T 管导通，输入信号 v_i 经过 R_1 和 T 管向电容 C 充电，在输出端得到输出信号 v_o。v_o 的大小由 v_i 和 R_1、R_2 的比值共同决定。当 $S(t)$ 为低电平期间，

电容 C 上的电压在一定时间内保持不变，也就是 v_o 保持不变。v_o 保持时间的长短取决于运算放大器的输入阻抗，输入阻抗越高，电容放电时间越长，v_o 保持时间越长。

2. 量化与编码

ADC 转换的目的是要得到对应的数字量，数字信号在时间上、幅度上都是离散的。而经过取样和保持之后，只实现了对输入信号时间上的离散，幅度上仍然是连续变化的模拟量。为了实现幅度上的离散，就必须进行量化。

量化就是用规定的最小数量单位的整数倍去表示信号的幅度，其中的最小数量单位称为量化单位，用 Δ 表示。通过取样得到的电压经过量化后，只能得到 Δ 的整数倍值。

例 9.3.2　已知 $\Delta=1/8V$，问 0.25V、0.75V、0.9V 的电压可以量化为多少？

解　根据量化的概念，输入电压除以 Δ 所得的整数值就是量化的结果。因此

$0.25/\Delta=0.25\times8=2$　　　　0.25V 电压的量化结果是 2Δ

$0.75/\Delta=0.75\times8=6$　　　　0.75V 电压的量化结果是 6Δ

$0.9/\Delta=0.9\times8=7.2$　　　　0.9V 电压的量化结果是 7Δ

如果把量化的结果用二进制编码表示出来，就可以得到数字量，这一过程就是编码。编码中最重要的就是编码的位数与所表示电压值的对应关系。例如，用 3 位二进制编码表示，则只能将要表示的电压值划分为 8 等份，最小的量化单位 Δ 就是 1。这个 1 所代表的电压值与最大电压值(参考电压)有关(也就是 8/8 所具有的电压)。

例 9.3.3　用 3 位二进制编码表示 0～1V 的电压，问每个二进制编码与各电压值的对应关系？

解　3 位二进制编码最多有 8 种组合情况，则必须将 1V 电压分为 8 等份，每一份为 1/8V，也就是说，$\Delta=1/8V$。编码与电压值的对应关系如图 9.3.4(左)所示。0～1/8V 的模拟电压都量化为 0Δ，对应的编码为 000；1/8～2/8V 的模拟电压都量化为 1Δ，对应的编码为 001；2/8～3/8V 的模拟电压都量化为 2Δ，对应的编码为 010；以此类推。

也可以令 $\Delta=2/15V$，规定 0～1/15V 的模拟电压都量化为 0Δ，对应的编码为 000；1/15～3/15V 的模拟电压都量化为 1Δ，对应的编码为 001；3/15～5/15V 的模拟电压都量化为 2Δ，对应的编码为 010；以此类推。编码与电压值的对应关系如图 9.3.4(右)所示。

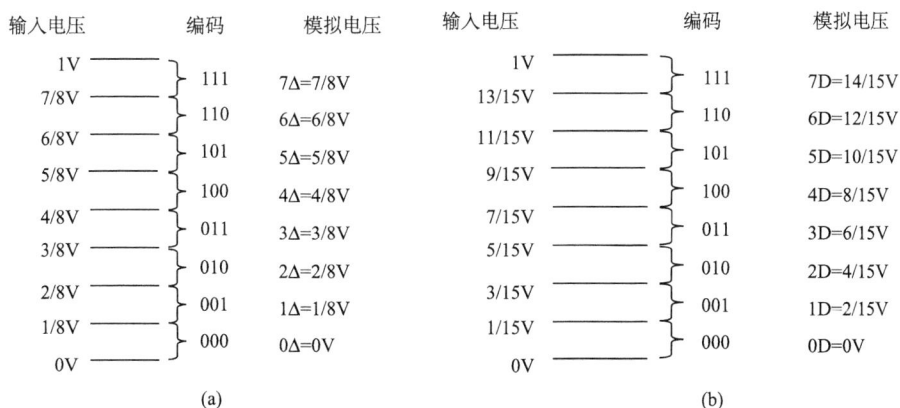

图 9.3.4　编码与电压值的对应关系

从前面介绍的量化过程可以看出，由于模拟电压有可能不是 Δ 的整数倍，因此量化值与所表示的模拟电压之间存在误差，称为量化误差，这就是 ADC 转换电路中的舍入问题。对于模拟电压的舍入问题，例 9.3.3 列出了两种处理方法。

一种处理方法是直接将模拟电压的最大值 2^n 等分，得到对应的 2^n+1 个量化电压值，并以这些量化值为一个编码。大于某量化值而小于另一个相邻量化值的模拟电压都量化为该值。例如，图 9.3.4(左)中，6/8V 的编码为 110，如果输入的模拟电压在 7/8~6/8V，就确定该模拟电压的编码为 110。可以看出，这种编码方式的最大误差可达 1/8V。例如，某个离散电压是 5.99/8V，虽然离 6/8V 很近，量化为 $6\Delta=6/8$V 更合理一些，但按照量化编码规定，它只能属于 6/8~5/8V 的值，量化为 $5\Delta=5/8$，因此相差 Δ，即 1/8V。

另一种方法是将模拟电压的最大值 $(2^{n+1}-1)$ 等分，得到对应的 2^{n+1} 个量化电压值，并以相隔的一个量化值作为编码，而将其相邻两个量化值范围内的模拟电压也量化为该值。例如，例 9.3.3(右)中，1V 电压经过 $2^4-1=15$ 等分后，分为 1V、14/15V、13/15V、…、2/15V、1/15V、0V 共 16 个量化值，取 14/15V、12/15V、10/15V、8/15V、6/15V、4/15V、2/15V、0V 作为编码的对应值，而把 1~14/15V、1/15~0V 的模拟电压分别量化为 111 和 000，把与 12/15V 相邻的 13/15V、11/15V 之间的模拟电压值量化为 $6\Delta=12/15$V，对应编码为 110。可以看出，这种编码方式的 $\Delta=2/15$V，最大误差可达 1/15V。例如，一个电压正好是 11/15V，如果量化为 $6\Delta=12/15$V，与实际值差 1/15V。如果量化为 $5\Delta=10/15$V，与实际值也相差 1/15V。因此这种量化与编码方案的量化误差为 $\Delta/2$。

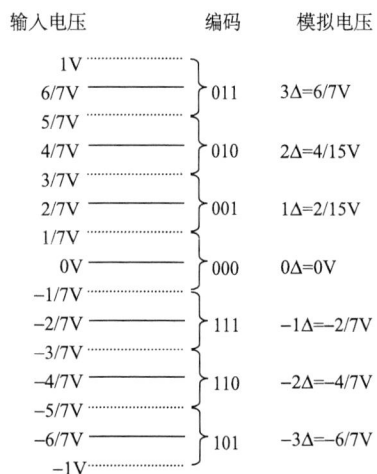

图 9.3.5　双极性模拟电压的量化编码示意

比较这两种方案可以看出，后一种方案的量化误差比前一种小一半。在工程实际中，常使用后一种量化与编码方案。

以上分析中，输入电压都是正电压。而工程实际中，模拟电压常常是双极性的，有正有负。对于双极性的模拟电压，在编码时应考虑符号的编码问题。按照第 1 章对有符号数编码的基本方法，可以用补码编码来表示。图 9.3.5 为双极性模拟电压的量化编码方案。

从上述编码方法的量化方式可以看出，这两种编码方法采用的是线性编码方式，即输出的编码 $B=k\Delta$，其中 Δ 由量化数据的二进制位数决定。这两种编码方法是 ADC 转换技术中最基本的编码方法。在实际中根据需要还可以有其他的编码方案，例如，图像、语音等都有各自特殊的编码方案。

9.3.2　并联比较型 ADC

并联比较型 ADC 转换电路的基本电路结构如图 9.3.6 所示。并联比较型 ADC 转换电路的工作原理是，根据电阻分压原理，将规定的量化电压值作为电阻的分压。然后将输入信号同时与各分压点上的量化值进行比较，无论输入信号大小如何，只要在参考电压 V_{REF} 的范围内，总有一个电压比较器的输出表示该输入信号与对应的量化值相等，将比较结果同时送到数据寄存器保存，并经过编码转换电路得到需要的编码数据。可以看出，并联比较型电路不需要时钟，也不需要很长的转换时间。每次转换的时间就是比较器电路的传输时间以及数据寄存器和编码转换电路的传输延迟时间。但转换精度与电阻分压和比较器的精度有关。

例 9.3.4　图 9.3.7 是 3 位并联比较型 ADC 的原理电路图，分析它的量化编码。

解　由图 9.3.7 可见，3 位并联比较型 ADC，它由 3 部分组成，比较器、数据寄存器、编码器转换。

比较器：由 7 个电压比较器组成，各电压比较器的"+"输入端都接输入电压 v_i，而它的

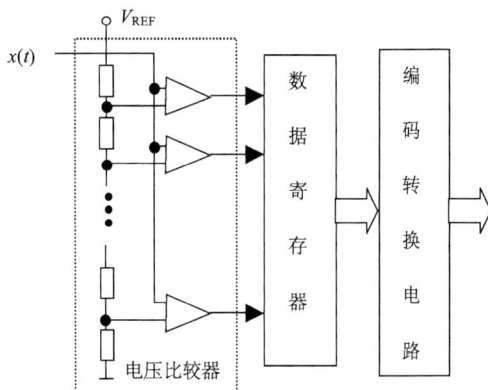

图 9.3.6　同时比较型 A/D 转换电路的基本结构

"−"输入端接一定值的比较电压(由电阻分压得到)，当 $V_+ \geqslant V_-$ 时，比较器输出 1，当 $V_+ < V_-$ 时，输出 0。分压电阻链：由 8 个电阻组成，两端的电阻为 $R/2$，中间 6 个电阻都为 R，比较电压由基准电压 V_{REF} 经该电阻链分压获得。所分得的 7 个比较电压，分别为 $(1/14)V_{REF}$、$(3/14)V_{REF}$、$(5/14)V_{REF}$、$(7/14)V_{REF}$、$(9/14)V_{REF}$、$(11/14)V_{REF}$、$(13/14)V_{REF}$。

数据寄存器：由 7 个 D 触发器组成，用取样脉冲 $S(t)$ 的上升沿触发。

编码器转换：由 8 线-3 线优先编码器构成，其输入、输出端均为低电平有效。

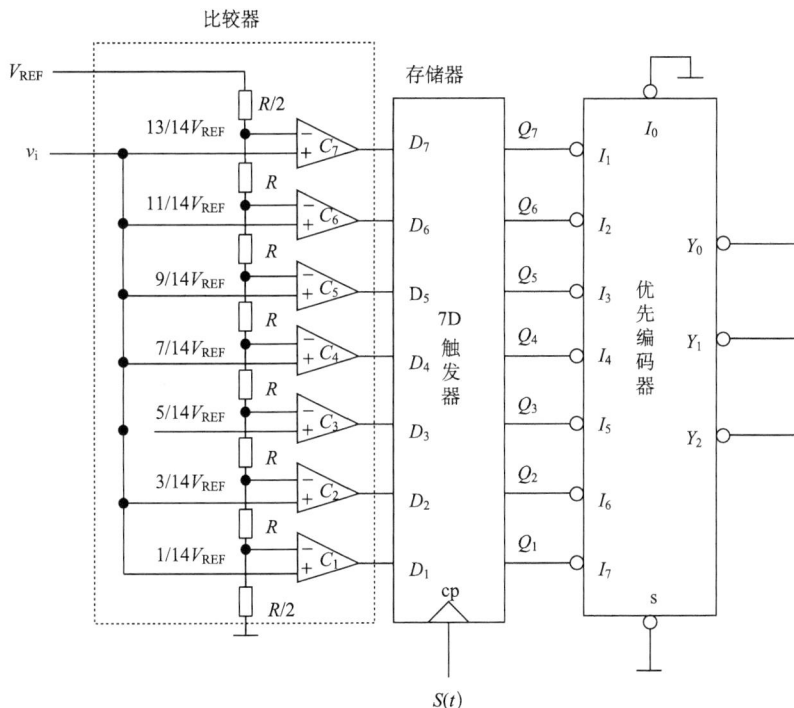

图 9.3.7　3 位并联比较型 ADC

通过图 9.3.7 分析可以看出，当取样脉冲 $S(t) = 0$ 时，由取样-保持电路提供一个稳定的取样电压值，作为 v_i 送入比较器，使它在保持时间内进行量化。然后将量化的值，在 $S(t)$ 上升沿来到时送入 D 触发器寄存，并由优先编码器产生相应的二进制数码输出。具体量化、编码

过程如下。

由于 v_i 直接送到各比较器的"+"端，所以若在 $0 \leqslant v_i < (1/14) V_{\text{ref}}$ 范围内，则所有比较器都输出 0，即量化值为 0，在 $S(t)$ 触发后，各触发器的输出 $Q=0$；若在 $(1/14) V_{\text{ref}} \leqslant v_i < (3/14) V_{\text{ref}}$ 范围内，则只有比较器 C_1 输出 1，即量化值为 $(1/7) V_{\text{ref}}$，待 $S(t)$ 触发后，使 $Q_7 Q_6 Q_5 Q_4 Q_3 Q_2 Q_1 = 0000001$。依此类推，可以获得在范围内变化时各触发器的状态，如表 9.3.1 所示，其 $\Delta = \dfrac{1}{2^3 - 1} V_{\text{REF}}$，量化误差 $\dfrac{\Delta}{2}$。若把 3 位扩展为 n 位，其 $\Delta = \dfrac{1}{2^n - 1} V_{\text{REF}}$。

表 9.3.1　3 位并联比较强 ADC 的量化编码表

v_i 输入范围	Q_7	Q_6	Q_5	Q_4	Q_3	Q_2	Q_1	D_2	D_1	D_0	量化值
	I_1	I_2	I_3	I_4	I_5	I_6	I_7				
$0 \leqslant v_i < (1/14) V_{\text{REF}}$	0	0	0	0	0	0	0	0	0	0	0
$(1/14) V_{\text{REF}} \leqslant v_i < (3/14) V_{\text{REF}}$	0	0	0	0	0	0	1	0	0	1	$(1/7) V_{\text{REF}}$
$(3/14) V_{\text{REF}} \leqslant v_i < (5/14) V_{\text{REF}}$	0	0	0	0	0	1	1	0	1	0	$(2/7) V_{\text{REF}}$
$(5/14) V_{\text{REF}} \leqslant v_i < (7/14) V_{\text{REF}}$	0	0	0	0	1	1	1	0	1	1	$(3/7) V_{\text{REF}}$
$(7/14) V_{\text{REF}} \leqslant v_i < (9/14) V_{\text{REF}}$	0	0	0	1	1	1	1	1	0	0	$(4/7) V_{\text{REF}}$
$(9/14) V_{\text{REF}} \leqslant v_i < (11/14) V_{\text{REF}}$	0	0	1	1	1	1	1	1	0	1	$(5/7) V_{\text{REF}}$
$(11/14) V_{\text{REF}} \leqslant v_i < (13/14) V_{\text{REF}}$	0	1	1	1	1	1	1	1	1	0	$(6/7) V_{\text{REF}}$
$(13/14) V_{\text{REF}} \leqslant v_i < (15/14) V_{\text{REF}}$	1	1	1	1	1	1	1	1	1	1	$(7/7) V_{\text{REF}}$

由于并联比较型 ADC 采用各量级同时并行比较，各位输出码也是同时并行产生，所以转换速度快是它的突出优点，同时转换速度与输出码位的多少无关。集成片 TDC1007J 型 8 位并联比较型 ADC 的转换速率可达 30 MHz，而 SDA5010 型 6 位超高速并联比较型 ADC 的转换速率高达 100 MHz。

并联比较型 ADC 的缺点是成本高、功耗大。因为 n 位输出的 ADC，需要 2^n 个电阻、(2^n-1) 个比较器和 D 触发器以及复杂的编码网络，其元件数量随位数的增加，以几何级数上升，所以这种 ADC 适用于要求高速、低分辨率的场合。

9.3.3　逐次逼近型 ADC

逐次比较型 ADC 转换器电路的基本结构如图 9.3.8 所示。

逐次比较型 ADC 转换电路的基本工作原理是，当"开始转换"信号有效后，计数电路在脉冲信号的控制下，送给数据寄存器初始的比较数据，该数据经由数据寄存器输出到 DAC 转换电路转换为对应的模拟电压，输入模拟信号与 DAC 输出的模拟信号相比较，如果不相同，则控制计数电路进行递增计数。计数电路的输出数据再次

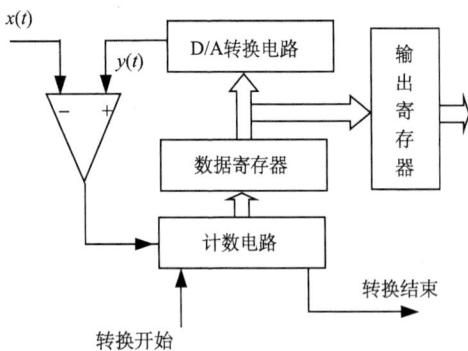

图 9.3.8　逐次比较型 A/D 转换电路的基本结构

经由数据寄存器送入 DAC 转换电路，再次与输入模拟信号比较，直到比较器输出为 0(输入

信号幅度相同），这时停止计数，发出转换结束信号。同时，当前数据寄存器输出端的数据送到输出寄存器输出。尽管逐次比较型 ADC 转换速度慢，但它的优点是，当位数多时，它所需的元器件比并联比较型 ADC 少得多，所以它是集成 ADC 中应用比较广泛的一种，例如，ADC0801、ADC0809 等都是 8 位通用型 ADC，AD571（10 位）、AD574（12 位）、MN5280（16 位）。

从以上分析可知，由于其对模拟信号的量化过程靠逐次对每一个量化值进行比较判断，因此逐次比较型 ADC 转换电路需要一定的转换时间，其特点就是转换速度较慢。为了提高转换速度，可以在计数电路上做一些改进。例如，如果计数电路按自然二进制码顺序由低向高或由高向低递增，那么这是最慢的一种计数比较方法。如果按编码位进行计数比较，则可以提高转换速度。这种方法称为逐次渐近比较。

逐次渐近比较的基本原理是：计数器先清 0，然后将高为置 1，即输出 10…0，比较后认为该数比输入信号小，则该数仍不够大，则最高位保留 1。如果该数比输入信号大，则不保留 1，将最高位置为 0。同样方法，继续对次高位进行设置，继续比较。可以看出，这种计数比较方法可以使计数数据更快地接近输入信号对应的编码。这是工程实际中常用的一种 ADC 转换方法。

为了减小量化误差，在 ADC 集成片中大多采用四舍五入的量化方法，如 8 位 ADC 集成片 ADC0801，它的内部电路也以图 9.3.8 为基础，但稍有改动，就是在 DAC 的输出端串接一个数值为 $-\Delta/2$ 的偏移电压，使比较电压器的负向输入端下偏移 $\Delta/2$。这时比较器负向端为

$$\left(\frac{V_{\mathrm{REF}}}{2^n} \sum_{i=0}^{n-1} 2^i D_i - \frac{\Delta}{2} \right)$$

式中，$\Delta = \dfrac{V_{\mathrm{REF}}}{2^n}$。

9.3.4　双积分式 ADC

积分型 ADC 转换电路主要是利用电容的充放电原理，将电压参数转换为时间参数，再用计数器对时间参数进行统计，得到对应的时间。通过与标准时间对比，就可得到对输入电压信号的编码。基本积分型 ADC 转换电路的基本结构和工作原理如图 9.3.9 所示。积分型 ADC 转换电路的基本原理比较简单，整个转换过程分为两部分。

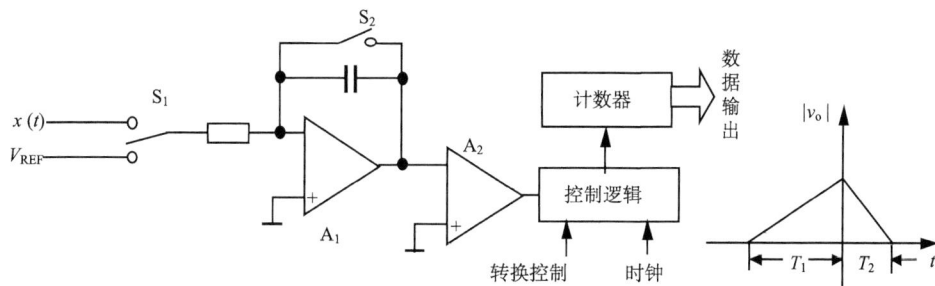

图 9.3.9　基本积分型 A/D 转换电路

第一部分是积分电路对输入模拟信号进行充电积分的过程。首先,令开关 S_2 闭合,使电容充分放电。然后令开关 S_2 断开,开关 S_1 接通 $x(t)$。这时电容充电,在运算放大器 A_1 的输出端得到一个负电压 v_o。由于开关 S_1 接通 $x(t)$ 的时间是固定的 T_1,则可以得到 v_o 的值为 $v_o(t) = -\dfrac{1}{RC}\int_0^{T_1} x(t)\mathrm{d}t$。由于 $x(t)$ 是经过取样保持后的信号,或者认为 $x(t)$ 在短时间 T_1 内基本不变,则 $v_o(t) = -\dfrac{T_1}{RC}x(t)$,即运算放大器 A_1 输出端的电压与输入电压成正比。

第二部分是积分电路放电计数过程。令开关 S_1 接通 V_{REF},则开始电容放电过程,同时控制计数器开始计数。开始放电时运算放大器 A_1 输出端为负电压,随着放电的进行,电压 v_o 逐渐升高,向 0V 靠近。当运算放大器 A_2 判断出 v_o 为 0V 时,将控制计数器停止计数。整个放电的时间为 T_2。即 $v_o(t) = -\dfrac{1}{RC}\left(\int_0^{T_1} x(t)\mathrm{d}t + \int_{T_1}^{T_2+T_1} -V_{REF}\mathrm{d}t\right) = \dfrac{V_{REF}}{RC}T_2 - \dfrac{x(t)}{RC}T_1 = 0$,则 $T_2 = \dfrac{x(t)}{V_{REF}}T_1$,可以看出,对时间 T_2 的计数可以反映输入信号的大小,因此计数结果就是 ADC 转换的数据编码输出结果。

从积分型 ADC 转换的过程可以看出,积分型 ADC 转换的基本原理就是利用不同幅度输入信号电压在相同时间内积分结果不同,使得放电时间长度也不同,从而可以通过记录放电时间,形成与输入电压成比例的数字信号。

积分型 ADC 转换靠电容的充、放电来得到编码,缺点是转换时间长,转换误差比较大。优点是可以直接利用数字电路控制积分器,可不使用专用的 ADC 转换电路。

9.3.5　ADC 技术指标

ADC 转换电路也有三个基本参数:转换速度(取样、量化、编码的时间),编码位数和量化误差。编码位数和量化误差主要决定 ADC 转换的精度。因此,主要用转换精度、转换速度来衡量 ADC 转换的性能。

1. 转换精度

ADC 转换电路的转换精度主要包括两方面内容:一是分辨率,二是转换误差。

分辨率反映了 ADC 转换电路对输入微小模拟量的敏感程度,也就是最大与最小模拟量之间可以用多少个编码来表示。一般用输出数字量编码的位数 n 来表示。例如对 0～1V 的输入模拟电压,如果用 3 位的二进制编码表示,$\Delta = 2/7$V;用 4 位的二进制编码表示,$\Delta = 2/15$V。可见,编码位数 n 越大,对输入模拟量的表示更细微,分辨率越高。但是,编码位数越多,编码的存储和处理工作任务越重。在工程实际中,应具体问题具体分析,合理地选择编码位数。例如,实际通信系统中对语音信号采用 8 位非线性编码(相当于 13 位线性编码)。

由于模拟电压值与量化值之间存在量化误差,因此 ADC 转换电路的精度还受量化误差的影响。量化误差越大,转换精度越低。因此,应尽量采用量化误差小的量化编码方案。按照前面对线性编码方案的讨论,较好的编码方案其量化误差一般为 $\pm\dfrac{1}{2^{n+1}-1} \approx \pm\dfrac{1}{2^{n+1}}$,即 $\leq \pm(1/2)\mathrm{LSB}$(LSB 为最低编码位表示的值,即最小量化单位 Δ)。

当然,ADC 转换电路的精度与 DAC 转换电路的精度一样,同样还要受到 ADC 转换电路中各元器件参数的影响，仍然要求参考电源 V_{REF} 稳定以及选用增益稳定且漂移小的运算放大器等。

2. 转换速度

常用转换时间或转换速率来描述转换速度。完成一次 ADC 转换所需要的时间称为转换时间。大多数情况下，转换速率是转换时间的倒数。例如，TDC1007J 的转换速率为 30MHz，转换时间相应为 33.3 ns。

ADC 的转换速度主要取决于转换电路的类型，并联比较型 ADC 的转换速度最高(转换时间可小于 50 ns)，逐次逼近型 ADC 次之(转换时间在 $10\sim100\mu s$)，双积分型 ADC 转换速度最低(转换时间在几十毫秒至数百毫秒之间)。

9.3.6 ADC0809 集成芯片

ADC0809 是内部带有 8 路模拟信号选择开关的 8 位 ADC 转换器。ADC0809 的结构如图 9.3.10 所示。从图中可看出，ADC0809 是逐次比较型 A/D 转换电路。

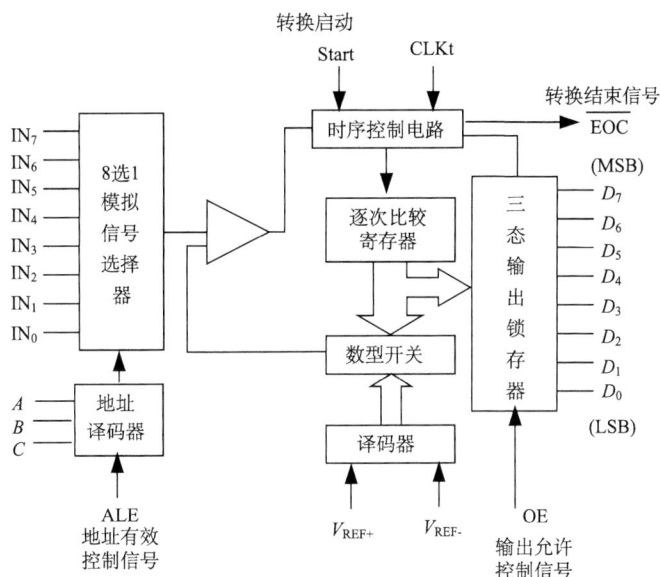

图 9.3.10　ADC0809 的内部功能框图

从图中可以看出，ADC0809 可以连接 8 路模拟信号(允许由 8 路模拟信号输入)，通过 A、B、C 三位输入的二进制数选择其中一路进行 ADC 转换。转换结果是 8 位二进制数，最大值为 255。ADC0809 的工作过程如下。

(1)ALE 有效时，将通道选择数据 A、B、C 锁存，这时将选择 8 路输入模拟信号中的一路。

(2)选择模拟信号后，通过转换启动信号 Start 启动 ADC 转换。

(3)转换完成后，发出 $\overline{EOC}$ 转换结束指示，这时可以提供输出允许信号 OE，就可以实现数据输出。

ADC0809 的输出逻辑电平与 TTL 系列以及 5V 的 CMOS 系列兼容，可以形成 8 位数据接口电路。例如，直接连接到译码器电路对转换进行数字显示，也可以直接连接到单片机的数据接口。ADC0809 允许使用的最大时钟为 1MHz。

思考题与习题

思考题

9.1　什么叫做 DSP？

9.2　简述取样定理。

9.3　数字电路系统处理模拟电压信号时，需要复加什么电路？

9.4　什么叫做 D/A 转换？

9.5　什么叫做 A/D 转换？

9.6　模拟信号经过取样后是否就是数字信号？

9.7　什么叫做量化处理？

9.8　A/D 转换过程中存在哪些误差？引起误差的原因是什么？

9.9　取样信号的频率是如何规定的？

练习题

9.10　某信号的最高频率是 10MHz，试问需要多高的取样速率才能保证该信号的不失真恢复？

9.11　设某系统使用 D/A 转换电路把信号以模拟信号的形式输出，一直信号的最高频率为 12kHz，问能否使用转换速度为 100s 的 D/A 转换电路，为什么？

9.12　如果信号的最高频率为 200Hz，试问使用转换时间为 1ms 的 A/D 转换电路是否可以？

9.13　用数字万用表测量最大可能值为 5V 直流电压，万用表中 A/D 转换器的参考电压为 5V，字长为 8 位，最大误差为 1/2LSB，试问当读数为 4.24V 时的最大可能误差是多少？

9.14　数字语音存储系统需要把语音与数字的方式保存起来，当需要播放时再加以播放。设系统使用 8 位二进制数据(一个字节)保存语音数据，语音信号的最高频率为 10kHz，试确定系统 A/D 和 D/A 转换电路的转换速度。

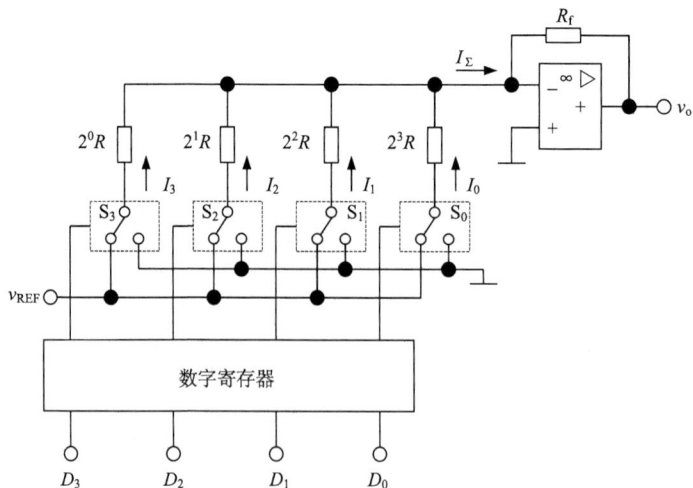

图题 9.16

9.15　设某温度传感器输出信号的最大值为 100mV，如果 A/D 转换电路的参考电压为 5V，最大误差是 1/2LSB，问能否对温度传感器输出信号直接取样？如果不能，应当在传感器与 A/D 转换电路之间加入什么样的电路才能降低取样误差？

9.16　在图题 9.16 所示的 T 形电阻网络 DAC 中，设 $R=10\text{k}\Omega$，$R_F=5\text{k}\Omega$。试求其他位权电阻的阻值。若 $V_{REF}=5\text{ V}$，输入的二进制数码 1101，求输出电压 v_o。

9.17　在图题 9.17 所示的倒 T 形电阻网络 DAC 中，设 $V_{REF}=5\text{V}$，$R_F=R=10\text{k}\Omega$。求对应于输入 4 位二进制数码为 0101、0110、1101 时的输出电压 v_o。

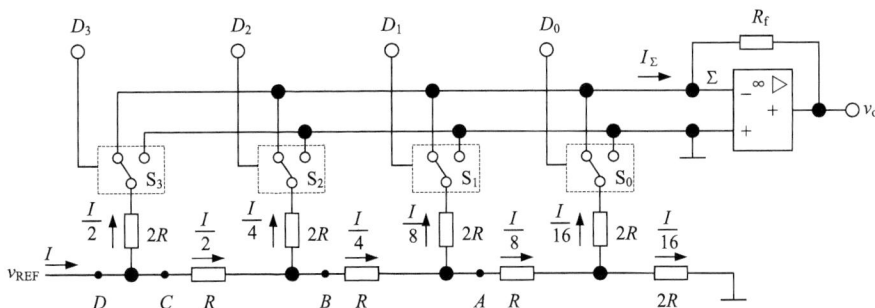

图题 9.17

9.18　何谓量化、量化值、量化单位及量化误差？

9.19　在图题 9.19 所示的电阻链中，把最上端和最下端的电阻分别改成 $(3/2)R$ 和 $(2/1)R$。试求其量化单位、量化级、量化值、最大量化误差和输入电压变化范围，并写出 ADC 转换公式。

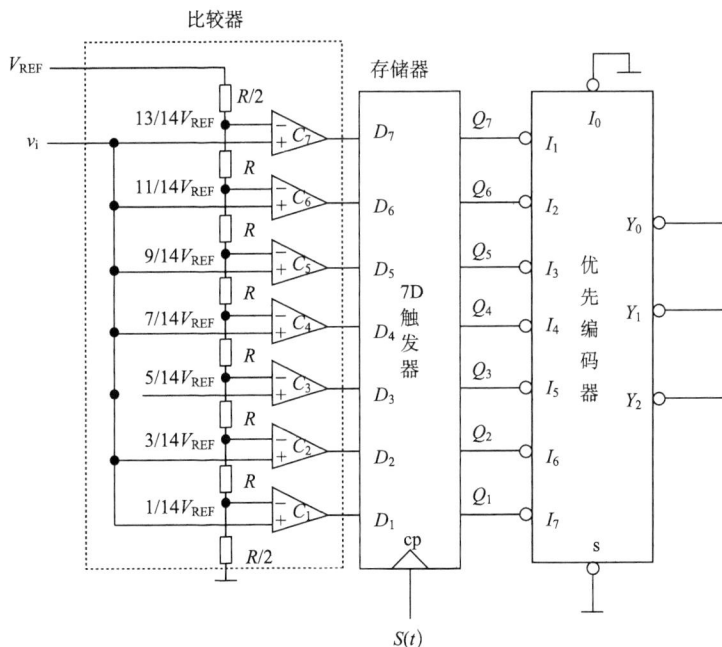

图题 9.19

9.20　用数字万用表测量最大可能值为 5V 直流电压，万用表中 A/D 转换器的参考电压为 5V，字长为 8 位，最大误差为 1/2LSB，试问当读数为 4.24V 时的最大可能误差是多少？

参 考 文 献

康华光. 1996. 电子技术基础(数字部分). 4 版. 北京: 高等教育出版社.

李哲英. 2008. 数字集成电路设计. 北京: 机械工业出版社.

李哲英. 2009. 电子技术及其应用基础(数字部分). 2 版. 北京: 高等教育出版社.

王毓银. 2001. 数字电路逻辑设计(脉冲与数字电路). 3 版. 北京: 高等教育出版社.

Thomas L. 2002. Digital Fundamentals. 7th ed. New Jersey: Prentice Hall.